国家重点研发项目子课题（2017YFC0804206-002）
国家自然科学基金面上项目（51774110） 资助
"十三五"国家科技重大专项（2016ZX05045002-006）

沙曲矿区瓦斯综合治理
技　术　体　系

主　编　梁椿豪　李进鹏
副主编　李建胜　王克军　陈　亮
　　　　王晓东　苏士龙　姜小强

煤炭工业出版社

·北　京·

图书在版编目（CIP）数据

沙曲矿区瓦斯综合治理技术体系/梁椿豪，李进鹏主编．--北京：煤炭工业出版社，2021
ISBN 978-7-5020-5699-5

Ⅰ.①沙… Ⅱ.①梁… ②李… Ⅲ.①煤田地质—地质环境—环境演化—研究—陕西 Ⅳ.①P618.11

中国版本图书馆 CIP 数据核字（2018）第 151328 号

沙曲矿区瓦斯综合治理技术体系

主　　编	梁椿豪　李进鹏
责任编辑	成联君
责任校对	孔青青
封面设计	于春颖

出版发行	煤炭工业出版社（北京市朝阳区芍药居35号　100029）
电　　话	010-84657898（总编室）　010-84657880（读者服务部）
网　　址	www.cciph.com.cn
印　　刷	北京玥实印刷有限公司
经　　销	全国新华书店

开　　本　787mm×1092mm $^1/_{16}$　印张　$15\frac{3}{4}$　字数　376 千字
版　　次　2021 年 1 月第 1 版　2021 年 1 月第 1 次印刷
社内编号　20192221　　　　　定价　98.00 元

版权所有　违者必究

本书如有缺页、倒页、脱页等质量问题，本社负责调换，电话：010-84657880

编 委 会

主　　编　梁椿豪　李进鹏

副 主 编　李建胜　王克军　陈　亮　王晓东
　　　　　　苏士龙　姜小强

编写人员（按姓氏笔画排序）
　　　　王　俊　　王　徵　　王公达　　王宏冰　　卢　云
　　　　白爱卿　　刘兆元　　刘晓刚　　闫大鹤　　杜　锋
　　　　杜志峰　　李庆源　　李秉泉　　李振华　　张　垒
　　　　张　强　　张海彦　　陈昊熠　　季文博　　周文宇
　　　　赵　利　　赵　灿　　姚晋国　　贾永森　　贾江涛
　　　　高贤成　　郭长亮　　郭建行　　程志恒　　蔡　峰
　　　　潘　辉　　霍沁锋

序

  煤矿安全生产事关经济发展和社会稳定大局，事关人民群众的生命财产安全，而瓦斯灾害是矿井安全高效生产的"头号杀手"，矿井瓦斯防治是个世界性课题。瓦斯是灾害源，同时又是可开发利用的清洁能源，但若直接排空又会引起温室效应。所以，煤矿瓦斯防治及其开发利用，在经济、社会、环境等方面具有重要意义。

  中国是一个煤炭为主体的能源大国，历来高度重视矿井瓦斯防治工作。同时，随着经济快速发展和人民生活生活水平不断提高，对安全生产的关注已经上升到前所未有的高度，追求安全、绿色、智能、高效的资源开发与利用成为社会发展和科技进步的共同目标。为了进一步提升煤矿安全生产水平，促进煤矿瓦斯防治及开发利用技术进步，积极响应国家安监总局、国家发改委、科技部制定的"十二五"能源发展规划，山西焦煤集团和华晋焦煤有限责任公司积极组织国内外煤炭类科研院所开展规模化产学研合作，组织实施了瓦斯预测、防治、抽采、利用、装备等方面的系统研究，取得了煤矿区煤层气井上下联合、多煤层全时段立体抽采、区域性瓦斯综合治理技术等20余项国家级（省部级）科研成果，填补了近距离突出煤层群资源安全高效开发与利用技术体系的空白，并达到了国际领先水平。通过20年瓦斯治理技术革新与工程实践，华晋焦煤有限责任公司总结形成一套沙曲矿瓦斯综合治理技术体系，有效解决了煤与瓦斯突出及瓦斯超限问题，极大释放了素有"中华瑰宝"之称的优质煤炭产能，最终建成国家级瓦斯治理工程示范矿井。这对于我国当前的瓦斯治理及开发利用技术与工程实践，对于进一步提高我国高突矿井安全生产与管理水平，均具有极为重要的参考和推广应用价值。

  本书所提出的沙曲矿区瓦斯综合治理技术与管理模式（简称"沙曲模式"），极大提升了近距离突出煤层群多煤层区域协同瓦斯防治准确性和时效性，突破原有瓦斯防治的盲目性和时空局限性，揭示了煤层群瓦斯赋存区域特征及采动瓦斯涌出规律，构建了"多煤层井上下联抽—三区联动""五项治本之策"和"全浓度瓦斯综合利用"为核心的瓦斯治理战略，提出了三区联动—转化全过程精细化管理办法，从技术和管理角度实现突出煤层群瓦斯综合高效防治与利用，最终保障全矿井的"抽—掘—采"科学管控和安全生产。

  本书系统地阐述了近距离突出煤层群瓦斯综合防治技术与管理模式中所采

用的新观念、新理论、新技术、新装备，内容丰富、新颖。本书的出版可为瓦斯综合治理的研究人员、管理人员、工程技术人员等读者提供指导和借鉴。

本书主要有以下三方面技术特点：

（1）解决了突出煤层群瓦斯赋存及灾害特点不清、本煤层及邻近层采动瓦斯涌出来源占比与涌出规律不明确的问题，成功实践了分区域多种地面井井上下联合预抽技术和采动瓦斯分源动态精准抽采工程，达到突出煤层群瓦斯防治降本提能增效之目的。

（2）突破传统的"浅孔相接、逐层抽采、措施单一化"瓦斯治理观念，重新树立"多煤层井上下联抽—三区联动""五项治本之策"和"全浓度瓦斯综合利用"为核心的瓦斯治理战略，实现煤层群瓦斯灾害防控的统筹规划和超前治理。

（3）革新了原有的单一结果导向性和过程定性化考核的管理制度，提出了三区联动—转化全过程精细化管理办法，从管理学角度实现突出煤层群瓦斯综合高效防治全过程的人、技术与装备力量的动态优化配置，保障矿井安全有序高效生产。

2021 年 1 月

前　言

　　沙曲矿是华晋公司在离柳矿区建设的第一对矿井，于1994年开工建设，2004年通过国家发改委组织的竣工验收并正式投产。2012年确定建设国家级瓦斯治理示范矿井，先后被国土资源部确定为"国家级绿色矿山试点单位"和"国家资源节约示范矿井"，被中华环保联合会授予"中华环境友好企业"，被中国工业经济联合会授予"中国工业大奖"。

　　2013年沙曲矿实施"一矿变两矿"改扩建工程，把沙曲井田以北川河为界，北翼为沙曲一矿，南翼为沙曲二矿。沙曲井田各主采煤层呈典型的近距离煤层群分组赋存，瓦斯压力大、含量高，属典型的煤与瓦斯突出矿井。2011年矿井绝对瓦斯涌出量高达479 m^3/min，相对瓦斯涌出量高达103 m^3/t，高居全国矿井瓦斯涌出量首位。随着煤层埋深的增加，煤层瓦斯压力、含量逐渐升高，突出危险性日益严重。瓦斯地质的先天不利因素，给矿井的正常生产带来极大威胁，严重制约了稀缺优质煤炭资源的安全高效生产。

　　为有效治理瓦斯，释放优质产能，华晋公司积极与煤炭科学研究总院、煤矿瓦斯治理国家工程研究中心、中国矿业大学、太原理工大学、河南理工大学等科研单位开展产学研合作，其中"近距离高含气量煤层群煤层气开发技术集成与示范""近距离煤层群多分支水平井井上下联合抽采防突技术"分别被列入"十三五"国家油气重大专项（2016ZX05067005）、国家重点研发计划（2017YFC0804206）子课题并展开系统深入研究，在确立"瓦斯综合治理五项治本之策"基础上，实施了以"三区联动—转化"为核心的"沙曲瓦斯治理模式"，使瓦斯治理从时间空间上更加科学合理，实现了"抽、掘、采"接替平衡，建立了"区域—局部—管理"三级四位一体的防突技术体系，从技术和管理上为防突工作提供有效保障。同时，公司非常重视瓦斯利用工作，通过高浓度瓦斯发电、低浓度瓦斯催化氧化等利用技术实现了"变废为宝、循环利用、持续发展"的目标，标志着沙曲井田高突煤层群井上下联合抽采技术体系（简称"沙曲模式"）真正实现。所取得主要技术成果如下：

　　1. 研究并掌握了沙曲矿瓦斯赋存规律及储层物性静态特征

　　基于瓦斯地质分析以及瓦斯基础参数测试，得出沙曲矿主要受控于柳林—吴堡单斜构造，瓦斯赋存主要影响因素为埋深、顶底板岩性特征及地质构造。

煤层细观结构为微孔主导型，吸附能力较强。

2. 总结凝练了近距离煤层群工作面瓦斯涌出动态规律

得出综采工作面瓦斯涌出主要来源为临近层，分析了五大主控因素；获取了综采工作面沿倾向和走向的瓦斯分布规律，以及采空区瓦斯流场动态分布特征。

3. 确立了沙曲矿瓦斯治理的理念

基于井田瓦斯赋存规律与瓦斯富集程度分级区划，构建了时空结合的井田三区联动瓦斯治理模式，提出了"近期、中期和远期"步进式综合瓦斯治理规划和瓦斯治理时空转化机制。

4. 构建了沙曲矿瓦斯综合治理技术体系

确立以地面钻井规模化预抽、保护层开采+底抽巷穿层钻孔群、井上下联合抽采为主的区域瓦斯治理方法，进而采取本煤层递进式钻孔、沿空留巷Y型通风及高位裂隙带定向钻孔群及采空区抽采的工作面瓦斯治理方法，形成沙曲矿瓦斯综合治理技术体系，通过"采前、采中和采后"一体化井下区域瓦斯综合抽采实现矿井的安全、高效生产。

5. 建立了沙曲矿瓦斯综合治理管理保障体系

针对瓦斯治理建立了华晋公司→矿井→区队的三级管理机构及其岗位责任制，制定了区域"四位一体"和局部"四位一体"管理制度，提出了多元化内部培训与外部考察学习交流相结合的培训方法，完善了防突设计、施工、验收和效果评价全过程闭环的风险控制，形成了沙曲矿防突管理体系。

通过"沙曲模式"的贯彻实施，矿井瓦斯抽采量已由2007年的0.8亿m^3提高到2017年的2.3亿m^3，矿井瓦斯超限次数由2007年的2605次降至2017年瓦斯零超限。随着技术体系进一步实施和完善，矿井"采掘抽"平衡的逐步实现，瓦斯灾害得到解决，为矿井安全高效生产提供有力的技术和管理保障。

本书在编写过程中得到了山西焦煤集团、华晋焦煤有限责任公司、沙曲一矿和二矿、煤炭科学技术研究院有限公司、华北科技学院、中国矿业大学、北京科技大学、太原理工大学、河南理工大学、西安科技大学等专家、学者、工程管理和技术人员的大力支持和帮助，在此表示衷心的感谢。

由于作者水平有限，书中难免有不妥甚至错误之处，敬请广大读者批评指正。

编者

2019年12月5日

目　　次

1 绪论 ··· 1
　1.1 瓦斯综合治理研究背景 ··· 1
　1.2 国内外研究现状 ··· 3

2 沙曲矿瓦斯赋存规律及分级区划 ·· 9
　2.1 矿井概况 ·· 9
　2.2 沙曲矿瓦斯地质条件 ·· 20
　2.3 沙曲矿煤储层物性特征 ··· 35
　2.4 沙曲矿瓦斯赋存规律 ·· 59
　2.5 瓦斯富集分级区划 ··· 67
　2.6 本章小结 ··· 68

3 采掘工作面瓦斯涌出规律 ·· 70
　3.1 综采工作面瓦斯涌出量计算 ··· 70
　3.2 掘进工作面瓦斯涌出量计算 ··· 76
　3.3 工作面瓦斯涌出量影响因素分析 ······································· 79
　3.4 "U+I"型通风工作面瓦斯运移规律研究 ······························· 82
　3.5 "Y"型通风工作面瓦斯运移规律研究 ·································· 99
　3.6 单"U"型通风工作面瓦斯运移规律研究 ····························· 104
　3.7 本章小结 ··· 106

4 近距离突出煤层群瓦斯综合治理战略及规划 ······························ 107
　4.1 瓦斯综合治理理念与战略 ·· 107
　4.2 基于井上下联合抽采的"三区联动"瓦斯治理模式 ················ 109
　4.3 沙曲矿瓦斯防治的"五项治本之策" ·································· 116
　4.4 近距离突出煤层群"三区联动"瓦斯治理方案 ······················ 117
　4.5 本章小结 ··· 143

5 沙曲矿瓦斯综合治理技术体系 ·· 145
　5.1 井上下联合抽采防突技术体系 ·· 145
　5.2 沙曲矿瓦斯治理技术体系 ·· 189
　5.3 本章小结 ··· 200

6 近距离煤层群资源综合利用技术 ········ 201
6.1 以煤炭为核心的综合利用技术 ······ 201
6.2 瓦斯综合利用技术 ······ 202
6.3 本章小结 ······ 208

7 沙曲矿瓦斯综合治理管理体系 ······ 209
7.1 瓦斯综合治理管理制度 ······ 209
7.2 瓦斯治理管理体系 ······ 218
7.3 瓦斯利用管理 ······ 236
7.4 本章小结 ······ 236

8 结论与展望 ······ 238
8.1 结论 ······ 238
8.2 展望 ······ 239

参考文献 ······ 240

1 绪 论

1.1 瓦斯综合治理研究背景

1.1.1 国内瓦斯治理现状

国务院办公厅印发的《能源发展战略行动计划(2014—2020)》(国办发〔2014〕31号),提出"坚持以煤炭为主体、电力为中心、油气和新能源全面发展的能源战略"目标,并指出到2020年,一次能源消费总量控制在48亿吨标准煤左右,煤炭在一次能源中占比依然达到60%,煤炭消费总量控制在42亿t左右。

根据国家煤矿安全监察局煤矿企业安全生产基础数据管理平台信息,截至2019年底,全国共有煤矿5265处,其中,井工煤矿4873处,露天煤矿392处。根据井工煤矿瓦斯等级鉴定结果,煤与瓦斯突出矿井710处,占比为14.6%;高瓦斯矿井957处,占比为19.6%,高突矿井合计1667处,占比35.2%;低瓦斯矿井3206处,占比为65.8%。据统计我国井工煤矿的开采平均深度近500 m,并且每年以20 m的速度向下延伸,井下煤层赋存及开采条件复杂,煤层瓦斯含量普遍较高,其中50%以上的煤层为高瓦斯煤层。

根据国家煤矿安全监察局2012—2015年全国瓦斯事故统计分析,2012—2015年3年间,瓦斯灾害事故76起,死亡608人,受伤105人,其中,按事故类型绘制事故起数和伤亡人数占比(图1-1),排在事故前三位的是瓦斯爆炸、煤与瓦斯突出及中毒与窒息事故,事故起数占比分别为40.79%、38.16%和21.05%,死亡人数占比分别为52.96%、32.90%和14.15%。

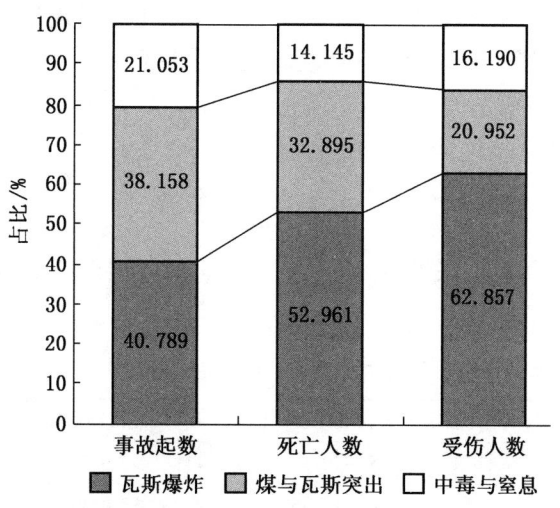

图1-1 各类瓦斯事故起数和伤亡人数占比统计图

随着煤层开采深度和强度的增加，且低瓦斯矿井也可能随之升级，依靠传统单一的瓦斯抽采方法难以有效治理瓦斯，导致瓦斯事故频发。因此，瓦斯灾害逐渐成为制约我国高突矿井安全高效生产的首要问题。

瓦斯作为煤层伴生产物，又是一种十分有用的不可再生能源，且我国瓦斯（煤层气）总量巨大，与天然气总量相当，在国际油价居高不下、减排压力空前增加的大环境下，瓦斯（煤层气）资源将扮演越来越重要的角色，在我国能源结构中的比例也将持续增大。实施瓦斯综合治理及利用，不仅能保障我国经济持续发展对能源的依赖，还将进一步提升我国煤矿安全高效生产水平，尤其对减少温室气体排放具有重要意义。

近年来，由于优质单一煤层的高强度开采及资源衰减，近距离煤层群开采在我国越来越受到重视，诸如离柳矿区、大同矿区、淮南矿区、平顶山矿区、松藻矿区等，相比单一煤层开采，近距离煤层群条件下瓦斯治理具有采动裂隙演化机制不清、瓦斯抽采方法单一等问题，亟待深入系统研究矿井瓦斯综合治理及利用技术。

据统计，我国煤矿区瓦斯抽采80%为井下钻孔，20%为地面钻井。进入21世纪以来，油气专项开发中的地面钻井技术逐步引入到矿井瓦斯治理并得到推广，淮南矿业集团提出保护层卸压开采、岩巷先行、立体抽采的模式，山西晋煤集团建立了"三区联动"立体抽采模式，平顶山煤业集团提出保护层开采、水力增透等多措并举、应抽尽抽的战略，松藻煤业集团提出"三区配套三超前增透抽采"模式，阳煤集团工程实践提出中远距离煤层群煤与瓦斯协调开采模式。上述研究受限于传统井下抽采与地面钻井抽采两项独立技术的局限性，针对二者的时空转换机制也缺乏系统研究，并未实现二者在时空上的无缝对接及高效抽采。

井上下联合抽采瓦斯综合治理是在煤炭开采的采前、采中和采后等阶段对应矿井开拓开采部署的开拓区、准备区、回采区，依据科学安排，采取合理、有效的技术手段，通过实施相关工程，实现煤矿瓦斯灾害有效防治，并加以综合利用。与传统的、单一的井下钻孔瓦斯抽采不同，对井上下联合抽采防突的认识，是对瓦斯综合治理的重大转变。实施瓦斯综合治理理论与技术研究，一方面可为煤炭开采提供安全保障，另一方面将瓦斯作为与天然气同等重要的资源，有效地提高瓦斯的开发利用水平，对优化我国能源结构、有效保障能源安全、缓解能源紧张和改善矿区环境均具有重要意义。

1.1.2 沙曲矿瓦斯灾害特点

根据沙曲矿现主采煤层主要瓦斯基础参数（表1-1），可以看出：沙曲矿各主采煤层均为煤与瓦斯突出煤层。煤层瓦斯含量高，瓦斯压力大，煤层硬度较小，瓦斯放散初速度小于或接近临界值10，结合现场实测得出2号、3号、4号、5号煤层透气性系数为0.1~10 $m^2/(MPa^2 \cdot d)$，为可以抽采煤层，但透气性小，对煤层进行瓦斯预抽时需加大钻孔密度，以提高瓦斯抽采效率。

表1-1 沙曲矿现主采煤层主要瓦斯基础参数表

煤层编号	原始瓦斯压力/MPa	原始瓦斯含量/($m^3 \cdot t^{-1}$)	坚固性系数 f	瓦斯放散初速度 ΔP
2号	1.05	4.50~10.12	0.64	4.11
3号	1.37	5.49~12.46	0.30	8.5
4号	1.57	5.00~14.40	0.42	10.13
5号	1.49	3.83~14.71	0.33	11.24

结合煤系地层赋存条件，矿井瓦斯灾害存在以下特点：

1. 各煤层均具有高瓦斯含量、高瓦斯压力、强吸附特征、低透气性，即"两高一强一低"特性

根据表 1-1 数据，结合矿井实测结果和实验室测试分析，沙曲矿各主采煤层原始瓦斯含量平均值均大于 8 m³/t，瓦斯压力均大于 0.74 MPa，坚固性系数除 2 号煤层外都小于 0.5，从瓦斯放散初速度 ΔP 看接近或小于 10，与国内其他突出矿井煤层的 ΔP 有较大区别，结合实验室对煤样的吸附解析性能测试的 a、b 值，表现出煤对瓦斯的强吸附特征。这些特性决定了沙曲矿瓦斯治理的特殊性。

2. 矿井吨煤瓦斯涌出量大，瓦斯涌出量控制难度极大

沙曲矿主采的 2 号、3 号、4 号和 5 号煤层为中阶变质程度的焦煤，各煤层原始瓦斯含量较高。2010 年矿井原煤产量为 270 万 t，矿井绝对瓦斯涌出量达到了 510 m³/min，相对瓦斯涌出量为 110 m³/t。不论矿井绝对瓦斯涌出量还是相对瓦斯涌出量，在全国都位于前列，矿井瓦斯涌出量难以控制，导致瓦斯超限频发。

3. 主采煤层近距离赋存，煤层消突难度大

2 号、3 号、4 号和 5 号主采煤层相邻煤层的层间距均小于 20 m，属近距离煤层群赋存。由于层间距较小，在上层煤进行采掘活动时易误揭下伏突出煤层。因此，这种近距离煤与瓦斯突出煤层群赋存条件给煤与瓦斯突出防治带来较大困难。

4. 近距离邻近层卸压瓦斯底板涌出严重，首采煤层瓦斯治理难度大

由于 2 号、3 号、4 号和 5 号煤层原始瓦斯含量较高，且相邻煤层的层间距较小，因此，回采上部首采煤层时，各下邻近层的卸压瓦斯从底板涌向采掘空间，给采掘空间的瓦斯治理带来极大压力。原有的本煤层钻孔、高位钻孔和高抽巷等瓦斯抽采措施不能有效地解决下部煤层和底板瓦斯涌出问题，加大了首采层的瓦斯治理难度。

1.2 国内外研究现状

1.2.1 瓦斯赋存规律研究

国内外学者从不同角度对瓦斯赋存规律进行了深入的研究，普遍认为影响煤层瓦斯赋存规律的主要因素有：成煤时期、沉积环境、地质构造、煤的变质程度、埋藏深度和煤系地层储气物性条件以及采掘活动等因素，其次在特殊赋存条件和成煤后外因作用也有较大影响，如后期冲刷作用、火成岩侵入、水动力条件等也会影响或改变煤层瓦斯赋存规律。

储气条件主要包括煤层的埋藏深度、煤层和围岩的透气性、煤层倾角、煤层露头以及煤的变质程度等。地质构造主要包括褶曲构造、断裂构造、复合构造及水文地质条件等。从瓦斯地质研究成果来看，封闭型地质构造有利于封存瓦斯，开放型地质构造有利于瓦斯排放。煤矿井下采掘活动会使煤层所受应力重新分布和岩层移动，产生次生裂隙改变煤岩的透气性结构；采动压力或矿山压力显现可以使卸压区内透气性增高，集中应力带内煤体透气性降低，从而引起煤层瓦斯赋存状态发生变化。

许多学者利用扫描电镜技术，从微观角度出发研究了孔隙、裂隙对瓦斯赋存的影响，在煤层瓦斯含量、瓦斯组分和煤的孔容特征的试验测定基础上，分析了煤层瓦斯组分特征，研究了孔隙结构特征对瓦斯赋存的影响规律。

1.2.2 区域瓦斯治理研究

1. 保护层开采及卸压瓦斯抽采技术

一般把消除邻近煤层的突出危险而先开采的煤层或岩层称为保护层，位于突出危险煤层上方的保护层称为上保护层，位于突出危险煤层下方的保护层称为下保护层。我国保护层开采技术一般包括6个方面的内容：①保护层开采及瓦斯抽采规划；②保护层开采及瓦斯抽采；③被保护层卸压瓦斯的强化抽采；④被保护层保护效果及保护范围考察；⑤被保护层区域性消除突出危险性认证；⑥被保护层开采及瓦斯抽采。

保护层开采及瓦斯抽采规划要求具备保护层开采条件的突出矿井必须提前3~5年制定保护层开采及瓦斯抽采规划，调整矿井开采部署，制订矿井开拓和采掘接替计划，设计瓦斯抽采和治理技术方案。保护层工作面应正常衔接，做到"抽、掘、采"平衡。保护层开采过程中的瓦斯抽采是保护层安全开采的重要保障，被保护层卸压瓦斯强化抽采是区域性消除被保护层突出危险性，有效地降低煤层瓦斯含量，由高瓦斯煤层转变为低瓦斯煤层的必要条件。为了实现被保护层的安全高效开采，需要采取相应的保护层和被保护层卸压瓦斯强化抽采方法，经被保护层区域性消除突出危险性验证后，方可在被保护层中进行采掘作业。

保护层开采之后，其上覆岩体将形成垮落带、裂缝带和弯曲下沉带，其下伏一定范围内的岩体将形成底鼓和膨胀变形，形成底鼓变形带。不同的矿区由于煤层赋存等因素的影响，"三带"的分布存在较大差别。开采下保护层时不得破坏上覆被保护层的开采条件，即被保护层应在裂缝带和弯曲下沉带。而开采上保护层时，要求被保护层应在底鼓变形带内。被保护层所处的区域不同，煤（岩）体裂隙发育差异较大，瓦斯抽采方法也不尽相同。处于裂缝带内的煤（岩）体既产生平行层理的裂隙，也产生垂直和斜交层理的裂隙，卸压瓦斯在抽采负压的作用下既可以沿平行层理方向流动，也可以沿垂直和斜交层理方向流动。

配合保护层开采进行瓦斯综合治理时比较有效的瓦斯抽采方法有：顶板或底板穿层钻孔法、走向高位钻孔法、倾向高位钻孔法、走向高抽巷法、倾向高抽巷法、地面钻井抽放法等。处于弯曲下沉带内的煤（岩）体由于整体下沉，多产生平行层理的裂隙，卸压瓦斯沿平行层理方向流动相对容易，可采用顶板或底板巷道网格式上向穿层钻孔法和地面钻井法进行瓦斯抽采。处于底鼓变形带内的煤（岩）体由于膨胀变形，多产生平行层理的裂隙，卸压瓦斯沿平行层理方向流动相对容易，此时可采用顶板或底板巷道网格式上向穿层钻孔法。

2. 强化预抽煤层瓦斯技术

强化预抽煤层瓦斯是一种十分有效的区域防突措施。对于单一突出危险煤层，且无保护层开采条件时，多采用强化预抽措施，降低煤层瓦斯含量，防止煤与瓦斯突出。

工程实践中常采用底板岩巷+穿层钻孔强化预抽方法，即首先在突出煤层底板一定安全距离施工底板岩巷，下一个阶段的岩巷需通过边界上山和上一个阶段岩巷连通构成全负压通风系统；其次，在底板岩巷和边界上山内每隔一定距离施工钻场，从钻场内向突出煤层施工网格式上向穿层钻孔，预抽煤层瓦斯；最后，在工作面机巷和开切眼形成一个消除煤与瓦斯突出危险性的保护条带后，掘进煤层巷道形成工作面系统，再从工作面机巷和风巷施工顺层钻孔，预抽回采区域内煤层瓦斯，降低煤层瓦斯含量和瓦斯压力，实现消除工作面的煤与瓦斯突出危险性。对于单一突出危险性特别严重的煤层，也可采取双底板岩巷，网格式上向穿层钻孔预抽整个工作面区域内的瓦斯，消除开采区域的突出危险性。

为了提高网格式穿层钻孔的瓦斯抽采效果，国内一些矿井先后采用了煤层压裂、松动爆破、水力冲孔、水力扩孔、水力割缝、注惰气驱替或二氧化碳爆破欲裂等煤层增透技术。此外，对于采用保护层开采及卸压瓦斯抽采的被保护层工作面，由于受保护层开采卸压角的影响，工作面走向（或倾向）一定区域内未受到卸压保护，仍需要采用上述强化预抽煤层瓦斯技术进行补充。

3. 大直径长钻孔定向钻机井下区域预抽

煤矿井下水平定向钻进技术（Horizontal Directional Drilling，HDD）起步于20世纪60—70年代的美、英、澳等西方工业发达国家。英国于1957年就开始对在煤层中钻进孔深在100 m以上的定向钻孔所用的设备、钻具进行研制和试验，美国于1964年开始研究煤矿井下用于抽采瓦斯的水平钻孔成孔设备及技术，能够完成孔深635 m的水平定向孔；德国于80年代初在烟煤和岩层中施工的最深水平孔的孔深为1770.3 m；澳大利亚在煤层厚度大、煤质较硬的稳定地层采用普通回转钻孔孔深可达300 m，而采用孔底马达、无线导向工具钻进时，孔深可达1000 m以上，并实现了主孔里施工多个分支孔，2002年2月，澳大利亚的Valley longwall Drilling公司用孔底马达完成了孔深1761 m的煤矿井下水平定向孔。

我国的煤矿井下HDD技术起步于20世纪90年代初，中煤科工西安研究院MK系列钻机的研发为我国煤矿井下定向钻进技术的发展奠定了良好的基础。2000年研发的矿用煤层气抽采长钻孔水平钻机成套设备及钻进工艺技术，在抚顺矿区施工近水平定向钻孔终孔孔深达到722.6 m，终孔孔径94 mm；同时在晋煤集团寺河矿完成了终孔孔深509.03 m的全煤层长钻孔，成孔后封孔抽采瓦斯浓度达到9%，瓦斯抽采纯量达到$2\sim2.5$ m^3/min。此后，大直径定向长钻孔施工技术先后在晋城、铜川、淮南、潞安、阳泉、鹤壁等企业的井下得到推广应用，收到了明显的经济效益和社会效益。

国内第一次成功使用螺杆钻具的是山西晋城亚美大宁能源有限公司，该矿地质构造比较简单，呈单斜构造，倾角一般在10°以内，在矿区东部以褶皱为主，在矿区西部断层比较发育，矿区内基本没有陷落柱存在。3号煤层瓦斯原始含量为$8.71\sim18.39$ m^3/t，平均13.43 m^3/t。2003年5月，利用引进的VLD深孔定向钻机及其相应配套钻具，在井下实施了大直径长距离钻孔区域预抽工程，到2005年11月底，累计完成定向钻孔420个，总进尺达到了228.5 km，最长的钻孔达到了1005 m。累计抽放时间682 d，瓦斯浓度维持在90%以上的时间有245 d，累计抽出纯瓦斯量221×10^4 m^3。利用VLD定向钻机的水平分支功能，在钻孔接近终端进行分支，保证煤层钻孔在终端的间距基本相同，除了水平分支外，钻孔在垂直方向进行的探顶与探底形成了垂直方向的多分支，充分提高了煤层的透气性。

根据大宁矿区的抽采数据统计，某工作面利用VLD定向钻机施工了一个钻孔，钻孔深度达1002 m，累计抽放时间为682 d，瓦斯浓度维持在90%以上的时间有245 d，累计抽出纯瓦斯量为221×10^4 m^3。在第一个长壁工作面布置的34个瓦斯抽放钻孔，钻孔平均钻进深度为734.65 m，每孔平均抽放时间为339 d，单孔平均瓦斯抽放纯量为94.09×10^4 m^3，工作面累计预抽出纯瓦斯量达3199.09×10^4 m^3。由此可以看出，深孔钻进与多分支技术是保证瓦斯抽放效果的重要因素。

2017年，中煤科工西安研究院ZDY6000LD（F）型定向钻机在贵州黔西能源青龙煤矿井下11615工作面进行顶板大直径高位定向长钻孔施工，孔径133 mm。结合钻机能力特点，优化钻孔设计、钻具组合和钻进工艺，通过瓦斯运移规律研究，合理选择钻孔布置层位，完成4个大直径高位定向钻孔，其中3个钻孔孔深达到600 m以上，最深孔深618 m。连接井下抽采系统以来，4个高位定向钻孔单孔瓦斯抽采浓度最高达到45.2%，最大流量达到2.29 m³/min，实现稳定抽采，工作面回采期间，上隅角及回风巷瓦斯保持在0.4%以下。

1.2.3 局部瓦斯治理研究

1. 顺层钻孔方法

工作面巷道在穿层钻孔预抽掩护下施工完成后，便可从风巷、机巷内施工顺层钻孔抽采工作面开采区域瓦斯，工作面顺层钻孔布置如图1-2所示。

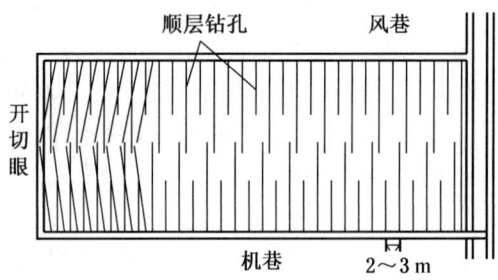

图1-2 工作面顺层钻孔布置

顺层钻孔的间距与钻孔的抽采半径有关，在低透气性的突出煤层中，钻孔间距一般按照2~3 m设计，钻孔直径为91 mm，钻孔长度根据工作面倾向长度设计，如果煤层较厚，可根据情况布置2~3排钻孔。为了缩短开切眼前方部分煤体的瓦斯抽采时间，在工作面里段补打一定数量的顺层钻孔，钻孔与巷道煤壁呈75°夹角，与原顺层孔交叉布置，以便提高钻孔抽采效果，并可在回采过程中实现边采边抽、卸压抽采。对于煤层松软、顺层钻孔施工困难的煤层，可采用"递进法"施工顺层钻孔，保证顺层钻孔覆盖整个工作面。

2. 交叉钻孔抽采方法

交叉钻孔抽采方法，其原理是平行钻孔与倾向钻孔相间布置，形成交叉钻孔组，交叉钻孔在交叉区内的相互作用结果，使得钻孔的塑性应力圈半径加大，相当于加大了抽采钻孔直径。另外，由于斜向钻孔是斜向工作面伪倾斜布置，工作面推进过程中一定数量的斜向钻孔始终位于工作面前方的卸压带内进行卸压瓦斯抽采，并且作用时间比平行钻孔要长，进而提高煤层瓦斯抽采效果，因此交叉钻孔抽采方法比平行钻孔抽采方法效果要好。交叉钻孔布置还可以避免因钻孔坍塌及堵孔而影响钻孔瓦斯抽采效果。焦作矿务局九里山矿13051工作面交叉钻孔布置如图1-3所示，交叉钻孔组间距为7~9 m，平行钻孔间距为2~3 m。根据试验考察结果，以中块段为例，交叉钻孔的百米钻孔初始瓦斯自然涌出量是平行钻孔的2.67倍，百米钻孔瓦斯抽采量是平行钻孔的2.02倍。

3. 裂缝带瓦斯抽采方法

裂缝带瓦斯抽采方法是在准确判断裂缝带发育高度以及保证钻孔（巷道）孔身尽可能位于裂隙发育带基础上，采取高位钻孔、倾向高抽巷+顺层钻孔、走向高抽巷以及定向钻

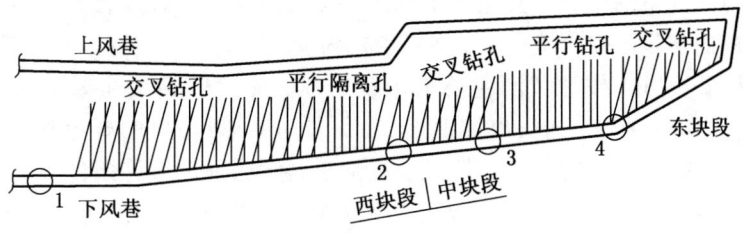

图 1-3 焦作矿务局九里山矿 13051 工作面交叉钻孔布置

孔,实现从本煤层向采动裂缝带瓦斯富集区施工高位钻孔或定向钻孔,或者沿倾向、走向施工高抽巷抽采裂缝带瓦斯,减少采空区瓦斯及上隅角瓦斯涌出。

4. 采空区埋管抽采方法

采空区埋管抽采方法是通过在风巷上帮铺设一趟抽采管抽采采空区瓦斯,减少采空区瓦斯流入工作面。常见的采空区埋管的抽采管吸气口位于采空区底板处,由于底板处瓦斯含量较低,造成采空区抽采的瓦斯含量偏低,一般在 3%~5% 之间。为提高这一方法的抽采效果,对采空区埋管抽采方法进行了改进。根据顶板岩层裂隙中汇集有大量高浓度瓦斯的特点,设计采用了采空区长立管瓦斯抽采方法将采空区埋管的吸气口抬高,吸气口距巷道底板高度为 7~9 m。根据淮北祁南煤矿 32 号煤层工作面的应用,采用立管抽采法后采空区瓦斯抽采浓度可达 10% 以上。

1.2.4 突出机理及预测技术研究

纵观突出机理研究的发展过程,可以分为三个阶段,即单因素假说阶段、综合假说阶段和流变假说阶段。单因素假说又包括瓦斯主导作用假说、地压主导作用假说、化学作用假说,这三类假说都只强调了某一单一因素在瓦斯突出中的地位和作用。由于煤与瓦斯突出的因素多而复杂,任何单项假说都不能圆满解释所有的现象,因此,突出机理的综合作用假说就成为突出机理理论研究发展的必然。俄罗斯的 M. ICI. 包尔申斯基等研究了瓦斯动力现象的本质和岩石破坏机理;鲜学福等对煤体变形特征对突出的作用和影响进行了研究;著名学者霍特提出了突出的能量假说;煤与瓦斯突出机理"流变假说"(何学秋,周世宁,1990)的提出,是建立在理论体系比较完善的流变力学基础之上,通过对含瓦斯煤样在三轴受力状态下含瓦斯煤流变行为的数学模型、流变特性和本构方程研究,提出了煤与瓦斯突出的流变机理,这使得认识煤与瓦斯突出现象的本质规律成为可能,使原来只能定性描述的现象上升到半定量化阶段。

突出预测是瓦斯防治工作的基础,进行准确、有效的预测,不仅能保障在突出危险带采掘时的人身安全,而且能指导预防措施更合理地实行。因此,国内外学者先后开展了突出预测技术的研究,并在实际生产应用中取得了许多成功的经验,提出了各种各样的煤与瓦斯突出预测方法。目前广泛采用的掘进工作面预测方法主要有:

(1) 钻屑综合指标:测定每米钻孔最大钻屑量 S、钻屑瓦斯解吸衰减系数 C、钻屑瓦斯解吸指标 Δh_2 和 K_1 值等。

(2) 钻孔瓦斯涌出初速度:考虑了煤层瓦斯含量和瓦斯放散速度的影响。

(3) R 值综合指标:综合考虑了最大钻屑量和钻孔瓦斯涌出初速度的影响。

(4) 利用瓦斯涌出量变化:德国学者提出了 V_{30} 指标,即掘进工作面爆破后 30 min 内的瓦斯涌出量与落煤量的比值，其临界指标值是40%的可解吸瓦斯含量。屠锡根等根据对我国北票矿务局的初步研究，确定V_{30}临界指标为9 m^3/t。

沙曲矿区煤巷掘进工作面预测主要采用钻屑指标法，K_1值为主要的预测指标。在实际预测过程中，《防治煤与瓦斯突出细则》（简称《防突细则》）中规定的临界值在沙曲矿区出现过预测无危险，实际有危险的情况。在缺乏科学的理论解释条件下，只能在总结经验的基础上，通过强制的指令规定临界值，大大降低了掘进速度，造成采掘失调。因此，急需开展这方面的理论研究工作，验证预测指标临界值的合理性。

2 沙曲矿瓦斯赋存规律及分级区划

2.1 矿井概况

沙曲煤矿隶属于山西焦煤集团华晋焦煤有限责任公司，位于吕梁山脉中段西部，河东煤田中部，行政区划属山西省吕梁市柳林县管辖，井田工业场地距柳林县城约 5 km。现有青—银高速和太（原）—军（渡）—绥（德）国家级公路经过工业场地，公路交通运输方便。太中银铁路、孝柳铁路已投入运营。沙曲矿铁路专用线在孝柳线穆村车站东端接轨，线路长 1.96 km，沙区矿交通位置如图 2-1 所示。

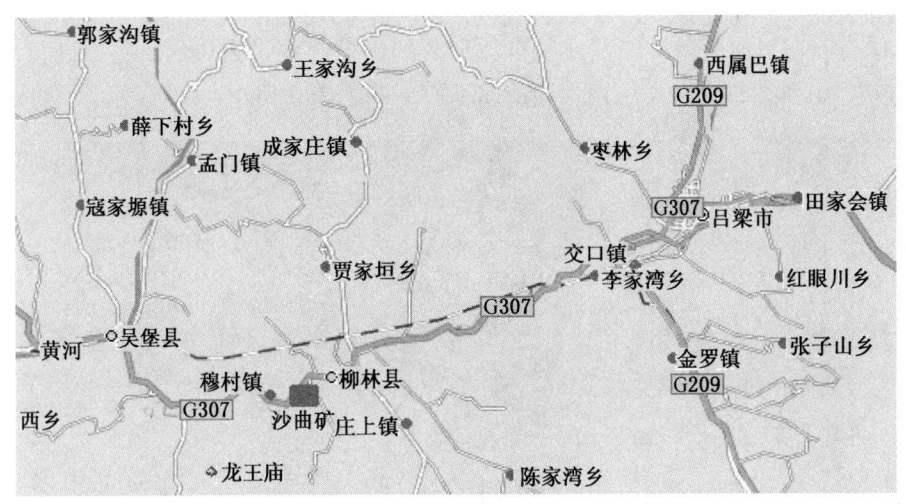

图 2-1 沙曲矿交通位置图

井田大致呈北西—南东向弧形，长约 22 km，宽 4.5~8 km，面积为 138.3535 km^2。全井田批采煤层共 8 层煤，分为上、下两组，上煤组为山西组的 2 号、3 号、4 号（3+4 号）、5 号煤层，下煤组为太原组的 6 号、8 号、9 号、10 号煤层，如图 2-2 所示。开采方式为地下开采，开采深度由 +600 m 至 -100 m，井田内划分为两个水平，且两个水平之间采用暗斜井联络方式，一水平水平标高为 +400 m，用于开采上组煤，二水平水平标高为 +200 m，用于开采下组煤。目前开采水平为 +400 m。

由于沙曲井田南北翼煤层和瓦斯赋存差异性较大，北翼煤层赋存稳定性大于南翼，北翼 2 号煤层大部可采，且 3 号、4 号煤层合并为一层，平均厚度达 4.5 m，南翼 2 号煤层部分可采，且 3 号和 4 号煤层在成煤时期受河流冲刷影响而分开，平均间距约 6 m；沙曲井田主采煤层瓦斯原始含量大、瓦斯压力高、煤层瓦斯吸附能力强等因素影响，造成南翼 4 号煤层突出危险性大，北翼 3+4 号煤层工作面瓦斯涌出量大、超限问题严重，瓦斯涌出呈现"南突北超"特点。因此，以井田中部的三川河、太中银铁路、孝柳铁路、汾军高

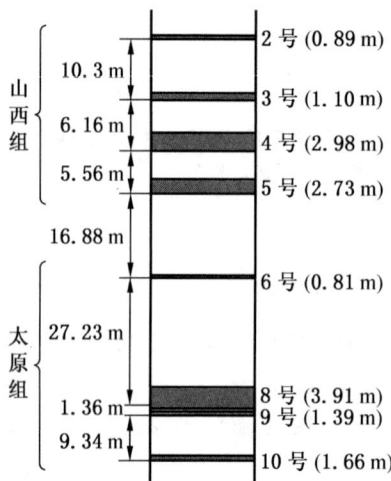

图 2-2 沙曲矿可采煤层间距示意图

速、307 国道、三川河两岸村庄及建筑自然形成的保护煤柱带为边界，将原井田划分南、北两块井田，北部为沙曲一矿，南部为沙曲二矿，如图 2-3 所示。

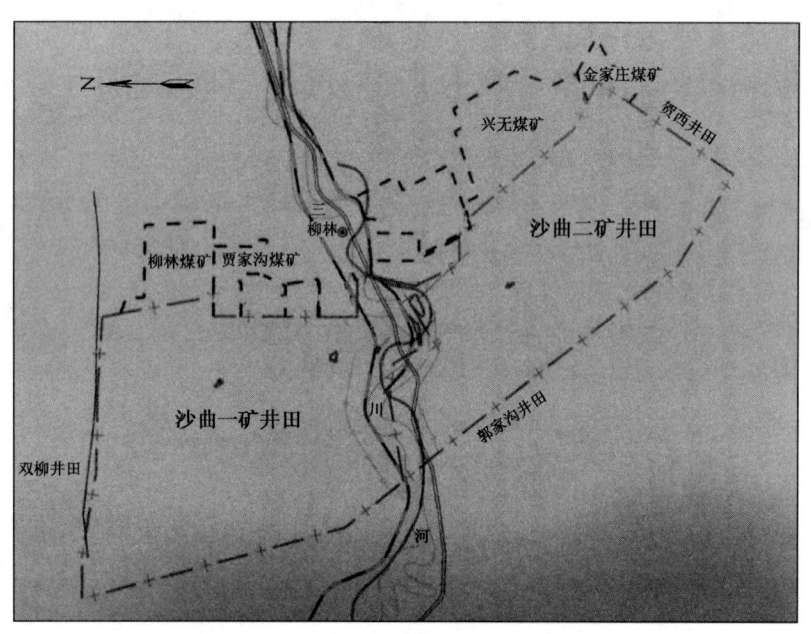

图 2-3 沙曲一矿、二矿井田划分示意图

2018 年，沙曲矿"一矿变两矿"改（扩）建工程通过了山西煤炭厅对沙曲一矿、沙曲二矿竣工验收。投产后，沙曲矿的生产能力由原来的 300×10^4 t/a 增至 800×10^4 t/a，其中沙曲一矿的生产能力为 500×10^4 t/a，沙曲二矿为 300×10^4 t/a。

沙曲矿通过近 20 年的瓦斯综合治理技术与工程实践，积极引进先进瓦斯治理技术与装备，探索研究瓦斯治理新方法、新技术，矿井瓦斯治理方式由通风为主转向抽采为主，由原来矿井工作面年超限 3600 余次降至零，2014 年以来，实现了采掘工作面瓦斯零超限。

开掘进尺从11000 m/a增至24000 m/a，实现瓦斯抽采率和利用量双重提升，瓦斯抽采率由40%提升至70%，瓦斯年利用量由$1100×10^4$ m^3增加至$7700×10^4$ m^3；最终实现矿井优质煤炭产能释放，由原来的$500×10^4$ t提升至$800×10^4$ t，见表2-1。

表2-1 沙曲矿瓦斯治理及开拓开采工程量演变历史

时间	年开拓进尺量/m	年产量/$×10^4$ t	年超限次数	瓦斯抽采率/%	瓦斯年利用量/$×10^4$ m^3
2009 年	11000	165	342	40	1800
2018 年	24000	470	0	70	7950

2.1.1 煤层

井田内共有可采煤层8层，分别为2号、3号、4号、5号、6号、8号、9号、10号，可采煤层总厚15.42 m。其中2号、3号、4号、5号赋存于山西组，6号、8号、9号、10号赋存于太原组。上组煤层沙曲一矿、二矿煤系地层综合柱状图如图2-4和图2-5所示。可采煤层分述如下：

1. 2号煤层

赋存于山西组中部，上距K_4砂体29 m，下距4号煤层16.50 m。见煤厚度为0.25~2.20 m，平均为0.89 m，为一较稳定的大部可采煤层。可采厚度为0.71~2.20 m，平均为1.07 m。不含夹矸或偶含夹矸1~2层，结构简单。井田沙曲一矿大部可采，沙曲二矿部分可采，主要可采区分布于11线以北。在初采范围内，北部为薄煤层，局部为中厚煤层。顶板为砂质泥岩、泥岩，有一定比例的粗碎屑岩；底板为泥岩，砂质泥岩、粉砂岩。

2. 3号煤层

赋存于山西组中下部，上距2号煤层10.34 m，下距4号煤层0~16.99 m，平均为6.16 m。见煤厚度为0.40~1.50 m，平均为1.05 m，为一较稳定的大部可采煤层。井田北部7线以北除西缘有小面积可采区外，大面积与4号煤层合并。沙曲二矿内3号煤层与4号煤层独立发育，顶板以粉砂岩和砂质泥岩为主，泥岩、细粒砂岩次之；底板为砂质泥岩和粉砂岩，含一定量的细粒砂岩和泥岩。

3. 4号煤层

赋存于山西组下部，上距3号煤层6.16 m，下距K_3砂体10.61 m。见煤厚度为0.50~6.05 m，平均为2.98 m。含夹石0~4层，多数为1~2层，夹石厚度多在0.06~0.20 m，个别达0.50 m。夹石岩性以炭质泥岩和泥岩为主。煤厚变化有明显的规律性，总的趋势是由北向南从厚煤层变为中厚煤层至薄煤层。在原精查勘探区，7号勘探线以北基本上为3号、4号煤层合并的厚煤地段，煤厚多为4 m，最厚达6.05 m，7号勘探线以南分叉后，3号煤层的厚度约2 m，井田西南角为薄煤带。顶板为中-细砂岩、砂质泥岩、泥岩；底板为砂质泥岩和粗碎屑岩。4号煤层为一较稳定的全区可采煤层。

4. 5号煤层

赋存于山西组下部，上距4号煤层2.98 m，下距K_3砂岩1.79 m。见煤厚度为0.10~5.04 m，平均为2.73 m。可采厚度为1.05~5.04 m，平均为2.89 m。含夹石0~6层，多数为1~2层，岩性为炭质泥岩和泥岩，厚度大多在0.06~0.20 m。全井田大部可采，仅在

界	系	组	层厚/m	柱状 1:200	岩石名称	岩性描述
古生界	二叠系	山西组	7.3		中砂岩	灰白色中砂岩，厚装层，以石英为主，次为长石，均匀层理
			2.07		泥岩	黑色泥岩
			1.04		2号煤层	半亮型煤，粉末状
			1.75		碳质泥岩	黑色含碳泥岩，含植物化石碎片
			1.61		细砂岩	灰色细砂岩，中厚层状，以石英为主，次为长石，均匀层理
			4.5		中砂岩	为白色中砂岩，厚装层，以石英为主，次为长石，均匀层理
			0.5		砂质泥岩	灰黑色泥岩，含植物碎片化石
			0.59		粉砂岩	深灰色粉砂岩，薄层状，脉状层理
			5.5		砂质泥岩	灰黑色泥岩，含植物碎片化石，上部有菱铁矿，局部含砂
			4.62 (4.30-4.75)		3+4号煤	半光亮型，玻璃光泽，内生裂隙发育，4号煤夹石为炭质泥岩
			1.1		中砂岩	灰色中砂岩，可见大量的白云母碎片，顶部渐粗
			2.5		粉砂岩	黑色粉砂岩，有植物碎片化石
			2		泥岩	黑色泥岩
			3.3		5号煤	半光亮型煤，玻璃光泽
			2.6		砂质泥岩	黑灰色砂质泥岩，可见大量植物根茎化石
			1.7		K_3砂岩	褐灰色粗砂岩，泥质胶结

图2-4 沙曲一矿煤系地层综合柱状图

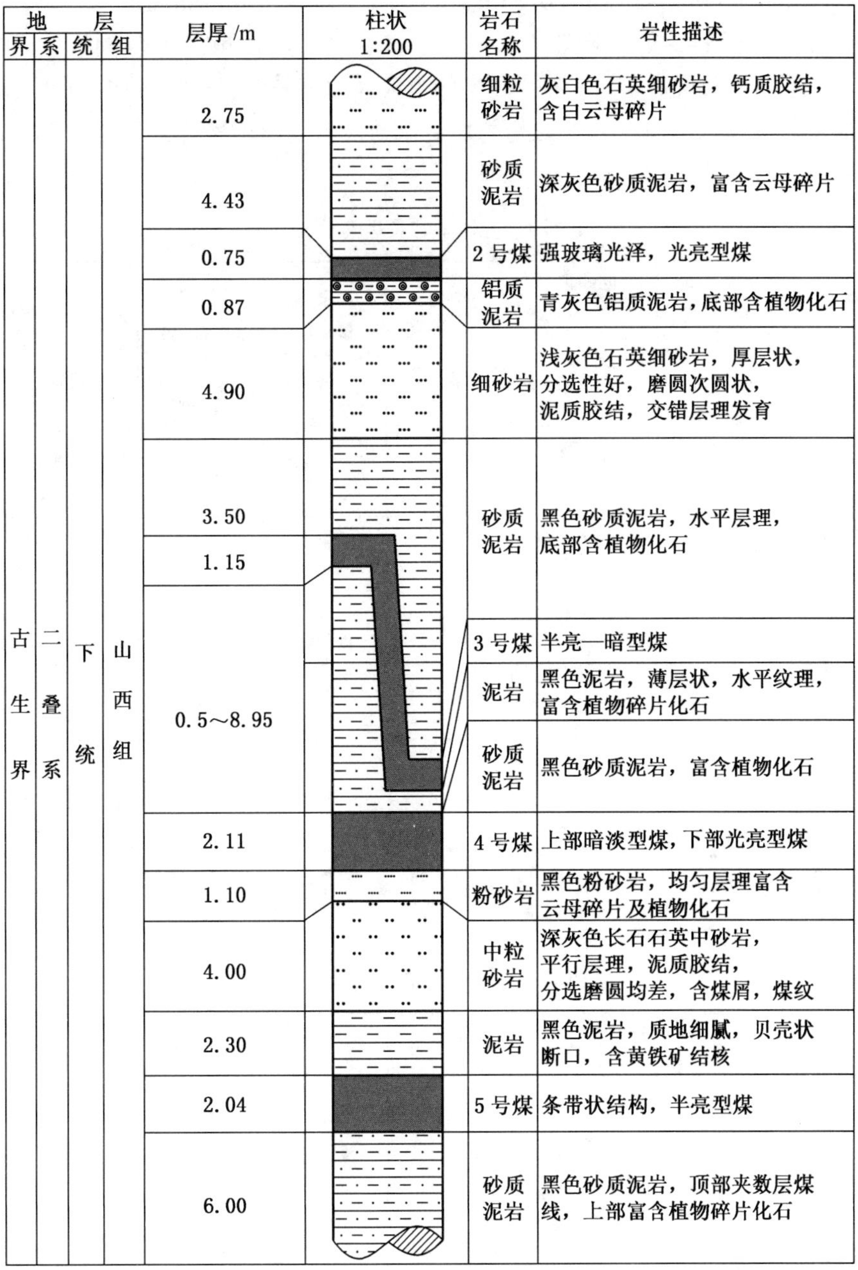

2 沙曲矿瓦斯赋存规律及分级区划

地层界	系	统	组	层厚/m	柱状 1:200	岩石名称	岩性描述
古生界	二叠系	下统	山西组	2.75		细粒砂岩	灰白色石英细砂岩，钙质胶结，含白云母碎片
				4.43		砂质泥岩	深灰色砂质泥岩，富含云母碎片
				0.75		2号煤	强玻璃光泽，光亮型煤
				0.87		铝质泥岩	青灰色铝质泥岩，底部含植物化石
				4.90		细砂岩	浅灰色石英细砂岩，厚层状，分选性好，磨圆次圆状，泥质胶结，交错层理发育
				3.50		砂质泥岩	黑色砂质泥岩，水平层理，底部含植物化石
				1.15			
				0.5～8.95		3号煤	半亮—暗型煤
						泥岩	黑色泥岩，薄层状，水平纹理，富含植物碎片化石
						砂质泥岩	黑色砂质泥岩，富含植物化石
				2.11		4号煤	上部暗淡型煤，下部光亮型煤
				1.10		粉砂岩	黑色粉砂岩，均匀层理富含云母碎片及植物化石
				4.00		中粒砂岩	深灰色长石石英中砂岩，平行层理，泥质胶结，分选磨圆均差，含煤屑、煤纹
				2.30		泥岩	黑色泥岩，质地细腻，贝壳状断口，含黄铁矿结核
				2.04		5号煤	条带状结构，半亮型煤
				6.00		砂质泥岩	黑色砂质泥岩，顶部夹数层煤线，上部富含植物碎片化石

图2-5 沙曲二矿煤系地层综合柱状图

井田西北角的2号孔尖灭。此外在原精查勘探区，厚煤区分布于井田东北部，平均厚度约为4 m，最大达5.04 m。由此向西和向南厚度递减。顶板为泥岩及极少量中-细粒砂岩；底板为粉砂岩、泥岩，含一定比例的粗碎屑岩。本煤层为一较稳定的全井田大部可采煤层。

5. 6号煤层

赋存于太原组上部，上距K_3砂岩16.48 m，下距8号煤层27.73 m。伏于L_5灰岩下。

见煤厚度为0.10~1.66 m，平均为0.81 m。可采厚度为0.70~1.66 m，平均为1.00 m。不含夹石，少数含夹石1~2层，岩性为炭质泥岩和泥岩。本层虽尖灭范围极少，但可采范围分布不广，且连续性差，3~15线的西半部为最大的可采区。可采区内煤层以薄煤为主，局部为中厚煤层。顶板为石灰岩，底板为泥岩或粉砂岩。本煤层为一较稳定的大部可采煤层。可采煤层特征见表2-2。

表2-2 上组煤可采煤层特征表

含煤地层	煤层编号	煤层厚度/m 最小~最大 平均	层间距离/m 最小~最大 平均	结构 夹矸层数	可采性 稳定性	视密度/ (t·m⁻³)	顶板 底板 岩性描述
山西组	2	0.25~2.20 / 0.89	1.01~23.92 / 10.34	简单 0~2	局部可采 不稳定	1.36	砂泥岩、泥岩 / 泥岩、砂泥岩、粉砂
	3	0.40~1.50 / 1.05		简单 0~1	局部可采 不稳定	1.43	粉砂岩、砂泥岩 / 砂泥岩、砂泥岩
	4	0.84~6.05 / 2.98	0~16.99 / 6.16	中等 0~4	全部可采 稳定	1.36	中-细砂岩、砂泥岩 / 砂泥岩和碎屑岩
	5	0.10~5.04 / 2.74	1.80~9.74 / 5.56	复杂 0~6	大部可采 较稳定	1.47	泥岩及少量中-细砂岩 / 粉砂岩、泥岩
太原组	6	0.10~1.66 / 0.81	11.5~31.82 / 16.88	简单 0~2	局部可采 不稳定	1.43	石灰岩 / 泥岩或粉砂岩

根据化验测试结果，山西组2号、3号、4号和5号煤层以焦煤为主，夹少量肥煤；太原组6号煤层为焦煤，8号、10号煤层以焦煤为主，瘦煤次之，有少量贫瘦煤。井田煤质采样点偏低，但初采区相对较高，控制程度比较好。部分可采煤层煤质特征见表2-3。

表2-3 上组煤可采煤层煤质特征

煤层编号	水分/% 最小~最大 平均	灰分/% 最小~最大 平均	挥发分/% 最小~最大 平均	硫分	磷分	煤类
2	0.32~1.11 / 0.58	7.77~29.58 / 14.52	16.69~27.06 / 22.97	特低硫	特低磷	焦煤为主，局部为肥煤
3	0.36~1.52 / 0.57	8.30~30.59 / 21.66	19.76~25.80 / 22.68			
4	0.18~1.16 / 0.49	7.52~25.40 / 15.23	18.75~26.97 / 21.90		低磷	
5	0.30~1.20 / 0.56	15.1~34.14 / 23.88	18.95~23.55 / 21.43	低硫为主局部特低中硫	中磷	焦煤
6	0.32~0.80 / 0.56	6.72~33.29 / 18.39	17.25~24.42 / 20.21	中硫	低磷	

本井田煤层属炼焦煤，炼焦是最合理的加工利用方向，此外也可作为动力、化工用煤。除2号、4号煤层可单独炼焦外，其他煤层单独炼焦因灰分高难洗选，经

济效益差。

井田内各煤层覆盖较厚，煤层最小埋深为 93 m，最大埋深为 810 m，根据钻孔煤层采样化验结果，井田内所有煤层均不存在风化和氧化现象。

2.1.2 资源储量

依据 2008 年山西省河东煤田离柳井田勘探（精查）地质报告，沙曲井田的核实井田保有资源储量为 217362.9×10^4 t，其中可采储量为 213221.9×10^4 t；初期开采的 2 号、3 号、4 号、5 号煤层可采储量为 106002.9×10^4 t，具体数据见表 2-4。

表 2-4 沙曲井田保有资源储量汇总表 $\times 10^4$ t

煤层	储量级别	可采储量							暂不能利用储量	保有储量
		A	B	C	D	A+B	A+B+C	A+B+C+D	C+D	A+B+C+D
	新分类	111b	111b	111b	122b	111b	111b	111b+122b	2S22	111b+122b+2S22
山西组	2	0	1889.9	4479.9	4704.9	1889.9	6369.8	11074.7	1090	12164.7
	3	0	1333.5	5995.7	4803.8	1333.5	7329.2	12133	105	12238
	4	11006.8	16072.8	18354.2	0	28132.3	46486.5	46486.5	0	45433.8
	5	10422.3	16323.3	7422.1	3193.7	26745.6	34167.7	37361.4	234	37595.4
	小计	21429.1	35619.5	36251.9	12702.4	58101.3	94353.2	107055.6	1429	107431.9
太原组	6	0	0	5252.3	3065.6	0	5252.3	8317.9	2099	10416.9
	8	13070.9	21766.7	31617.9	0	34837.6	66455.5	66455.5	0	66455.5
	9	0	0	72	7095.2	0	72	7167.2	277	7444.2
	10	0	4258.5	21019.9	0	4258.5	25278.4	25278.4	336	25614.4
	小计	13070.9	26025.2	57962.1	10160.8	39096.1	97058.2	107219	2712	109931
总计		34500	61644.7	94214	22863.2	97197.4	191411.4	214274.6	4141	217362.9
其中（新分类）				53702 (111)	13031 (122)	55402.5 (111)	109104.5 (111)			

根据中煤国际工程集团南京设计研究院《沙曲一矿、二矿改扩建可行性研究报告》可知，计算沙曲一矿保有工业资源/储量为 135283.52×10^4 t，设计资源储量为 110781.9×10^4 t，可采储量为 84230.92×10^4 t，见表 2-5；沙曲二矿保有工业资源储量为 77938.38×10^4 t，设计资源储量为 67246.35×10^4 t，可采储量为 51712.63×10^4 t，见表 2-6。

2.1.3 矿井开拓、开采方式

矿井为斜、立井混合开拓方式，全井田内划分为两个水平，一水平水平标高为 +400 m，二水平水平标高为 +200 m。目前开采水平为 +400 m，两个水平之间采用暗斜井联络方式。

表2-5 沙曲一矿设计可采储量计算表

×10⁴ t

煤层编号	矿井工业储量	永久煤柱损失							矿井设计资源/储量	工业场地和主要井巷煤柱				开采损失	矿井设计可采储量
		村庄（全留时）	村庄（搬迁规划当开采后）	井田境界	河流	断层	铁路	小计（按村庄搬迁规划开采后）		场地	井筒	主要井巷	合计		
2	5992.88	1426.61	713.31	57.30	347.00	7.20	61.90	1186.71	4806.18	42.10		68.40	110.50	704.35	3991.33
3	3890.90	601.66	300.83	29.60	300.30	12.50	82.40	725.63	3165.37	30.60		4.90	35.50	625.97	2503.90
4	32594.66	7445.45	3722.73	106.50	746.30	135.90	172.40	4883.83	27710.84	139.97		826.10	966.07	5469.49	21275.28
5	26233.94	6536.87	3268.44	63.90	428.60	109.90	187.30	4058.14	22175.81	120.90		744.10	865.00	4262.16	17048.64
小计	68712.38	16010.59	8005.31	257.30	1822.20	265.50	504.00	10854.31	57858.2	333.57		1643.50	1977.07	11061.97	44819.15
6	3280.65	539.01	269.51	31.15	484.55		278.60	1063.81	2216.85	93.23		54.54	147.77	310.36	1758.71
8	48669.67	9804.69	4902.35	362.00	2463.60	168.30	1443.45	9339.70	39329.98	495.37		340.46	835.83	9623.54	28870.61
9	1596.44	38.34	19.17	8.50	53.34	30.70	12.50	124.21	1472.23	20.64			20.64	290.32	1161.27
10	13024.37	2643.15	1321.58	113.04	1020.70	31.50	632.90	3119.72	9904.66	150.98		227.20	378.18	1905.30	7621.18
小计	66571.13	13025.19	6512.61	514.69	4022.19	230.50	2367.45	13647.44	52923.72	760.22		622.20	1382.42	12129.52	39411.77
合计	135283.51	29035.78	14517.92	771.99	5844.39	496.00	2871.45	24501.75	110781.92	1093.79		2265.70	3359.49	23191.49	84230.92

表 2-6 沙曲二矿设计可采储量计算表

×10⁴t

煤层编号	矿井工业储量	永久煤柱损失						矿井设计资源/储量	工业场地和主要井巷煤柱				开采损失	矿井设计可采储量
		村庄（全留时）	村庄（搬迁规划当开采后）	井田境界	河流	断层	铁路	小计（按村庄搬迁规划开采后）		场地	井筒	主要井巷	合计	
2	5081.82	867.77	438.39	41.10	110.90	3.50		593.89	4487.93	93.70	7.70		101.40	657.98	3728.55
3	8242.10	1849.28	924.64	49.30	198.90			1172.84	7069.26	68.10	9.90	106.50	184.50	1376.95	5507.81
4	12839.14	2908.62	1454.31	95.80	368.90			1919.01	10920.13	311.54	45.90	320.50	677.94	2138.44	8103.75
5	11127.46	2847.51	1423.76	7.50	235.10			1666.36	9461.10	269.10	32.10	299.10	600.30	1772.16	7088.64
小计	37290.52	8473.18	4238.10	193.70	913.80	3.50		5352.10	31938.42	742.44	95.60	726.10	1564.14	5945.53	24428.75
6	5037.25	1010.58	505.29	53.75	171.93		77.94	808.91	4228.34	48.64	11.53	151.69	211.86	602.47	3414.01
8	17785.83	4007.41	2003.71	288.20	574.10			2866.01	14919.83	125.53	54.50	656.70	836.73	2816.62	11266.48
9	5570.76	1096.31	548.16	47.30	6.16			601.62	4969.15	5.86	1.41	107.89	115.16	970.80	3883.19
10	12254.03	1664.17	832.09	141.03	90.30			1063.42	11190.62	134.80	23.80	131.76	290.36	2180.05	8720.20
小计	40647.87	7778.47	3889.25	530.28	842.49		77.94	5339.96	35307.94	314.83	91.24	1048.04	1454.11	6569.94	27283.88
合计	77938.39	16251.65	8127.35	723.98	1756.29	3.50	77.94	10692.06	67246.36	1057.27	186.84	1774.14	3018.25	12515.47	51712.63

沙曲一矿一水平共划分为5个采区，分别为北一采区、北二采区、北三采区、北四采区、北五采区，其中北一、北二、北三、北四采区利用+400 m大巷两侧布置的倾斜长壁采区，北五采区利用+400 m西大巷双翼走向长壁布置。

当生产能力达到500×10⁴ t/a（设计生产能力）时共布置3个采区，分别为北一采区、北三采区和北二采区，其中北一采区保留原有4号煤层工作面的装备工作面开采5号煤层，生产能力为200×10⁴ t/a；北三采区装备一个高产高效智能化工作面开采4号煤层，生产能力为250×10⁴ t/a；北二采区为开采保护层采区，装备2号薄煤层综采回采工作面，生产能力为50×10⁴ t/a。

沙曲二矿一水平共划分为9个采区，其中南二、南三、南四、南五4个采区采用倾斜长壁开采，南一、南六、南七、南八、南九5个采区采用走向长壁开采。井田上组煤浅部煤层大部采用倾斜长壁开采，深部则采用采区下山走向长壁开采。初期矿井共布置3个生产采区，分别为南一采区、南四采区和南三采区（开采保护层采区），南一采区装备一个中厚煤层综采工作面开采5号煤层，年产量为150×10⁴ t；南四采区装备4号煤层倾斜长壁综采工作面，年产量为100×10⁴ t；南三采区为开采保护层采区，倾斜长壁布置3号薄煤层综采工作面，年产量为50×10⁴ t。

2.1.4 矿井通风系统

沙曲一矿采用抽出式通风方式，通风系统采用分区式。矿井初期风井有6个，其中4个进风井、2个回风井。副立井、主斜井、下龙花垣进风立井、北进风立井为进风井；下龙花垣回风立井、北回风立井为回风井。后期增加北五采区进、回风立井。主斜井、副立井主要为北一、北二采区的生产进风服务，同时兼顾副立井井底车场及硐室的进风任务；北进风立井主要为北一、北二采区的生产进风服务；下龙花垣进风立井为北三、北四采区的生产进风服务；北回风立井主要为北一、北二采区的生产回风服务；下龙花垣回风立井主要为北三、北四采区的生产回风服务。后期北五采区进、回风立井主要为北五采区的进回风服务。北一采区回采工作面采用"一进一回，U型"通风方式，北二采区回采工作面采用"二进一回，偏Y型"通风方式，北三采区回采工作面采用"三进一回，偏Y型"通风方式。掘进工作面通风采用机械压入式通风方式，配备了对旋式轴流局部通风机通风。井下主变电所、井下爆破材料库、采区变电所等硐室采用独立通风方式。

沙曲二矿采用抽出式通风方式，通风系统采用分区式。矿井初期风井有5个，其中3个进风井、2个回风井。二号主斜井、二号副斜井、白家坡进风立井为进风井；一号回风斜井、白家坡回风立井为回风井。二号主斜井、二号副斜井主要为南一、南九采区的生产进风服务，同时兼顾二号主斜井井底车场及硐室的进风任务；白家坡进风立井主要为南二、南三、南四、南五、南六采区的生产进风服务；一号回风斜井主要为南一采区的生产回风服务，白家坡回风立井主要为南二、南三、南四、南五、南六采区的生产回风服务。南一采区回采工作面采用"三进一回，U+I型"通风方式，南三采区回采工作面采用"二进一回，Y型"通风方式，南四采区回采工作面采用"三进一回，U+I型"通风方式。掘进工作面通风采用机械压入式通风方式，配备了对旋式轴流局部通风机通风。井下主变电所、井下爆破材料库、采区变电所、充电硐室等硐室采用独立通风方式。

2.1.5 矿井瓦斯抽采系统

目前，沙曲一矿共有2个瓦斯抽采泵站，共安装10台瓦斯抽放泵，总额定抽采量为3000 m³/min，井下抽采主管全长17600 m（表2-7），实现高、低浓度瓦斯分源抽采。

表2-7 沙曲一矿、二矿瓦斯抽采泵装备情况

矿井	泵站编号	型号	数量/台	额定抽采量/($m^3 \cdot min^{-1}$)	使用情况	电机功率/kW	主管径/mm	主管长度/m
沙曲一矿	1号	2BEC-67A	4	350	两用两备	900	DN450	2800
		2BEC-72	2	600	一用一备	900	DN630+DN820	DN630管路2700 DN820管路2700
	2号	2BEC-87	4	850	一用一备	1120	DN630+DN820	DN630管路2700 DN820管路2700
							DN820	4000
	小计		10	3000				17600
沙曲二矿	1号	CBF410A-2BV$_3$	2	150	备用	185	DM320	2500
	2号	2BEC-72	3	600	一用两备	900	DN630+DN820	DN630管路1800 DN820管路3520
	3号	2BEC-87	4	850	两用两备	1120	DN630+DN820	DN630管路1800 DN820管路3520
	小计		9	3050				13140

1号瓦斯抽采泵站设在沙曲一矿井高家山风井工业场地南侧约3 km处，布置高负压抽采系统，采用4台2BEC-67A型水环式真空泵，两用两备；采用2台2BEC-72型水环式真空泵，一用一备，抽采主管径采用DN630+DN820环氧树脂涂层螺旋焊接管，长度5400 m，用于高浓度瓦斯发电。2号瓦斯抽采泵站设在高家山风井工业场地原矸石排放场，布置低负压双抽采系统。低负压利用抽采系统：采用2台2BEC-87型水环式真空泵，一用一备，主管径采用DN630+DN820环氧树脂涂层螺旋焊接管，总长度为5400 m，用于低浓瓦斯发电；低负压排空抽采系统：采用2台2BEC-87型水环式真空泵，一用一备，主管路采用DN820 mm环氧树脂涂层螺旋焊接管，总长度为4000 m，用于低浓度排空处理。

目前沙曲二矿共有3个瓦斯抽采泵站，现地面共安装9台瓦斯抽放泵，总额定抽采量为3050 m³/min，井下抽采主管全长13140 m，已实现高、低浓度瓦斯分源抽采。

1号瓦斯抽采泵站共安装2台CBF410A-2BV$_3$型瓦斯泵，额定抽采量为150 m³/min，备用，瓦斯抽采主管径为DN320 mm，主管总长度为2500 m。2号瓦斯抽采泵站共安装3台2BEC-72型瓦斯泵，额定抽采量各为600 m³/min，一用两备，带抽一趟瓦斯抽采主管路，抽采井下高浓度气源。瓦斯抽采主管径为DN630+DN820，总长度为5320 m，供选煤厂燃气锅炉用气。3号瓦斯抽采泵站共安装4台2BEC-87型瓦斯泵，额定抽采量各为850 m³/min，两用两备，带抽一趟瓦斯抽采主管路，抽采井下低浓度气源。瓦斯抽采主管径为DN630+DN820，总长度为5320 m，供白家坡低浓瓦斯发电厂发电。

2.1.6 其他

1. 监控系统

沙曲矿安全监控系统采用的是2008年升级改造的KJ95X煤矿安全生产监控系统。该系统是集煤矿环境监控、生产监控、多屏动态显示、工业电视监控、瓦斯抽采系统监控、带式输送机运输系统监控、变电站电力监控、生产调度管理、局矿办公自动化网络于一体的计算机监控网络系统。

由于开拓水平的延伸以及工作面的增加，开采范围不断扩大，监控设备也随之增加，为了更好地实现沙曲矿全矿信息化建设，建成光纤以太网网络传输平台，主要在KJ95X瓦斯抽采监测系统的基础上+GEPON传输网络。通过本次环网改造，将瓦斯监测监控系统与瓦斯抽采监测系统合并，实现了井上、下的各类环境监测监控及瓦斯抽采管道参数等主要生产参数直接在地面中心站及管理网络工作站上反映出来，相关人员能及时掌握井下安全生产情况。整个系统采用光缆传输，达到防雷、防静电的效果，系统将在保障安全，提高生产效率等方面发挥重要作用。

2. 防灭火系统

根据中煤科工集团沈阳煤科院煤炭自燃倾向鉴定报告，4号煤层为Ⅲ类不易自燃煤层，5号煤层为Ⅱ类自燃煤层。矿井有完善的管理制度，加强了内外因火灾管理，定期对采空区密闭、采煤工作面尾巷、上隅角、回风大巷及其他异常点进行检查。重点加强了5号煤层的管理，工作面、采区回风巷按要求设置了CO传感器、温度传感器，安装了JSG-8型井下火灾束管监测系统，同时也准备在轨道巷和带式输送机运输巷分别安装一台WJ-24.2型阻化多用泵，用于回采时向采空区喷洒氯化钙阻化剂，达到防灭火的目的。

2.2 沙曲矿瓦斯地质条件

2.2.1 区域大地构造位置及其地质构造特征

2.2.1.1 区域大地构造位置

本区大地构造位于华北板块的中腹部，属于鄂尔多斯盆地的东缘部分——河东煤田，东为吕梁（晋西）隆起，向北至内蒙古阴山板缘带，向南至豫西秦岭板缘带。鄂尔多斯盆地以东为山西断隆，将鄂尔多斯盆地与沁水盆地分割开来。鄂尔多斯盆地为一级向斜构造，可划分为6个次级构造单元，分别为伊盟隆起、西缘逆冲带、天环坳陷、伊陕斜坡、晋西挠褶带和渭北隆起（图2-6）。盆地内部倾角一般为1°~3°；周缘活动性较强，褶皱、断裂形迹密集，岩浆活动较为强烈，地层倾角变陡，可达到10°~15°。

鄂尔多斯盆地东缘地区，以离石大断裂为其东界与山西断隆相接。区域构造上，三交—柳林和大宁—吉县地区属于晋西挠褶带中南部，总体上表现为一向西或北西倾斜的大型单斜构造，岩层总体上呈南北向，向西缓倾斜。研究区地层为典型的华北地区地层，含煤地层主要为上古生界石炭—二叠系，包括上石炭统本溪组（C_2b）、上石炭—下二叠统太原组（$C_2·P_1t$）及下二叠统山西组（P_1s）。主采煤层发育于山西组和太原组；煤层较稳定，主要为中高变质的烟煤和无烟煤，煤层含气量大。

2.2.1.2 区域地质构造特征

1. 区域地质构造演化

鄂尔多斯盆地东缘晋西挠褶带的形成过程及煤层埋藏历史都受到区域构造演化的

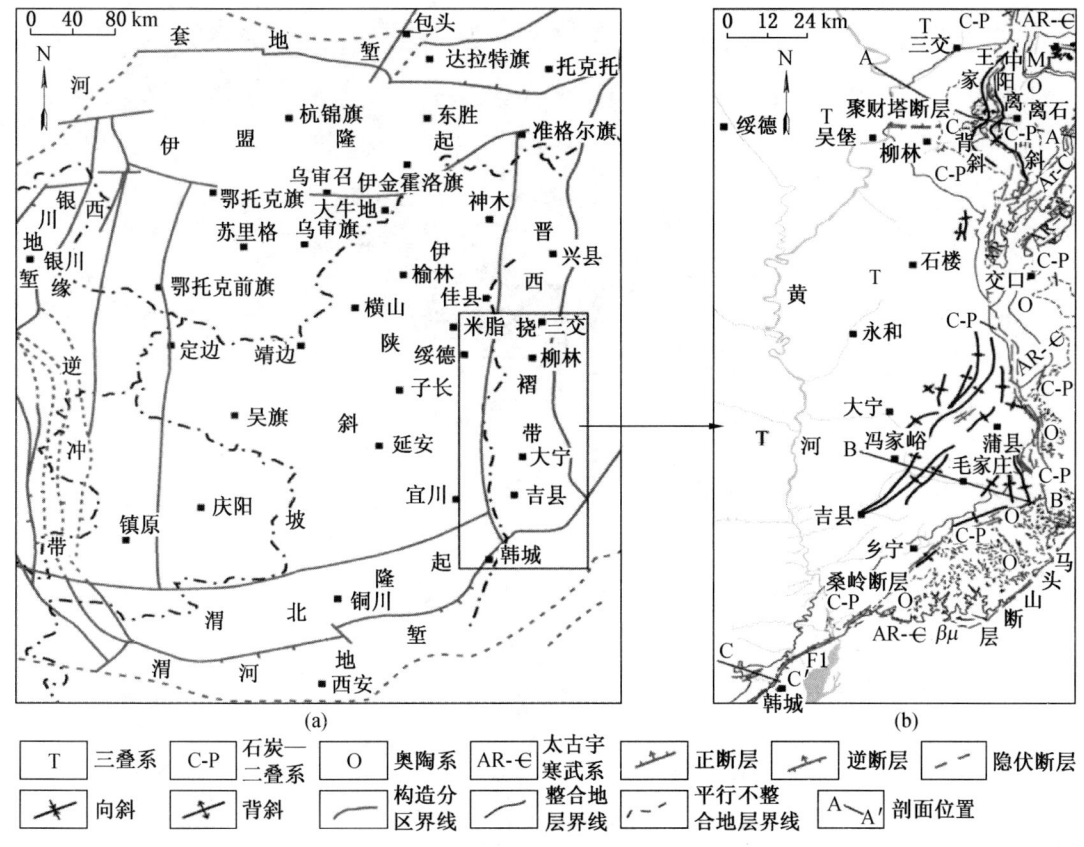

图 2-6 鄂尔多斯盆地构造单元划分与晋西挠褶带构造单元

影响。

（1）印支期，鄂尔多斯盆地晚古生代煤系的埋藏深度持续增大，构造发展受控于南北向上的差异沉降，三叠纪时的沉积和沉降中心偏向于盆地南部。印支期末到燕山期初，构造整体抬升导致煤系盖层开始遭受剥蚀。

（2）燕山期，鄂尔多斯盆地主体部分接受沉积，形成厚度较大的侏罗—白垩系，在边缘隆起的影响下，燕山期的沉降过程对盆地东缘地区的影响有限，未能造成煤系埋深的显著变化。燕山末期，以构造全面抬升而结束盆地发育史，靠近边缘隆起，包括煤系在内的地层遭受强烈剥蚀，煤层埋深变浅或出露地表。

（3）喜马拉雅运动后期，煤系经抬升临近地表，新生代地层远不足以补偿煤系原先盖层剥蚀厚度。鄂尔多斯盆地东缘煤层气藏于煤系埋深达到最深时开始生成，经后期抬升剥蚀及地下水的影响最终于现今形成。

2. 区域地质构造应力场

根据康红普等人利用地震波的初动及波形反演得到的震源机制结果，研究出了华北区域的应力场和构造运动特征，如图 2-7 所示。由图 2-7 可以看出，山西地区总体是受 NNE—NEE 方向的区域主压应力控制，但局部地区也呈现出一定的多变性。山西省北部最大主压应力方向为 NNE 方向，西部（柳林县华晋矿区）的主压应力方向呈 NEE 方向，东部主应力呈 NNE—NNW 方向，东南部地区构造应力方向性较强，多数呈现 NEE 方向。

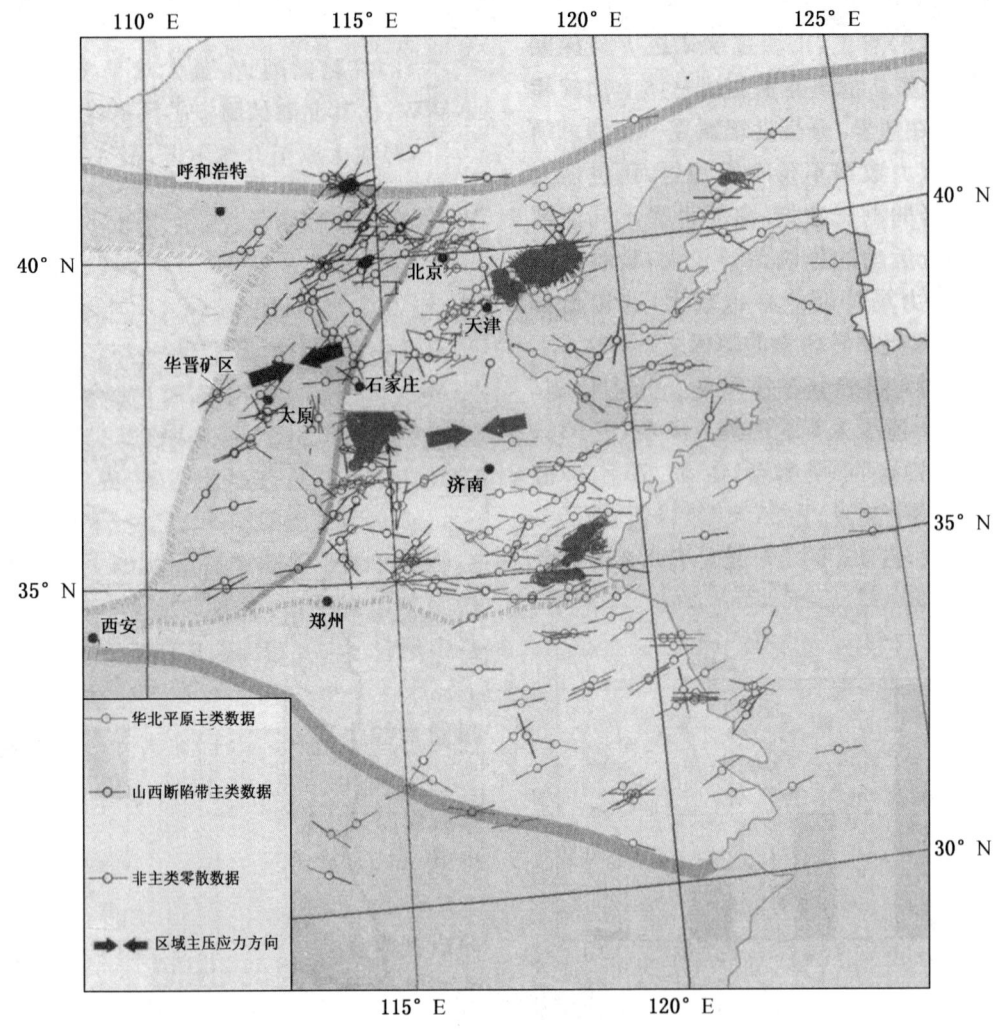

图 2-7 华北区域的应力场和构造运动分布图

鄂尔多斯盆地的形成与演化总体上经历了 3 次主要构造应力场的作用。①叠纪末的印支运动，鄂尔多斯盆地受到近 SN 向的挤压应力，差异运动明显，呈现东升西降的构造格局；②燕山运动使盆地受到 NW—SE 方向的挤压力，形成 NE—NNE 向的构造，同时，受吕梁山隆升推挤的影响，近 NS 走向的晋西挠褶带形成，由此形成了盆地东缘的基本构造形态；③喜马拉雅运动时期，以印度板块与欧亚大陆的碰撞作用为主而产生的 NE—SW 向挤压力，使盆地构造发生了负反转，盆地周边普遍发生断陷作用。

多期不同性质的板缘构造活动，形成了鄂尔多斯盆地东缘总体呈向西、北西缓倾斜的大型单斜构造，属于具有过渡性质的盆缘构造区。构造发育具有明显的分带性，在东西方向上，盆缘以断层及伴生的挠褶为主，中部发育宽缓的褶皱，向西逐渐过渡为比较平缓的单斜构造；而南北方向上，北部构造总体呈南北向展布，以离石裂缝带为主要构造形式，南部构造形迹转为 NE 向，表现为 NEE—NE 向的乡宁断挠带（图 2-7）。

沙曲井田所属的三交—柳林地区位于晋西挠褶带中部，构造相对复杂，东部为宽缓的中阳—离石向斜和王家会背斜，伴生断层较为发育，向西过渡为三交—柳林单斜（图2-8，剖面AA'）。主要褶皱的轴迹及断层线在平面上由北向南呈现NE—NW向交替变化。本区亦见东西向构造，柳林—吴堡地区地层向西缓倾形成鼻状构造，同时发育有近东西向的张性聚财塔断层组成的地堑。三交—柳林地区相对复杂的构造特征与东部山西地块隆升造成的作用有关。

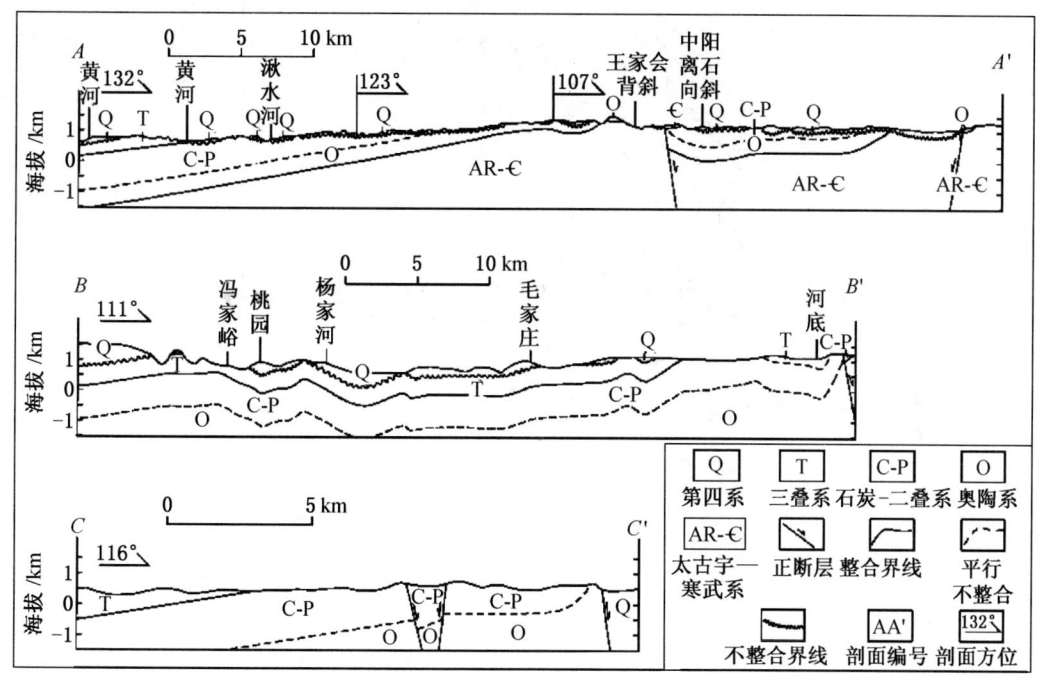

图2-8 鄂尔多斯东缘构造剖面图

2.2.2 离柳矿区地质构造特征

河东煤田中部的三交柳林矿区（习惯上称为离柳矿区）地质构造略图如图2-9所示，以聚财塔地堑、王家会背斜及离石大断裂为界，划分为四个单元，即三交单元、沙曲单元、青龙城单元和中阳—离石向斜单元。

沙曲井田位于离柳矿区西部，三交—柳林单斜含煤区中南部，王家会背斜和青龙城单元以西，聚财塔地堑以南，为一缓倾斜的单斜构造，地层走向自北向南由南北向渐变为北西向，倾向由西渐变为南西。地层倾角平缓，一般为3°~7°，地表为3°~15°，局部地段受小褶曲及断层影响可达18°~23°。井田内以宽缓的小型褶曲构造为主，断层稀少且断距小，仅井田北界为聚财塔地堑式裂缝带。

2.2.2.1 矿区地层分布及含煤特征

1. 矿区地层分布特征

矿区地层出露由老至新有：太古界、元古界、古生界、中生界、新生界。太古界出露于王家会背斜轴部，即柳林泉域外围东北、东、东南方向的汉高山、真武山、峪口、小神头、起云山及刘家坪一带，下古生界出露于河东煤田东部边缘，上古生界含煤地层出露于离石煤盆地及临县—柳林一带，中生界沿黄河东分布于河东煤田西侧，新生界广泛覆盖于各时代基岩之上。区域地层分布特征见表2-8。

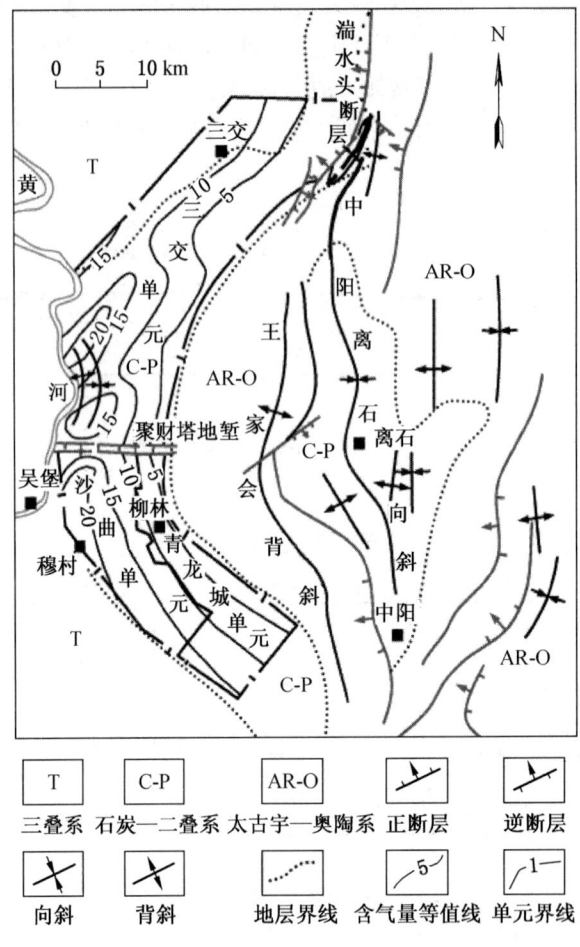

图 2-9 三交—柳林地区煤系地层构造略图

表 2-8 区域地层分布特征

地层单位					厚度/m	岩性描述
界	系	统	群、组	代号		
新生界	第四系	全新统		Q_4	1~24	冲积、洪积层。由亚砂土、砂及卵砾石层组成
		上更新统	马兰组	Q_3m	10.58	灰黄色、浅黄色黄土状亚砂土及亚黏土,具大孔隙,局部夹透镜状砾石层,常呈二级阶地及黄土丘陵。垂直节理发育
		中更新统	离石组	Q_2l	15~140	浅灰黄色、棕黄色黄土状亚黏土,夹数层古土壤。垂直节理发育。下部含钙质结核层,底部夹薄层透镜状砾石层
		下更新统	午城组	Q_1w	17~27	棕黄色、橘黄色土状亚砂土,夹数层棕红色古土壤及钙质结核
	上第三系	上新统		N_2	4~122	上部以红色黏土为主,中下部为棕红色、棕黄色黏土、亚黏土、亚砂土,夹薄层砂砾石层及钙质结核

表 2-8（续）

地层单位				代号	厚度/m	岩性描述
界	系	统	群、组			
中生界	三叠系	中统	铜川组	T_2t	221~341	上部为灰色、浅灰红色中细粒长石砂岩，夹灰绿色、灰紫色砂质泥岩，夹1~2层凝灰色（彩色）黏土层。下部以浅肉红色、灰黄灰绿色中粗粒长石石英砂岩为主，夹灰色、黄绿色砂质泥岩
			二马	T_2e	159~298	上部为紫红色砂质泥岩、浅灰绿灰白、浅肉红色厚层至中厚层状中细粒长石砂岩互层，下段为灰绿色、黄绿色厚层或薄层中细粒长石砂岩夹泥岩砂质泥岩及灰紫色砾石透镜体
		下统	和尚沟组	T_1h	92~164	紫红色、砖红色砂质泥岩、泥岩夹灰紫红浅红色中厚层至薄层状细粒长石砂岩，局部夹灰绿色长石砂岩、砂泥岩
			刘家沟组	T_1l	330~410	以灰红灰紫色、紫红色薄层至中厚层状长石砂岩为主，夹紫红色粉砂岩、砂质泥岩、砾岩及灰白色石英砂岩、灰绿色长石砂岩
古生界	二叠系	上统	石千峰组	P_2sh	99.5~203	以紫红色、砖红色砂质泥岩、泥岩为主，夹黄绿色、紫红色中细粒长石砂岩、长石石英砂岩，上部夹透镜状淡水灰岩，底部砂岩发育
			上石盒子组	P_2s	102~215	上段为蓝紫色、杂色砂质泥岩、泥岩夹薄层黄绿、灰绿色中~粗粒砂岩、长石岩屑杂砂岩，中下段为黄绿色、灰绿色中~粗粒砂岩、灰黄色及紫色砂质泥岩、泥岩
		下统	下石盒子组	P_1x	60~116	顶部为紫红、黄、杂色泥岩，含鲕状铝质泥岩，其下为黄绿色、灰绿色中细粒砂岩、粉砂岩夹砂质泥岩，下部为灰绿色中细粒砂岩、长石石英杂砂岩夹浅黄灰~灰黑色粉砂岩、砂质泥岩、泥岩、炭质泥岩及煤线
			山西组	P_1s	33~88	由灰、浅灰、灰黑色砂岩、粉砂岩、砂质泥岩及泥岩组成。含煤3~6层，其中4号、5号煤层为主要可采煤层
	石炭系	上统	太原组	C_3t	70~117	由灰白、深灰及灰黑色砂岩、砂质泥岩、泥岩、石灰岩组成，含煤5~7层，其中可采煤层为3~5号煤层
		中统	本溪组	C_2b	14~44	由浅灰~黑灰色黏土泥岩及粉细砂岩、砂质泥岩组成，夹0~3层煤线及薄层石灰岩0~4层，底部为铁铝岩（山西式铁矿及G层铝土矿）

表 2-8（续）

地层单位				代号	厚度/m	岩性描述
界	系	统	群、组			
古生界	奥陶系	中统	峰峰组	O_2f	128~147	浅灰~深灰色中厚层状石灰岩、角砾状泥灰岩，中下部含细晶~隐晶石膏及硬石膏矿
			上马家沟组	O_2s	112~254	灰岩夹薄层白云质泥灰岩，豹皮状灰岩互层，含头足、腹足类及牙形石化石，下部白云质泥灰岩夹矸膏层
			下马家沟组	O_2x	83~133	灰岩夹薄层豹皮状灰岩、泥灰岩、泥质白云岩及同生角砾状灰岩、白云质灰岩，底部为黄褐色石英砂岩、砂砾岩、黄绿色钙质泥岩、泥灰岩，局部地段含石膏
		下统	亮甲山组	O_1l	39~55	厚层状含燧石结核—条带白云岩，泥质白云岩及燧石层
			冶里组	O_1y	81~93	中厚层白云岩夹薄层泥质灰岩，上部夹钙质、白云质泥岩，底部夹竹叶状白云岩
	寒武系	上统	凤山组	ϵ_3f	55~110	以白云岩为主，夹泥质白云岩，底部泥岩白云岩夹灰绿色泥岩与竹叶状白云岩互层
			长山组	ϵ_3c	3~44	灰紫色竹叶状灰岩，夹薄层灰岩、竹叶状白云岩
			崮山组	ϵ_3g	7~40	上中部为白云质灰岩或白云岩，底部为灰绿色、灰紫色泥岩、薄板状或透镜状灰岩与竹叶状灰岩互层
		中统	张夏组	ϵ_2z	0~60	主要为巨厚层鲕状灰岩，汉高山附近相变为砂质白云岩、白云质砂砾岩、砾岩夹少量灰岩透镜体
			徐庄组	ϵ_2x	0~69	上中部为含泥质条带灰岩、鲕状灰岩，下部为暗紫色、紫红色泥岩夹薄层或透镜状灰岩、细砂岩、竹叶状鲕状不纯灰岩

2. 矿区含煤特征

石炭系上统太原组和二叠系下统山西组为本区域主要含煤地层。

（1）石炭系上统太原组（C_3t）。与下伏本溪组整合接触。K_1砂岩底—K_3砂岩底，一般厚为 70~117 m。下段以黑灰色泥岩、砂质泥岩为主，含 8 号、9 号、10 号、11 号可采煤层；中段以 L_1、L_2、L_3、L_4、L_5 石灰岩为主，间夹灰黑色泥岩、粉砂岩，含 6、7 号煤层，其中 7 号煤层不可采；上段以灰黑色粉砂岩、泥岩为主，含 $6_上$ 号不可采煤层。

（2）二叠系下统山西组（P_1s）。与下伏太原组整合接触。K_3砂岩底—K_4砂岩底，厚约 33.88 m，岩性主要为灰、浅灰色、灰黑色砂岩、粉砂岩、砂质泥岩及泥岩。含煤 3~6 层，其中 4、5 号煤为主要可采煤层。

2.2.2.2 矿区地质构造演化及其特征

煤层瓦斯的富集不仅与现今煤层所处的环境、煤层特征有关，而且与地质构造演化过程密切相关。地质历史时期中，煤层停止生气之后的上覆地层埋深最浅的时期是煤层瓦斯富集的关键时期，当时煤层的瓦斯含量对现今煤层中瓦斯的富集程度至关重要。

1. 矿区煤层埋深演化

依据区域地质构造演化过程，对煤层的埋藏历史进行恢复表明，离柳矿区煤层大致经历了 4 个演化阶段，如图 2-10 所示。

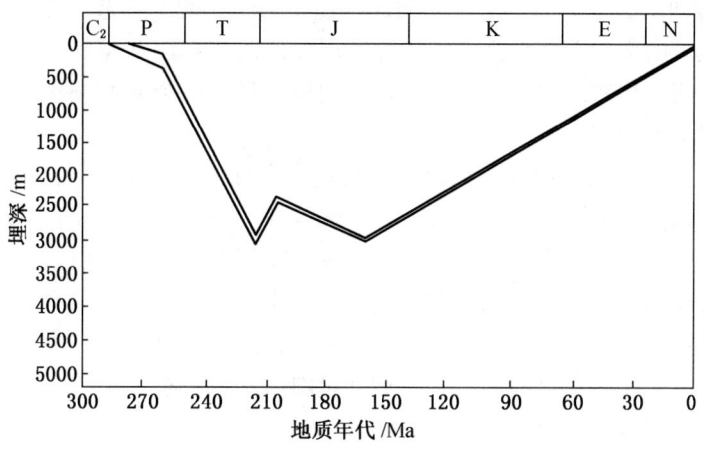

图 2-10 河东煤田中部主要煤层埋藏史

(1) 石炭纪到晚三叠世末期，为快速沉降期。石炭纪至二叠纪期间为大面积成煤时期，形成的煤层埋深迅速增大，进入成熟阶段，并大量生烃。

(2) 早侏罗世早期，为逐渐抬升期。受燕山运动影响，本区隆起抬升，遭受剥蚀，煤层埋深减小，成熟作用终止。区域上表现为东部抬升强烈，西部相对微弱。

(3) 早侏罗世晚期至晚侏罗世，为缓慢沉降期。受燕山运动的影响，地壳重新下降，沉积作用再度开始。煤层的埋藏深度再次加大。但沉降速率明显低于第一阶段，没有达到三叠纪末期的最大深度，因此生烃量有限或没有生烃。

(4) 从晚侏罗世至今，沉积作用基本停止，地壳处于缓慢的上升隆起状态，致使包括煤系地层在内的上覆地层遭受不同程度的剥蚀。

在这 4 个阶段中，古地温场的演化不均一。在晚石炭世至侏罗纪期间，鄂尔多斯盆地古地温梯度为 2.2~3.0 ℃/100 m；到了中生代末期（白垩纪期间），由于强烈的构造运动和岩浆活动，使得古地温场出现异常，达到 3.6~6.2 ℃/100 m，主要集中在 4.0~4.5 ℃/100 m 范围内；新生代以来，盆地不断抬升，地壳增厚，地温梯度降低到 2.2~3.2 ℃/100 m。

由上述分析可知，煤层达到最大埋深（3000 m 左右）后的深成变质作用是煤层第一次生烃，印支期的构造热事件引起了第二次生烃，但是生烃量很少，影响有限。燕山期构造热事件发生期间生成并保存在煤中的烃类有一定的散失，但散失量不大，现今的煤层气饱和度在 80%~100%。抬升过程中或抬升后，煤层中气体的运移、散失、再聚集决定了现今瓦斯含量的空间展布格局。本区煤层在停止生气后虽经历长时期的抬升，但总体仍处于较深的埋藏深度，只在新近纪以后才逐渐抬升至最浅部，构造演化过程中封存条件较好，有利于瓦斯的富集。

2. 矿区地质构造特征

鄂尔多斯盆地东部边缘晋西隆起带，东以离石大断裂与山西地块相邻，北端与东西向的呼和断陷及其以北的东西向阴山隆起带相邻，南端以汾渭地堑系为界与东西向秦岭褶皱相遇。岩层总体上呈南北向，向西缓倾斜。

根据地块内构造行迹特征分析，南北、东西方向均存在着显著差异。

(1) 南北方向上,以离石—柳林东西向构造带为主,北部构造变形微弱,构造行迹表现为宽缓的褶皱;南部构造变形强烈,边缘断层面向西或者西北倾斜,上盘向东或东南逆冲,伴随较为强烈的褶皱。中部离石—柳林东向构造带是一个向西倾伏的鼻状构造,次级构造亦以东西向延伸为主。

(2) 东向方向上,由盆缘向盆内过渡,构造发育程度也明显不同,盆缘以断裂及派生挠褶为主,中部以宽缓的褶曲发育为特征,西部构造行迹减少,为较平缓的单斜构造。

离柳矿区位于河东煤田中部,位于离石—柳林东西向构造带,由于受印度洋板块及太平洋板块的推挤作用,造成本区东西向构造应力不均衡,产生了以离石—柳林聚财塔东西方向为转折、弧顶向西突出的弧状褶皱及离石鼻状构造(图2-11)。中部王家会背斜将本区分隔成离石—中阳向斜煤盆地和三交—柳林单斜煤盆地;东北鼻状构造与离石盆地相接部位,发育有一系列近南北或北北东向的断裂、褶皱构造。在鼻轴部位,由于张力作用的结果,产生了东西向的聚财塔裂缝带。

2.2.2.3 矿区地质构造对瓦斯赋存的控制

区域构造控制着离柳矿区的煤层瓦斯总体分布规律,而矿区地质构造又控制着井田内煤层瓦斯分布。离柳矿区北部临近聚财塔裂缝带,东部临近王家会背斜,西部靠近黄河,煤层瓦斯赋存整体上呈现南低北高、西高东低的特征。

区域大断裂带附近以及多组断裂的交会部位,瓦斯含量往往较低;向斜轴部瓦斯含量高于两翼,而背斜则呈现相反的趋势。矿区北部受控于地堑式断裂带,具有张裂性质,是瓦斯逸散的良好通道,其瓦斯含量明显低于其他地区。因此,井田内除北部裂缝带外,其他地区的地质构造条件对瓦斯的富集、逸散影响较小。另外,井田内发育的宽缓的短轴褶曲构造,也会对瓦斯的运移积聚产生一定的影响。

1. 矿区地质构造形态对瓦斯赋存的控制

矿区北部受控于聚财塔大地堑,局部发育小型断层和褶皱,整体上属于拉张型构造应力场,区内地层透气性相对矿区南部较好,不利于煤层瓦斯的保存;受王家会背斜的影响,矿区整体处于向西倾伏的宽缓单斜构造区域内,沙曲井田受控于—吴堡—柳林鼻状构造,煤系地层埋深呈现西深东浅,东部煤层瓦斯容易从煤层露头逸散,西部煤层瓦斯则易于储存。根据沙曲矿开采的4号煤层实测瓦斯含量可知,沙曲井田沙曲一矿煤层平均瓦斯含量比沙曲二矿高出 $1.5 \text{ m}^3/\text{t}$,西翼煤层平均瓦斯含量比东翼高 $2.5 \text{ m}^3/\text{t}$。

2. 矿区构造演化对瓦斯赋存的控制

石炭二叠纪是离柳矿区成煤时期,同时也是古时期的深成变质作用时期,是煤层第一次生烃期。印支期的构造热事件引起了第二次生烃,但是生烃量很少,影响有限。燕山期热事件发生期间生成并保存在煤中的烃类,有一定的散失,煤质主要为焦煤和瘦煤,含气饱和度达80%。后期的抬升过程中,矿区逐渐抬升隆起,大气降水携带细菌自煤层露头流入,发生次生生物成气作用,煤层含气量增加,成为瓦斯富集区。本区煤层在新近纪以后才逐渐抬升至最浅部,构造演化过程中封存条件较好,利于瓦斯的富集。

2.2.3 沙曲井田构造特征

2.2.3.1 井田构造分布

井田位于离柳矿区西部,三交—柳林单斜含煤区中南部,为一缓倾斜的单斜构造,地层走向自北向南由南北向渐变为北西向,倾向由西渐变为南西,地层倾角平缓,一般为

2 沙曲矿瓦斯赋存规津及分级区划

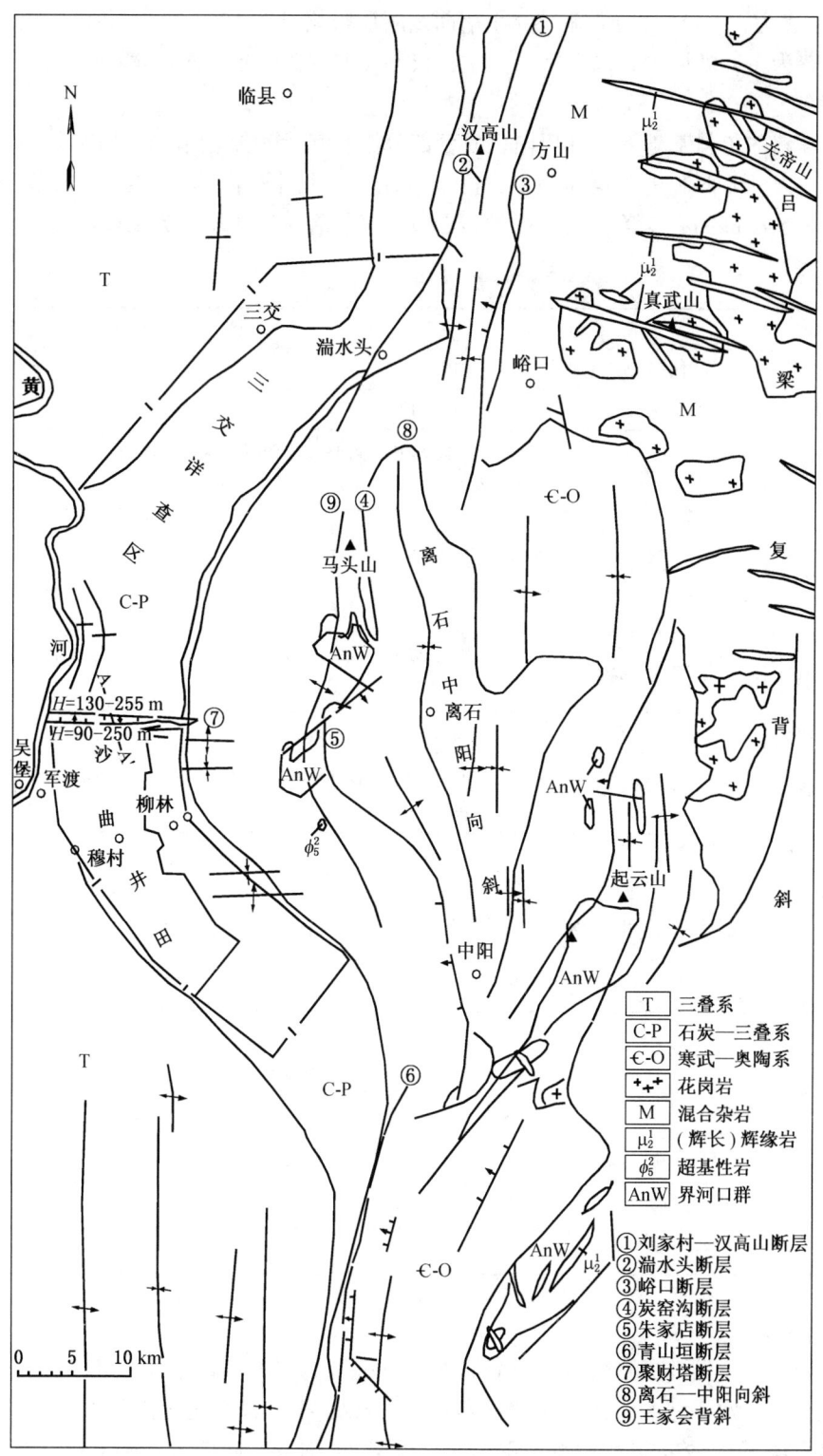

图 2-11 离柳矿区构造图

3°~7°，地表为 3°~15°，局部地段受小褶曲及断层影响可达 18°~23°。井田内以宽缓的小型褶曲构造为主，断层少且以正断层为主，仅井田北界为一地堑式裂缝带。

1. 褶皱

在缓倾斜的单斜基础上，井田内仍发育部分波状起伏和短轴褶曲，以三川河为界，北部褶曲轴向以北北西和近东西向为主，南部以北东及北北东向为主，共见 29 条褶曲，延伸长度超过 500 m 的有 9 条，其特征见表 2-9。其余褶曲延伸长度为 100~430 m。

表 2-9 主要褶曲特征

序号	名称	位置	产状	延伸长度/m
1	S_2 背斜	聚财塔南断层南侧	轴向近 E	3950
2	S_{28} 向斜	9 号孔北	轴向 NEE	910
3	S_{29} 背斜	9 号孔北	轴向 NEE、沙曲一矿倾角为 5°~6°，沙曲二矿倾角为 7°~8°	750
4	S_{30} 向斜	穆村西北 L_1-4，43 号孔旁	轴向 N，两翼对称	2300
5	S_{31} 背斜	10 号孔旁	轴向 N	1450
6	S_{129} 背斜	19 号孔东南	轴向 NN 两翼对称	530
7	S_{134} 向斜	27 号孔南	轴向 NEE，沙曲一矿倾角为 9°~15°，沙曲二矿倾角为 6°	650
8	S_{136} 向斜	27 号孔东南	轴向 NE，两翼对称	600
9	S_{137} 背斜	27 号孔东南	轴向 NE，西沙曲一矿倾角为 5°~7°，东沙曲二矿倾角为 4°~5°	630

2. 断层

井田内断层稀少，仅北界为一地堑式断裂带，其特征见表 2-10。

表 2-10 断层特征

序号	断层名称	产状			断距/m	延展长度/m
		走向	倾向	倾角/(°)		
1	聚财塔北正断层 F_2	EW	S	60~85	>130~255	11650
2	聚财塔南正断层 F_6	EW	N	62~83	>90~250	井田内 13000
3	F_{22} 正断层	N62°W	SW	65	8	8350
4	20 号孔正断层				1.3	380

3. 陷落柱

井田内有 4 个钻孔见陷落柱，其特征见表 2-11，其中 M26 号孔、M27 号孔、L_{1-4} 号孔陷落柱位于一水平沙曲一矿下山采区范围内。M26 号孔陷落柱从孔深 450 m 开始陷落，即从 6 号煤层下 9.52 m 开始陷落，上距 5 号煤层 29.64 m；M27 号孔陷落柱从 6 号煤层开始陷落，上距 5 号煤煤层 17.64 m；L_{1-4} 号孔陷落柱，从孔深 424.53 m 开始陷落，即从 4 号煤层顶板开始陷落。

表2-11 陷落柱特征

序号	名称	位置及陷落带高度	岩层倾角/(°)	面积
1	M26号孔	孔深450 m开始,陷落带高度55.56 m	约88	长轴90 m,短轴45 m,面积2900 m²
2	M27号孔	孔深431.75 m以下,陷落带高度141.49 m	42~90	长轴45 m,短轴30 m,面积1100 m²
3	L$_{1-4}$号孔	孔深424.53 m,陷落带高度106 m	50~85	1700 m²

2.2.3.2 煤层及围岩透气性

围岩指煤层顶、底板,其岩性及其组合对煤层瓦斯赋存有重要影响。一般当围岩为致密完整、不透气或透气性极差的泥岩、砂质泥岩等岩性时,煤层瓦斯易于保存,煤层瓦斯常显示高值;反之,瓦斯易于逸散。

根据图2-4、图2-5及表2-3,2号、3号、4号、5号、6号、9号、10号煤层的顶底板岩性均为泥岩和砂质泥岩,厚度为0.5~8.5 m,其中8号煤层的顶板为石灰岩,致密,但又裂缝,其底板为泥岩。由于砂质泥岩和泥岩的致密性较好,利于瓦斯的保存和积聚,整体上,井田范围内各煤层顶底板透气性差,对煤层瓦斯起到封盖作用。

井田煤层属于海陆交互相沉积环境,煤中的割理及裂隙较发育,为瓦斯的运移和储存提供通道。沙曲矿煤层透气性系数为10~0.1 m²/(MPa²·d),2号、3号、4号和5号煤层透气性较好。此外,该区煤层渗透率高低变化较大,其分布特点是:①背斜构造轴部煤层渗透率高;②埋藏浅的煤层渗透性好;③断裂构造附近煤层渗透性优越。

2.2.4 水动力对瓦斯赋存的影响

2.2.4.1 区域水文地质

沙曲矿位于柳林泉域外西侧,三川河是井田内的常流河,由井田南部穿出后,在石西镇西的两河口入黄河,干流全长168 km,井田内径流长度约3 km,如图2-12所示。三川河平均年径流量为2.88×10⁸ m³,平均径流模数为2.23 L/(s·km²),洪水期最大流量为2260 m³/s。

柳林泉域岩溶地层出露于柳林县城东的三川河谷中,泉群年平均流量为2.53 m³/s,属稳定型泉。泉域内地层出露齐全,古生界寒武系、奥陶系、石炭系、二叠系、中生界三叠系及新生界第三系、第四系皆有出露。其中,以中奥陶统灰岩为主要含水岩组,在露头接受大气降水补给后,集中流向柳林泉,构成完整的水文地质单元—柳林泉域。

柳林泉域岩溶地下水的蓄水空间主要为溶隙、溶孔,补给来源主要为大气降水,其次是地表水,据《山西岩溶大泉研究》,泉域总补给量为4.07 m³/s。受单斜构造的控制,地下水在灰岩露头处得到补给后,向柳林一带汇流,由柳林泉排泄,强径流方向有两个,一个是从泉域中部灰岩裸露区到柳林泉,另一个是从泉域东南部的灰岩裸露区绕过离石向斜后到柳林泉。从补给区到排泄区,地下水基本上具有统一的地下水面,但由于局部构造和隔水层的控制作用,使得地下水在某些地段不具有统一水位,同时形成既受单斜构造控制,又各自相对独立的地下水系统。从总体上看,柳林泉长期排泄形成的大降落漏斗(图2-13),水流方向由东向西流入黄河,东部岩溶裂隙发育,且连通性好,渗透性能强,属于岩溶水强径流区—排泄区;西部地区岩溶以溶蚀裂隙为主,溶孔稀少,连通性不好,属于岩溶水弱径流区—滞流区。

沙曲矿处于柳林泉岩溶水系统,该系统主要含水层为中奥陶统上马家沟组灰岩,位于二叠系-石炭系地层下方,富水性且水动力活动强。矿区内含水层主要为石炭系上统太原

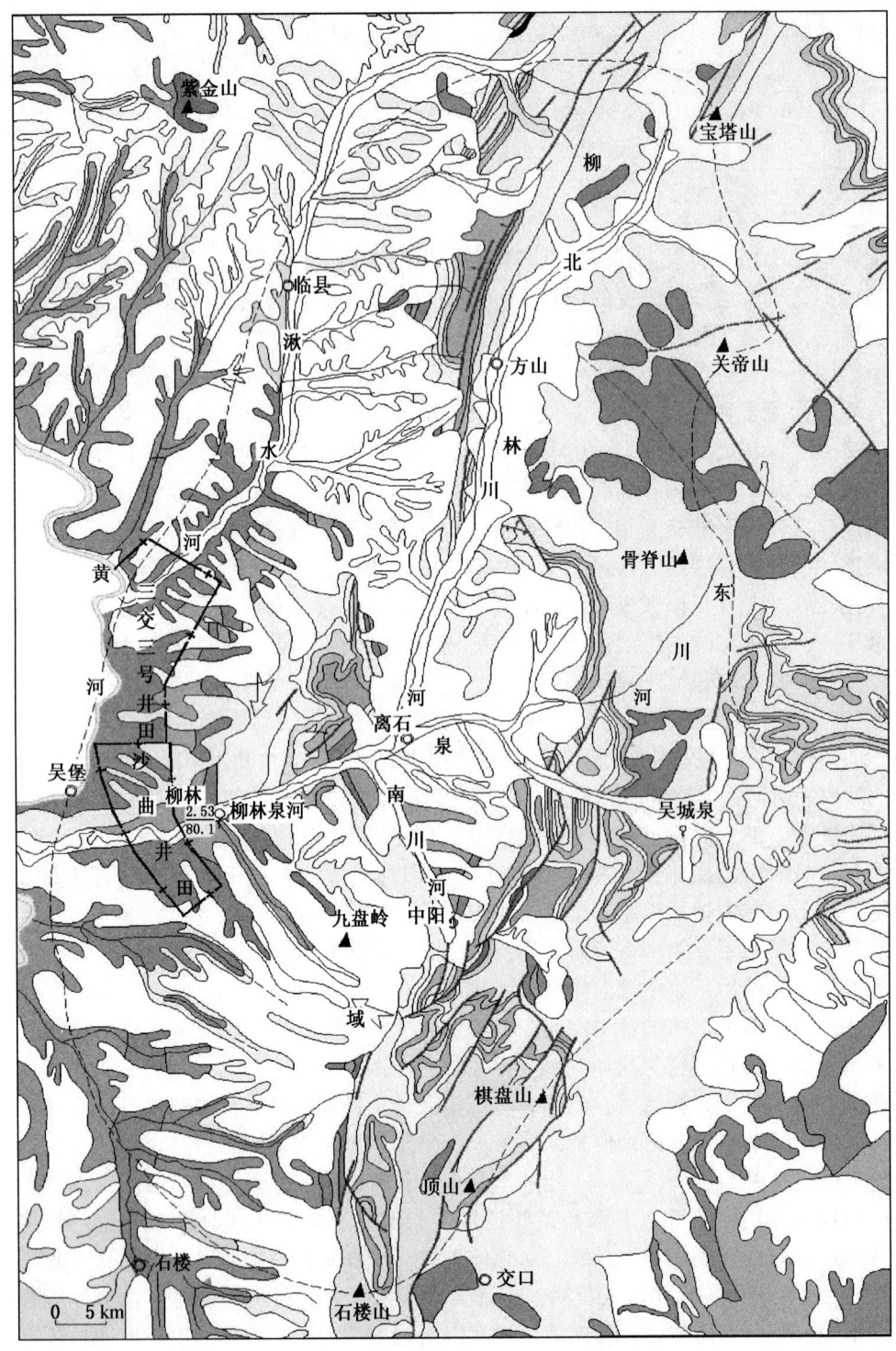

图 2-12 柳林泉域岩溶地下水系统示意图

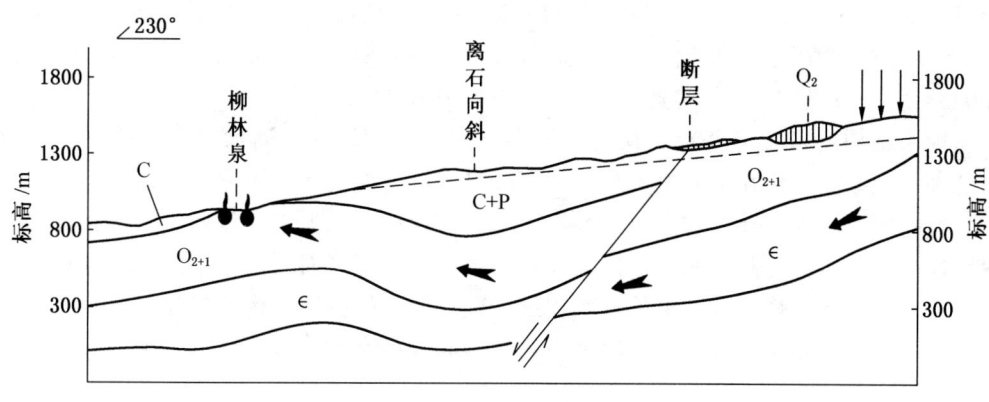

图 2-13 柳林泉形成条件示意图

组二段生物碎屑灰岩（$L_1 \sim L_5$），单层厚度为 2.10 m，其次为细、中、粗粒砂岩，赋存裂隙潜水—承压水，但其岩溶裂隙一般不发育，不利于大气降水的入渗和地表水的渗漏补给。此外，矿区地层为含、隔水层相互叠置的组合结构，隔水层多为泥岩和砂质泥岩，致密性好，厚度较大，地下水的整体补给径流条件差，富水性一般较差。因此，矿区地下水活动处于滞流状态，水动力条件整体上呈现水流封闭作用，瓦斯易于在此富集。虽然大气降水可从矿区东部煤层露头流向西部，促使煤层瓦斯自西向东运移，水流对瓦斯起到水力封堵作用，利于瓦斯保存。

2.2.4.2 井田水文地质

1. 井田地表河流

沙曲井田位于柳林泉域外西侧，根据前一节所述，井田内地下水补给、运移、排泄自成体系，其地下水或排泄于井田谷沟内，或向西及西南缓缓流入黄河。

2. 主要含水层

井田主要含水层有石炭系上统太原组灰岩岩溶、裂隙承压水含水层组和奥陶系碳酸盐岩类岩溶裂隙承压水含水岩组。

1）石炭系上统太原组灰岩岩溶、裂隙承压水含水层组

本组在井田南东大沟谷中零星出露，井田内由东向西埋深渐大，其顶板埋深一般在 210~600 m，属于埋藏区（深埋区）。$L_1 \sim L_5$ 等灰岩构成本组的主要含水层，灰岩单层厚度为 2~10 m，累计厚度为 20~30 m。从地层层序可见，几层灰岩中的最下一层灰岩（L_1）是下组煤的直接顶板，同时也是下组煤的直接充水水源。水位标高在 +729.31 ~ +814.74 m，单位涌水量为 0.00064~0.014 L/(s·m)，渗透系数为 0.0028~0.02784 m/d。

2）奥陶系碳酸盐岩类岩溶裂隙承压水含水岩组

奥陶系中统由下马家沟组、上马家沟组和峰峰组组成。岩性以灰岩为主，井田内该岩层埋藏较深，属于埋藏区（深埋区）。由于岩溶裂隙发育程度、含水层厚度等水文地质条件的不同，中奥陶统峰峰组（O_2f）和上马家沟组（O_2s）含水层的富水程度有明显差异。根据勘查资料可知，峰峰组富水性极不均匀，浅埋区强于深埋区，相差悬殊。上马家沟组岩溶发育，富水性强，基本不受埋深的影响。

（1）根据勘查资料可知，井田内奥灰峰峰组顶板埋深一般在 313.03~685.82 m，该组

地层厚度 105.35~115.38 m，平均厚度 110.37 m，主要由石灰岩、角砾状灰岩、泥质灰岩及石膏岩、膏溶角砾岩等组成。水位标高在 +792.55~+803.72 m，单位涌水量为 0.00065~0.056 L/(s·m)，渗透系数为 0.0019~0.094 m/d。

从地层结构及岩性组合看，其上覆地层层次繁多，为含、隔水层相互叠置的组合结构，这种地层组合结构在垂向上不利于大气降水入渗及地表水的渗漏补给作用，加之岩溶裂隙发育程度差，因此导致含水层的渗透能力、传导性和地下水交替作用微弱，以及由此造成的地下水径流滞缓和水循环条件欠佳等。由于上述诸多因素及其水文地质条件，从而导致了井田区奥灰峰峰组含水层的富水程度一般很弱，仅在局部构造裂隙发育地段富水性稍强。由于井田位处深埋区，并远离地下水补给和强径流区，地下水的径流途径长，地下水交替作用滞缓。

（2）井田区内奥灰上马家沟组顶板埋深一般在 758.10~792.53 m，该组地层总厚度约为 250 m，主要由灰岩、白云质灰岩、泥质灰岩、白云质泥灰岩和局部夹石膏岩等组成。该类岩层在东部山区地表出露面积较广，地表风化裂隙及构造裂隙非常发育，且开启程度好，多为半充填或无充填，据井田区钻探取芯分析，岩溶裂隙较发育，但不均一，其岩溶形态以溶蚀裂隙及溶孔为主，溶孔多呈蜂窝状。水位标高在 +797.64~+801.47 m，单位涌水量为 0.8~1.232 L/(s·m)，渗透系数为 3.24~4.55 m/d。

从上述分析可以看出，上马家沟组含水层岩溶裂隙地下水的补给来源主要为侧向径流补给。由于岩溶裂隙较发育，为地下水的补给、运移和富集创造了有利条件，且补给来源充沛。柳林泉域岩溶裂隙地下水除以泉群形式排泄和消耗于凿井开发利用外，部分岩溶水则以潜流形式向井田方向运移和聚集，因此在井田内上马家沟组含水层赋存有较丰富的岩溶裂隙地下水。

3. 隔水层

1) 二叠系泥岩粉砂岩隔水层

二叠系中较厚且稳定的泥质岩和裂隙不发育的砂岩，在各含水层间起相对隔水作用，构成相对隔水层（因井巷煤层采掘所造成的人工采动裂隙最大限度可能会达到 K_4 砂岩）。据地质分层资料统计，K_4 砂岩底至上组煤顶的地层间距为 32.34~54.81 m，平均间距为 50.21 m。上组煤顶板至 K_4 砂岩之间的细砂岩厚度为 0~18.32 m，平均为 5.16 m，岩石致密、坚硬、渗透性能弱，一般具有较好的隔水性能。

2) 石炭系泥岩泥灰岩隔水层

石炭系太原组为下组煤的赋存地层，含水层主要以太原组二段（C_3t^2）所夹 L_1~L_5 生物碎屑灰岩为主，富水性普遍较弱，且不均匀。石炭系中较厚且稳定的泥质岩类和裂隙不发育的砂岩，在各含水层间起隔水作用，该隔水层为泥质岩与砂岩（底部为透镜状铁矿层）所组成的相互叠置结构。这种地层组合结构有效地限制了此段之间砂岩与薄层灰岩的垂直裂隙发育，也限制了大气降水及地表水对地下水的补给作用，同时也限制了上覆含水层中地下水的下渗越流补给作用。这种含、隔水层相互叠置组成的地层结构，在不受地质构造破坏及构造裂隙沟通的情况下，具有很好的隔水性能及抗突水能力（图 2-14），并构成了上、下组煤层顶、底板良好的阻水屏障，同时对于太原组各煤层瓦斯具有封闭和控制作用。

3) 峰峰组一段隔水层

勘查试验资料表明，中奥陶统含水层构成本区主要含水结构体。其中上马家沟组岩溶

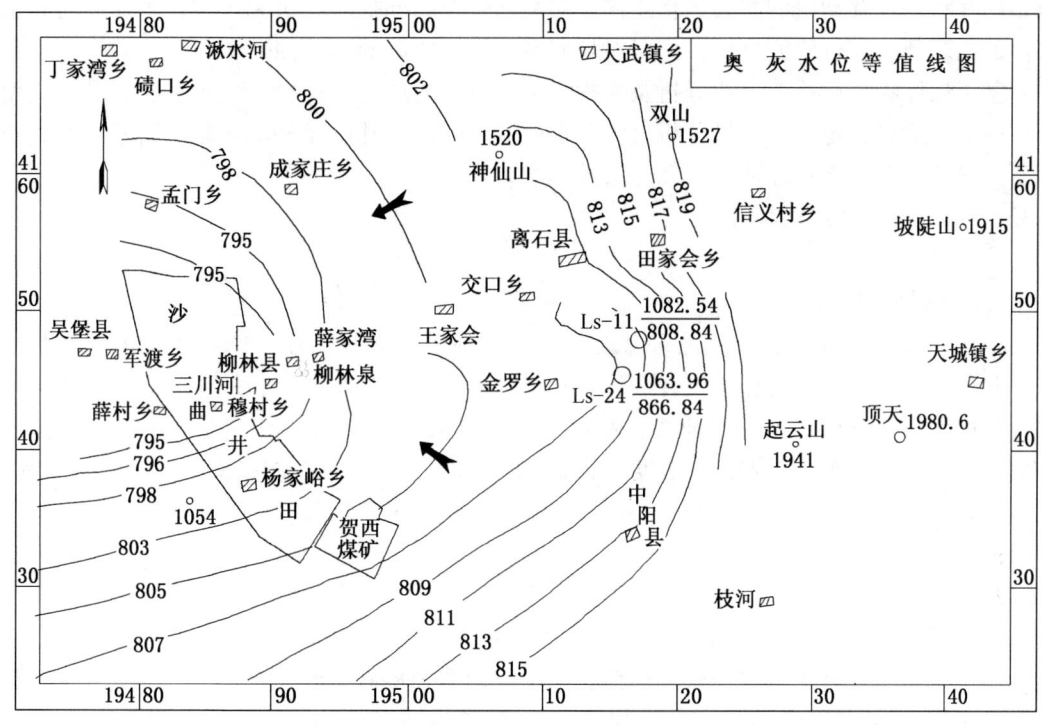

图 2-14 区域奥灰（O_2f）水位等值线图

裂隙发育，富水程度最强，是下组煤采掘的主要威胁。上覆峰峰组是以其二段灰岩为主要含水层，因其出露面积有限，含水层薄，且岩溶裂隙不发育，溶孔稀少，且多被方解石脉所充填，连通性不好，虽奥灰承压水头较高，但富水性普遍很弱。峰峰组一段岩性大部为厚层状或巨厚层状石膏岩夹泥质灰岩，含泥质成分高，渗透性及传导性差，可视为隔水层。

峰峰组一段隔水层岩性依次为膏溶角砾岩、石膏岩、含泥石膏岩、含铝泥岩及角砾状泥灰岩。据钻探取芯鉴定、测井解释及岩石物理力学性质测试资料分析，上述隔水层岩石致密、坚硬、完整，抗压、抗拉、抗剪强度高，隔水层沉积厚度大，分布连续、稳定，岩溶裂隙不很发育，地层的渗透性和导水性差，富水性极弱，在峰峰组与上马家沟组两含水岩组之间起相对隔水作用，构成相对隔水层，隔水性能良好，这对矿井预防上马家沟组强含水层岩溶水的威胁起到至关重要的作用。

综上所述，沙曲井田地层属于含水层与隔水层交互地层，煤系地层（二叠纪和石炭纪）的含水层的含水性弱，属于裂隙水，裂隙相对不发育，连通性较差，而且隔水层主要为泥岩和砂质泥岩，厚度大，隔水性好，不利于地下水和径流的补给，井田范围内的水动力条件属于水流滞流区，表现为水力封堵作用，有利于瓦斯的保存。

2.3 沙曲矿煤储层物性特征

煤体是一类由高分子有机化合物与无机矿物混合组成的可燃性多孔介质，煤层是瓦斯的生成层和储集层，与瓦斯伴随而生的孔、裂隙等微观结构势必深刻影响着煤体中瓦斯的原始赋存状态及扰动后的解吸运移规律。对瓦斯资源的勘探、评价和开发，都需要对相应煤体的微观环境进行研究分析，用以指导宏观上瓦斯资源的高效抽采和利用。

基于煤体物理性质、工业分析及宏观煤岩观测，通过电镜扫描、压汞实验以及吸附解吸试验三种途径，定性、定量分析对沙曲煤矿所取煤样的孔隙结构和吸附—解吸特征，进而研究煤体微观结构对瓦斯解吸和运移的影响。

2.3.1 煤岩成分及煤质特征

2.3.1.1 煤岩成分

1. 煤的物理性质

黑色、条痕为黑色至灰黑色，以玻璃光泽至强玻璃光泽为主，断口为参差状、贝壳状、阶梯状、平坦状，镜煤中发育眼球状断口。内生裂隙普遍发育，外生裂隙只在少数暗煤分层中发育。各煤层为中变质煤，硬度小，脆度大。2号、3号、4号、5号、6号、8(8+9)号、9号、10号煤层视密度测试结果分别为1.39 t/m³、1.38 t/m³、1.36 t/m³、1.44 t/m³、1.41 t/m³、1.38 t/m³、1.41 t/m³、1.40 t/m³。

2. 煤岩特征

1) 宏观煤岩特征

宏观煤岩组分以亮煤、镜煤为主，其次为暗煤，夹少量丝炭条带。宏观结构以条带状、均一状为主，有少量线理状、透镜状结构，构造为层状。宏观煤岩类型为光亮~半亮型，含少量半暗~暗淡型煤分层。各煤层宏观煤岩特征见表2-12。

2) 显微煤岩特征

各煤层显微煤岩组分鉴定结果见表2-13。各煤层有机组分以镜质组最高，少数分层可达80%以上；其次是惰质组，平均一般大于20%；煤中壳质组已在煤化过程中消失，镜质组主要为均质镜质体和基质镜质体，其次是结构镜质体和碎屑镜质体，胶质镜质体和团块镜质体少见。惰质组主要为半丝质体，其次是丝质体、粗粒体、碎屑惰质体。

不同煤层显微组分不同，镜质组含量一般太原组大于山西组，区内各煤层有机组成、无机组成及最大镜质组反射率见表2-13。其中，9号煤层最高，5号煤层最低；惰质组含量5号煤层最高，9号煤层最低。

煤中矿物质以黏土矿物为主，其次为硫化铁类、碳酸盐类。黏土矿物多呈分散状、条带状或小团块状分布于煤中。黄铁矿呈星散状分布，有些则呈微粒状、莓球状、块状或充填于胞腔与裂隙中。碳酸盐类充填于次生裂隙或惰质体、半丝质体胞腔中。黏土类含量一般山西组大于太原组，硫化物类则相反，且太原组煤层以原生黄铁矿为主，而山西组煤层以次生黄铁矿为主。

表2-12 宏观煤岩特征

煤层编号	宏观煤岩组分	结构、构造	煤岩类型
2	亮煤、镜煤为主，夹少量丝炭	中~细条带状、均一状结构，层状构造	光亮~半亮型煤为主，其次为半暗型煤
3	亮煤、镜煤为主，其次为暗煤	细条带状、均一状结构，层状构造	光亮~半亮型煤为主，含少量半暗~暗淡煤

表2-12(续)

煤层编号	宏观煤岩组分	结构、构造	煤岩类型
4	亮煤、暗煤为主,其次为镜煤夹少量丝炭	中~宽条带状、均一状结构,层状构造	半亮型煤为主,其次为光亮~暗淡型煤
5	亮煤、镜煤为主,其次为镜煤夹丝炭	中~宽条带状结构,层状构造	半亮型煤为主,其次为光亮~暗淡型煤
6	亮煤为主,其次为暗煤和镜煤	细条带状结构,层状构造	半亮型煤为主,其次为光亮~半暗型煤
8(8+9)	亮煤、镜煤为主,其次为暗煤夹丝炭	细条带状、均一状结构,层状构造	光亮~半亮型煤为主,其次为暗淡型煤
9	亮煤、镜煤为主,其次为暗煤	条带状、均一状结构,层状构造	光亮~半亮型煤为主,其次为暗淡型煤
10	亮煤、镜煤为主,其次为暗煤夹丝炭	条带状、均一状结构,层状构造	光亮~半亮型煤为主,其次为暗淡型煤

表2-13 各煤层显微煤岩鉴定结果

煤层编号	有机组成/%			无机组成/%				反射率/%
	镜质组	惰质组	壳质组	黏土类	硫化铁类	碳酸盐类	氧化硅类	
2	$\frac{67.0\sim86.7}{76.31}$ (9)	$\frac{13.3\sim33.0}{23.65}$ (9)	$\frac{0.0\sim0.4}{0.04}$ (9)	$\frac{3.7\sim30.6}{9.50}$ (9)	$\frac{0.0\sim0.8}{0.16}$ (9)	$\frac{0.0\sim0.4}{0.04}$ (9)	$\frac{0.0\sim1.1}{0.12}$ (9)	$\frac{1.29\sim1.46}{1.36}$ (8)
3	$\frac{57.3\sim89.2}{75.72}$ (19)	$\frac{10.8\sim42.7}{23.98}$ (19)	$\frac{0.0\sim4.6}{0.30}$ (19)	$\frac{3.2\sim23.3}{13.89}$ (19)	$\frac{0.0\sim0.9}{0.08}$ (19)	$\frac{0.0\sim2.2}{0.20}$ (19)	$\frac{0.0\sim10.5}{0.74}$ (19)	$\frac{0.98\sim1.98}{1.41}$ (17)
4	$\frac{48.7\sim88.4}{71.80}$ (22)	$\frac{11.6\sim51.3}{27.93}$ (2)	$\frac{0.0\sim6.0}{0.27}$ (22)	$\frac{1.9\sim15.4}{8.70}$ (22)	$\frac{0.0\sim3.9}{0.40}$ (22)	$\frac{0.0\sim0.8}{0.08}$ (22)	$\frac{0.0\sim0.8}{0.10}$ (22)	$\frac{0.9\sim1.6}{1.43}$ (20)
5	$\frac{19.2\sim89.10}{67.35}$ (21)	$\frac{10.9.80.8}{32.56}$ (21)	$\frac{0.0\sim1.9}{0.09}$ (21)	$\frac{7.6\sim62.1}{17.93}$ (21)	$\frac{0.0\sim3.9}{0.91}$ (21)	$\frac{0.0\sim1.5}{0.17}$ (21)	$\frac{0.0\sim1.9}{0.15}$ (21)	$\frac{0.94\sim1.59}{1.43}$ (20)
6	$\frac{61.3\sim938}{80.03}$ (14)	$\frac{6.2\sim38.7}{19.97}$ (14)	0 (14)	$\frac{2.6\sim27.8}{11.55}$ (14)	$\frac{0.0\sim3.5}{0.84}$ (14)	$\frac{0.0\sim2.1}{0.30}$ (14)	$\frac{0.0\sim0.9}{0.06}$ (14)	$\frac{1.35\sim1.59}{1.48}$ (13)
8(8+9)	$\frac{58.3\sim89.6}{74.83}$ (25)	$\frac{10.4\sim41.7}{25.17}$ (25)	0 (25)	$\frac{3.1\sim23.4}{9.88}$ (25)	$\frac{0.0\sim4.4}{1.24}$ (25)	$\frac{0.0\sim1.2}{0.22}$ (25)	$\frac{0.0\sim2.1}{0.16}$ (25)	$\frac{1.29\sim1.95}{1.59}$ (23)
9	$\frac{74.4\sim93.1}{81.08}$ (4)	$\frac{6.9\sim25.6}{18.93}$ (4)	0 (4)	$\frac{6.4\sim13.7}{9.50}$ (4)	$\frac{0.0\sim2.0}{0.80}$ (4)	$\frac{0.0\sim0.2}{0.08}$ (4)	0 (4)	$\frac{1.63\sim1.9}{1.74}$ (4)
10	$\frac{64.9\sim87.7}{74.98}$ (10)	$\frac{12.3\sim35.1}{25.02}$ (10)	0 (10)	$\frac{53.9\sim28.4}{15.98}$ (10)	$\frac{0.0\sim2.1}{0.49}$ (10)	$\frac{0.0\sim1.3}{0.17}$ (10)	$\frac{0.0\sim0.4}{0.04}$ (10)	$\frac{1.55\sim1.85}{1.64}$ (9)

注:括号内为统计点数。

2.3.1.2 煤质特征

各可采煤层化验指标汇总见表2-14,各煤层灰分、硫分、发热量质量分级按GB/T

表 2-14 各煤层煤质特征表

煤层编号	原、浮煤	水分 M_{ad}/%	灰分 A_d/%	挥发分 V_{daf}/%	固定碳 FC_d/%	全硫 $S_{t,d}$/%	发热量 $Q_{gr,d}$ /(MJ·kg^{-1})	黏结指数 $G_{R.I}$	胶质层最大厚度 Y/mm	煤类
2	原	$\frac{0.20\sim1.96}{0.55(43)}$	$\frac{5.18\sim39.82}{17.38(42)}$	$\frac{19.93\sim27.66}{22.95(42)}$	$\frac{39.27\sim75.31}{62.65(42)}$	$\frac{0.21\sim1.16}{0.42(42)}$	$\frac{18.53\sim34.25}{29.53(42)}$			JM
2	浮	$\frac{0.19\sim1.64}{0.47(43)}$	$\frac{4.47\sim12.45}{7.19(43)}$	$\frac{16.85\sim27.42}{21.68(43)}$	$\frac{64.54\sim76.58}{72.56(43)}$	$\frac{0.30\sim1.19}{0.48(42)}$	$\frac{32.31\sim34.31}{33.65(15)}$	$\frac{55\sim101}{89(42)}$	$\frac{42\sim698}{17(29)}$	(仅B312孔为SM,位于不可采范围内)
3	原	$\frac{0.17\sim1.54}{0.64(60)}$	$\frac{8.30\sim38.35}{23.72(58)}$	$\frac{19.26\sim29.09}{23.72(57)}$	$\frac{43.22\sim73.17}{59.47(49)}$	$\frac{0.18\sim0.85}{0.41(60)}$	$\frac{20.79\sim33.81}{27.19(59)}$			JM
3	浮	$\frac{0.20\sim1.42}{0.51(57)}$	$\frac{4.48\sim17.25}{9.34(56)}$	$\frac{19.62\sim27.04}{22.17(57)}$	$\frac{64.94\sim76.64}{70.89(49)}$	$\frac{0.28\sim0.74}{0.49(56)}$	$\frac{29.36\sim35.03}{32.90(12)}$	$\frac{40\sim100}{90(58)}$	$\frac{42\sim702}{17(43)}$	(仅B312孔为SM,位于不可采区内)
4	原	$\frac{0.16\sim1.94}{0.62(72)}$	$\frac{5.32\sim37.21}{14.97(72)}$	$\frac{18.01\sim28.89}{21.27(72)}$	$\frac{43.45\sim75.37}{66.97(70)}$	$\frac{0.23\sim2.20}{0.54(72)}$	$\frac{19.68\sim34.01}{30.32(68)}$			JM
4	浮	$\frac{0.20\sim1.55}{0.52(72)}$	$\frac{2.62\sim16.24}{6.19(72)}$	$\frac{16.54\sim26.37}{20.30(72)}$	$\frac{64.95\sim79.94}{74.74(70)}$	$\frac{0.30\sim1.36}{0.49(70)}$	$\frac{30.34\sim35.46}{33.56(17)}$	$\frac{39\sim99}{87(70)}$	$\frac{42\sim480}{14(52)}$	SM
5	原	$\frac{0.19\sim1.54}{0.62(71)}$	$\frac{9.72\sim42.23}{23.71(69)}$	$\frac{18.64\sim27.58}{21.98(68)}$	$\frac{37.25\sim71.92}{58.80(64)}$	$\frac{0.38\sim6.88}{1.55(71)}$	$\frac{19.13\sim32.94}{26.67(65)}$			JM
5	浮	$\frac{0.16\sim1.81}{0.53(71)}$	$\frac{0.27\sim18.50}{8.67(71)}$	$\frac{17.40\sim26.34}{20.08(71)}$	$\frac{64.55\sim82.18}{72.78(64)}$	$\frac{0.37\sim2.07}{0.88(70)}$	$\frac{30.81\sim34.30}{32.97(18)}$	$\frac{53\sim97}{84(67)}$	$\frac{42\sim634}{14(47)}$	SM
6	原	$\frac{0.28\sim1.50}{0.60(56)}$	$\frac{9.39\sim46.67}{20.07(54)}$	$\frac{14.12\sim27.43}{21.12(55)}$	$\frac{37.20\sim73.99}{62.34(54)}$	$\frac{0.34\sim6.84}{2.40(56)}$	$\frac{17.56\sim33.87}{28.43(51)}$			SM
6	浮	$\frac{0.24\sim1.44}{0.46(54)}$	$\frac{3.55\sim15.99}{8.26(54)}$	$\frac{17.02\sim24.42}{19.62(54)}$	$\frac{66.13\sim78.62}{73.96(52)}$	$\frac{0.38\sim3.14}{1.51(53)}$	$\frac{30.71\sim34.39}{33.02(10)}$	$\frac{13\sim97}{81(52)}$	$\frac{0\sim20}{13(43)}$	PS
8(8+9)	原	$\frac{0.20\sim1.92}{0.63(76)}$	$\frac{8.93\sim34.07}{16.44(75)}$	$\frac{14.82\sim21.52}{17.84(75)}$	$\frac{43.80\sim75.84}{68.81(69)}$	$\frac{0.99\sim6.89}{2.94(76)}$	$\frac{17.76\sim32.86}{29.50(72)}$			JM
8(8+9)	浮	$\frac{0.23\sim1.58}{0.52(75)}$	$\frac{3.11\sim17.36}{6.72(75)}$	$\frac{13.81\sim19.93}{16.27(75)}$	$\frac{68.26\sim83.51}{78.28(69)}$	$\frac{0.89\sim2.81}{2.02(75)}$	$\frac{29.92\sim34.47}{33.34(20)}$	$\frac{5\sim87}{39(74)}$	$\frac{0\sim11}{5(55)}$	SM / PS
9	原	$\frac{0.28\sim1.82}{0.69(21)}$	$\frac{13.61\sim38.49}{22.13(21)}$	$\frac{15.65\sim23.35}{19.62(21)}$	$\frac{47.15\sim72.87}{62.18(15)}$	$\frac{0.71\sim5.97}{2.65(21)}$	$\frac{20.21\sim30.59}{27.19(21)}$			JM
9	浮	$\frac{0.34\sim0.97}{0.54(20)}$	$\frac{4.96\sim11.52}{7.42(20)}$	$\frac{14.55\sim18.82}{16.72(20)}$	$\frac{73.03\sim79.61}{77.34(15)}$	$\frac{0.77\sim2.37}{1.50(19)}$		$\frac{7\sim84}{40(18)}$	$\frac{0\sim12}{5(17)}$	SM / PS
10	原	$\frac{0.25\sim1.73}{0.63(46)}$	$\frac{8.28\sim36.76}{21.13(45)}$	$\frac{16.04\sim25.27}{19.39(45)}$	$\frac{40.33\sim76.04}{63.16(44)}$	$\frac{0.42\sim4.12}{1.32(46)}$	$\frac{17.75\sim32.82}{27.59(46)}$			JM
10	浮	$\frac{0.26\sim0.80}{0.48(45)}$	$\frac{3.79\sim11.16}{7.20(45)}$	$\frac{14.39\sim19.53}{17.05(45)}$	$\frac{73.49\sim82.85}{77.06(43)}$	$\frac{0.52\sim2.79}{1.06(45)}$	$\frac{27.77\sim34.64}{33.16(10)}$	$\frac{10\sim94}{60(45)}$	$\frac{0\sim18}{9(34)}$	SM / PS

15224.1—2010、GB/T 15224.2—2010、GB/T 15224.3—2010 进行评价，如下所述：

1. 水分（M_{ad}）

各煤层空气干燥基水分含量变化不大，原煤均值含量介于 0.55%~0.69%。在水平方向和垂向上煤中含水量变化规律不明显。

2. 灰分（A_d）

2号煤层原煤灰分（A_d）介于 5.18%~39.82%，平均为 17.38%，属低灰煤；3号煤层原煤灰分（A_d）介于 8.30%~38.35%，平均为 23.72%，属中灰煤；4号煤层原煤灰分（A_d）介于 5.32%~37.21%，平均为 14.97%，属低灰煤；5号煤层原煤灰分（A_d）介于 9.72%~42.23%，平均为 23.71%，属中灰煤；6号煤层原煤灰分（A_d）介于 9.39%~46.67%，平均为 20.07%，属中灰煤；8（8+9）号煤层原煤灰分（A_d）介于 8.93%~34.07%，平均为 16.44%，属低灰煤；9号煤层原煤灰分（A_d）介于 13.61%~38.49%，平均为 22.13%，属中灰煤；10号煤层原煤灰分（A_d）介于 8.28%~36.76%，平均为 21.13%，属中灰煤。

3. 挥发分（V_{daf}）

各煤层浮煤平均挥发分（V_{daf}）介于 16.27%~21.68%，属低—中等挥发分煤。各煤层挥发分值变化从垂向上分析，下组煤低于上组煤，煤层从上到下挥发分有降低趋势。

灰分含量对煤储层的生烃潜力和煤储层对瓦斯的吸附能力及瓦斯的可采性均有一定影响。煤的灰分主要是指煤中的矿物成分，一般可分为低灰煤（灰分<15%）、中灰煤（灰分 15%~25%）、较高灰煤（灰分 25%~40%）和高灰煤（灰分>40%）4个级别，灰分含量越低，煤质越好，瓦斯吸附量也越高。从表 2-14 可知，沙曲矿 4 号原煤煤样灰分平均为 14.97%，属低灰煤，其他煤层原煤煤样灰分平均值为 16.44%~23.72%，属于中灰煤，整体上沙曲矿各煤层对瓦斯的吸附能力为中高等水平，对瓦斯抽采较为有利。此外，煤中的灰分来自于煤中的矿物质，主要为黏土类和硫化物类矿物，其次为碳酸盐类、氧化硅类矿物，通常以颗粒状分散于煤基质块体中或以夹矸形式出现，不仅直接影响煤储层原位含气量及其分布、煤储层均质性及其改造，而且可制约煤中裂隙、显微裂隙的发育，特别是后生矿物充填于层面、裂隙、孔隙和显微组分细胞腔中，严重阻碍了瓦斯和水的渗流，给瓦斯资源的开发带来了诸多负面效应。

2.3.2 煤层瓦斯基础参数

准确地测定瓦斯基本参数，对于选择区域性和局部的瓦斯治理技术措施，评价措施的技术效果以及确定合理的抽放技术参数都具有十分重要的意义。

2.3.2.1 煤层瓦斯压力

煤层瓦斯压力是决定煤层瓦斯含量和瓦斯涌出量大小的主要因素，其对煤与瓦斯突出危险性预测及合理制定防突措施等均起着重要作用。

瓦斯压力测定方法有直接法和间接法两种。直接法是由煤层顶（底）板向煤层打钻孔，然后用封孔器或其他材料封孔后直接用压力表读数；间接法依据瓦斯含量反算瓦斯压力值。瓦斯压力直接法测定结果见表 2-15，间接法测定结果见表 2-16 至表 2-18。

表2-15　2号煤层瓦斯压力直接法测定结果

孔号	测定地点	见煤标高/m	瓦斯压力 P/MPa	备注
1	沙曲一矿24207轨道巷	440	0.40	实测
2	沙曲二矿14203内错尾巷	435	0.45	实测

表2-16　3号煤层瓦斯压力间接法测定结果

钻孔	瓦斯含量/ $(m^3 \cdot t^{-1})$	瓦斯压力/MPa	钻孔	瓦斯含量/ $(m^3 \cdot t^{-1})$	瓦斯压力/MPa
M24	6.69	0.59	22	11.89	1.37
M34	7.09	0.68	一号回风井	6.14	0.5
M47	12.46	1.62	副立井	7.41	0.65
19	8.04	0.91	13301轨道巷300 m处	8.49	0.78
M40	9.54	0.94	13301轨道巷400 m处	8.25	0.84
M45	10.64	1.12	13301胶带巷345 m处	8.69	0.91
12	7.32	0.63	13301胶带巷325 m处	9.36	0.98
20	22.33	6.1			

注：吸附常数 $a=25.31$ m^3/t，$b=0.70285$ MPa^{-1}，水分 $M_{ad}=0.6\%$，灰分 $A_d=9.57\%$。

表2-17　4号煤层瓦斯压力间接法测定结果

钻孔	瓦斯含量/ $(m^3 \cdot t^{-1})$	瓦斯压力/MPa	钻孔	瓦斯含量/ $(m^3 \cdot t^{-1})$	瓦斯压力/MPa
M7	7.92	1.39	3	12.84	4.59
M10	7.07	1.33	4	9.29	1.8
M12	6.07	0.98	11	8.40	1.81
M13	8.17	1.34	13	12.30	2.93
M19	7.66	1.14	一号回风井	8.80	1.5
M28	7.81	1.13	副立井	6.16	1.01
M34	10.54	2.54	14301配送巷50 m处	8.75	1.81
M37	5.35	0.74	14301轨道巷300 m处	10.4	3.0
M45	7.89	1.21	14301轨道巷350 m处	10.69	3.1
M47	14.40	5.65	14301胶带巷250 m处	8.46	1.74
M48	8.43	1.69	24207胶带巷1200 m处	8.22	1.99
M49	7.03	1.11	24207尾巷1300 m处	8.49	1.94

注：吸附常数 $a=28.73$ m^3/t，$b=0.4013$ MPa^{-1}，水分 $M_{ad}=0.87\%$，灰分 A_d 按照钻孔位置处煤样实测值设定。

表 2-18　5 号煤层瓦斯压力间接法测定结果

钻孔	瓦斯含量/($m^3 \cdot t^{-1}$)	瓦斯压力/MPa	钻孔	瓦斯含量/($m^3 \cdot t^{-1}$)	瓦斯压力/MPa
M7	2.03	1.39	11	8.95	2.04
M10	2.41	1.33	14	6.28	1.08
M19	1.80	0.98	24	9.72	2.08
M24	1.61	1.34	一号回风井	6.81	1.44
M45	1.79	1.14	副立井	8.01	1.72
M47	3.96	1.13	15201 轨道巷 200 m 处	3.83	0.71
M48	2.27	1.13	15201 胶带巷 150 m 处	4.06	0.74

注：吸附常数 $a = 31.98$ m^3/t，$b = 0.2825$ MPa^{-1}，水分 $M_{ad} = 0.495\%$，灰分 A_d 按照钻孔位置处煤样实测值设定。

从表 2-15～表 2-18 可以看出，2 号煤层实测煤层瓦斯压力较小，最大值为 0.45 MPa；利用间接法计算的 3 号煤层瓦斯压力最大值为 1.37 MPa、4 号煤层瓦斯压力最大值为 5.65 MPa、5 号煤层瓦斯压力最大值为 2.08 MPa。

2.3.2.2　瓦斯含量测定

煤层原始瓦斯含量是指单位质量原始煤体所含有的瓦斯量（换算成标准状态下的体积），常用 m^3/t 或 mL/g 作为计量单位。生产矿井煤层原始瓦斯含量普遍采用直接法（井下解吸法）测定。

利用井下解吸法对沙曲矿现采掘煤层瓦斯含量进行了测定，测定结果见表 2-19。井田 3 号煤层的瓦斯含量为 9.45～10.89 m^3/t，平均 10.02 m^3/t；4 号煤层的瓦斯含量为 11.19～12.78 m^3/t，平均 11.92 m^3/t；5 号煤层的瓦斯含量为 5.04～5.19 m^3/t，平均 5.12 m^3/t。因 15201 掘进工作面位于沙曲二矿 14201 工作面的下部 6 m 处，14201 工作面回采对 15201 工作面起到保护和卸压作用，所测 5 号煤样含量已经不能反映整个矿井 5 号煤层的瓦斯含量，只是经过开采保护层之后的瓦斯残存量；另因山西煤田地质勘探 148 队在地质勘探期间对沙曲井田 5 号煤层进行了瓦斯含量测定，测定结果为 7.01～16.50 m^3/t，远大于现所测残存量值，所以本次测定 5 号煤层的瓦斯含量仅做参考。

表 2-19　煤层瓦斯含量测定结果

测定地点	煤层编号	采样深度/m	基岩厚度/m	试样中气体组分/%			瓦斯含量/($m^3 \cdot t^{-1}$)
				CH_4	CO_2	N_2	
13301 轨道巷 300 m 处	3	470	470	95.32	0.92	3.56	9.45
13301 轨道巷 400 m 处	3	468	445	94.67	1.56	4.77	9.87
13301 胶带巷 345 m 处	3	490	450	94.37	1.49	4.14	10.38
13301 胶带巷 325 m 处	3	492	456	93.21	0.99	5.80	10.89
14301 配送巷 50 m 处	4	452	432	95.39	0.27	4.34	11.79
14301 轨道巷 300 m 处	4	451	434	98.94	0.22	0.84	11.19
14301 轨道巷 350 m 处	4	462	436	97.05	0.46	2.49	11.39
14301 胶带巷 250 m 处	4	449	423	97.22	0.46	2.32	11.54
24208 胶带巷 1200 m 处	4	403	400	92.64	2.16	5.20	12.10
24208 尾巷 1300 m 处	4	400	389	92.34	1.19	6.47	12.78

表 2-19（续）

测定地点	煤层编号	采样深度/m	基岩厚度/m	试样中气体组分/%			瓦斯含量/($m^3 \cdot t^{-1}$)
				CH_4	CO_2	N_2	
24208 轨道巷 1240 m 处	4	411	402	94.86	2.48	3.66	12.10
15201 轨道巷 200 m 处	5	417	403	94.07	2.85	3.08	5.04
15201 胶带巷 150 m 处	5	412	400	95.67	2.09	2.24	5.19

2.3.2.3 百米钻孔瓦斯流量及流量衰减系数

表征钻孔自然瓦斯涌出特征的参数有两个，即钻孔自然初始瓦斯涌出强度 q_0 和钻孔自然瓦斯流量衰减系数 α，其中钻孔瓦斯流量衰减系数 α 是评价煤层瓦斯预抽难易程度的一个重要指标。

在 14301 胶带巷和 24208 轨道巷煤层掘进工作面施工了两个用于钻孔瓦斯涌出特征测试用顺层煤孔，钻孔布置参数见表 2-20。两个顺层煤孔的钻孔自然瓦斯流量变化曲线如图 2-15 和图 2-16 所示。

计算得到的沙曲矿 4 号煤层 1 号、2 号钻孔瓦斯涌出特征参数见表 2-21。

表 2-20　瓦斯涌出特征测试用钻孔布置参数

钻孔编号	1	2
钻孔地点	14301 胶带巷	24208 轨道巷
钻孔直径/mm	65	65
钻孔深度/m	57.5	60
开孔时间	2008 年 5 月 22 日 01：10	2008 年 5 月 22 日 17：30
成孔时间	2008 年 5 月 23 日 06：00	2008 年 5 月 23 日 06：50
封孔材料	聚氨酯	聚氨酯
封孔深度/m	6	6
封孔结束时间	2008 年 5 月 24 日 06：30	2008 年 5 月 24 日 07：20

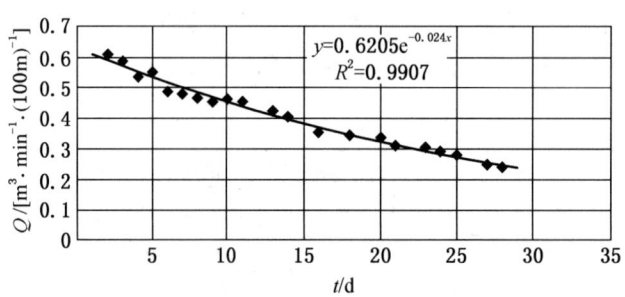

图 2-15　1 号钻孔自然瓦斯流量变化曲线

表 2-21　钻孔瓦斯自然涌出特征参数

测定地点	百米钻孔瓦斯流量/($m^3 \cdot min^{-1}$)	百米初始瓦斯涌出强度 q_0/($m^3 \cdot min^{-1}$)	瓦斯流量衰减系数 α/d^{-1}	百米钻孔极限瓦斯涌出量 $Q_J(t=+\infty)$/m^3
1 号孔	$q_1 = 0.62 e^{-0.024 t}$	0.6205	0.024	30342
2 号孔	$q_1 = 0.515 e^{-0.028 t}$	0.515	0.028	31200

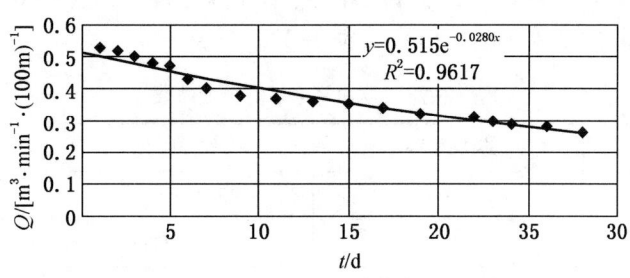

图 2-16　2号钻孔自然瓦斯流量变化曲线

2.3.2.4　煤的工业分析及瓦斯吸附常数

在实验室对沙曲煤矿所取 11 组煤样进行了煤的工业分析及瓦斯吸附常数的测定，测定结果见表 2-22。

表 2-22　沙曲矿煤层工业分析及瓦斯吸附常数测定结果

取样地点	取样煤层	工业分析						吸附常数	
		$M_{ad}/\%$	$A_d/\%$	$V_{daf}/\%$	真密度/$(t \cdot m^{-3})$	视密度/$(t \cdot m^{-3})$	孔隙率/%	$a/(m^3 \cdot t^{-1})$	b/MPa^{-1}
13301 轨道巷	3	0.66	7.12	29.54	1.41	1.36	3.55	25.089	0.7261
13301 胶带巷	3	0.54	12.02	20.54	1.48	1.42	4.05	25.534	0.6796
14301 配送巷	4	0.59	6.03	19.56	1.34	1.28	4.48	28.753	0.5176
14301 轨道巷	4	2.80	6.81	29.54	1.50	1.46	2.67	28.656	0.4728
14203 回采工作面	4	0.62	8.69	20.48	1.37	1.31	4.38	27.067	0.5464
14203 尾巷	4	0.60	13.37	38.54	1.41	1.37	2.84	26.564	0.7643
24208 轨道巷	3+4	0.76	10.10	16.32	1.60	1.45	9.38	25.624	0.5645
24208 胶带巷	3+4	0.42	10.20	18.81	1.56	1.46	6.41	24.569	0.4136
24302 综采工作面	3+4	1.24	10.50	17.49	1.45	1.34	7.59	24.813	0.5651
15201 胶带巷	5	0.47	14.23	22.37	1.45	1.37	5.52	31.191	0.2790
15201 轨道巷	5	0.52	6.70	21.31	1.48	1.39	6.08	32.763	0.2860

从表 2-22 可以看出，沙曲矿各煤层水分为 0.42% ~ 2.80%，平均为 1.61%；灰分为 6.03% ~ 14.23%，平均为 10.13%；挥发分为 16.32% ~ 38.54%，平均为 28.02%；真密度为 1.34 ~ 1.60 t/m³，平均为 1.47 t/m³；视密度为 1.28 ~ 1.46 t/m³，平均为 1.37 t/m³；孔隙率为 2.67% ~ 9.38%，平均为 6.11%；吸附常数 a 为 24.569 ~ 32.763 m³·t⁻¹，平均为 28.666 m³·t⁻¹，b 为 0.2790 ~ 0.7261 MPa⁻¹，平均为 0.5026 MPa⁻¹。

2.3.2.5　煤的坚固性系数测试

《防治煤与瓦斯突出细则》将煤的坚固性系数（f）纳入煤与瓦斯突出预测单项指标之一，并规定其临界值为 0.5，当 $f > 0.5$ 时，煤层发生突出的危险性很小；只有当 $f < 0.5$ 时，煤层才具有发生突出的潜在危险性，但是否会发生突出，还取决于其他影响因素。

通过对沙曲煤矿共采集 2 个 3 号煤层煤样、9 个 4 号煤层煤样和 6 个 5 号煤层煤样送实验室进行煤的坚固性系数测定，结果见表 2-23。

表 2-23　沙曲煤矿 f 值测定结果

煤样编号	煤层编号	取样地点	f（平均值）
1	3	13301 轨道巷	0.31
2	3	13301 胶带巷	0.29
3	4	14301 配送巷	0.35
4	4	14301 轨道巷	0.28
5	4	14203 回采工作面	0.50
6	4	14203 尾巷	0.37
7	4	24208 轨道巷	0.41
8	4	24208 胶带巷	0.39
9	4	24302 综采工作面	0.55
10	4	24302 胶带巷	0.33
11	4	24302 轨道巷	0.39
12	5	15201 胶带巷	0.31
13	5	15201 轨道巷	0.35
14	5	沙曲一矿北轨大巷	0.41
15	5	沙曲二矿进风井	0.44
16	5	沙曲二矿胶带大巷	0.46
17	5	14205 工作面	0.39

由此可见，沙曲煤矿所取煤样 3 号煤层 f 值为 0.29~0.31，平均为 0.30；4 号煤层 f 值为 0.28~0.55，平均为 0.42；5 号煤层 f 值为 0.31~0.46，平均为 0.33，煤层较软，低于《防治煤与瓦斯突出细则》规定的临界值 0.5，具有发生煤与瓦斯突出所需的坚固性系数条件。

2.3.2.6　瓦斯放散初速度

瓦斯放散初速度 ΔP 是反映煤在常压下吸附瓦斯的能力和含瓦斯煤体暴露时放散瓦斯（从吸附状态转化为游离状态）快慢的一个指标。煤的放散瓦斯的性能是由煤的物理、力学性质来决定的。

瓦斯放散初速度是指 3.5 g 规定粒度的煤样在 0.1 MPa 压力下吸附瓦斯后向固定真空空间释放时，用压差 ΔP 表示的 10~60 s 时间内释放出瓦斯量指标，反映的是煤放散瓦斯的能力，指含瓦斯煤体暴露时放散瓦斯从吸附状态转变为游离瓦斯的快慢。瓦斯放散初速度与煤样的结构、孔径分布、比表面积、煤样坚固性系数和煤的变质程度有关。为了测定沙曲煤矿各煤层瓦斯放散初速度指标，在新暴露的煤面采取 17 个煤样，送煤炭科学研究总院进行瓦斯放散初速度的测定，其测定结果见表 2-24。

表2-24 沙曲煤矿各煤层 ΔP 值测定结果

煤样编号	煤层编号	取样地点	ΔP
1	3	13301轨道巷	8.89
2	3	13301胶带巷	9.67
3	4	14301配送巷	8.52
4	4	14301轨道巷	10.02
5	4	14203回采工作面	8.45
6	4	14203尾巷	10.01
7	3+4	24208轨道巷	10.23
8	3+4	24208胶带巷	11.53
9	3+4	24302综采工作面	11.21
10	3+4	24302胶带巷	10.09
11	3+4	24302轨道巷	11.03
12	5	15201胶带巷	9.62
13	5	15201轨道巷	10.08
14	5	沙曲一矿北轨大巷	10.38
15	5	沙曲二矿进风井	13.36
16	5	沙曲二矿胶带大巷	11.57
17	5	14205工作面	12.45

沙曲煤矿3号煤层 ΔP 值为8.89~9.67，平均为8.5；4号煤层 ΔP 值为8.45~11.53，平均为10.13；5号煤层 ΔP 值为9.62~13.36，平均为11.24。3号煤层平均值小于《防治煤与瓦斯突出细则》规定的 ΔP 值10；4号和5号煤层平均值均大于《防治煤与瓦斯突出细则》规定的 ΔP 值10。但是，也发现沙曲矿与国内一些突出矿井的 ΔP 值有较大差异，即 ΔP 值相对较小，这也说明沙曲的各煤层具有强瓦斯吸附特性。

2.3.3 煤体孔隙结构及其透气性
2.3.3.1 宏观煤岩观测
1. 煤体结构

煤体结构是指煤层经过地质构造变动后煤的结构和构造的保留程度。煤层遭受的构造破坏愈强烈，煤就愈破碎，煤的原生结构和构造保留得也愈差，因而煤层结构、构造呈现出不同的变化。根据煤层所受构造破坏程度不同，从煤体宏观和微观结构特征把煤体结构分为原生结构、碎裂结构、碎粒结构和糜棱结构4种类型。

离柳矿区内多为焦煤、瘦煤等中等变质程度的煤，易于受外力影响而发生变形，但地史上构造运动对研究区所属鄂尔多斯盆地东部煤层破坏却不大。区内煤矿井下观察所示，煤体结构大多为原生结构，仅在断层附近有煤体破碎现象，存在部分碎裂结构和糜棱结构。此外，根据部分煤层气井取芯数据分析，区内3号、4号、5号、8+9号、10号煤层煤体结构主要为碎裂结构，其次为原生结构和碎粒结构。

总体来看，离柳矿区煤层煤体保存稍好，以碎裂结构为主，局部构造煤发育，煤体结构有利于煤层气开发。

2. 煤体破坏类型

煤体破坏类型是指煤体结构受构造力作用后，由于其破坏程度不同，煤的物理、力学性质和特征也不同，而形成的类别。煤的破坏程度越严重，其突出的危险性也越大。煤的破坏类型包括煤的光泽、构造特征、节理性质、节理面性质、强度、断口性质。

根据井下巷道煤岩观测和实验室测定煤样硬度，沙曲矿部分煤层的破坏类型及其坚固性系数见表2-25，2号、3+4号、5号煤层硬度低，其f值最小值接近0.5，其中2号煤层的硬度最低，平均为0.42，3+4号煤层的f值变化较大，且层理较紊乱无次序，有大量擦痕，断口参差，说明局部煤层受构造应力场的揉搓作用，在断层或褶皱附近发育构造软煤。

表2-25 部分煤层煤体破坏类型及其坚固性系数

煤层编号	观测地点	破坏类型描述	煤体破坏类型	煤的坚固性系数f(粒度20~30 mm)
2	22203轨道巷	半亮，煤层中有细小碎片状构造，细小碎块，层理较紊乱无次序，节理不发育，有大量擦痕，断口参差，煤体硬度低，用手易捻碎成粉末	Ⅲ	0.41
2	22204轨道巷	半亮，煤层中有细小碎片状构造，层理较紊乱无次序，节理不发育，有大量擦痕，断口参差，煤体硬度低，用手易捻碎成粉末	Ⅲ	0.44
3+4	24208回风巷	半亮，煤层中有细小碎片状构造，层理较紊乱无次序，节理不发育，有大量擦痕，断口参差，煤体硬度低，用手易捻碎成粉末	Ⅲ	0.47
3+4	24305胶带巷	半亮，煤层中有细小碎片状构造，细小碎块，层理较紊乱无次序，节理不发达，有大量擦痕，断口参差，用手可掰成块	Ⅲ	0.76
5	25301胶带巷	半亮，煤层中有细小碎片状构造，细小碎块，层理较紊乱无次序，节理不发育，有大量擦痕，断口参差，用手可掰成块	Ⅲ	0.67
5	25301轨道巷	半亮，煤层中有细小碎片状构造，细小碎块，层理较紊乱无次序，节理不发育，有大量擦痕，断口参差，煤体硬度低，用手易捻碎成粉末	Ⅲ	0.38

3. 割理发育特征

据王树华等对离柳矿区煤体外生裂隙的研究，煤体外生裂隙方向总体上以NE和NW向两组剪切裂隙为主，其次离石鼻状背斜轴部还发育有近EW向和SN向的纵张和横张裂隙（表2-26）。在庙湾、聚财塔等煤矿井下对山西组4号与5号煤层间岩层中测量的两组剪切裂隙的走向和地表裂隙基本一致，说明是同一应力场作用下的构造形迹。

表2-26 离石鼻状背斜地表裂隙走向统计 （°）

构造位置	剪裂隙（S_1）	剪裂隙（S_2）	纵张裂隙	横张裂隙
沙曲一矿	25~30	295~300		
轴部	30~40	340~345	70~110	350~355
沙曲二矿	35~45	325~335		

2.3.3.2 煤体的微观结构分析

煤是由植物遗体转变成的一种极不均一的有机岩石，植物细胞结构不同程度地得以保存。植物原始细胞结构的差异及其保存的完整程度的不同，造成煤层中孔隙类型、孔隙大小和结构的差异。煤在变质过程中也会改变原有孔隙，并产生新孔隙。煤层内部的不均一性不仅表现为各种孔隙的发育，还表现为微裂隙的普遍发育，因此，煤是一种多孔隙的物质。煤层在成煤过程中伴随有一定量的瓦斯形成，瓦斯主要储存在煤层的微孔隙和微裂隙中，其扩散和运移也是在微孔隙和微裂隙中进行的。煤层中的微孔隙和微裂隙既是瓦斯储存的场所，也是瓦斯产出的重要通道。因此，研究煤层中的微孔隙和微裂隙的类型、大小和结构对了解和掌握瓦斯的赋存和涌出规律都具有非常重要的意义。

1. 煤体孔隙分类

煤的孔隙是在成煤过程中形成的。成煤初期的胶质物质在漫长的地质年代中，由于高温高压的作用，逐渐脱水和凝结，形成无数微小的孔洞。根据孔径的大小，煤中孔隙可作如下分类：

(1) 微孔，其直径小于 $0.01\ \mu m$，它构成了煤中吸附容积；

(2) 小孔，其直径在 $0.01 \sim 0.1\ \mu m$，它构成了毛细管凝结和瓦斯扩散空间；

(3) 中孔，其直径在 $0.1 \sim 1\ \mu m$，它构成了缓慢的层流渗透区域；

(4) 大孔，其直径在 $1 \sim 100\ \mu m$，它构成了强烈的层流渗透区域，并决定了具有强烈破坏结构煤的破坏面；

(5) 可见孔及裂隙，其直径大于 $100\ \mu m$，它构成了层流及紊流混合渗透区域，并决定了煤的宏观破坏面。

一般，把小孔至可见孔的孔隙体积之和称为渗透容积，微孔总体积称为吸附容积。把吸附容积与渗透容积之和称为总孔隙体积；微孔容积占总孔隙体积的比例越大，瓦斯越易于储存。把煤的总孔隙体积占相应煤的体积的百分比称为煤的孔隙率，以%表示。

与煤层瓦斯流动规律相同，煤吸附瓦斯气体的过程也是一个渗流—扩散的过程。在大的孔隙系统中，由瓦斯压力梯度引起渗流；在微孔隙系统中，由瓦斯浓度梯度引起扩散；瓦斯气体分子向煤体深部进行渗流—扩散直到达到吸附平衡为止。

2. 煤微孔隙结构特征

煤孔隙率是借助 AUTOPORE 9310 型微孔结构分析仪测定的。利用压汞仪可测出煤的总的孔隙率大小，而且可测出表征多孔固体内部孔隙的分布、孔隙大小、孔隙结构等孔隙特征。

压汞法测定煤孔隙的原理是：首先，将煤体制成 1.7 g 左右的煤样后，放入烘箱中，经过 72 个小时烘干，称重得出其容重，然后放入特制的汞孔度计样品管中抽真空半小时，装入金属汞并浸没样品和加压进行压汞实验。在实验过程中，不同压力下，不同孔裂隙被汞压入，仪器将所有压力下煤体孔裂隙的汞体积记录打印出来，最后累加值即为近似的总的孔裂隙体积大小，从而得出煤体的真密度，与煤体体积之比即为孔裂隙大小。所得到的不同孔径孔隙的体积大小及其在整个煤体孔裂隙总体积中所占比例大小即为孔裂隙分布状态。

1) 真、视密度和孔隙率测试结果

各煤样的真、视密度和孔隙率测试结果见表 2-27。

表 2-27 煤样的真、视密度和孔隙率测试结果

样品名称	煤层编号	比表面积/$(m^2 \cdot g^{-1})$	真密度/$(g \cdot cm^{-3})$	视密度/$(g \cdot cm^{-3})$	孔隙率/%
13301 轨道巷 300 m 处	3	3.756	1.4156	1.3683	3.5573
14301 轨道巷 500 m 处	4	3.893	1.5156	1.4611	2.6778
15201 胶带巷 200 m 处	5	2.455	1.4516	1.3756	5.5247

2) 孔径分布规律

表 2-28 列出了沙曲矿 3 号、4 号、5 号煤层煤样的孔隙体积以及各类孔隙所占总孔隙体积的百分比。从各孔隙类型所占比例来看，沙曲矿 3 号、4 号、5 号煤层煤样微孔容积所占比例最大，其次为小孔、中孔、大孔，可见孔所占比例最小。可见孔、大孔和中孔属于瓦斯扩散和瓦斯缓慢渗透流动的空间，而微孔和小孔则是吸附瓦斯主要存在的空间，因此，3 号、4 号、5 号煤层煤样的孔裂隙结构特征不利于瓦斯气体的运移和逸散，而有利于瓦斯气体的赋存，煤层对瓦斯吸附性较强，这也是沙曲矿现采煤层瓦斯含量较高的原因。同时研究表明：煤层破坏越严重，渗透容积越大，也越有利于煤中瓦斯的流动和放散。

表 2-28 所测煤样的孔隙体积以及各类孔隙所占总孔隙体积的百分比

煤 样		13301 轨道巷（3 号煤层）	14301 轨道巷（4 号煤层）	15201 胶带巷（5 号煤层）
微孔	体积/$(cm^3 \cdot g^{-1})$	0.0268	0.0259	0.0227
	百分比/%	45.38	43.55	45.04
小孔	体积/$(cm^3 \cdot g^{-1})$	0.0156	0.0136	0.0123
	百分比/%	26.36	22.76	24.53
中孔	体积/$(cm^3 \cdot g^{-1})$	0.0083	0.0095	0.0091
	百分比/%	14.01	15.9	17.97
大孔	体积/$(cm^3 \cdot g^{-1})$	0.0076	0.0103	0.0069
	百分比/%	12.84	17.27	11.61
可见孔	体积/$(cm^3 \cdot g^{-1})$	0.0008	0.0003	0.0004
	百分比/%	1.41	0.52	0.85
吸附容积体积/$(cm^3 \cdot g^{-1})$		0.0079	0.0066	0.0071
渗透容积体积/$(cm^3 \cdot g^{-1})$		0.0504	0.0363	0.0401

3. 煤体的微观结构

煤的微观结构特征可用电子扫描显微镜（SEM）观察，能够了解煤的断口、裂纹和孔隙以及块状均一的构造和煤遭破坏后的不均一构造特征等，这些特征反映了构造应力对煤层破坏的踪迹。基于扫描电镜分析沙曲矿主采煤层大量的煤样、顶底板围岩、夹矸、裂隙充填物等岩样，为主采煤层中瓦斯含量、赋存规律及可抽放性的评价和控制提供了有力的依据。

1) 煤岩样品的采集

为了准确把握煤层瓦斯含量和赋存规律，分别在 13301 胶带巷 200 m，24208 胶带巷 1300 m 处、沙曲二矿集中轨道巷、15201 轨道巷和南三采区集中轨道巷 300 m 处等地点通

过钻孔岩芯采集煤岩样,见表 2-29。

表 2-29 煤岩样编号、取样地点及岩性

编号	取样地点	岩性	编号	取样地点	岩性
1	13301 胶带巷顶板	粉砂岩	7	24208 胶带巷顶板	细砂岩
2	13301 胶带巷底板	泥岩	8	24208 胶带巷底板	砂质泥岩
3	13301 胶带巷 200 m 处	中部煤样	9	24208 胶带巷	中部煤样
4	沙曲二矿集中轨道巷顶板	细砂岩	10	15201 胶带巷顶板	泥岩
5	沙曲二矿集中轨道巷底板	砂质泥岩	11	15201 胶带巷底板	粉砂岩
6	沙曲二矿集中轨道巷	中部煤样	12	15201 胶带巷	中部煤样

2) 扫描电镜分析

扫描电镜(SEM)的主要目的是分析煤岩的形貌、变放大倍数(10~20000 倍)、较大的焦深和二次电子图像分辨率,可以观察到 0.5 μm 以上的矿物晶粒、孔隙、结构、晶体、裂隙孔隙分布以及孔隙充填物情况,定性分析矿物成分,逐步认识孔隙对瓦斯储存的影响情况。3 号、4 号、3+4 号和 5 号煤层电子扫描显微镜照片如图 2-17~图 2-24 所示,基本特征见表 2-30。

图 2-17 3 号煤层(平面)

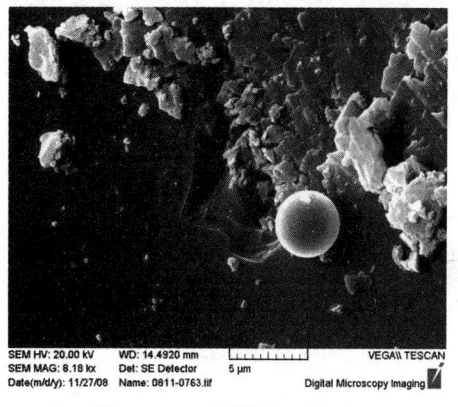

图 2-18 3 号煤层(断面)

图 2-19 沙曲二矿 4 号煤层(平面)

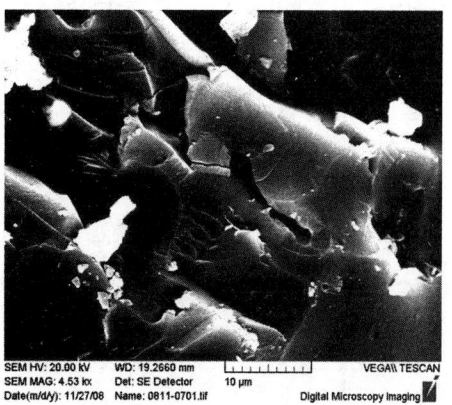

图 2-20 沙曲二矿 4 号煤层(断面)

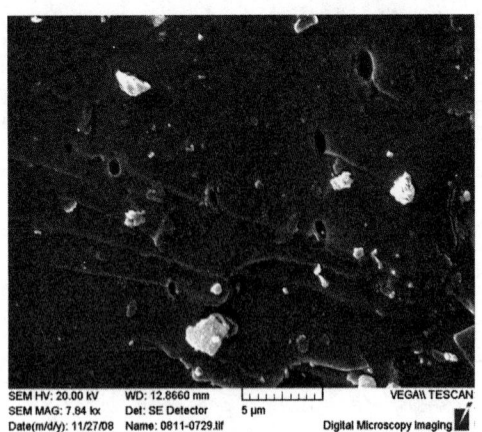

图 2-21 沙曲一矿 3+4 号煤层（平面）

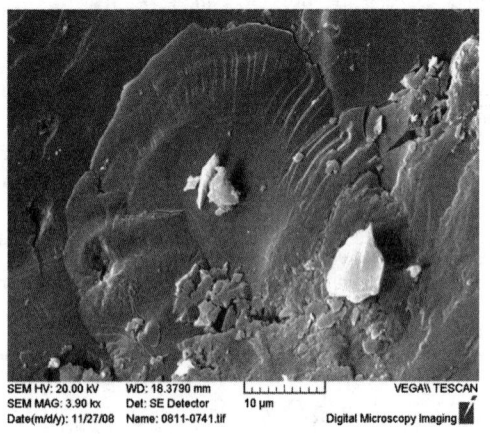

图 2-22 沙曲一矿 3+4 号煤层（断面）

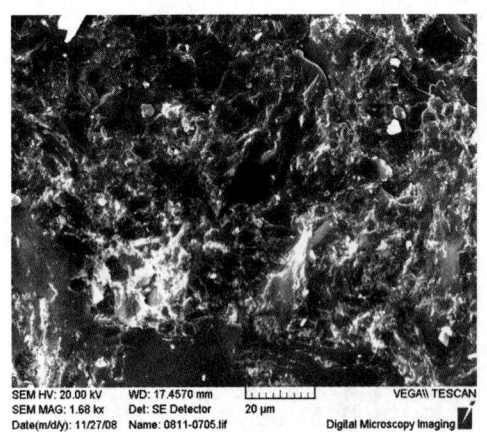

图 2-23 5 号煤层（平面）

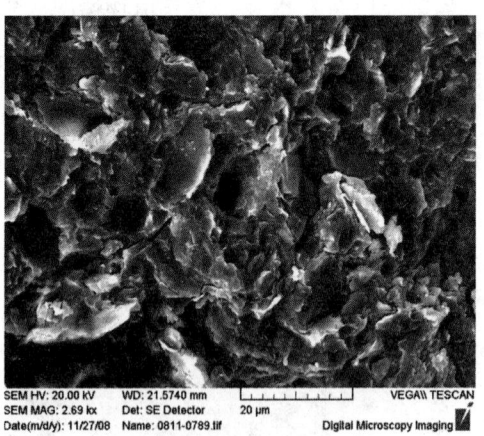

图 2-24 5 号煤层（断面）

表 2-30 沙曲矿 3 号、4 号、5 号煤层电子扫描显微镜照片基本特征

煤层编号	照片编号	放大倍数	照片基本特征
3	01-001	2.69 kx	局部放大：局部裂隙结构；不具方向性扩展特征
3	01-002	8.66 kx	局部放大：裂纹方向性扩展明显；结构破坏明显
3	02-001	8.18 kx	局部放大：粗大孔洞及裂隙较少；微孔普遍发育
3	02-002	4.16 kx	局部放大：基本同上
4	03-001	3.43 kx	局部放大：孔洞密度较小，多呈角状；分布较分散
4	03-002	1.86 kx	局部放大：局部微孔结构；连通性差
4	04-001	4.53 kx	局部放大：裂隙方向性扩展特征明显；微孔洞较少
4	04-002	1.31 kx	局部放大：基本同上，贝壳断口普遍可见
3+4	05-001	1.82 kx	局部放大：局部裂纹塞积，具典型结构破坏特征
3+4	05-002	7.84 kx	局部放大：有透镜状结构

表 2-30（续）

煤层编号	照片编号	放大倍数	照片基本特征
3+4	06-001	3.90 kx	局部放大：局部中孔相对集中，连通好
3+4	06-002	8.45 kx	局部放大：裂隙方向性扩展特征明显；微孔洞较少
5	07-001	5.67 kx	局部放大：基本同上，贝壳断口普遍可见
5	07-002	1.68 kx	局部放大：局部裂纹塞积，具典型结构破坏特征
5	08-001	2.69 kx	局部放大：基本同上；结构破坏较严重
5	08-002	1.22 kx	局部放大：局部中孔相对集中，连通好

从 3 号、4 号和 5 号煤层煤样的微观构造、孔隙结构分析及电子扫描电镜图像特征，可知 3 号、4 号和 5 号煤层均属Ⅲ类破坏煤。

2.3.3.3 基于压汞实验的微米孔隙结构研究

实验使用的仪器为 Autopore Ⅳ 9500 全自动压汞仪，如图 2-25 所示，最大压力为 414 MPa，孔径测量范围为 0.003~360 μm，有 1 个高压站、2 个低压站。测量用的汞对煤样的接触角为 130°，密度为 13.5359 g/mL，表面张力为 485.000 mN/m。

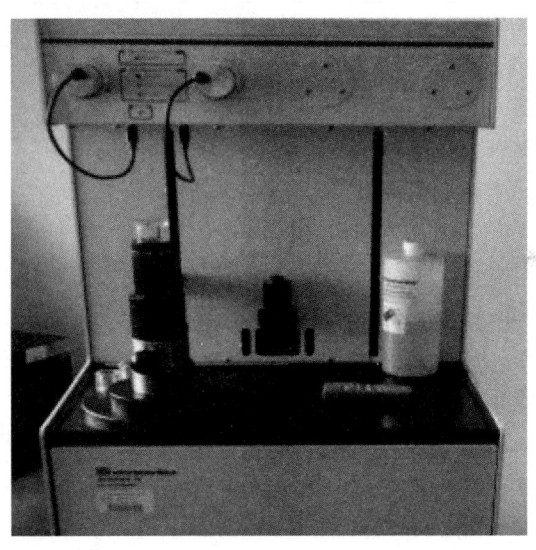

图 2-25 Autopore Ⅳ 9500 全自动压汞仪

煤样取自沙曲煤矿 3 号煤层，测量前先将煤样（煤粉）装入纸袋内，放入烘干箱内在 60 ℃恒温下连续烘干 24 h。抽真空压力约为 50 mmHg，即 0.0067 MPa，抽真空时间为 10 min。

表 2-31 为煤样压汞数据总结。压汞数据中，表观密度是指粉体质量除以包括闭孔以及由该方法测定不可及孔体积在内的样品总体积。松装密度是在规定的条件下粉体的密度（粉体质量除以表观体积得到的密度，该表观体积为粉体的固体材料、开孔、闭孔以及缝隙的总体积）。由压汞数据可知，煤体内部比表面积很大，孔隙极其丰富。测试结果沙曲煤矿煤样的孔隙率为 3.6999%。

表 2-31 压汞数据总结

样品质量/g	2.0446
总压汞量/(mL·g⁻¹)	0.0292
总孔隙面积/(m²·g⁻¹)	15.164
中值孔隙直径（体积）/nm	8.4
中值孔隙直径（面积）/nm	4.6
平均孔隙直径（4V/A）/nm	7.7
松装密度/(g·mL⁻¹)	1.2666
表观密度/(g·mL⁻¹)	1.3153
孔隙率/%	3.6999
特征长度/nm	31054.3
导流构造因子	1.001
渗透常数	0.00442
渗透性/mD	4.2134
用BET法测定比表面积/(m²·g⁻¹)	230.0000
孔隙形态指数	1.00
迂曲度系数	0.009
迂曲度	19.2754
逾渗分维数	2.559
骨架分维数	2.791
二次系数（1/6894 Pa）	4.3521e-05

孔隙结构数据中，阈限压力是指非润湿相的前沿曲面突过孔隙喉道而连续地进入煤体并将润湿相排驱出去的压力，又称为排驱压力，也是孔隙中最大连通孔隙相对应的毛细管压力。阈限压力反映了煤体孔隙喉道的集中程度，也反映了这种集中的孔隙喉道的大小。一般来说，孔隙度高、渗透率好的岩样，其阈限压力值就低。迂曲度是表征煤体孔隙结构迂回曲折程度的特性参数，一般定义为流动路径的长度与样品长度之比的平方，因此，迂曲度越高，表明孔隙通道越弯曲和复杂。骨架分维数表征了骨架充满空间的程度，对于含有孔隙裂隙的煤体，该值应介于2~3。逾渗分维数和孔隙率关系密切，孔隙率大，逾渗分维数增加。

根据测试结果，各煤样孔隙体积和面积分布分析见表2-32。

表 2-32 沙曲煤矿3号煤层煤样孔隙体积和面积分布分析

孔隙类别	孔径/nm	孔隙体积/(mL·g⁻¹)	比孔隙体积/%	孔隙面积/(m²·g⁻¹)	比孔隙面积/%
大孔	>1000	0.0034	11.64	0.002	0.01
中孔	100~1000	0.0014	4.79	0.024	0.16
小孔	10~100	0.0079	27.06	1.616	10.66
微孔	3~10	0.0165	56.51	13.522	89.17
合计		0.0292	100.00	15.164	100.00

从表 2-32 可知,沙曲煤矿煤样微孔和小孔所占的体积百分比较大,大孔次之,中孔所占孔隙体积最少,表面积主要是由微孔贡献的,小孔次之。

盲孔和半开孔是指液态汞在高压条件下压入煤体后很难退出来的那部分孔隙。这部分孔隙的存在会使得吸附的瓦斯在解吸时因为滞留而不能从煤体中逸出。沙曲煤矿煤样的总进汞量为 0.0292 mL/g,退汞量为 0.0256 mL/g,退汞余量为 0.0036 mL/g。从退汞余量的数据来看,沙曲煤矿煤样的盲孔和半开孔不是很发达,这有利于瓦斯的解吸。

从图 2-26a、图 2-26b 可以看出,沙曲煤样在压力为 100 MPa 孔隙体积和面积开始突然增加,在 30 nm 附近存在第二峰值。这说明沙曲煤样在孔隙体积构成中,小于 10 nm 的微孔和 10~100 nm 的小孔占孔隙体积比例较大。从图 2-26d、图 2-26f 可以看出,沙曲煤样在孔径小于 10nm 时孔隙面积突然增加,这和表 2-32 分析结果一致。

从图 2-26 g 可以看出,毛细管压力—汞饱和度曲线有平滑段,进汞和退汞曲线相似性好,两者之间间距小。在 0.05~5 MPa 之间出现平台段,表明连通孔隙的喉道直径相对于最大喉道直径的离散度小,煤孔隙的差异小,结构均匀,煤体整体渗透性较强;退汞效率为 87.67%,退汞效率高,说明连通孔隙的平均孔喉数少;饱和度中值压力与中值半径大小不一,饱和度中值喉道半径大部分在 10~20nm。

2.3.3.4 煤层透气性

1. 煤层透气性系数测定

煤层透气性系数是衡量煤层中瓦斯流动难易程度的重要指标,是评价煤层瓦斯能否实

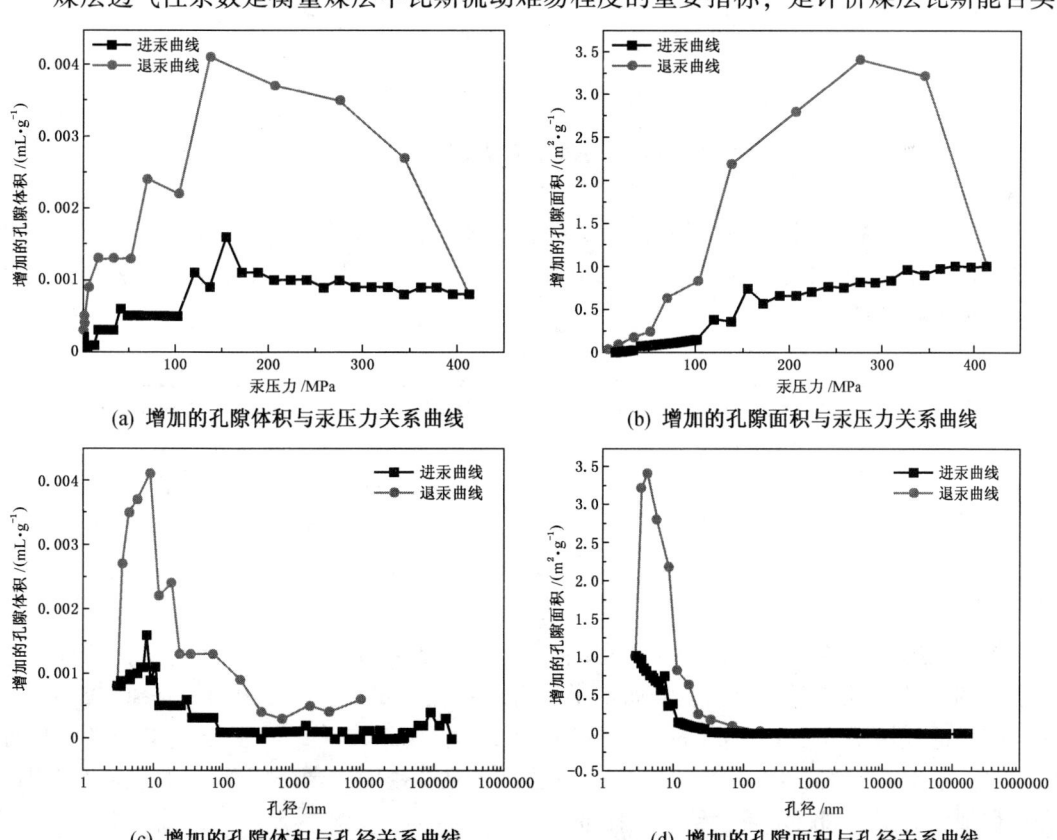

(a) 增加的孔隙体积与汞压力关系曲线

(b) 增加的孔隙面积与汞压力关系曲线

(c) 增加的孔隙体积与孔径关系曲线

(d) 增加的孔隙面积与孔径关系曲线

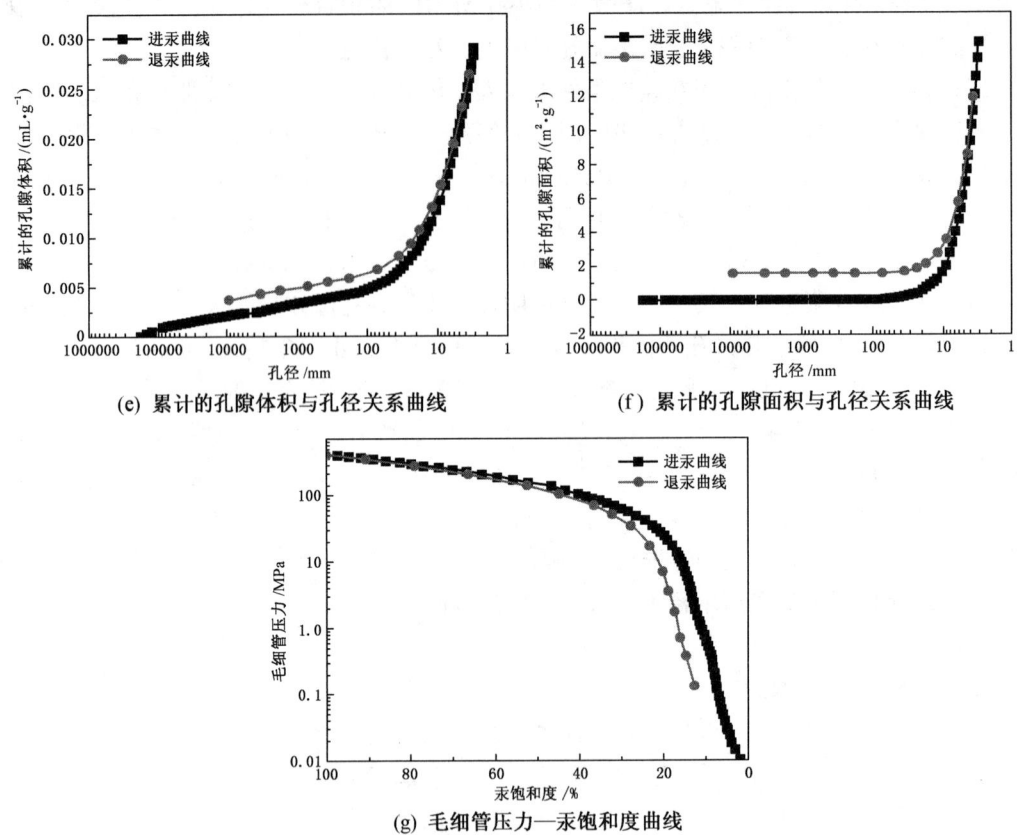

图 2-26 沙曲煤矿 3 号煤层煤样压汞结果

行预抽的基本参数。其物理意义是：在 1 m 长煤体上，当压力平方差为 1 MPa^2 时，每日流过 1 m^2 煤层断面的瓦斯量（m^3）。煤层透气性系数主要采用径向流量法计算获得，其计算结果见表 2-33。

表 2-33 煤层透气性系数计算结果

煤层编号	透气性系数/($m^2 \cdot MPa^{-2} \cdot d^{-1}$)	渗透率/mD	流量衰减系数/d^{-1}
2	2.12~2.17	0.053~0.054	0.033~0.038
3	1.78~1.89	0.045~0.047	0.040~0.042
4	3.524~3.785	0.088~0.095	0.024~0.028/0.026
5	1.99~2.23	0.050~0.056	0.037~0.038

根据上述计算结果，并结合煤矿瓦斯抽放规范（AQ 1027—2006）对煤层瓦斯抽放难易程度的分类标准，可以得出：沙曲矿煤层百米钻孔流量衰减系数在 0.003~0.05 d^{-1} 之间，煤层透气性系数在 10~0.1 m^2/($MPa^2 \cdot d$) 之间，所以 3 号、4 号、5 号煤层为可以抽放煤层。根据井下施工和抽采状况，采取适当加大钻孔密度或者延长抽放时间，可以提高和确保抽放效果，同时可减少钻孔工程量。

2. 煤层渗透特性影响因素分析

我国大部分矿区煤层瓦斯赋存具有"三高三低"的特征，尤其是煤层的高可塑性结构和低渗透性是影响煤层瓦斯抽采的主要因素，美国、澳大利亚等国地面瓦斯抽采实践显示，具有商业性开发价值的煤储层渗透率一般在 1 mD 以上，且要求煤层内生裂隙发育较好。我国大部分高瓦斯和突出矿井的煤层属于低透气性煤层，瓦斯预抽难度较大。美国利用地面钻井压裂技术在 1993 年开采瓦斯量就已达 $207×10^8$ m³，而我国 2007 年地面瓦斯抽采量仅为 $3.2×10^8$ m³，且大部分集中于山西沁水盆地等少部分矿区，如何提高煤层瓦斯渗透率成为抽采利用的关键所在。

煤层渗透率与煤层埋深、煤岩组分、破坏特征、煤层瓦斯压力、煤层温度及矿山压力等有关。一般情况下，煤层渗透率随压力（或深度）的增加而减少，压力越大，孔隙裂隙趋于闭合，使渗透率减小。低变质的褐煤、长焰煤和气煤孔隙度大，具有较低的排驱压力，其渗透率最高；中等变质的肥煤和焦煤的渗透率次之；中、高变质的瘦煤至无烟煤渗透率较低。煤中惰质组（特别是胞腔未被充填的结构丝质体）含量越高、灰分越低，则煤层渗透率越高，反之越低。瓦斯压力梯度越小，渗透率也越小，这是由于瓦斯压力对煤体的孔隙和裂隙有促进扩展的作用。

（1）煤层埋藏深度决定了煤层上覆岩层厚度，埋深较深利于瓦斯存储。沙曲矿煤层埋深小于 1500 m，埋深属于中等，有利于地面煤层气开发；其次，煤层埋藏深度控制着煤层的储层压力，沙曲矿煤层储层压力为 2.91~9.9 MPa，储层压力梯度为 0.41~1.12 MPa/100 m，整体上属于欠压—正常地层，但其含气饱和度达 80% 以上；此外，煤层埋深控制着煤体变质程度和煤体结构，煤体变质程度影响煤的吸附瓦斯能力，煤体结构又影响着瓦斯的存储、运移通道，沙曲矿煤质主要为焦煤和瘦煤，瓦斯吸附能力较强。综上所述，沙曲矿煤层渗透率的主控因素为煤层埋深。

（2）采掘工程活动改变了原岩应力场和原始瓦斯压力的平衡，使煤体支撑压力和瓦斯运移状态随工作面推进不断变化，而矿山压力对其变化有着决定性的作用，是影响煤层渗透性变化的主导因素。在应力集中区，形成一个起决定性作用的屏障，阻止着瓦斯从工作面前方煤体向工作面空间运移，导致煤层的渗透系数降低；而煤层卸压、围岩松动后，其渗透系数急剧增高，受煤层中的瓦斯压力作用，煤中原来的孔裂隙系统的毛细管力降低，极易被瓦斯突破形成更大的孔裂隙系统，从而加剧瓦斯解吸和运移。同时，邻近层瓦斯涌出量与开采层涌出量一样，也受制于开采所引起的矿山压力分布。未受采动影响的邻近层渗透系数较低，工作面前方某处形成应力集中后，渗透系数还会继续降低，只有在开采影响下，处于卸压区中的煤岩体，尤其是采空区垮落带及裂缝带内的煤岩体大多处于峰后应力状态。由于充分卸压作用该区渗透系数会急剧增高，瓦斯涌出量也剧增，为瓦斯的抽排提供了极为便利的条件。因此，应充分利用采动过程中覆岩应力状态、裂隙分布与煤层瓦斯运移形态，有效控制瓦斯运移，以实现煤与瓦斯安全共采。

2.3.4 瓦斯吸附—解吸特征

为了考察加压速率对不同变质程度煤吸附性能的影响程度，选择门克庆矿 3.1 号煤（MKQ）、沙曲矿 4 号煤（SQ）、阳泉五矿 8 号煤（YQ）的煤样进行不同加压速率下的等温吸附实验，各煤样的工业组分测定结果见表 2-34。采用煤炭行业标准《煤的甲烷吸附量测定方法（高压容量法）》开展相关的实验，为排除实验过程中的不规范操作和降低试验误差，统一规范实验条件和设置平行煤样，并在同一条件下同时进行测定。

表2-34 煤层煤样的工业组分测定结果

煤样编号	水分 M_{ad}/%	灰分 A_{ad}/%	挥发分 V_{ad}/%	真密度/(g·cm^{-3})	视密度/(g·cm^{-3})	孔隙率/%
MKQ	8.93	16.90	33.15	1.50	1.43	4.67
SQ	0.52	7.94	19.90	1.35	1.29	4.44
YQ	5.43	17.24	8.11	1.65	1.56	5.45

挥发分随煤化程度升高而降低的规律十分明显，其表征了煤的变质程度。挥发分越高表明煤的变质程度越低。由表2-34可知：YQ煤的挥发分最小，其变质程度较高，为无烟煤；MKQ煤的挥发分最大，变质程度最低，为长焰煤；SQ煤属中等变质程度，为焦煤。

1. 实验方法

为了分析不同变质程度的煤样在不同加压速率下的吸附能力差异，对已选煤样进行瓦斯吸附实验，本试验采用美国康塔仪器公司研制的 iSorb HP2 高压气体吸附分析仪，按照 MT/T 752 标准进行。iSorb HP2 高压气体吸附分析仪主要用于对储气材料吸附机理研究，可全自动的得到材料从低压到高压全面的吸附解吸性质的表征。其吸附质为纯度达99.99%的甲烷气体，实验温度为10~70 ℃，最高实验压力为20 MPa。具体煤样吸附解吸实验步骤为：

（1）煤样制备。将实验煤样粉碎并筛分为0.20~0.25 mm，置于红外干燥箱进行干燥处理，约6 h取出，立即放入干燥器内冷却保存；

（2）煤样脱气。用电子天平称取3 g（精确到0.0001 g）的干燥煤样装入样品池，把装有煤样的样品池加装垫片安装在仪器上，并用活口扳手拧紧，保证其气密性，在分析软件中录入煤样的基本数据，并设置60 ℃的恒温条件，进行脱气抽真空过程，脱气进行到设置的过程后自动结束；

（3）煤样吸附平衡。脱气过程结束后对煤样进行30 ℃恒温条件下的吸附分析；

（4）当全过程的吸附试验结束后，即可进行结果输出，分析软件将自动录入的信息进行计算并显示试验结果和吸附等温曲线。

2. 测试结果及分析

对3个矿的煤样在不同加压速率下进行吸附等温测试，实验最大压力为8 MPa，实验温度为30 ℃，经过大量的实验，根据Langmuir方程解算出煤样的瓦斯吸附常数 a 值和 b 值。实验结果分别如图2-27~图2-29和表2-35所示。

表2-35 不同加压速率下煤样的吸附常数

加压速率/(Pa·s^{-1})	门克庆矿长焰煤		沙曲矿焦煤		阳泉五矿无烟煤	
	a/(cm^3·g^{-1})	b/MPa^{-1}	a/(cm^3·g^{-1})	b/MPa^{-1}	a/(cm^3·g^{-1})	b/MPa^{-1}
33.3	24.80	0.3407	33.64	0.6075	46.22	0.8458
66.7	23.61	0.355	31.61	0.6275	44.93	0.9296
100	22.31	0.3889	29.06	0.7721	43.90	1.3311
133.3	20.80	0.3996	28.71	0.6511	41.47	1.3438
166.7	20.21	0.3654	26.71	0.6928	40.72	1.2783

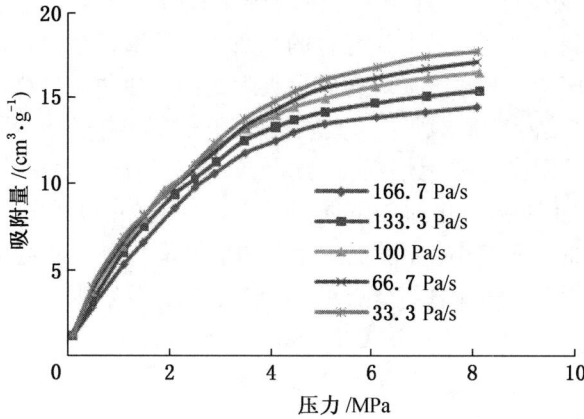

图 2-27 门克庆矿在不同加压速率下的吸附等温曲线

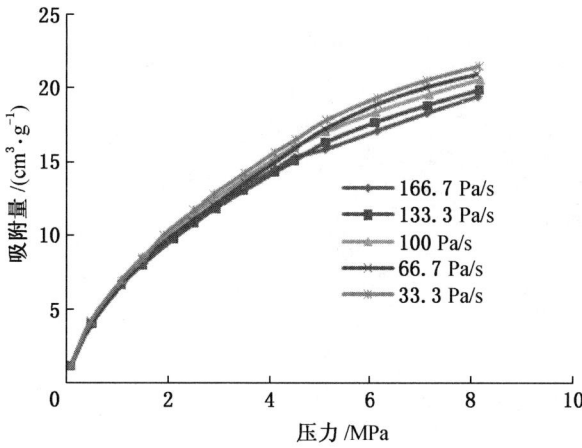

图 2-28 沙曲矿在不同加压速率下的吸附等温曲线

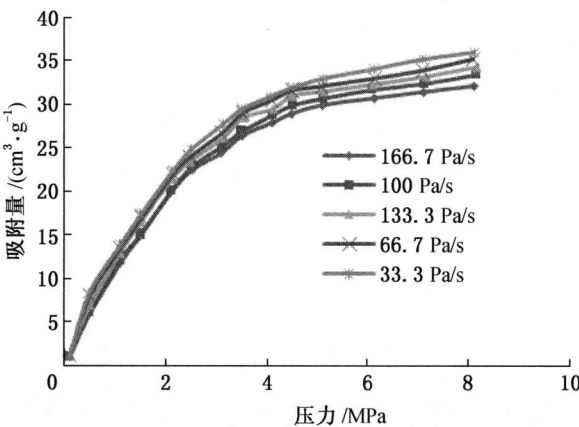

图 2-29 阳泉五矿在不同加压速率下的吸附等温曲线

由图 2-27~图 2-29 可知，门克庆矿、阳泉五矿煤样的瓦斯吸附量在 0~4 MPa 阶段增长迅速，在高压阶段趋于平缓，沙曲矿煤样的瓦斯吸附量增长缓慢，说明煤样的瓦斯吸附难易程度不同，门克庆矿、阳泉五矿煤样容易吸附瓦斯，沙曲矿煤样不易吸附瓦斯。而压力在 0~4 MPa 时，加压速率对 3 种不同变质程度的煤的影响程度不同，影响最大的是门克庆矿长焰煤，其次是阳泉五矿无焰煤，最后为沙曲矿焦煤。根据表 2-35 的实验结果，对吸附常数 a、b 随加压速率变化的关系进行拟合。由图 2-30 可知，随着加压速率的增大，煤对甲烷的吸附量逐渐变小，a 随加压速率的增大呈单调递减趋势。对吸附常数 a 与加压速率的关系进行拟合，得到 3 种煤样的拟合关系式，分别为：

门克庆矿长焰煤： $a = -0.03596x + 25.94$

沙曲矿焦煤： $a = -0.05027x + 34.97$

阳煤五矿无烟煤： $a = -0.04337x + 47.79$

由图 2-31 可知，吸附常数 b 与加压速率之间没有明显的规律。

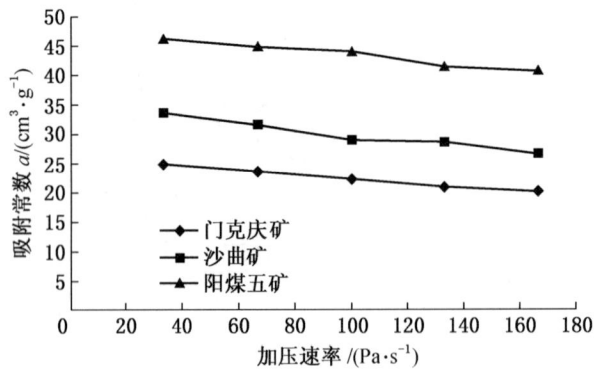

图 2-30 吸附常数 a 随加压速率的变化

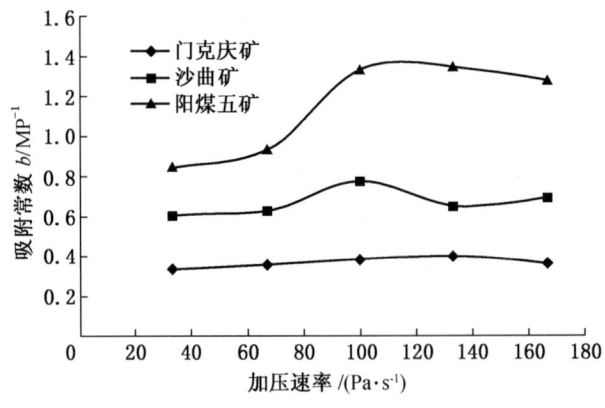

图 2-31 吸附常数 b 随加压速率的变化

根据 3 种不同变质程度的煤进行的等温吸附实验，煤样在恒温、不同加压速率条件下对甲烷的吸附实验表明：不同变质程度的煤的吸附常数变化量的大小不同，随着加压速率的增加，煤对甲烷的吸附量逐渐减小，减小幅度与煤的变质程度有一定关系。

(1) 吸附常数 a 的大小顺序为：无烟煤>焦煤>长焰煤；b 的大小顺序为：无烟煤>焦

煤>长焰煤。经过比较可知，门克庆矿长焰煤、沙曲矿焦煤以及阳泉五矿无烟煤三种不同变质程度的煤的适用加压速率分别为 33.3 Pa/s、100 Pa/s 和 133.3 Pa/s。

（2）吸附常数 a 随加压速率的增大而减小，变质程度越高，加压速率对 a 的影响越大。

（3）对吸附常数 a 与加压速率的关系进行拟合，得到 3 种不同变质程度煤样的拟合关系式，分别为：

门克庆矿长焰煤： $a=-0.03596x+25.94$

沙曲矿焦煤： $a=-0.05027x+34.97$

阳煤五矿无烟煤： $a=-0.04337x+47.79$

而吸附常数 b 与加压速率之间没有明显的规律。

2.4 沙曲矿瓦斯赋存规律

2.4.1 煤层埋藏深度及上覆基岩厚度对瓦斯赋存的影响

煤层埋藏深度是指煤层现今的埋藏深度，即上覆地层厚度，它对煤的吸附性具有双重作用。首先，随着埋深的增加，煤化程度增大，煤的生烃量增加，在围岩条件相似的情况下，瓦斯向上运移的路径增长，有利于瓦斯的保存；其次，埋深增加导致地层温度升高，将会导致吸附态气体减少。而煤层上覆基岩厚度指的是含煤盆地或地区的地层剖面中对煤层含气性能起控制作用的煤层上覆地层厚度。一般来说，上覆地层有效厚度越大，保存条件越好；有效地层厚度越薄，表明构造运动造成抬升、剥蚀强烈，底层压力降低，气体越易发生解吸散失。

1. 2 号煤层

参照原始数据（表 2-19），对矿井 2 号煤层钻孔瓦斯含量进行筛选（甲烷组分含量小于 80%的以及异常的数据剔除）。

依据表 2-19，回归分析 2 号煤层瓦斯含量（y）与其埋藏深度（x）的关系（图 2-32），图中数据显示瓦斯含量随埋深的增加有增大的趋势，且线性相关性较好，相关系数 $R=0.7778$。建立数学模型如下：

$$y = 0.0207x + 0.659 \tag{2-1}$$

式中　y——瓦斯含量，m^3/t；

　　　x——煤层埋深，m；

　　　R——相关系数。

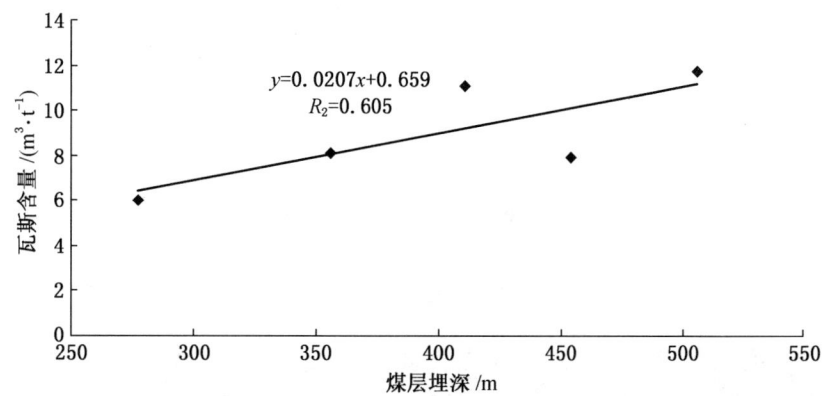

图 2-32　2 号煤层瓦斯含量与埋藏深度关系图

依据表2-19，回归分析2号煤层瓦斯含量（y）与其上覆基岩厚度（x）的关系（图2-33），线性相关性较好，相关系数$R=0.8732$。建立数学模型如下：

$$y = 0.0226x + 0.3227 \tag{2-2}$$

式中　y——瓦斯含量，m^3/t；

　　　x——煤层上覆基岩厚度，m；

　　　R——相关系数。

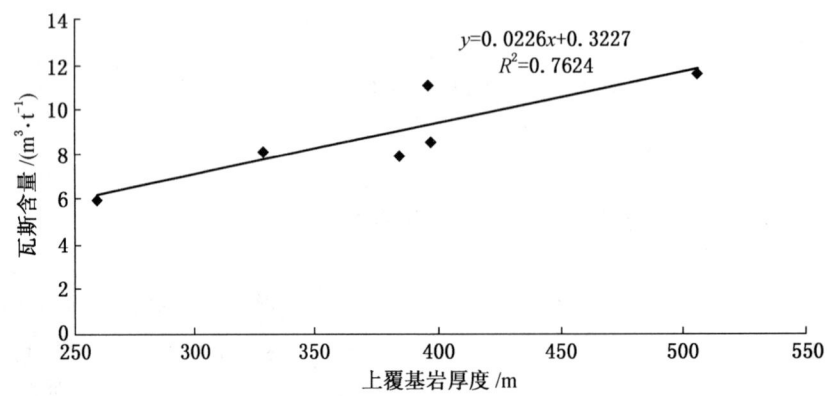

图2-33　2号煤层瓦斯含量与上覆基岩厚度关系图

2. 3号煤层

依据表2-19，回归分析3号煤层瓦斯含量（y）与其埋藏深度（x）的关系（图2-34），线性相关性较好，相关系数$R=0.8296$。建立数学模型如下：

$$y = 0.0136x + 3.614 \tag{2-3}$$

式中　y——瓦斯含量，m^3/t；

　　　x——煤层埋深，m；

　　　R——相关系数。

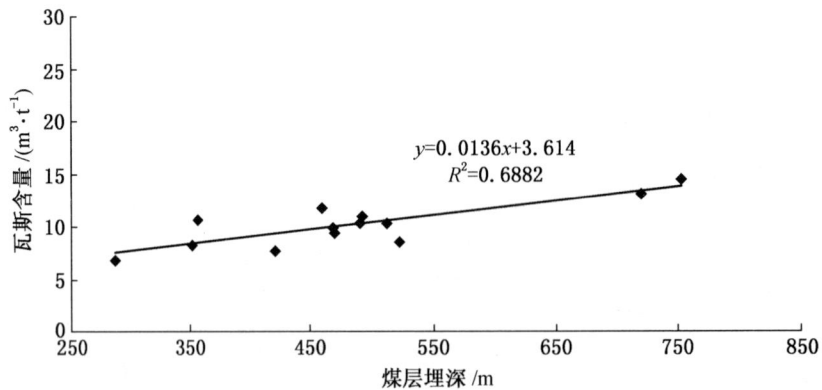

图2-34　3号煤层瓦斯含量与埋藏深度关系图

依据表2-19，回归分析3号煤层瓦斯含量（y）与其上覆基岩厚度（x）的关系（图2-35），线性相关性较好，相关系数$R=0.9144$。建立数学模型如下：

$$y = 0.0193x + 0.9508 \tag{2-4}$$

式中　y——瓦斯含量，m^3/t；
　　　x——煤层上覆基岩厚度，m；
　　　R——相关系数。

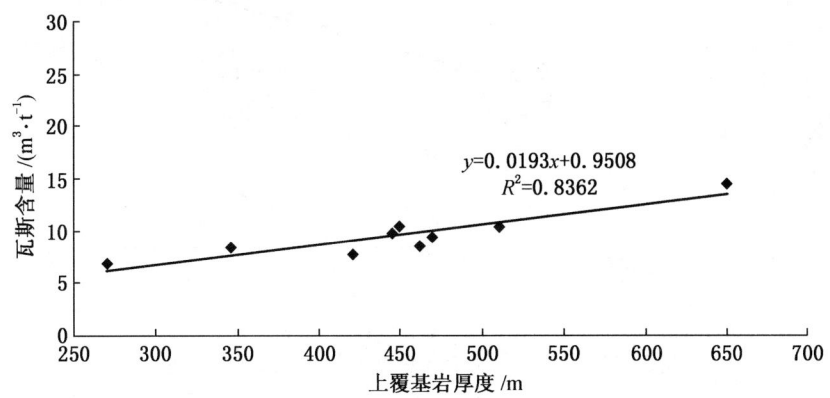

图 2-35　3 号煤层瓦斯含量与上覆基岩厚度关系图

3. 4 号煤层

依据表 2-19，回归分析 4 号煤层瓦斯含量（y）与其埋藏深度（x）的关系（图 2-36），线性相关性较好，相关系数 $R=0.7710$。建立数学模型如下：

$$y = 0.0177x + 2.6772 \tag{2-5}$$

式中　y——瓦斯含量，m^3/t；
　　　x——煤层埋深，m；
　　　R——相关系数。

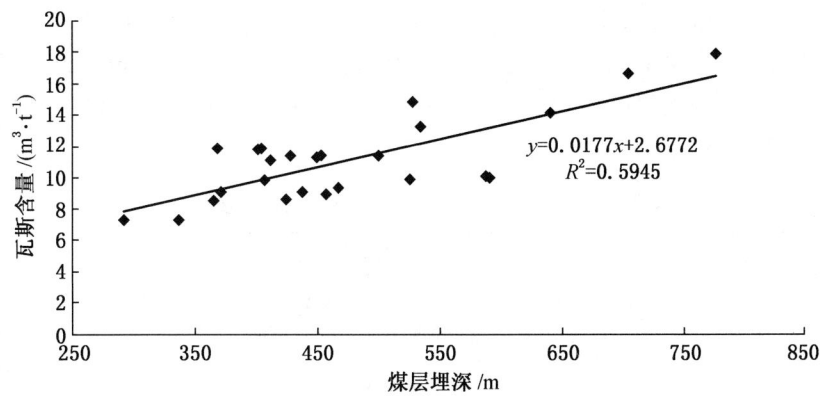

图 2-36　4 号煤层瓦斯含量与埋藏深度关系图

依据表 2-19，回归分析 4 号煤层瓦斯含量（y）与其上覆基岩厚度（x）的关系（图 2-37），线性相关性较好，相关系数 $R=0.8307$。建立数学模型如下：

$$y = 0.0253x + 0.0491 \tag{2-6}$$

式中　y——瓦斯含量，m^3/t；

x——煤层上覆基岩厚度，m；
R——相关系数。

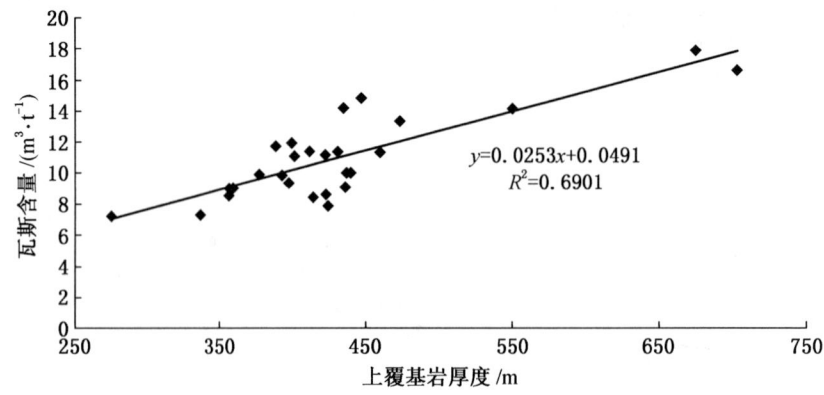

图 2-37　4 号煤层瓦斯含量与上覆基岩厚度关系图

2.4.2　顶、底板岩性对瓦斯赋存的影响

煤层围岩隔气性和透气性能直接影响到瓦斯的赋存条件，顶、底板泥岩厚度是直接反映煤层围岩透气性的一项瓦斯地质指标，沙曲矿煤层直接顶板属泥岩、炭质泥岩或砂质泥岩，透气性较差，对煤层中瓦斯起封闭作用，煤层基本顶以砂质泥岩、粉砂岩为主，细粒、中粒砂岩次之，利于瓦斯保存。

由于矿井搜集到的钻孔瓦斯含量数据与具有顶底板岩性的钻孔相应的较少，无法进行线性回归，可从整体上对 2 号、3 号、4 号煤层的距煤层顶板 20 m 内岩性和距煤层底板 10 m 内岩性展开统计，定量分析顶、底板岩性对煤层瓦斯含量的影响。具体见表 2-36（顶板 20 m 内，底板 10 m 内）。

通过表 2-36 可知，2 号煤层顶板泥岩厚度为 0~19.03 m，平均为 10.47 m，底板泥岩厚度为 0~10 m，平均为 4.64 m；3 号煤层顶板泥岩厚度仅为 15.95 m，底板泥岩厚度为 9.52 m；4 号煤层顶板泥岩厚度为 0.77~16.51 m，平均为 8.01 m，底板泥岩厚度为 3.3~10 m，平均为 7.89 m。

表 2-36　2 号、3 号、4 号煤层顶、底板厚度统计　　　　　　　　　　m

采样地点（孔号）	2 号煤层		3 号煤层		4 号煤层	
	距顶板 20 m 内泥岩厚度	距底板 10 m 内泥岩厚度	距顶板 20 m 内泥岩厚度	距底板 10 m 内泥岩厚度	距顶板 20 m 内泥岩厚度	距底板 10 m 内泥岩厚度
M1	15.31	2.34			3.93	3.3
M7	17	8.93			8.93	5.62
M9	7.8	0			2.14	10
M10	17.07	10	15.95	9.52	16.51	10
M11	6.6	6.6			10.54	10
M12	19.03	3			10.16	10
M13	9.01	0			6.37	7.13

表 2-36（续）　　　　　　　　　　　　　　　　　　m

采样地点（孔号）	2号煤层		3号煤层		4号煤层	
	距顶板20 m内泥岩厚度	距底板10 m内泥岩厚度	距顶板20 m内泥岩厚度	距底板10 m内泥岩厚度	距顶板20 m内泥岩厚度	距底板10 m内泥岩厚度
M14	12.64	1.32			11.03	10
M15	6.83	9.5			9.61	6.91
M16	7.78	0.5			11.36	7.61
M17	0	4.34			2.22	8.83
M18	10.69	6.5	15.95	9.52	11.43	7.66
M19	2.25	1.1			7.84	6.84
M20	18.5	1.6			6.51	8.9
M21					10.95	8.74
M22	13.8	4.56				
M23	3.17	0			11.16	6.86
M25					0.77	7.12
M39					2.7	6.43

综上所述，山西组煤层顶、底板封盖能力较好，瓦斯较易保存，造成瓦斯含量较大，由此可以看出煤层的顶、底板岩性也是影响煤层瓦斯含量的一种重要因素。

2.4.3　水文地质条件对瓦斯赋存的影响

含煤地层中的水文地质条件对瓦斯的保存、运移影响很大，造成不同水文地质条件下煤的瓦斯含量差别很大。秦胜飞等（2004）研究认为：在平面上和剖面上，水动力活跃的地区，瓦斯的含量小，实际生产中经常遇到"水大瓦斯小"现象；相反，在水动力不活跃地区或滞流水区域，瓦斯的含量就比较高。相应地在煤矿生产实践中，水动力活跃的地区，瓦斯突出事故就少，或无；傅雪海等（2005）在分析寿阳—阳泉煤矿区控气水文地质条件时发现，主煤层瓦斯含量的区域分布规律与地下水等水位线总体形态之间具有对应关系，瓦斯含量随水动力条件的增强而减小。

沙曲矿位于离柳矿区西部，三交—柳林单斜含煤区中南部，为一缓倾斜的单斜构造，在水文地质单元上属柳林泉域岩溶水系统。井田内寒武、奥陶、石炭、二叠、三叠系含水层构成承压水盆地和承压水斜地，其中奥陶系岩溶含水层富水性较强，石炭系及其以上基岩含水层富水性较弱。奥陶系地下水在露头接受大气降水补给后，集中流向柳林泉，构成完整的水文地质单元——柳林泉域。此外，小范围分布的古老变质岩层和河谷中的第四系冲积层构成各自的裂隙、孔隙水系统。

由于煤系中的含水层、隔水层与煤层上下交替存在，形成层间裂隙水，且含水层具有一定的承压性，止静水位一般高于煤层，有时形成自流井。含水层中的水很可能通过岩层裂隙、孔隙侵入或渗入煤层之中，造成煤层含水，由于水力运移、逸散作用，瓦斯随水做垂向和侧向逸散，从而导致煤层瓦斯含量降低。

地下水从东部的露头区的大气降水补给，径流进入本区，本区位于地下水弱径流带和滞留区，水动力条件对本区煤层气的控制作用主要表现为水力封闭作用，由于地下水动力方向为由东向西，而矿区西部埋深较深，煤层气运移方向为由深至浅，即自西往东，与地下水运移方向相反，地下水对本区煤层气起到水力封堵作用，有利于煤层气的保存，故本区煤层总体瓦斯含量较高。

2.4.4 煤变质程度对瓦斯赋存的影响

煤变质程度是指在温度、压力、时间及其相互作用下，煤的物理、化学性质变化的程度。

煤在变质过程中，其物理特征、化学组成和工艺性能等均呈有规律的变化。因此，通过测定煤的挥发分、镜质组反射率、固定碳含量、氢含量、水分、发热量等煤级指标（亦称煤化作用参数），可确定煤的变质程度。

目前，公认镜质组反射率可以准确地确定煤的变质程度（对低煤化程度煤可辅以荧光性的测定），因为它不受煤岩成分、灰分和煤样代表性的影响，受还原程度的影响也较小。一般以镜质组最大反射率小于 0.5% 的煤定为褐煤，大于 2.5% 的为无烟煤，介于二者之间的为烟煤。根据国内煤质分类标准，通常以煤的类别表示其变质程度或煤化程度，如以褐煤为未变质煤，长焰煤—气煤为低变质（程度）煤，气肥煤、肥煤和焦煤为中变质（程度）煤，瘦煤、贫煤、无烟煤为高变质（程度）煤。

温度、压力和作用的持续时间是煤变质的主要因素。煤在变质过程中，内部结构、化学组成、物理特征以及工艺性能都呈有规律的变化。在三种因素中以温度因素最重要，因为温度促使镜质组中芳香结构发生化学变化，官能团和键减少，链缩短、缩聚，从而使煤的变质程度增高。时间因素指煤受热的持续时间，煤经受温度高于 50~60 ℃ 时，其持续的时间越长，煤的变质程度就越高。压力是煤变质不可缺少的因素，它主要促使煤的物理结构发生变化。

此外，成煤以后的地质运动、构造运动和区域岩浆热变质作用与接触变质作用，对煤的变质程度、瓦斯生储有较大的影响。从受热持续时间而言，以深成变质作用最长，区域岩浆热变质作用次之，接触变质作用最短。由于煤对温度和压力的反应比围岩灵敏，当褐煤变成烟煤、无烟煤时，围岩一般不发生变质。因此，从褐煤转变为烟煤、无烟煤的作用，实际上仅大致相当于沉积岩的成岩作用；而煤进一步转变为石墨、天然焦的作用则与沉积岩的变质作用相当。

根据前文对区域构造、沉积环境、成煤时期和热演化分析，结合沙曲矿煤质指标，可确定影响沙曲矿煤的变质程度和瓦斯赋存的因素主要有：

（1）温度。温度是影响煤变质的主要因素。地温增高，煤化程度增高。

（2）压力。压力也是引起煤变质的因素之一。由于上覆岩层沉积厚度不断增大，使地下的岩层、煤层受到很大的静压力，导致煤和岩石的体积收缩，在体积收缩的过程中，发生内摩擦而放出热量，使地温升高，间接地促进煤的变质。此外在地壳运动的过程中，还会产生一定方向的构造应力，在构造应力的作用下，形成断裂构造，断裂两侧岩块相对位移时，放出热量，也可引起煤变质。

（3）时间。在温度、压力大致相同的条件下，煤化程度取决于受热时间的长短，受热时间越长，煤化程度越高，受热时间短，煤化程度低。

国内外诸多学者普遍认为，镜质组在肥煤阶段吸附甲烷量最小，肥煤以后的各阶段吸附能力迅速增加；而丝质组吸附能力随变质程度的增高呈直线缓慢上升，在中高变质阶段，煤中甲烷含量主要取决于镜质组在煤中所占的比例，说明煤层气的生成能力和保存条件与不同的煤岩组分有着相应的依附关系。而焦煤阶段煤层气的生产潜力最大，井田各煤层的甲烷含量与煤层本身的煤岩组分和煤阶有上述的关系，从而形成了甲烷含量随煤变质程度的加深而增高的趋势。对应沙曲矿煤层赋存条件，其瓦斯赋存具体表现为：平面上从北向南，垂向上由浅至深，甲烷含量呈增高的趋势。

2.4.5 沙曲矿主采煤层瓦斯含量分布及瓦斯地质图

1. 2号煤层瓦斯含量分布及预测

通过以上定性、定量分析，得出2号煤层瓦斯含量与各种影响因素之间的关系（表2-37）。由表2-37可知，2号煤层埋藏深度、上覆基岩厚度、底板标高对瓦斯含量的影响较大，相关系数都在0.75以上。其中，煤层瓦斯含量与上覆基岩厚度回归方程相关系数最高，为0.8732，可见上覆基岩厚度是影响2号煤层瓦斯含量分布的重要因素。

表2-37 2号煤层瓦斯含量与主要因素关系

主要因素（x）	关系表达式	相关系数（R）
煤层埋藏深度	$y=0.0207x+0.659$	0.7778
上覆基岩厚度	$y=0.0226x+0.3227$	0.8732
煤层底板标高	$y=-0.0291x+22.226$	0.7507

注：y—煤层瓦斯含量；x—表中所对应的主要因素。

鉴于煤层上覆基岩厚度是影响瓦斯含量的直接因素，通过两者之间的关系来预测瓦斯含量更具有普遍意义。通过瓦斯含量与上覆基岩厚度之间的回归关系可知，瓦斯含量梯度为 2.26 $m^3/(t\cdot 100\ m)$。若以瓦斯含量 2 m^3/t 作为划分瓦斯风化带的下界的指标值，2号煤层的瓦斯风化带下界可取 74 m，本井田处于瓦斯带。

综合分析可知，本区2号煤层瓦斯含量总体随上覆基岩厚度呈现自东向西逐渐变大，局部受地质构造等因素影响瓦斯含量呈现不同的变化，如矿井北部边界区域，因受张裂带的影响，瓦斯含量明显小于其周边地区。

2. 3号煤层瓦斯含量分布及预测

通过以上定性、定量分析，得出3号煤层瓦斯含量与各种影响因素之间的关系（表2-38）。由表2-38可知，3号煤层埋藏深度、上覆基岩厚度、底板标高对瓦斯含量的影响较大，相关系数都在0.70以上。其中，煤层瓦斯含量与上覆基岩厚度回归方程相关系数最高，为0.9144，可见上覆基岩厚度是影响3号煤层瓦斯含量分布的重要因素。

表2-38 3号煤层瓦斯含量与主要因素关系

主要因素（x）	关系表达式	相关系数（R）
煤层埋藏深度	$y=0.0136x+3.614$	0.8296
上覆基岩厚度	$y=0.0193x+0.9508$	0.9144
煤层底板标高	$y=-0.0187x+17.175$	0.7230

注：y—煤层瓦斯含量；x—表中所对应的主要因素。

瓦斯含量梯度为 1.93 $m^3/(t\cdot 100\ m)$。若以瓦斯含量 2 m^3/t 作为划分瓦斯风化带的下界的指标值，3号煤层的瓦斯风化带下界可取 54 m，本井田处于瓦斯带。

由上述实测及预测结果可知,3号煤层瓦斯含量总体随上覆基岩厚度呈现相应的变化趋势,即自东向西逐渐变大,局部受地质构造等因素影响瓦斯含量呈现不同的变化。

3. 4号煤层瓦斯含量分布及预测

通过以上定性、定量分析,找出了4号煤层瓦斯含量与各种影响因素之间的关系(表2-39)。由表2-39可知,4号煤层埋藏深度、上覆基岩厚度、底板标高对瓦斯含量的影响较大,相关系数都在0.70以上。其中,煤层瓦斯含量与上覆基岩厚度回归方程相关系数最高,为0.8307,可见上覆基岩厚度是影响4号煤层瓦斯含量分布的重要因素。

表2-39 4号煤层瓦斯含量与主要因素关系

主要因素(x)	关系表达式	相关系数(R)
煤层埋藏深度	$y=0.0177x+2.6772$	0.7710
上覆基岩厚度	$y=0.0253x+0.0491$	0.8307
煤层底板标高	$y=-0.0211x+19.284$	0.7192

注:y—煤层瓦斯含量;x—表中所对应的主要因素。

瓦斯含量梯度为2.53 $m^3/(t \cdot 100m)$。若以瓦斯含量2 m^3/t作为划分瓦斯风化带的下界的指标值,4号煤层的瓦斯风化带下界可取77 m,本井田处于瓦斯带。

由上述实测及预测结果可知,本区4号煤层瓦斯含量总体随上覆基岩厚度呈现相应的变化趋势,即自东向西逐渐变大,局部受地质构造等因素影响瓦斯含量呈现不同的变化,如矿井北部边界区域,因受张裂带的影响,瓦斯含量明显要小于其周边地区。另外,3号、4号煤层分合过渡带瓦斯含量具有局部升高的趋势。

鉴于沙曲矿井各煤层上覆基岩厚度均超过150 m,说明井田内各煤层均全部处于瓦斯带。

2.4.6 煤层瓦斯含量空间展布规律

1. 煤层瓦斯含量沿倾向分布规律

煤层瓦斯含量沿倾向分布规律常用瓦斯含量与埋藏深度或基岩厚度之间的关系来表示。基岩厚度是指煤层上方不包括第四系地层的古地层厚度,它的大小往往直接影响成煤过程中产生的瓦斯在煤层中保存条件的好坏。以往的研究成果表明:对大多数矿区而言,煤层瓦斯含量随埋深增加而增大,两者之间具有良好的线性关系,这种关系能客观地表征煤层瓦斯含量沿倾向的分布规律;在少数矿区,由于地表存在厚度分布差异明显的第四系地层,煤层瓦斯含量虽然具有随埋藏深度增加而增大的整体趋势,但与埋藏深度的相关程度明显不如与基岩厚度的相关程度,此时,煤层瓦斯含量沿倾向分布规律只能用瓦斯含量与基岩厚度之间的关系来表征。

由于沙曲井田地表为第四系巨厚黄土层覆盖,黄土层由于长期的水力冲刷,厚度差异极为明显,有的区域基岩出露,而有的区域黄土层则多达150 m以上,这使得相同标高处煤层埋藏深度相差悬殊。因此,上覆基岩厚度是影响沙曲矿煤层瓦斯含量的主要因素,随上覆基岩厚度的增加,瓦斯含量线性增加。

2. 煤层瓦斯含量沿走向分布规律

(1) 沙曲二矿煤层瓦斯含量高于沙曲一矿。以流经井田的三川河为界,井田划分为南、北两翼;从各煤层已有的瓦斯含量测值来看,在相同的煤层底板标高条件下,沙曲二矿煤层瓦斯含量较沙曲一矿高 2~3 m³/t。产生这一现象的原因是沙曲二矿煤层的基岩厚度普遍大于沙曲一矿煤层。

（2）三川河流域煤层瓦斯含量明显低于井田两翼。三川河流域由于长期的水力冲刷与侵蚀，地表标高最低，煤层的基岩厚度最小，煤层瓦斯赖以保存的盖层条件遭受破坏，是造成流域内煤层瓦斯含量较低的主要原因。从测定结果看，三川河流域煤层瓦斯含量较沙曲二矿低 4~5 m³/t.daf，较沙曲一矿低 2~3 m³/t.daf，属于井田瓦斯含量最低的地段。

（3）受褶曲构造的影响，煤层瓦斯含量分布具有走向不均匀性。具体表现为：向斜构造区煤层瓦斯含量较同标高背斜构造区高 2~3 m³/t。

（4）陷落柱周边一定范围内煤层瓦斯含量明显降低。从井田内揭露的 3 个陷落柱附近的煤层瓦斯含量实测值分析结果看，陷落柱周围 100~500 m 范围内煤层瓦斯含量较同标高未受陷落柱影响的煤层低 30%~50%，影响范围及程度与陷落柱尺寸密切相关。

2.5 瓦斯富集分级区划

2.5.1 近距离煤层群资源分级区划依据

沙曲井田不同区域资源富集程度不同，南翼沙曲二矿的东西部煤与煤层气资源量及井田空间分布特征有明显差异性，见表 2-40。基于井田煤层的瓦斯地质规律及其储层物性特征进行分级区域划分，瓦斯地质规律主要包括各级地质构造、水动力条件及瓦斯含量，储层物性特征主要包括裂隙—孔隙结构和煤体瓦斯吸附—解吸规律。

表 2-40 近距离煤层群资源的瓦斯地质和储层物性空间展布特征

瓦斯地质基础	地质构造	井田受控于吴堡—柳林缓倾斜单斜构造，向西倾伏，煤层埋深西高东低，北部发育有聚财塔断缝带，构造应力环境属拉张型，不利于瓦斯保存
	水动力条件	井田煤系地层水动力作用主要为水力封闭作用，利于瓦斯封存，沙曲一矿煤层成煤时期受三川河流水冲刷影响大，有分层，围岩透气性好，瓦斯易逸散
	瓦斯含量	在相同的煤层底板标高条件下，沙曲二矿煤层瓦斯含量较沙曲一矿高 2~3 m³/t，向斜构造区煤层瓦斯含量较同标高背斜构造区高 2~3 m³/t
煤储层物性基础	孔隙结构	沙曲矿煤体小孔和微孔较发达，比表面积大，瓦斯吸附量大，沙曲二矿煤体孔隙率小于沙曲一矿
	吸附—解吸特征	区内 2~4 号煤层的吸附解吸常数 a 值为 20.3~26.0 m³/t，b 值为 0.30~0.74 MPa^{-1}，吸附能力强，煤层埋深越深，其吸附能力越强

此外，沙曲井田的瓦斯灾害也存在"北超南突"的特点，区域差异性明显，沙曲一矿只需地面钻井预抽一定时间，突出指标瓦斯含量和压力即可降至临界值以下；沙曲二矿需要采用多分支水平井与防突压裂井相结合预抽方法，以实现高突矿井瓦斯有效治理以及煤层气的规模化抽采。

2.5.2 近距离煤层群资源分级区划结果

根据沙曲井田煤层群资源的瓦斯地质规律和储层物性特征，得出不同区域煤与煤层气资源富集程度分布，结合《华晋焦煤有限责任公司沙曲矿井 4、5 号煤层瓦斯涌出量预测报告》《沙曲矿井地面瓦斯治理总体规划》区域划分依据和沙曲矿采区划分情况进行区域划分，考虑以三川河为界，将沙曲井田划分为第Ⅰ单元和第Ⅱ单元，如图 2-38 所示，其中，第Ⅰ单元地域面积为 73.98 km²，第Ⅱ单元地域面积为 64.4 km²。此外，第Ⅱ单元瓦斯富集程度大于第Ⅰ单元，瓦斯灾害分别呈现"北超南突"。

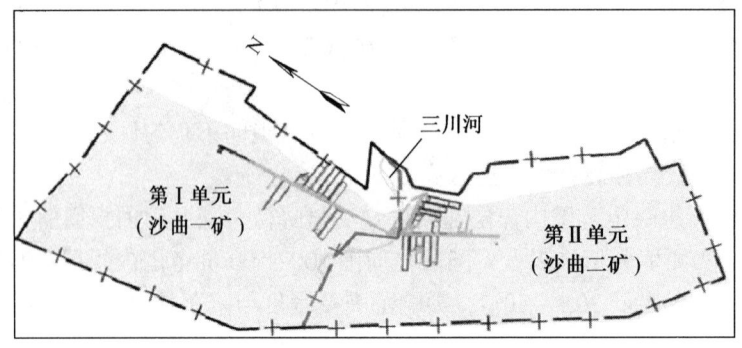

图 2-38 沙曲井田第Ⅰ单元和第Ⅱ单元划分示意图

基于第Ⅰ单元和第Ⅱ单元的瓦斯地质规律和煤储层物性特征，结合不同单元内的瓦斯含量等值线分布，第Ⅰ单元以 4 号煤层瓦斯含量等值线为 12 m³/t 为界，划分为Ⅰ（b）区和Ⅰ（a）区，其对应地面区域面积为 34.67 km² 和 39.31 km²；第Ⅱ单元以 4 号煤层瓦斯含量等值线为 13.5 m³/t 为界，划分为Ⅱ（b）区和Ⅱ（a）区，其对应地面区域面积为 24.2 km² 和 40.2 km²，如图 2-39 所示。

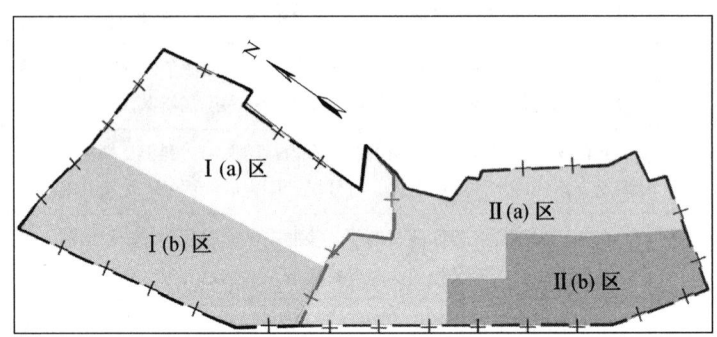

图 2-39 沙曲井田第Ⅰ单元和第Ⅱ单元再分区示意图

第Ⅰ单元和第Ⅱ单元的瓦斯富集程度为：Ⅰ（b）区 > 12 m³/t > Ⅰ（a）区；Ⅱ（b）区 > 13.5 m³/t > Ⅱ（a）区。井田整体瓦斯富集程度趋势：Ⅱ（b） > Ⅱ（a） > Ⅰ（b） > Ⅰ（a）。

2.6 本章小结

（1）运用构造逐渐控制理论，根据不同时期、不同级别构造演化及地质构造特征，即区域地质构造→矿区地质构造→井田地质构造，进而分析体现对区内煤与瓦斯赋存逐级控制作用：鄂尔多斯盆地东缘过渡带→聚财塔地堑—王家会背斜—中阳向斜→次一级褶皱和断裂构造—宽缓向西倾伏的单斜构造→再次一级的断层和褶皱—吴堡—柳林鼻状构造。另一方面矿区构造为聚财塔裂缝带和宽缓向西倾伏的单斜构造，煤层埋深自西向东逐渐变浅，从太原组至山西组煤质逐步由 JM、SM 到 SM、PS，井田煤层瓦斯含量整体上呈现西高东低、南高北低的特点。

（2）受中阳—离石向斜和柳林泉水域系统影响，地下水从东部的露头区补给，径流进入本区，本区位于地下水弱径流带和滞留区，造成总体瓦斯含量较高。另一方面，沙曲井田地层属于含水层与隔水层交互地层，煤系地层（二叠纪和石炭纪）的含水层的含水性弱，属于裂隙水，裂隙相对不发育，连通性较差，而且隔水层主要为泥岩和砂质泥岩，厚度大，隔水性好，不利于地下水和径流的补给，井田范围内的水动力条件属于水流滞流区，表现为水力封堵作用，有利于瓦斯的保存。

（3）通过线性回归法定量分析煤层埋深、顶底板岩层中泥岩厚度以及底板标高，发现煤层瓦斯含量与其埋藏深度的线性相关性最好，相关系数为 0.83~0.91；矿井水动力条件主要表现为水力封闭作用，局部地区存在层间裂隙水，含水性较弱，且地下水流动方向与瓦斯运移方向相反，对瓦斯起到水力封堵作用，易于瓦斯保存；井田各煤层瓦斯含量随煤变质程度的加深而呈增高的趋势，具体表现为：平面上从北向南，垂向上由浅至深，瓦斯含量呈增高的趋势。

（4）煤层瓦斯含量沿倾向分布规律：煤层瓦斯含量沿倾向分布规律常用瓦斯含量与埋藏深度或基岩厚度之间的关系来表示。由于沙曲井田地表为第四系巨厚黄土层覆盖，黄土层由于长期的水力冲刷，厚度差异极为明显，有的区域基岩出露，而有的区域黄土层则多达 150 m 以上，这使得相同标高处煤层埋藏深度相差悬殊。因此，上覆基岩厚度是影响沙曲矿煤层瓦斯含量的主要因素，随上覆基岩厚度的增加，瓦斯含量线性增加，两者之间遵循的线性关系因煤层而异。整体而言，沙曲二矿煤层瓦斯含量较沙曲一矿高 2~3 m^3/t，向斜构造区煤层瓦斯含量较同标高背斜构造区高 2~3 m^3/t。

（5）通过电镜实验和压汞实验发现，煤样从微孔到大孔均有分布，但具有不均衡性，孔隙体积与孔隙面积中，小于 10nm 的微孔所占比例最大，中孔、大孔所占比例最小，50nm 以下微孔隙决定了煤样吸附瓦斯能力，盲孔和半开孔不是很发达，这就造成煤层瓦斯无法很好地通过裂隙向外逸散，大量积聚在煤岩孔隙中。在负压抽采条件下，微孔隙中聚集的瓦斯在解吸情况下难以通过弯曲复杂阻力较大的孔隙通道被抽出，影响瓦斯抽采效果。

吸附解吸实验表明：①吸附常数 a 的大小顺序为：无烟煤>焦煤>长焰煤；b 的大小顺序为：无烟煤>焦煤>长焰煤；②块度变化影响煤样对瓦斯的吸附主要体现在达到吸附平衡的时间上，在试验温度、吸附平衡压力和煤样水分相同的条件下，块度越小，达到吸附平衡的时间越少，反之，块度越大，时间越多；块度变化对煤样瓦斯吸附量几乎没有影响；③块度变化对煤样瓦斯解吸初期速度的影响分两种情况：当煤样块度大于极限块度时，块度变化对煤样瓦斯解吸初期速度的影响很小；当煤样块度小于极限块度时，煤样块度越小，瓦斯解吸初期速度越快。

（6）依据沙曲井田瓦斯地质规律和煤储层物性特征，结合矿井瓦斯涌出规律及矿井生产开拓情况，将沙曲井田划分为两个单元、4 个区，其中 4 号煤层的瓦斯富集程度为：第 Ⅰ 单元各区瓦斯富集程度：Ⅰ（b）区> 12 m^3/t >Ⅰ（a）区；第 Ⅱ 单元各区瓦斯富集程度：Ⅱ（b）区> 13.5 m^3/t >Ⅱ（a）区。井田整体瓦斯富集程度趋势：Ⅱ（b）>Ⅱ（a）> Ⅰ（b）>Ⅰ（a）。

3 采掘工作面瓦斯涌出规律

根据《煤矿安全规程》(2016 年版)要求取消使用瓦斯排放尾巷后,沙曲矿采煤工作面通风方式由原来的"U+I"型和"双 U"转变为单"U"型和"Y"型通风方式,这对采掘工作面的瓦斯治理提出了新的要求。此外,根据 2017 年瓦斯等级鉴定结果:沙曲一矿矿井绝对瓦斯涌出量为 180.23 m³/min,相对涌出量为 26.17 m³/t;沙曲二矿矿井绝对瓦斯涌出量为 134.11 m³/min,相对瓦斯涌出量 70.42 m³/t。因此,研究采掘工作面瓦斯涌出规律,分析掌握通风方式、开采强度、推进速度、抽采方式等主控因素对瓦斯运移的影响更加重要。

3.1 综采工作面瓦斯涌出量计算

3.1.1 综采工作面瓦斯涌出来源分析

综采工作面的瓦斯涌出取决于煤层自然因素和开采技术条件。基于沙曲矿近距离煤层群条件、综合机械采煤的特点和瓦斯流动理论,将沙曲矿综采工作面瓦斯涌出来源划分为煤壁瓦斯涌出、采空区瓦斯涌出、落煤瓦斯涌出三个部分,为建立具有动态功能的综采工作面瓦斯涌出预测数学模型提供依据。沙曲矿综采工作面瓦斯涌出来源构成如图 3-1 所示。

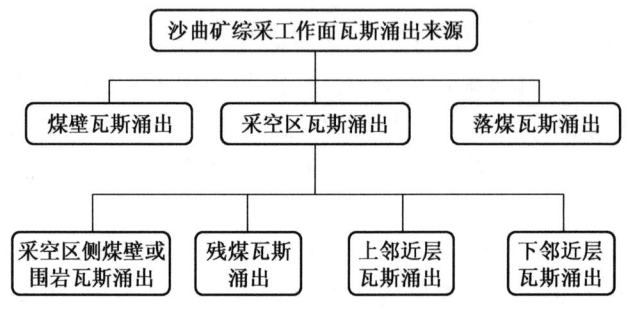

图 3-1 沙曲矿综采工作面的瓦斯来源构成示意图

3.1.2 综采工作面瓦斯涌出量计算

3.1.2.1 沙曲一矿 4 号、5 号主采煤层综采瓦斯涌出量计算

依据矿井瓦斯涌出量的分源预测法,回采工作面瓦斯来源包括开采层瓦斯涌出量和邻近层瓦斯涌出量两部分。

$$q_采 = q_1 + q_2 \tag{3-1}$$

式中 $q_采$——回采工作面相对瓦斯涌出量,m³/t;

q_1——开采层相对瓦斯涌出量,m³/t;

q_2——邻近层相对瓦斯涌出量，m^3/t。

1. 开采层（包括围岩）瓦斯涌出量

$$q_1 = K_1 \cdot K_2 \cdot K_3 \cdot \frac{m}{M} \cdot (W_0 - W_c) \tag{3-2}$$

式中 q_1——开采层相对瓦斯涌出量，m^3/t；

K_1——围岩瓦斯涌出系数，取值范围为 1.1~1.3；全部陷落法管理顶板，炭质组分较多的围岩，K_1 取 1.3；局部充填法管理顶板，K_1 取 1.2；全部充填法管理顶板，K_1 取 1.1；砂质泥岩等致密性围岩，K_1 取值可偏小。沙曲一号矿井顶板管理采用的是全部陷落法，K_1 取 1.3；

K_2——工作面丢煤瓦斯涌出系数，其值为工作面采出率的倒数，4 号、5 号工作面采出率分别为 93%、95%，K_2 值分别为 1.08、1.05；

K_3——采区内准备巷道预排瓦斯对工作面煤体瓦斯涌出影响系数（采用长壁后退式，$K_3 = (L-2h)/L$，L 为工作面长度，取 200 m；h 为巷道瓦斯预排等值宽度，4 号、5 号煤层为焦煤，取 14.2 m，$K_3 = 0.86$）；

m——开采层厚度，m；

M——工作面采高，m；

W_0——煤层瓦斯含量，m^3/t [4 号、5 号煤层瓦斯含量取瓦斯含量等值线图上最大值，分别为 15.50 m^3/t、16.50 m^3/t；由于矿井的开采顺序为从上至下，5 号煤层开采时 4 号煤层已采完，受邻近开采影响，5 号煤层计算瓦斯涌出量时按照采动后瓦斯含量计算，4 号与 5 号可采煤层间距在 1.80~7.60 m 之间，平均 4.45 m 左右。依据 AQ 1018—2006 可知上邻近层对下一煤层有一定释放作用，按照最大间距即最小排放率为 60%、剩余 40% 计算，5 号煤层剩余最大瓦斯含量 = (16.50-3.25)×40%+3.25 = 8.55 m^3/t]；

W_c——运到地面后煤的残存瓦斯含量，m^3/t。根据实测，4 号、5 号煤层原煤残存瓦斯含量最小值为 3.05 m^3/t、3.25 m^3/t。

开采层瓦斯涌出量计算见表 3-1。

表 3-1 开采层瓦斯涌出量计算

煤层编号	日产量/t	K_1	K_2	K_3	瓦斯含量/$(m^3 \cdot t^{-1})$	残存瓦斯含量/$(m^3 \cdot t^{-1})$	相对涌出量/$(m^3 \cdot t^{-1})$	绝对涌出量/$(m^3 \cdot min^{-1})$
4	7772	1.3	1.08	0.86	15.50	3.05	15.03	81.12
5	6621	1.3	1.05	0.86	8.55	3.25	6.22	28.61

2. 工作面回采时邻近层瓦斯涌出量

邻近层瓦斯涌出量按下式计算：

$$q_2 = \sum_{i=1}^{n} (W_{oi} - W_{ci}) \cdot \frac{m_i}{M} \cdot \eta_i \tag{3-3}$$

式中 q_2——邻近层瓦斯涌出量，m^3/t；

m_i——第 i 个邻近层煤层厚度，m；

M——工作面采高，m；

η_i——第 i 个邻近层瓦斯排放率，%，可根据邻近层到开采层的距离大小（表 3-1）由图 3-2 查取；

W_{oi}——第 i 个邻近层煤层原始瓦斯含量，m^3/t；

W_{ci}——第 i 个邻近层煤层残存瓦斯含量，m^3/t。

邻近层的瓦斯排放率与层间距的关系曲线如图 3-2 所示。

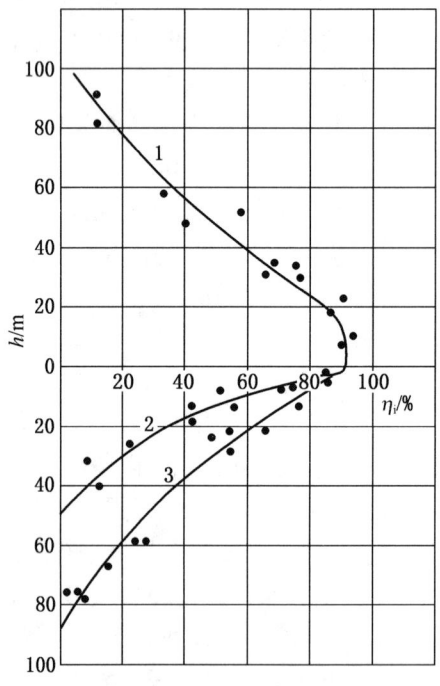

图 3-2 邻近层的瓦斯排放率与层间距的关系曲线

4 号煤层开采时可向该煤层涌出瓦斯的邻近层有 1 号、2 号、3 号、5 号、6上号、6 号、7 号 7 个邻近煤层；5 号煤层开采时可向该煤层涌出瓦斯的邻近层有 1 号、2 号、3 号、6上号、6 号、7 号、8上号 7 个邻近煤层；其瓦斯涌出量计算见表 3-2、表 3-3。

表 3-2 4 号煤层各邻近层瓦斯涌出量计算

煤层编号	煤厚/m	采厚/m	瓦斯含量/($m^3 \cdot t^{-1}$)	残存瓦斯含量/($m^3 \cdot t^{-1}$)	距4号煤层的距离/m	瓦斯排放率/%	相对瓦斯涌出量/($m^3 \cdot t^{-1}$)	备注
1	0.43	3.71	15.50	3.05	39.96	60	0.87	上邻近层
2	0.90		15.50	3.05	20.64	82	2.48	
3	1.01		15.50	3.05	4.20	85	2.88	
4	3.71		15.50	3.05			0.00	开采层

表 3-2(续)

煤层编号	煤厚/m	采厚/m	瓦斯含量/$(m^3 \cdot t^{-1})$	残存瓦斯含量/$(m^3 \cdot t^{-1})$	距4号煤层的距离/m	瓦斯排放率/%	相对瓦斯涌出量/$(m^3 \cdot t^{-1})$	备注
5	3.30	3.71	16.50	3.25	4.45	70	8.25	下邻近层
$6_{上}$	0.05		16.50	3.25	11.73	50	0.09	
6	0.55		16.50	3.25	20.98	30	0.59	
7	0.18		16.50	3.25	33.53	18	0.15	
合计							15.28	

表 3-3 5号煤层各邻近层瓦斯涌出量计算

煤层编号	煤厚/m	采厚/m	瓦斯含量/$(m^3 \cdot t^{-1})$	残存瓦斯含量/$(m^3 \cdot t^{-1})$	距4号煤层的距离/m	瓦斯排放率/%	相对瓦斯涌出量/$(m^3 \cdot t^{-1})$	备注
1	0.43	3.30	8.03	3.05	48.61	43	0.28	上邻近层
2	0.90		5.29	3.05	25.09	80	0.49	
3	1.01		4.92	3.05	8.65	85	0.49	
5	3.30		8.55	3.25				开采层
$6_{上}$	0.05		8.55	3.25	7.28	60	0.05	下邻近层
6	0.55		8.55	3.25	16.53	40	0.35	
7	0.18		8.55	3.25	25.89	25	0.07	
$8_{上}$	0.35		8.55	3.25	35.89	10	0.06	
合计							1.79	

注: 4号煤层不再计算邻近层涌出；1号、2号、3号煤层按照4号煤层开采时排放率换算残余的瓦斯含量分别为 8.03 m^3/t、5.29 m^3/t、4.92 m^3/t。

回采工作面瓦斯涌出量预测结果见表 3-4。

表 3-4 回采工作面瓦斯涌出量预测结果

煤层编号	瓦斯含量/$(m^3 \cdot t^{-1})$	日产量/t	瓦斯涌出量/$(m^3 \cdot t^{-1})$				
			开采层	邻近层	合计		
					相对涌出量	绝对涌出量	
4	15.50	7772	15.03	15.27	30.30	163.54	
5	8.55	6621	6.22	1.78	8.00	36.78	

3.1.2.2 沙曲二矿4号、5号主采煤层综采瓦斯涌出量计算

回采工作面瓦斯来源包括开采层瓦斯涌出和邻近层瓦斯涌出两部分。

$$q_采 = q_1 + q_2 \tag{3-4}$$

式中 $q_采$——回采工作面相对瓦斯涌出量，m^3/t；

q_1——开采层相对瓦斯涌出量，m^3/t；

q_2——邻近层相对瓦斯涌出量，m^3/t。

1. 开采层（包括围岩）瓦斯涌出量

$$q_1 = K_1 \cdot K_2 \cdot K_3 \cdot \frac{m}{M} \cdot (W_0 - W_c) \tag{3-5}$$

式中 q_1——开采层相对瓦斯涌出量，m^3/t；

K_1——围岩瓦斯涌出系数，取值范围为1.1~1.3；全部陷落法管理顶板，炭质组分较多的围岩，K_1 取 1.3；局部充填法管理顶板，K_1 取 1.2；全部充填法管理顶板，K_1 取 1.1；砂质泥岩等致密性围岩，K_1 取值可偏小。沙曲二号矿井顶板管理采用的是全部陷落法，K_1 取 1.3；

K_2——工作面丢煤瓦斯涌出系数，其值为工作面采出率的倒数，4号、5号工作面采出率分别为95%、95%，K_2 值分别为1.05、1.05；

K_3——采区内准备巷道预排瓦斯对工作面煤体瓦斯涌出影响系数，取0.86；

m——开采层厚度，m；

M——工作面采高，m；

W_0——煤层瓦斯含量，m^3/t [4号、5号煤层瓦斯含量取瓦斯含量等值线图上最大值，分别为 15.50 m^3/t、16.00 m^3/t；根据矿井的开采顺序（从上至下），因此5号煤层开采时4号煤层已采完，受邻近开采影响，5号煤层计算瓦斯涌出量时按照采动后瓦斯含量计算，4号与5号可采煤层间距在1.80~9.74 m之间，平均5.50 m左右。依据 AQ 1018—2006 可知上邻近层对下一煤层有一定释放作用，按照最大间距即最小排放率为45%、剩余55%计算，5号煤层剩余最大瓦斯含量 = (16.00-3.28)×55% + 3.28 = 10.28 m^3/t]；

W_c——运出矿井后煤的残存瓦斯含量，m^3/t。根据实测，4号、5号煤层原煤残存瓦斯含量最小值为 3.25 m^3/t、3.28 m^3/t。

开采层瓦斯涌出量计算见表3-5。

表3-5 开采层瓦斯涌出量计算

煤层编号	日产量/t	K_1	K_2	K_3	瓦斯含量/($m^3 \cdot t^{-1}$)	残存瓦斯含量/($m^3 \cdot t^{-1}$)	相对涌出量/($m^3 \cdot t^{-1}$)	绝对涌出量/($m^3 \cdot min^{-1}$)
4	4893	1.3	1.05	0.86	15.50	3.25	14.38	48.86
5	3742	1.3	1.05	0.86	10.28	3.28	8.22	21.36

2. 工作面回采时邻近层瓦斯涌出量

邻近层瓦斯涌出量按下式计算：

$$q_2 = \sum_{i=1}^{n} (W_{oi} - W_{ci}) \cdot \frac{m_i}{M} \cdot \eta_i \tag{3-6}$$

式中 q_2——邻近层瓦斯涌出量，m^3/t；

m_i——第 i 个邻近层煤层厚度，m；

M——工作面采高，m；

η_i——第 i 个邻近层瓦斯排放率，%，可根据邻近层到开采层的距离大小（表3-5）由图3-3查取；

W_{oi}——第 i 个邻近层煤层原始瓦斯含量，m^3/t；

W_{ci}——第i个邻近层煤层残存瓦斯含量，m^3/t。

邻近层的瓦斯排放率与层间距的关系曲线如图3-3所示。

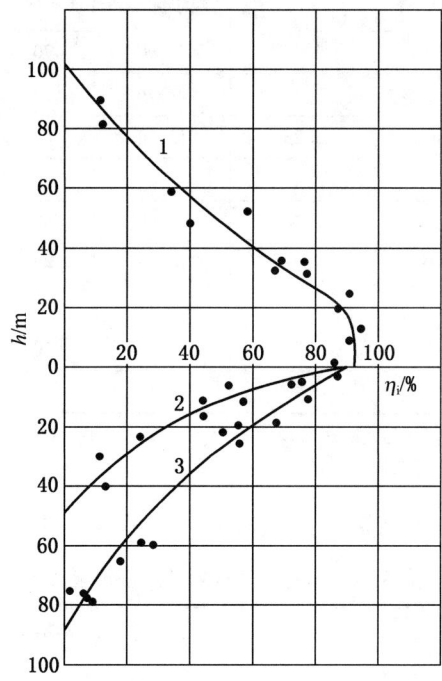

图3-3 邻近层的瓦斯排放率与层间距的关系曲线

4号煤层开采时可向该煤层涌出瓦斯的邻近层有1号、2号、3号、5号、6上号、6号、7号7个邻近煤层；5号煤层开采时可向该煤层涌出瓦斯的邻近层有1号、2号、3号、6上号、6号、7号、8上号7个邻近煤层；其瓦斯涌出量计算见表3-6、表3-7。

表3-6 4号煤层各邻近层瓦斯涌出量计算

煤层名称	煤厚/m	采厚/m	瓦斯含量/$(m^3 \cdot t^{-1})$	残存瓦斯含量/$(m^3 \cdot t^{-1})$	距4号煤层的距离/m	瓦斯排放率/%	相对瓦斯涌出量/$(m^3 \cdot t^{-1})$	备注
1	0.43		15.50	3.25	28.40	73	1.71	
2	0.83		15.50	3.25	16.26	83	3.75	上邻近层
3	1.01		15.50	3.25	7.20	85	4.67	
4	2.25	2.25	15.50	3.25			0.00	开采层
5	1.92		10.28	3.28	5.50	73	7.96	
6	0.05		10.28	3.28	12.78	52	0.15	下邻近层
6上	0.79		10.28	3.28	19.84	40	1.79	
7	0.15		10.28	3.28	29.64	21	0.21	
合计							20.25	

表3-7　5号煤层各邻近层瓦斯涌出量计算

煤层名称	煤厚/m	采厚/m	瓦斯含量/($m^3·t^{-1}$)	残存瓦斯含量/($m^3·t^{-1}$)	距4号煤层的距离/m	瓦斯排放率/%	相对瓦斯涌出量/($m^3·t^{-1}$)	备注
1	0.43	1.93	6.56	3.25	33.90	70	0.52	上邻近层
2	0.83		5.33	3.25	21.76	82	0.73	
3	1.01		5.03	3.25	12.70	83	0.77	
5	1.93		10.28	3.28			0.00	开采层
$6_上$	0.05		10.28	3.28	7.25	68	0.12	下邻近层
6	0.79		10.28	3.28	14.34	48	1.38	
7	0.18		10.28	3.28	24.12	30	0.20	
$8_上$	0.35		10.28	3.28	37.95	10	0.13	
合计							3.84	

注：不再计算4号煤层瓦斯涌出；1号、2号、3号煤层按照4号煤层开采时排放率换算残余的瓦斯含量分别为6.56 m^3/t、5.33 m^3/t、5.03 m^3/t。

回采工作面瓦斯涌出预测结果见表3-8。

表3-8　回采工作面瓦斯涌出预测结果

煤层编号	瓦斯含量/($m^3·t^{-1}$)	日产量/t	瓦斯涌出量/($m^3·t^{-1}$)		合计	
			开采层	邻近层	相对涌出量	绝对涌出量
4	15.50	4893	14.38	20.25	34.63	117.67
5	10.28	3742	8.22	3.84	12.06	31.34

3.2　掘进工作面瓦斯涌出量计算

3.2.1　沙曲一矿4号、5号主采煤层综掘瓦斯涌出量计算

依据矿井瓦斯涌出量的分源预测法，掘进工作面瓦斯涌出量包括掘进时煤壁瓦斯涌出量和落煤瓦斯涌出量两部分：

$$q_掘 = q_3 + q_4 \tag{3-7}$$

式中　$q_掘$——掘进工作面瓦斯涌出量，m^3/min；

q_3——煤壁瓦斯涌出量，m^3/min；

q_4——落煤瓦斯涌出量，m^3/min。

1. 掘进工作面煤壁瓦斯涌出量

在巷道掘进过程中，巷道周围煤层中的瓦斯压力平衡状态遭到破坏，煤体内部到煤壁间存在着压力梯度，瓦斯就会沿煤体裂隙及孔隙向巷道泄出。单位时间内单位面积暴露煤壁泄出的瓦斯量（煤壁瓦斯涌出速度）随着煤壁暴露时间的延长而降低。通常暴露6个月后煤壁瓦斯涌出基本稳定。其计算公式为

$$q_3 = D \cdot v \cdot q_0 \cdot \left(2\sqrt{\frac{L}{v}} - 1\right) \tag{3-8}$$

式中 q_3——掘进巷道煤壁瓦斯涌出量，m³/min；
　　D——巷道断面内暴露煤壁面周长，m。对于薄及中厚煤层，$D=2m_0$，m_0 为开采层厚度；对于厚煤层，$D=2h+b$，h 为掘进巷道高度，b 为巷道宽度，因此，$D_4=2\times3.71=7.42$，$D_5=2\times3.30=6.60$；
　　v——巷道平均掘进速度，按设计的 300 m/月，即 0.007 m/min；
　　L——掘进巷道长度，取 2000 m；
　　q_0——煤壁瓦斯涌出初速度，m³/(m²·min)，按下式计算：

$$q_0 = 0.026[0.0004(V_{daf})^2 + 0.16]W_0$$

式中　V_{daf}——煤中挥发分含量，4号、5号煤层煤中挥发分含量分别为24.19%、23.94%。

掘进工作面煤壁瓦斯涌出量计算见表3-9。

表3-9　掘进工作面煤壁瓦斯涌出量计算

煤层编号	断面周长/m	掘进速度/(m·月⁻¹)	巷道长度/m	涌出初速度/(m³·m⁻²·min⁻¹)	瓦斯含量/(m³·t⁻¹)	绝对涌出量/(m³·min⁻¹)
4	7.42	300	2000	0.1537	15.50	8.81
5	6.60	300	2000	0.0865	8.55	4.27

2. 掘进工作面落煤瓦斯涌出量

掘进工作面落煤瓦斯涌出量按下式计算：

$$q_4 = S \cdot v \cdot \gamma \cdot (W_0 - W_c) \tag{3-9}$$

式中　q_4——掘进巷道落煤瓦斯涌出量，m³/min；
　　v——巷道平均掘进速度，按设计的 300 m/月，即 0.007 m/min；
　　S——掘进巷道断面积，m²，$S_4=13.60$，$S_5=12.80$；
　　γ——煤的密度，t/m³，4号煤层取 1.50 t/m³，5号煤层取 1.48 t/m³；
　　W_0——煤层瓦斯含量，m³/t；
　　W_c——煤层残存瓦斯含量，m³/t。

掘进工作面落煤瓦斯涌出量计算见表3-10。

表3-10　掘进工作面落煤瓦斯涌出量计算

煤层编号	断面面积/m²	掘进速度/(m·月⁻¹)	视密度/(t·m⁻³)	瓦斯含量/(m³·t⁻¹)	残存量/(m³·t⁻¹)	绝对涌出量/(m³·min⁻¹)
4	13.60	300	1.50	15.50	3.05	1.78
5	12.80	300	1.48	8.55	3.25	0.70

掘进工作面瓦斯涌出量预测结果见表3-11。

表3-11　掘进工作面瓦斯涌出量预测结果

煤层编号	煤厚/m	瓦斯含量/(m³·t⁻¹)	巷长/m	掘进速度/(m·月⁻¹)	瓦斯涌出量/(m³·min⁻¹)		
					煤壁	落煤	合计
4	3.71	15.50	2000	300	8.81	1.78	10.59
5	3.30	8.55	2000	300	4.27	0.70	4.97

3.2.2 沙曲二矿 4 号、5 号主采煤层综掘瓦斯涌出量计算

依据矿井瓦斯涌出量的分源预测法,掘进工作面瓦斯涌出量包括掘进时煤壁瓦斯涌出和落煤瓦斯涌出两部分:

$$q_{掘} = q_3 + q_4 \tag{3-10}$$

式中 $q_{掘}$——掘进工作面瓦斯涌出量,m³/min;

q_3——煤壁瓦斯涌出量,m³/min;

q_4——落煤瓦斯涌出量,m³/min。

1. 掘进工作面煤壁瓦斯涌出量

在巷道掘进过程中,巷道周围煤层中的瓦斯压力平衡状态遭到破坏,煤体内部到煤壁间存在着压力梯度,瓦斯就会沿煤体裂隙及孔隙向巷道泄出。单位时间内单位面积暴露煤壁泄出的瓦斯量(煤壁瓦斯涌出速度)随着煤壁暴露时间的延长而降低。通常暴露6个月后煤壁瓦斯涌出基本稳定。其计算公式为

$$q_3 = D \cdot v \cdot q_0 \cdot \left(2\sqrt{\frac{L}{v}} - 1\right) \tag{3-11}$$

式中 q_3——掘进巷道煤壁瓦斯涌出量,m³/min;

D——巷道断面内暴露煤壁面周长,m;对于薄及中厚煤层,$D=2m_0$,m_0为开采层厚度;对于厚煤层,$D=2h+b$,h为掘进巷道高度,b为巷道宽度,因此,$D_4 = 2×2.25=4.50$;$D_5=2×1.93=3.86$;

v——巷道平均掘进速度,按设计的 300 m/月,即 0.007 m/min;

L——掘进巷道长度,取 2000 m;

q_0——煤壁瓦斯涌出初速度,m³/(m²·min),按下式计算:

$$q_0 = 0.026[0.0004(V_{daf})^2 + 0.16]W_0 \tag{3-12}$$

式中 V_{daf}——煤中挥发分含量;4 号、5 号煤层煤中挥发分含量分别为 21.15%、22.06%;

掘进工作面煤壁瓦斯涌出量计算见表 3-12。

表 3-12 掘进工作面煤壁瓦斯涌出量计算

煤层编号	断面周长/m	掘进速度/(m·月⁻¹)	巷道长度/m	涌出初速度	瓦斯含量/(m³·t⁻¹)	绝对涌出量/(m³·min⁻¹)
4	4.50	300	2000	0.1365	15.50	5.91
5	3.86	300	2000	0.0949	10.28	3.54

2. 掘进工作面落煤瓦斯涌出量

掘进工作面落煤瓦斯涌出量按下式计算:

$$q_4 = S \cdot v \cdot \gamma \cdot (W_0 - W_c) \tag{3-13}$$

式中 q_4——掘进巷道落煤瓦斯涌出量,m³/min;

v——巷道平均掘进速度,按设计的 300 m/月,即 0.007 m/min;

S——掘进巷道断面积,m²,$S_4=13.60$,$S_5=12.80$;

γ——煤的密度 t/m³;4 号煤层取 1.50 t/m³,5 号煤层取 1.48 t/m³;

W_0——煤层瓦斯含量,m³/t;

W_c——煤层残存瓦斯含量，m^3/t。

掘进工作面落煤瓦斯涌出量计算见表3-13。

表3-13 掘进工作面落煤瓦斯涌出量计算

煤层编号	断面面积/m^2	掘进速度/($m \cdot 月^{-1}$)	视密度/($t \cdot m^{-3}$)	瓦斯含量/($m^3 \cdot t^{-1}$)	残存量/($m^3 \cdot t^{-1}$)	绝对涌出量/($m^3 \cdot min^{-1}$)
4	13.60	300	1.50	15.50	3.25	1.75
5	12.80	300	1.48	10.28	3.28	0.93

掘进工作面瓦斯涌出量预测结果见表3-14。

表3-14 掘进工作面瓦斯涌出量预测结果

煤层编号	煤厚/m	瓦斯含量/($m^3 \cdot t^{-1}$)	巷长/m	掘进速度/($m \cdot 月^{-1}$)	瓦斯涌出量/($m^3 \cdot min^{-1}$)		
					煤壁	落煤	合计
4	2.25	15.50	2000	300	5.91	1.75	7.66
5	1.93	10.28	2000	300	3.54	0.93	4.47

3.3 工作面瓦斯涌出量影响因素分析

3.3.1 生产工序与瓦斯涌出量的关系

生产工序对工作面瓦斯涌出量影响较大，研究表明，采煤瓦斯涌出量与机组工作状态和位置有密切关系，当采煤机从回风侧向进风侧割煤时，采面瓦斯涌出量逐渐减小。生产班各工序（割煤、推刮板输送机、移架等）之间虽有滞后时间，但要严格区分各种工序对瓦斯涌出量的影响是无法做到的，只能从宏观上对生产班和检修班的瓦斯涌出量情况进行对比。

以沙曲一矿14205综采工作面为例，该工作面采用"三八制"作业形式，三点班和零点班生产，八点班检修。表3-15是该综采工作面推进至距大巷终采线625 m时的回风巷瓦斯浓度值。该回风巷为专用排瓦斯巷。

表3-15 14205综采工作面尾巷瓦斯浓度实测结果

检修班		生产班（三点班）		生产班（零点班）	
时间	瓦斯浓度平均值/%	时间	瓦斯浓度平均值/%	时间	瓦斯浓度平均值/%
08：00	1.53	16：00	1.49	24：00	1.69
09：00	1.44	17：00	1.68	01：00	1.83
10：00	1.21	18：00	1.79	02：00	1.88
11：00	1.08	19：00	1.65	03：00	1.72
12：00	1.13	20：00	1.73	04：00	1.98
13：00	1.14	21：00	1.77	05：00	2.08
14：00	1.16	22：00	1.83	06：00	1.99
15：00	1.17	23：00	1.76	07：00	2.01
平均	1.24	平均	1.71	平均	1.90

图 3-4 直观反映了 14205 综采工作面生产工序与瓦斯涌出量的关系。生产班平均瓦斯涌出量是检修班的 1.3~1.5 倍，且检修班后的第一个生产班的瓦斯浓度平均值略低于第二个生产班的瓦斯浓度平均值。

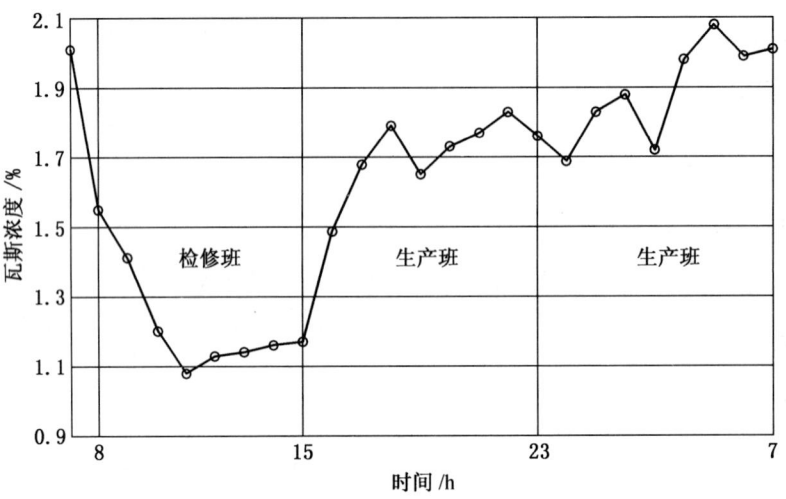

图 3-4　14205 综采工作面生产工序与瓦斯涌出量的关系

由于推进速度和产量的不均衡，导致瓦斯涌出量也不均衡，把瓦斯涌出的最大值与平均值之比称为瓦斯涌出不均衡系数。它是衡量工作面在不同时间瓦斯涌出差异的指标，对合理确定工作面风量合理安排工序，减少瓦斯超限时间具有指导意义。

3.3.2 配风量与瓦斯涌出量的关系

工作面配风量对瓦斯涌出量也有一定影响，主要是对采空区瓦斯影响较大。风量过小，上隅角经常超限，但配风量过大，造成采空区瓦斯涌出量大，同样易造成回风流和上隅角瓦斯超限。因此，合理的配风对控制综采工作面瓦斯涌出具有重要的作用。为了不影响沙曲矿的正常回采、避免通风系统紊乱及保障安全生产，没有采取对沙曲矿综采工作面的配风量进行专门调节的实测研究方式，而是从实测的大量数据中找出不同配风量情况的瓦斯涌出量值。由于未进行专门的配风量调节，配风量的变化范围不大，未能反映配风量与瓦斯涌出量的关系，但对于综采工作面的合理配风量仍具有重要的指导意义。表 3-16 为 14205 综采工作面配风量与瓦斯涌出量实测整理数据表。

表 3-16　14205 综采工作面配风量与瓦斯涌出量实测整理数据

日期	实测工作面	风量/(m³·min⁻¹)	瓦斯浓度平均值/%	瓦斯涌出量/(m³·min⁻¹)
8月10日		1650	0.96	15.84
8月14日		1740	0.89	15.49
8月15日	14205	1840	0.78	14.35
8月31日		1900	0.90	17.10
9月21日		1980	0.88	17.42

沙曲矿 14205 综采工作面配风量与瓦斯涌出量的关系如图 3-5 所示。

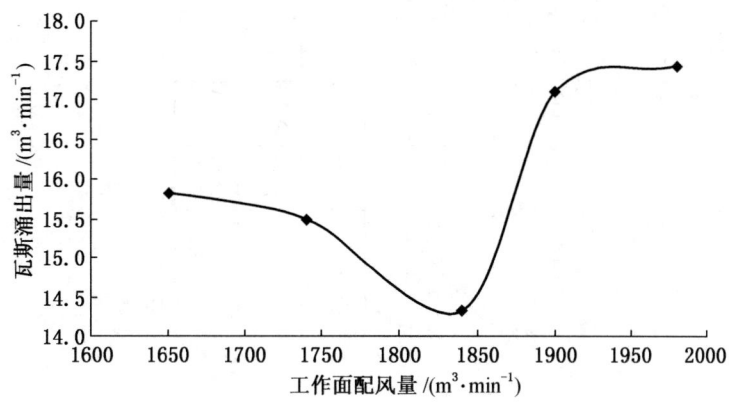

图 3-5　14205 综采工作面配风量与瓦斯涌出量的关系

3.3.3　产量（工作面推进速度）与瓦斯涌出量的关系

实践和经验证明，当回采速度不高时，绝对瓦斯涌出量与回采速度（日推进速度）或产量成正比，即相对瓦斯涌出量保持常数；当回采速度较高时，相对瓦斯涌出量中开采层涌出分量与邻近层涌出分量都相对减小，即相对瓦斯涌出量有所降低，因此绝对瓦斯涌出量随回采速度或产量的增加而线性增加。在有邻近层的综采工作面的实测结果表明，快采快运使采落煤炭及时运出，减少其在工作面停留排放瓦斯时间，可明显减少瓦斯涌出。表 3-17 为 14205 综采工作面瓦斯涌出量统计表，反映出工作面产量与瓦斯涌出量呈近似线性关系。对表 3-17 中的数据进行回归分析，作出 14205 综采工作面瓦斯涌出量与日产量的关系图（图 3-6），从图中可以看出随着日产量的增加，瓦斯涌出量也相应地增加。

表 3-17　14205 综采工作面瓦斯涌出量统计

时间	绝对瓦斯涌出量/($m^3 \cdot min^{-1}$)			平均日产量/ ($t \cdot d^{-1}$)
	风排	抽放	总量	
2007 年 5 月	58.89	60.85	119.74	2615
2007 年 6 月	60.71	54.77	115.48	2851
2007 年 7 月	45.01	54.94	99.95	2228
2007 年 8 月	54.03	46.69	100.52	2317
2007 年 9 月	33.41	51.16	84.57	1924
2007 年 10 月	46.29	53.49	99.78	2153

3.3.4　工作面通风方式对瓦斯涌出的影响

不同的通风方式对综采工作面采空区瓦斯涌出量的大小及采空区瓦斯涌出的路径有较大影响，工作面的通风系统从巷道数目上分类，可分为一进两回、两进一回及两进两回等。近年来，随着煤炭开采深度的增加及产量的增大，综采工作面巷道数目有增加的趋势，除典型的 U 型通风外，比较常用的"一进两回"（即增加一尾巷的通风方式）对解决上隅角瓦斯超限问题非常有效，在阳泉等矿区应用较广。在一些煤层瓦斯含量大的矿井，为解决巷道掘进时的通风问题，一般采用双巷掘进，因此工作面大多为多巷布置。

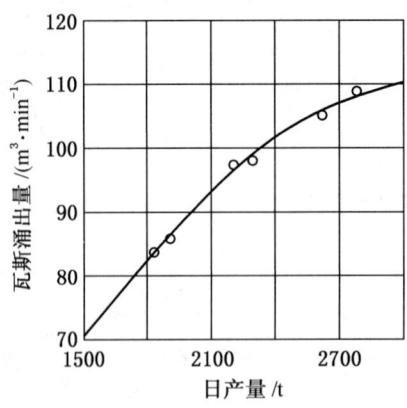

图 3-6　14205 综采工作面日产量与瓦斯涌出量的关系

3.3.5　地质因素与瓦斯涌出量的关系

地质因素对瓦斯涌出量的影响主要指对开采层瓦斯含量和邻近层及围岩瓦斯含量的影响，进而影响工作面的瓦斯涌出量。综采工作面影响瓦斯涌出量的地质因素主要为煤层埋藏深度、煤层和围岩的透气性及地质构造。高产高效工作面由于工作面走向较长，工作面从回采到回采结束，工作面的标高可能有较大的变化，瓦斯含量也变化很大。封闭型地质构造有利于封存瓦斯，开放型地质构造有利于排放瓦斯，闭合而完整的背斜构造又覆盖不透气的地层是良好的储瓦斯构造，在其轴部煤层往往积存高压瓦斯，形成气顶。断层对瓦斯涌出也有较大的影响，开放型断层会引起断层附近煤层瓦斯含量降低，封闭型断层一般可以阻止瓦斯的排放，煤层瓦斯含量往往相对较高。

3.4　"U+I" 型通风工作面瓦斯运移规律研究

3.4.1　工作面瓦斯浓度分布规律研究

以 14205 工作面为例，为了掌握该工作面和采空区瓦斯涌出规律，真实反映工作面风流中瓦斯实际情况，沿工作面每隔 45 m 建立一个测站，每个测站从煤壁至采空区均匀布置 5 个测点，共布置了 25 个测点，在进、回风巷距工作面 15 m 左右各布置一个测点，各测点布置如图 3-7 所示。测量工作面瓦斯浓度分布时，测量时间分别选在采煤机刚割完一刀煤时（采煤机在进风口处）和检修班进行，因为此时工作面不受割煤影响，相对稳定。

14205 综采工作面生产班及检修班瓦斯浓度测定数据见表 3-18、表 3-19。

表 3-18　14205 综采工作面生产班瓦斯浓度测定数据　　　　　　　　%

测站位置（液压支架）	测点 1 瓦斯浓度	测点 2 瓦斯浓度	测点 3 瓦斯浓度	测点 4 瓦斯浓度	测点 5 瓦斯浓度
10 架	0.81	0.76	0.75	0.80	0.88
40 架	0.63	0.58	0.55	0.57	0.67
70 架	0.40	0.36	0.32	0.34	0.39
100 架	0.25	0.22	0.19	0.19	0.20

表 3-18（续） %

测站位置 （液压支架）	测点 1 瓦斯浓度	测点 2 瓦斯浓度	测点 3 瓦斯浓度	测点 4 瓦斯浓度	测点 5 瓦斯浓度
130 架	0.15	0.13	0.11	0.10	0.11
进风巷			0.06		
回风巷			0.78		

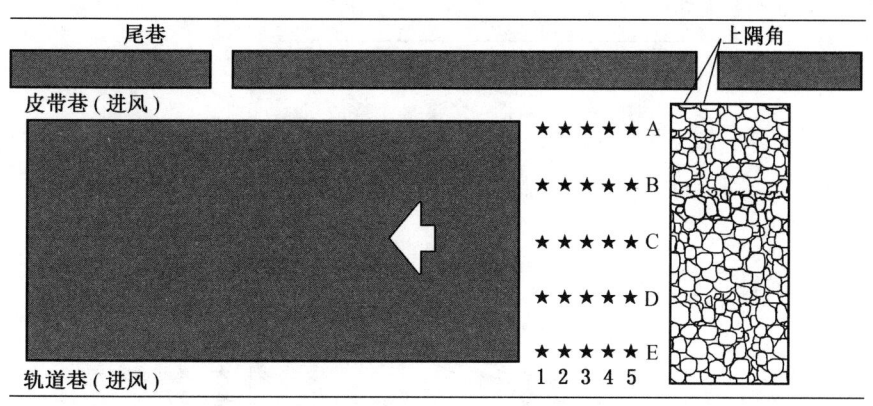

图 3-7　14205 综采工作面测点布置示意图

表 3-19　14205 综采工作面检修班瓦斯浓度分布测定数据 %

测站位置 （液压支架）	测点 1 瓦斯浓度	测点 2 瓦斯浓度	测点 3 瓦斯浓度	测点 4 瓦斯浓度	测点 5 瓦斯浓度
10 架	0.76	0.69	0.68	0.73	0.79
40 架	0.56	0.53	0.50	0.54	0.60
70 架	0.45	0.39	0.37	0.40	0.42
100 架	0.33	0.30	0.28	0.28	0.29
130 架	0.24	0.23	0.21	0.20	0.21
进风巷			0.04		
回风巷			0.72		

1. 沿工作面方向的瓦斯浓度分布

根据表 3-18 和表 3-19，绘制出瓦斯浓度沿工作面方向的分布图，如图 3-8 和图 3-9 所示。可以看出，无论是生产班还是检修班，工作面瓦斯浓度从进风侧至回风侧逐渐增大。进风到工作面中部范围内瓦斯浓度变化不大，工作面中部到回风上隅角瓦斯浓度增加较快，尤其是靠近回风侧 30 m 范围内瓦斯浓度较高。造成这种分布规律的原因是风流从进风侧经过采场时，在工作面的上半段，部分涌出瓦斯随工作面漏风进入采空区，瓦斯浓度增幅较缓，工作面漏入采空区的瓦斯和采空区本身的涌出随风流进入到工作面后半段，致使瓦斯浓度增高，且增幅较工作面前半段大。靠近支架尾部测点的瓦斯浓度在工作面中部至回风巷段上升幅度明显增加，其余测点的瓦斯浓度上升幅度则相对较缓。这主要是由于

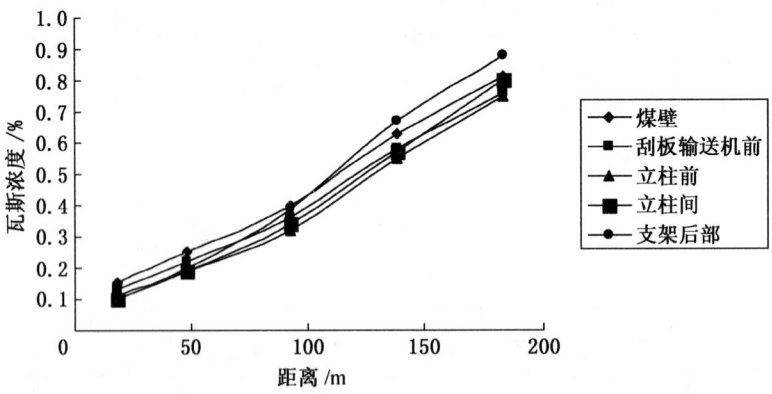

图 3-8 14205 综采工作面生产班瓦斯浓度沿工作面方向的分布图

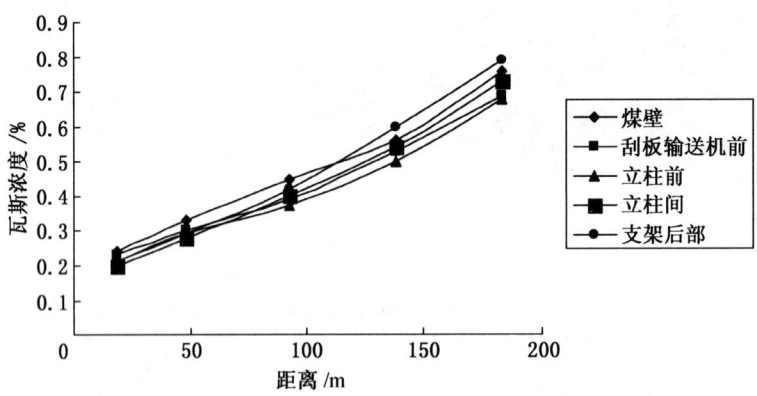

图 3-9 14205 综采工作面检修班瓦斯浓度沿工作面方向的分布图

采空区瓦斯涌出强度大，支架尾部风阻大、风流的稀释作用较小，导致其上升幅度较大。理论和实践表明，靠近回风隅角从采空区返回的风量最大，带出的瓦斯量也大，致使上隅角附近瓦斯浓度增高，这就是上隅角瓦斯容易超限的原因。

2. 瓦斯浓度分布

根据表 3-18 和表 3-19，绘制出瓦斯浓度沿工作面推进方向分布图（图 3-10 和图 3-11）。

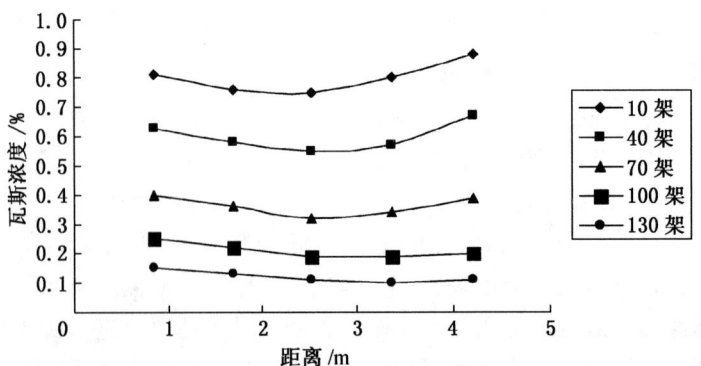

图 3-10 14205 综采工作面生产班瓦斯浓度沿工作面推进方向分布图

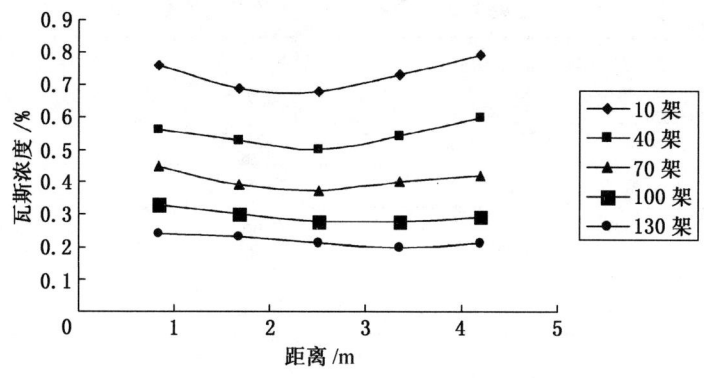

图 3-11 14205 综采工作面检修班瓦斯浓度沿工作面推进方向分布图

从煤壁至采空区（支架尾）瓦斯浓度呈现高、较高、低、较高、高的分布趋势，即在煤壁和采空区之间有一个瓦斯最低点，最低点的位置在工作面的不同位置有所不同。在"U"型通风情况下，这种高、低、高的趋势比较明显，而"U+L"型通风情况下不明显。

可以认为，高、低、高趋势中的瓦斯浓度最低点即是煤壁与采空区瓦斯涌出的分界点。根据相关试验及观测数据结果，"U+L"型通风情况下，由采空区涌出到工作面的瓦斯涌出量比"U"型通风时瓦斯涌出量小，其原因是采空区瓦斯涌出通过 L 巷进行了分流。另外可以看出，上隅角附近是工作面瓦斯浓度较高的区域，也是采空区瓦斯涌出到工作面的主要通道，因此防止上隅角瓦斯超限是工作面瓦斯治理的重点。

3. 工作面瓦斯浓度空间上的分布

根据 14205 综采工作面生产班和检修班的瓦斯空间测定数据表（表 3-20、表 3-21），绘制出瓦斯浓度在空间上的分布图，如图 3-12 和图 3-13 所示。

表 3-20　14205 综采工作面生产班瓦斯浓度空间分布测定数据　　　　%

测站位置（液压支架）		测点 1 瓦斯浓度	测点 2 瓦斯浓度	测点 3 瓦斯浓度	测点 4 瓦斯浓度	测点 5 瓦斯浓度
5 架	上部	0.75	0.74	0.72	0.75	0.83
	中部	0.73	0.71	0.70	0.74	0.80
	下部	0.74	0.72	0.70	0.73	0.79
65 架	上部	0.40	0.38	0.35	0.38	0.41
	中部	0.39	0.38	0.36	0.38	0.40
	下部	0.41	0.39	0.37	0.38	0.42
125 架	上部	0.16	0.13	0.11	0.12	0.12
	中部	0.15	0.14	0.12	0.11	0.13
	下部	0.14	0.13	0.11	0.12	0.13

表 3-21 14205 综采工作面检修班瓦斯浓度空间分布测定数据   %

测站位置 （液压支架）		测点 1 瓦斯浓度	测点 2 瓦斯浓度	测点 3 瓦斯浓度	测点 4 瓦斯浓度	测点 5 瓦斯浓度
5 架	上部	0.73	0.67	0.69	0.73	0.79
	中部	0.74	0.68	0.69	0.73	0.76
	下部	0.72	0.64	0.66	0.71	0.75
65 架	上部	0.51	0.47	0.44	0.48	0.53
	中部	0.52	0.45	0.44	0.47	0.49
	下部	0.53	0.45	0.43	0.46	0.48
125 架	上部	0.27	0.24	0.23	0.22	0.24
	中部	0.28	0.25	0.22	0.22	0.23
	下部	0.25	0.23	0.21	0.22	0.22

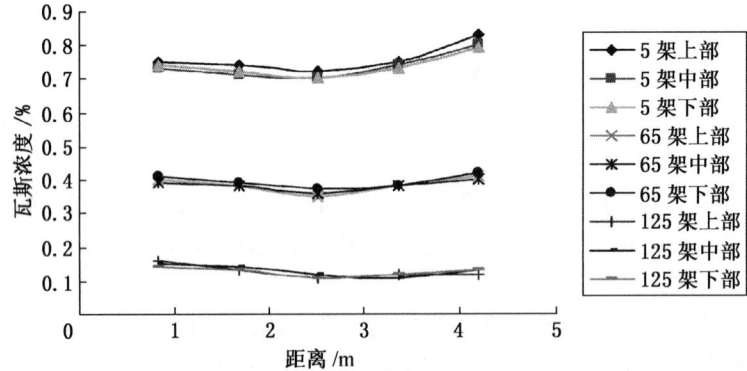

图 3-12 14205 综采工作面生产班瓦斯浓度空间分布

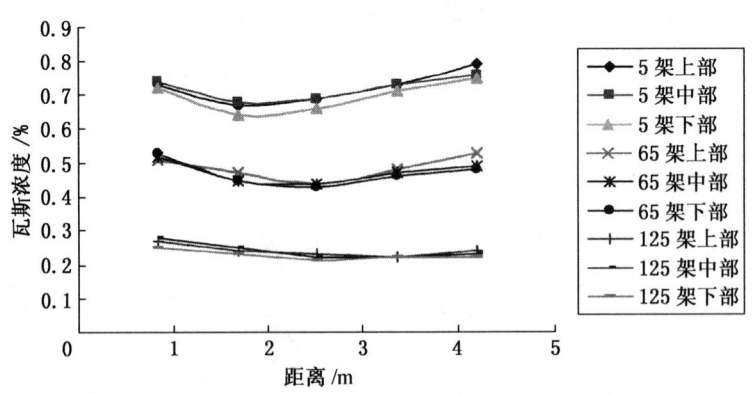

图 3-13 14205 综采工作面检修班瓦斯浓度空间分布

理论和实践表明，由于风流从进风侧经过采场时，有一部分风流至工作面中部逐渐漏入采空区，漏入采空区的风流从工作面的后半段又逐渐返回到工作面，同时将采空区的较高浓度的瓦斯带进工作面，使工作面瓦斯浓度逐渐升高，在空间分布上有较大的变化。因此，靠近回风上隅角从采空区返回的风量最大，带出的瓦斯量也大，致使上隅角附近瓦斯浓度增高，空间分布差异也较大。

4. 采面瓦斯涌出的不均衡性

前面提到的工作面瓦斯浓度分布都是在工作面相对稳定的条件下测定的，当采煤机割煤时，工作面瓦斯大体上仍符合上述规律，但瓦斯涌出更加不均衡。通过采煤机在不同位置时对测点的测量发现，由于采煤机位置不断改变且时采时停，其位置改变对工作面瓦斯分布影响较大，当采煤机由进风侧向工作面中部割煤过程中，瓦斯涌出只有煤壁和落煤，而且其中一部分瓦斯随风流漏入采空区，在此范围内工作面瓦斯涌出量较小。当采煤机在工作面中部继续向回风方向割煤时，在此范围内，原来漏入采空区的风流携带瓦斯逐渐返回工作面，使工作面瓦斯涌出量逐渐增加。理论分析和实践证明，在矿井通风负压作用下，采空区内的瓦斯大部分聚积在靠近回风 30 m 范围内，此范围内的支架后面赋存大量的较高浓度的瓦斯，采煤机在此段采煤、推刮板输送机、移架，使工作面断面减小，阻力增大，一部分风流再次通过架间漏入采空区，由于漏风线路短，风流在很短时间内返回工作面，同时将支架后面的较高浓度的瓦斯带出，使工作面瓦斯急剧增加，造成集中涌出，观测结果表明，综采工作面瓦斯超限一般都是在此段生产时造成的。

3.4.2 工作面瓦斯运移规律测定方案

1. 分段测定法测定工作面瓦斯涌出的原理

沿综采工作面（指支架到煤壁之间的空间）走向将工作面划分为若干个区段，图 3-14 所示为其中一个区段，测定每个区段的瓦斯涌出量大小和进出断面瓦斯浓度，然后进行累加合成分析，即可得出整个工作面的不同瓦斯涌出源的瓦斯涌出量大小和工作面的瓦斯浓度分布。

在每一区段内，从煤壁至采空区均匀布置若干个（根据实际情况而定）测点，如图 3-15 所示，测定每一个测点的瓦斯浓度 c_1、c_2、c_3、c_4、c_5，同时测定该区段的进出风量 C_{in} 和 C_{out}。

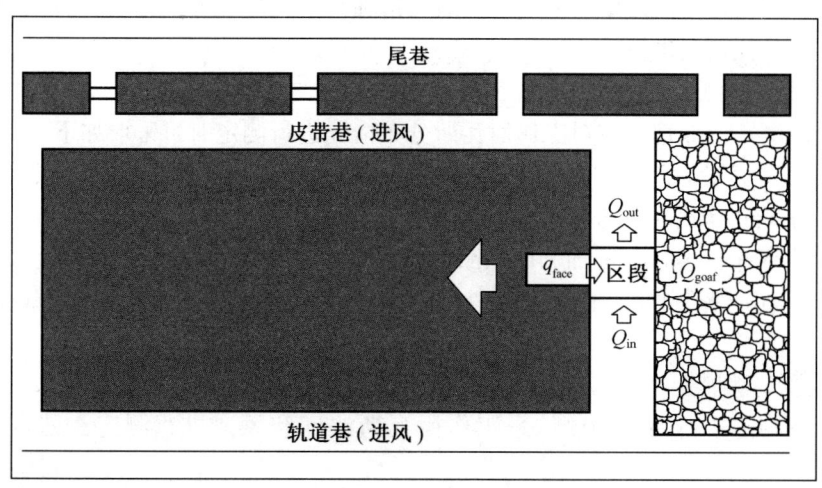

图 3-14 工作面区段划分图

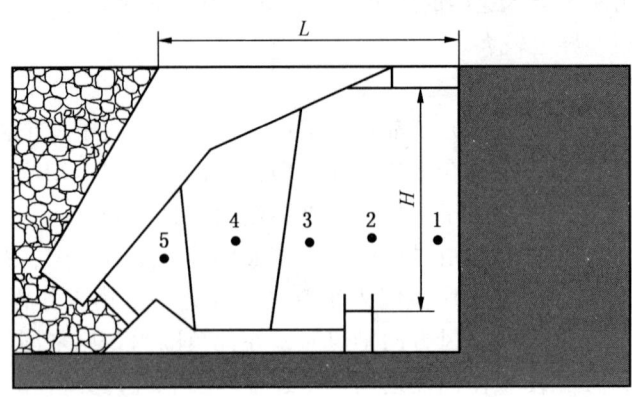

图 3-15 测点布置图

据每个区段所应遵循的瓦斯平衡方程、风量平衡方程：

$$\begin{cases} Q_{in} + Q_{goaf} - Q_{out} = 0 \\ q_{goaf} = Q_{goaf} C_{goaf} \\ q_{face} = Q_{out} C_{out} - Q_{in} C_{in} - q_{goaf} \end{cases} \quad (3-14)$$

式中　Q_{in}——流入区段的风量，m^3/min；

Q_{out}——流出区段的风量，m^3/min；

Q_{goaf}——从采空区流入本区段的风流，m^3/min；

q_{goaf}——从采空区涌入本区段的瓦斯量，m^3/min；

q_{face}——本区段内煤壁、顶底板及采落煤炭的瓦斯涌出量，m^3/min；

C_{goaf}——采空区漏风流中的瓦斯浓度，%；

C_{in}——流入本区段风流中的瓦斯浓度，%；

C_{out}——流出本区段风流中的瓦斯浓度，%。

由上式计算出每个区段中的采空区的漏风量和采空区的瓦斯涌出量，以及煤壁、顶底板和采落煤炭的瓦斯涌出量。

2. 分段测定法测定工作面瓦斯涌出的步骤

根据分段测定法原理，在对工作面瓦斯分布情况进行测定时可采取如下步骤：

（1）将工作面沿倾斜方向划分为 8~12 个区段，进行瓦斯浓度和风速的测定。

（2）测定出每个区段的进风量和出风量大小。

（3）测定每个区段进风断面和回风断面由煤壁至采空区各测点的瓦斯浓度。

（4）根据瓦斯平衡方程和风量平衡方程，计算出每个区段的采空区、煤壁及落煤的瓦斯涌出量。

3. 分段测定法测定结果

按照上述测定步骤对 14205 综采工作面瓦斯浓度和风速进行测定，见表 3-22、表 3-23。

4. 采空区漏风状况分析

采场是充满流动气体的复杂空间，这个空间由两部分组成，一部分是进行生产活动的空间——通风空间，另一部分是充满了充填物或陷落岩石的采空区空间——漏风空间。风流经过工作面时，必然有部分风流进入采空区，这部分风流称为采空区漏风。工作面断面越小，采空区漏风就越严重，个别综采工作面在处于最小控顶距时，流入采空区的漏风量甚至达工作面流入风量的40%，在最大控顶距时也近20%。采空区漏风是引起采空区瓦斯涌出的重要原因，因此，采取合理的工作面配风措施，有目的地控制采空区漏风，是有效治理采空区瓦斯的技术手段。

表3-22　14205综采工作面分段测定法测定瓦斯浓度结果

测定时间	测站位置（液压支架）	测点1		测点2		测点3		测点4		测点5	
		风速/($m^3 \cdot min^{-1}$)	浓度/%	风速/($m^3 \cdot min^{-1}$)	浓度/%	风速/($m^3 \cdot min^{-1}$)	浓度/%	风速/($m^3 \cdot min^{-1}$)	浓度/%	风速/($m^3 \cdot min^{-1}$)	浓度/%
8月14日	0架	232	0.78	228	0.76	172	0.74	148	0.76	126	0.84
	10架	234	0.77	230	0.74	174	0.70	138	0.78	88	0.82
	30架	236	0.54	220	0.52	186	0.52	128	0.53	76	0.68
	60架	262	0.38	232	0.37	198	0.37	116	0.38	50	0.48
	70架	268	0.34	240	0.28	200	0.26	100	0.34	48	0.46
	90架	270	0.31	250	0.24	206	0.23	102	0.29	50	0.38
	110架	278	0.26	256	0.24	210	0.24	108	0.27	52	0.32
	120架	284	0.24	266	0.24	218	0.24	116	0.24	56	0.24
	130架	292	0.23	272	0.22	240	0.22	122	0.21	60	0.20

表3-23　14205综采工作面瓦斯涌出量计算

时间	区段	Q_{in}/($m^3 \cdot min^{-1}$)	C_{in}/%	Q_{out}/($m^3 \cdot min^{-1}$)	C_{out}/%	Q_{goaf}/($m^3 \cdot min^{-1}$)	q_{goaf}/($m^3 \cdot min^{-1}$)	C_{goaf}/%	q_{goaf}/($m^3 \cdot min^{-1}$)
8月14日	一	1520	0.22	1453	0.24	67	14.74	0.22	4.57
	二	1453	0.24	1401	0.25	52	14.56	0.28	4.59
	三	1401	0.25	1362	0.28	39	13.65	0.35	9.16
	四	1362	0.28	1331	0.31	31	13.02	0.42	9.20
	五	1331	0.31	1323	0.38	8	3.76	0.47	4.55
	六	1323	0.38	1268	0.53	55	31.9	0.58	7.71
	七	1268	0.53	1285	0.75	17	12.75	0.75	9.14
	八	1285	0.75	1308	0.78	23	19.78	0.86	4.80

采空区一般是由采空区内遗煤、冒落的顶板围岩及空隙所组成的空间区域。其最大特点是存在两种特性相差很大的空隙，即采动空隙和原有空隙。采动空隙的分布往往有很大的随机性，与工作面采高、垮落带岩块大小及其排列状况、本层和邻近煤岩层的岩性因素有关；而原有空隙与煤岩性质和原始应力因素有关，且同一煤岩层的原有空隙相比之下可视为均匀分布。

由于采空区内两种空隙并存，因而瓦斯在采空区内的运移表现为煤块内的解吸、扩散和煤岩采动空隙系统的层流渗透、紊流。尽管大量的采动空隙与原有空隙构成了采空区内极为复杂的气体流动网络，但从整体上看，采动空隙是瓦斯流动的主要通道。从流体力学的角度而言，进入工作面的风流端称为源，而流出工作面的风流端称为汇。故而"U"形通风工作面又称为一源一汇工作面，而沙曲矿综采工作面的"U+L"型通风工作面则称为两源两汇工作面。图3-16、图3-17是"U"型通风和"U+L"型通风时采空区风流方向。实际上，在风流由进风巷进入采场时，其中有一部分风流将会漏入采空区中，把采空区中的瓦斯带出到工作面，引起工作面及回风流瓦斯浓度增大。为了简化分析，按稳定流动考虑，采空区内瓦斯流动服从松散介质的达西（Darcy）渗流定律，故可用下式表示：

$$q = -BK\frac{p_1^2 - p_2^2}{\nabla S} \tag{3-15}$$

式中　　q——单位时间内单位面积采空区涌入工作面的瓦斯量，$m^3/(d·m^2)$；

　　　　B——单位修正系数；

　　　　K——采空区内透气性系数，$m^2/(MPa^2·d)$；

　　　　p_1、p_2——工作面和采空区内气压，MPa；

　　　　∇S——P_1与P_2两测点间的断面积，m^2。

从式（3-15）可以看出，p_1与p_2越大，则采空区内瓦斯向工作面涌入的量就越大。

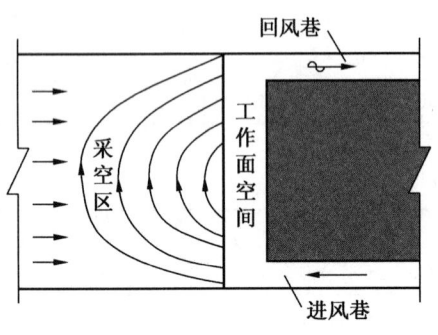
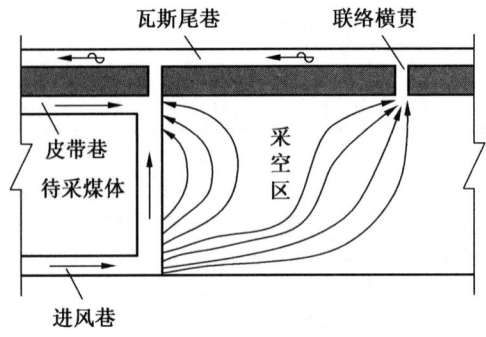

图3-16　"U"型通风采空区内风流方向　　　图3-17　"U+L"型通风采空区内风流方向

从分段测定法的结果可以知道：

（1）由于采空区漏风流流动对瓦斯的运移作用，从进风侧到回风侧方向，瓦斯浓度逐渐增大。

（2）靠近进风侧，采空区漏风比较严重；而在工作面的中部漏风则不明显；靠近回风侧，漏入采空区的风流又有一部分返回到工作面，同时将采空区的较高浓度的瓦斯带回到工作面，致使工作面的瓦斯浓度较高。这也是上隅角瓦斯浓度高的直接原因。

3.4.3　采空区瓦斯运移规律研究

3.4.3.1　采空区瓦斯运移的Fluent数学模型

采空区和裂缝带内的气体流动状态遵循连续性方程、动量守恒方程、能量守恒方程，瓦斯涌出作为质量源项加到连续方程中。采空区和裂缝带内的区域属于多孔介质，采场内的气体在采空区和裂缝带内流动，涉及多孔介质、组分输运和组分扩散、能量守恒、源项、湍流模型。

1. 连续性方程

瓦斯流动符合湍流规律,选用工程流场领域使用得最多的 RNG k-e 模型,高低雷诺数都可适应。RNG k-e 模型包括动能方程 k 和扩散方程 e,分别如下:

$$\frac{\partial}{\partial t}(\rho\kappa) + \frac{\partial}{\partial x_i}(\rho k u_i) = \frac{\partial}{\partial x_i}\left(\alpha_k \mu_{eff} \frac{\partial k}{\partial x_i}\right) + G_k + G_b - \rho e - Y_M + S_k \quad (3-16)$$

$$\frac{\partial \rho}{\partial \rho}(\rho e) + \frac{\partial}{\partial x_i}(\rho e u_i) = \frac{\partial}{\partial x_j}\left(\alpha_e \mu_{eff} \frac{\partial e}{\partial x_j}\right) + C_{1e}\frac{e}{k}(G_k + C_{3e}G_b) - C_{3e}G_b - C_{2e}\rho\frac{e^2}{k} - R_e + S_e \quad (3-17)$$

各项含义如下:

(1) G_k 是由层流速度梯度而产生的湍流动能, $G_k = -\rho\overline{u'_i u'_j}\frac{\partial u_j}{\partial x_j}$。

(2) G_b 是由浮力而产生的湍流动能, $G_b = \beta g_i \frac{\mu_t}{Pr_t}\frac{\partial T}{\partial x_i}$。

对于理想气体, $G_b = -g_i\frac{\mu_t}{\rho Pr_t}\frac{\partial \rho}{\partial x_i}$,$Pr_t$ 是湍流能量普朗特数,g_i 是重力在 i 方向上的分量,$Pr_t = \frac{1}{\alpha}$,α 由下式确定:

$$\left|\frac{\alpha - 1.3929}{\alpha_0 - 1.3929}\right|^{0.6321}\left|\frac{\alpha + 2.3929}{\alpha_0 + 2.3929}\right|^{0.3679} = \frac{\mu_{mol}}{\mu_{eff}} \qquad \alpha = \frac{k}{uc_p}$$

这里 $\alpha_0 = 1.0$,在大雷诺数限,$\alpha_k = \alpha_c \approx 1.393$。

热膨胀系数 β 定义为

$$\beta = -\frac{1}{\rho}\left(\frac{\partial \rho}{\partial T}\right)_p \quad (3-18)$$

(3) Y_M 是针对高 Mach 数可压缩流体而增加的扩张扩散影响项。

$$Y_M = 2\rho e M_t^2 \quad (3-19)$$

这里 M_t 是湍流 Mach 数,$M_t = \sqrt{\frac{k}{a^2}}$,$a$ 是声速。

(4) α_k 和 α_e 是 k 方程和 e 方程的湍流 Prandtl 数,在大雷诺数限,$\alpha_k = \alpha_e \approx 1.393$,$S_k$ 和 S_e 是用户定义的。

(5) e 方程受浮力影响的程度取决于常数 C_{3e},由下式计算:

$$C_{3e} = \tanh\left|\frac{v}{u}\right| \quad (3-20)$$

(6) e 方程中的 R_e:

$$R_e = \frac{C_\mu \rho \eta^3 \left(\frac{1-\eta}{\eta_0}\right)}{1 + \beta\eta^3}\frac{e^2}{k} \quad (3-21)$$

这里,$\eta = Sk/e$,$\eta_0 = 4.38$,$\beta = 0.012$。

(7) 模型常量:

模型常量 C_{1e} 和由 RNG 理论分析得出:

$$C_{1e} = 1.42 \quad C_{2e} = 1.68$$

(8) 有效速度模型：

通过下面这个方程来使模型适应低雷诺数和近壁流：

$$d\left(\frac{\rho^2 k}{\sqrt{e\mu}}\right) = 1.72 \frac{\bar{v}}{\sqrt{\bar{v}^3 - 1 + C_v}} d\bar{v}$$

$$\bar{v} = \frac{\mu_{\text{eff}}}{\mu}$$

$$C_v \approx 100$$

在大雷诺数限制下：

$$\mu_t = \rho C_\mu \frac{k^2}{e}$$

$$C_\mu = 0.0845$$

(9) RNG 模型的漩涡修改：

湍流在层流中受到漩涡的影响，Fluent 通过修改湍流黏度来修正这些影响。有以下形式：

$$\mu_t = \mu_{t0} f\left(\alpha_s, \Omega, \frac{k}{e}\right) \tag{3-22}$$

2. 动量守恒方程

$$\nabla p = -\frac{\mu}{\alpha} v \tag{3-23}$$

在惯性（非加速）坐标系中 i 方向上的动量守恒方程为

$$\frac{\partial}{\partial t}(\rho u_i) + \frac{\partial}{\partial x_j}(\rho u_i u_j) = -\frac{\partial p}{\partial x_i} + \frac{\partial \tau_{ij}}{\partial x_j} + \rho g_i + S_i \tag{3-24}$$

其中 p 是静压，τ_{ij} 是应力张量，g_i 和 S_i 分别为 i 方向上的重力体积力和外部体积力，S_i 包含了多孔介质的源项。

应力张量由下式给出：

$$\tau_{ij} = \left[\mu\left(\frac{\partial \mu_i}{\partial x_j} + \frac{\partial \mu_j}{\partial x_i}\right)\right] - \frac{2}{3}\mu \frac{\partial \mu_l}{\partial x_l} \delta_{ij} \tag{3-25}$$

对于多孔介质而言，多孔介质的动量方程具有附加的动量源项。源项由两部分组成，一部分是黏性损失项（Darcy 定律），另一部分是内部损失项：

$$S_i \sum_{j=1}^{3} D_{ij} \mu v_j + \sum_{j=1}^{3} C_{ij} \frac{1}{2} \rho |v_j| v_j \tag{3-26}$$

S_i 是 i 向（x, y, z）动量源项，D 和 C 是规定的矩阵。

对于简单的均匀多孔介质：

$$S_i = \frac{\mu}{\alpha} v_i + C_2 \frac{1}{2} \rho |v_j| v_j \tag{3-27}$$

其中 α 是渗透性系数，C_2 是内部阻力因子，指定 D 和 C 分别为对角阵 $1/\alpha$ 和 C_2。

还允许模拟的源项为速度的幂率：

$$S_i = C_0 |v_j|^{C_1} = C_0 |v|^{(C_1-1)} v_i \tag{3-28}$$

其中 C_0 和 C_1 为自定义经验系数。

通过多孔介质的层流流动中，压降和速度成比例，常数 C_2 可以考虑为零。忽略对流加速以及扩散，多孔介质模型简化为 Darcy 定律：

$$\nabla p = -\frac{\mu}{\alpha} \nu \tag{3-29}$$

如果模拟的是穿孔板或者管道堆，有时可以消除渗透项而只是用内部损失项，从而得到下面的多孔介质简化方程：

$$\frac{\partial \rho}{\partial x_i} = \sum_{j=1}^{3} C_{2ij} \frac{1}{2} \rho \nu_j | \nu_j | \tag{3-30}$$

3. 能量守恒方程

多孔介质流动仍然解标准能量输运方程，只是修改了传导流量和过渡项，传导流量使用有效传导系数，过渡项包括了介质固体区域的热惯量：

$$\frac{\partial}{\partial t}[\phi \rho_f h_f (1-\phi) \rho_s h_s] + \frac{\partial}{\partial x_i}(\rho_f u_f h_f) = \frac{\partial}{\partial x_i}\left(k_{\text{eff}} \frac{\partial T}{\partial x_i}\right) - \phi \frac{\partial}{\partial x_i} \sum_{j'} h_{j'} J_{j'} +$$
$$\phi \frac{Dp}{Dt} + \phi \tau_{ik} \frac{\partial u_i}{\partial x_k} + \phi S_f^h + (1-\phi) S_s^h \tag{3-31}$$

式中 　ϕ——流体的体积分数；

h_f——流体的焓；

h_s——固体介质的焓；

f——介质的多孔性；

k_{eff}——介质的有效热传导系数；

S_f^h——流体焓的源项；

S_s^h——固体焓的源项。

多孔区域的有效热传导率是由流体的热传导率和固体的热传导率的体积平均值计算得到：

$$k_{\text{eff}} = \phi k_f + (1-\phi) k_s \tag{3-32}$$

式中 　f——介质的多孔性；

k_f——流体状态热传导率；

k_s——固体介质热传导率。

4. 组分输运方程

$$\frac{\partial}{\partial t}(\rho Y_i) + \nabla(\rho \bar{\nu} Y_i) = -\nabla J_i + S_i \tag{3-33}$$

通过第 i 种物质的对流扩散方程预估每种物质的质量分数 Y_i，S_i 为用户定义的源项导致的额外产生速率。

1) 层流中的质量扩散

J_i 是物质 i 的扩散通量，由浓度梯度产生。一般使用稀释近似，这样扩散通量可记为

$$J_i = -\rho D_{i,m} \nabla Y_i \tag{3-34}$$

其中 $D_{i,m}$ 是混合物中第 i 种物质的扩散系数。

2) 湍流中的质量扩散

在湍流中,以以下形式计算质量扩散:

$$\vec{J} = -\left(\rho D_{i,m} + \frac{u_t}{Sc_t}\right)\nabla Y_i \quad (3-35)$$

其中 Sc_t 是湍流施密特数,一般取 0.7。

3) 能量方程中的物质输送处理

在许多多组分混合流动中,物质扩散导致了焓的传递。

$$S_i = \nabla\left[\sum_i^n h_i \vec{J}_i\right] \quad (3-36)$$

3.4.3.2 采空区瓦斯运移规律数值模拟研究

假定采空区为各向同性的多孔介质,通过建立的采空区瓦斯流动模型,利用软件包 GAMBIT 建立综采面采空区三维网格模型,使用 UDF 用户自定义函数对采空区瓦斯流动数学模型有关参数进行定义,采用流体 Fluent 软件对 14205 采空区瓦斯流动进行三维数值模拟。

1. 采空区模拟现场实际条件

现场实测 14205 综采工作面采空区瓦斯运移模型边界条件的相关数据,见表 3-24。

表 3-24　14205 综采工作面实测数据整理

测定地点	静压/hPa	风速/(m³·min⁻¹)	风量/(m³·min⁻¹)
轨道进风处	951.8	172	1720
胶带回风处	948.8	93	930
十一横贯	950.0	104	650
十二横贯	950.1	22	140

14205 综采工作面"竖三带"分布情况为:垮落带高度为 10 m,裂缝带高度为 32~40 m,裂缝带以上为弯曲下沉带。14205 综采工作面"横三区"分布情况为:重新压实区位于工作面煤壁往采空区方向 110 m 左右,工作面煤壁前方为煤壁支撑影响区。

2. 建立几何模型

14205 综采工作面有采煤机、支架等设备,工作面和进、回风巷不规整,无法对采空区进行实测,工作面的地质条件存在差异,因此无法做出准确的几何模型。根据现场的实际情况和模拟的实际需要,对工作面及采空区几何参数进行以下简化:

(1) 将进、回风巷和工作面空间视为长方体,工作面设备不予考虑。

(2) 进、回风巷取值:长 10 m,宽 4 m,高 2.5 m;工作面长 200 m,宽 5 m,高 2.5 m。

(3) 4 号煤层厚度取 2.5 m。

(4) 采空区深度 380 m,宽 200 m,将采空区按孔隙率不同分成三个部分,各部分边界与工作面的距离分别为 20 m、100 m 和 245 m;垮落带高度为 12.5 m。

(5) 由于尾巷实际上仅相当于一个出口,因此只考虑了 10 m 的联络巷,第一联络巷离工作面 40 m,联络巷之间的距离为 60 m,联络巷的长 10 m,宽 2.5 m,高 2.5 m。

(6) 数值模拟中将瓦斯抽放钻孔近似以一个大直径的长抽钻孔替代,忽略上隅角的一些引风风管等其他一些因素的耦合影响。

数值模拟平面图、立面图如图 3-18、图 3-19 所示。

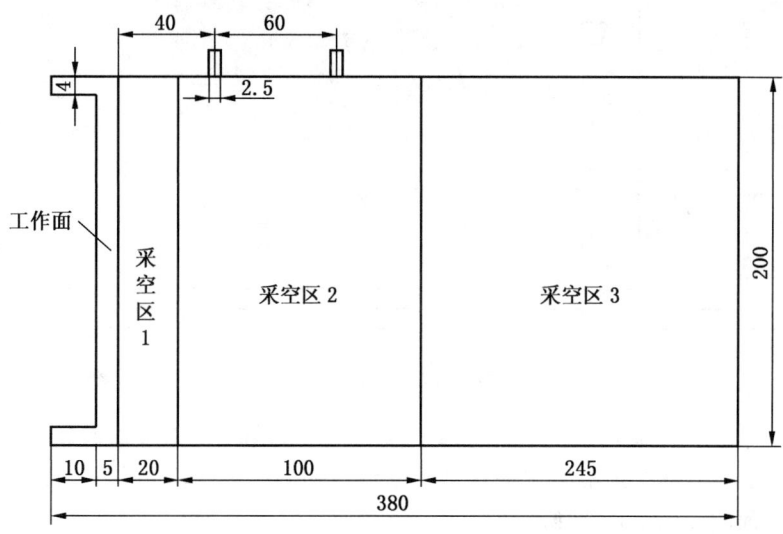

图 3-18 采空区 Fluent 数值模拟平面图

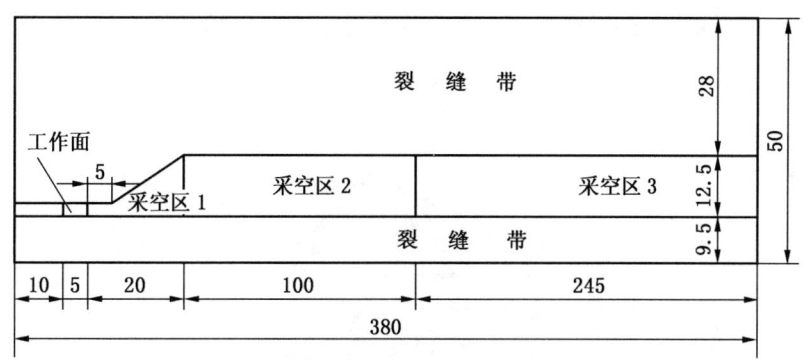

图 3-19 采空区 Fluent 数值模拟立面图

根据数学模型可知,求解数学模型除要知道边界条件以外,还要知道采空区的孔隙率的分布情况。采空区非均质性反映在垮落岩石的非均质和流场高度的变化上,可由岩石垮落碎胀系数 K_p 控制,按一般的矿压规律,有

$$K_p = K_p' + (K_p^{(0)} - K_p')e^{-ax} \tag{3-37}$$

式中 $K_p^{(0)}$——初垮落碎胀系数;

K_p'——压实碎胀系数;

a——衰减率。

K_p 的分布如图 3-20 所示,在采空区上垮落碎胀系数的分布 K_p 取大值,而采空区内孔隙度 $n = 1 - 1/K_p$。

3. 采空区瓦斯流动数值模拟结果

针对现场采用的"U+L"型(两进一回)通风方式,即轨道巷(进风)、工作面、皮

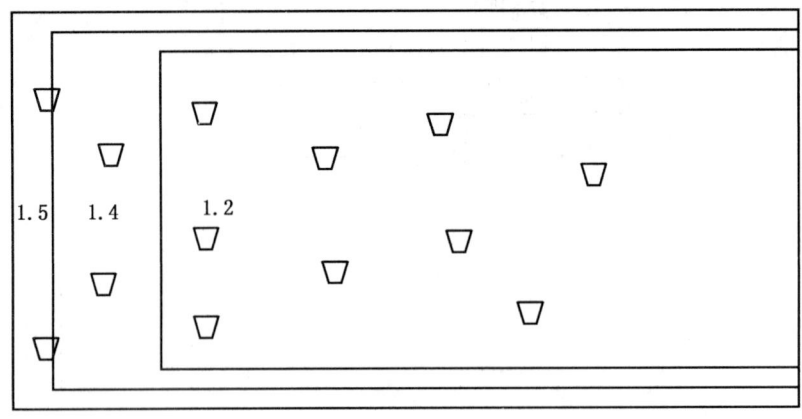

图 3-20 压实碎胀系数分布

带巷（进风）和瓦斯尾巷构成的通风方式，工作面上隅角瓦斯浓度时有超限，通过数值模拟手段用图形的方式直观地显示出采空区瓦斯浓度的分布，分析采空区内部的气体运动规律，提出工作面的瓦斯治理措施。

14205 综采工作面采空区瓦斯流动的数值模拟结果如图 3-21～图 3-24 所示，分别为采空区距底板高度分别为 0 m、12 m、16 m、30 m 的瓦斯浓度分布水平截面图。由于靠近采空区深部的尾巷联络巷的风量较小，数值模拟结果中显示其对瓦斯涌出的影响小。

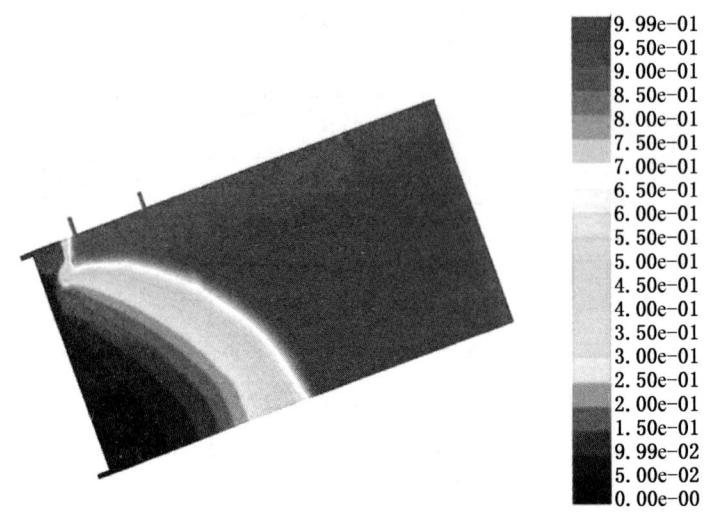

图 3-21 采空区（距底板高度为 0 m 处）瓦斯浓度分布水平截面图

3.4.3.3 采空区瓦斯浓度分布规律

根据现场实测数据、计算机数值模拟结果以及对比分析国内外资料，分析总结得出 14205 综采工作面采空区瓦斯浓度分布规律以及采空区瓦斯运移特点。

1. 沿工作面推进方向采空区瓦斯浓度的变化规律

距工作面 15～25 m 时，瓦斯浓度在 10% 上下波动；采空区距工作面 25～50 m 时，瓦斯浓度逐渐增大；这对瓦斯的抽放、利用及尾巷的引排具有指导作用。

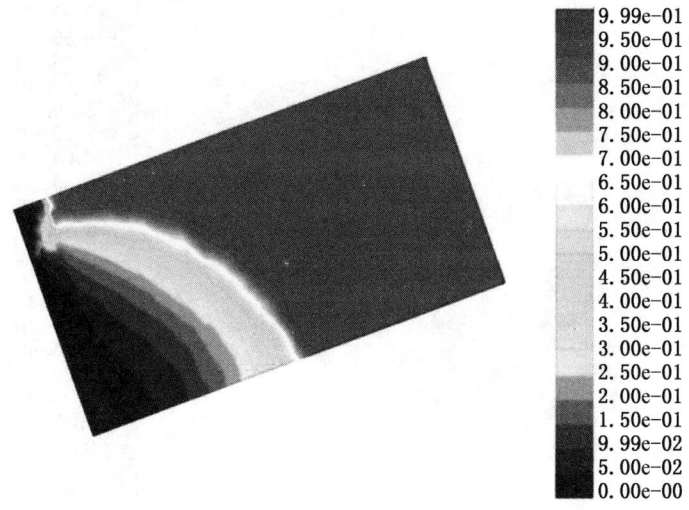

图 3-22 采空区（距底板高度为 12 m 处）瓦斯浓度分布水平截面图

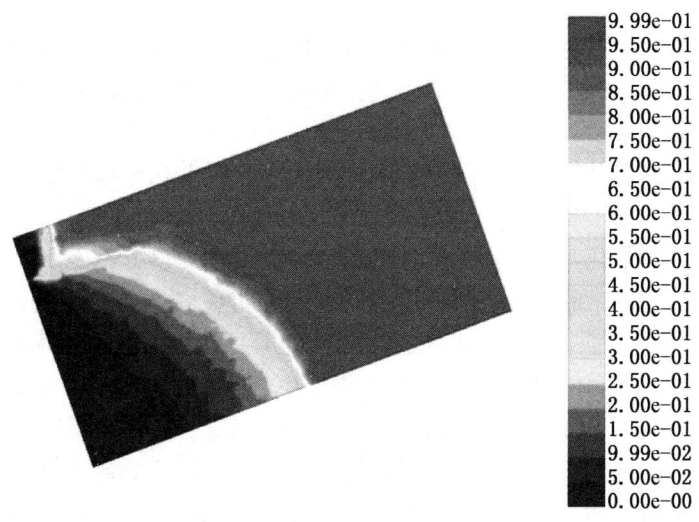

图 3-23 采空区（距底板高度为 16 m 处）瓦斯浓度分布水平截面图

2. 沿垂直采空区方向瓦斯浓度的变化规律

沿垂直方向，采空区顶板处瓦斯浓度比底板处瓦斯浓度高。

根据瓦斯升浮原理，采空区内由底板向上瓦斯浓度递增。距工作面近处，瓦斯浓度较小，变化梯度也小，反之，浓度增大，梯度也逐渐增大，其原因是工作面近处漏风流较大，距底板一定高度范围内漏风流稀释并带走瓦斯，此时风流很少到达采空区垮落带顶部（滞风区域），大量瓦斯漂浮。而在工作面远处漏风流减少，支撑压力作用下岩体间空隙减小，上部大量瓦斯被压入中下部，从而形成典型的采空区气体分层（密度不均）现象。

3. 沿工作面方向采空区瓦斯浓度的变化规律

靠近综采工作面，由进风侧起瓦斯浓度逐渐增大；远离工作面，瓦斯浓度趋于一致。

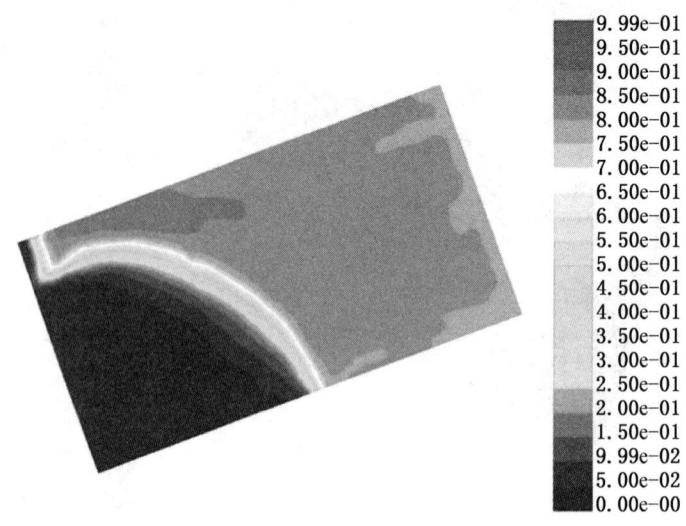

图 3-24　采空区（距底板高度为 30 m 处）瓦斯浓度分布水平截面图

其原因是，采空区底板进风侧距工作面近处漏风流较大，采空区内瓦斯在漏风流作用下向回风侧运移；采空区底板距综采工作面远处，漏风流逐渐减少至消失，采空区底板瓦斯在分子扩散作用下趋于均匀。

沙曲矿的开采煤层及邻近层瓦斯含量大，导致采空区的瓦斯涌出量较大，因此，虽然沙曲矿综采工作面采用了"U+L"型通风系统，但是工作面上隅角处瓦斯积聚仍很严重，究其原因主要是：一是随着工作面的回采，采空区大面积垮落，其上、下部的煤、岩层卸压，在回风巷上帮未开采的煤体也随着应力的重新分布和顶、底板的卸压，大幅度地改变了其原始的透气性，使原来处于吸附状态的瓦斯随着煤体压力的降低而解吸为游离瓦斯，煤体本身、上下邻近层和围岩的瓦斯都经过回风巷上帮的垮落煤体或底板的裂隙向工作面上隅角涌出；二是从采空区涌出并携带大量瓦斯的漏风流，与上隅角高浓度瓦斯汇合到一起，使漏风流瓦斯浓度增加；三是瓦斯尾巷分流出了较大部分的瓦斯涌出，但是从皮带巷分流走的瓦斯仍足以导致上隅角瓦斯超限；四是采空区规则移动带的被压实后许多破断裂隙闭合，瓦斯的分层现象表现为架后采空区顶部瓦斯大量升浮而聚集，形成"瓦斯库"，当顶板周期来压或某种其他原因使采空区空间体积突然缩小时，大量瓦斯便会从采空区急剧涌出。

研究表明，综采工作面采空区为残煤及上覆岩层垮落后形成的多孔介质充填体，各处煤与矸石压实程度差异较大，各处的风压变化较大。因此，采空区各点的气体流速相差很大。根据国内外学者研究，采空区大约 20% 的区域为层流，20% 的区域为紊流，60% 的区域为过渡流，一般在采空区后部的压实区为层流，在中部及靠近工作面处为紊流和过渡流。在矿井负压的作用下，距工作面较远处，采空区瓦斯由于受压差的作用，一部分会向回风中运移，直到流入回风巷随风流带走。还有一部分瓦斯，特别是采空区深部的瓦斯，不足以克服摩擦阻力，因而不向回风口运移，或者运移速度相当慢，这就是造成采空区瓦斯分布的根本原因。

3.5 "Y"型通风工作面瓦斯运移规律研究

3.5.1 工作面瓦斯浓度分布规律研究

以"Y"型通风 24207 工作面为例,采用单元法对该工作面瓦斯浓度分布特征进行实测研究。

3.5.1.1 沿工作面走向瓦斯浓度分布规律

如图 3-25 所示,从采空区→立柱中间→人行道→落煤→煤壁,瓦斯浓度基本上呈先下降后上升的趋势,呈抛物线形,因为在工作面中段,工作面的风速比立柱、人行道处低。此外,在采空区附近,带有瓦斯的风流开始从采空区漏出,故而此处瓦斯浓度比人行道及立柱中间要高。

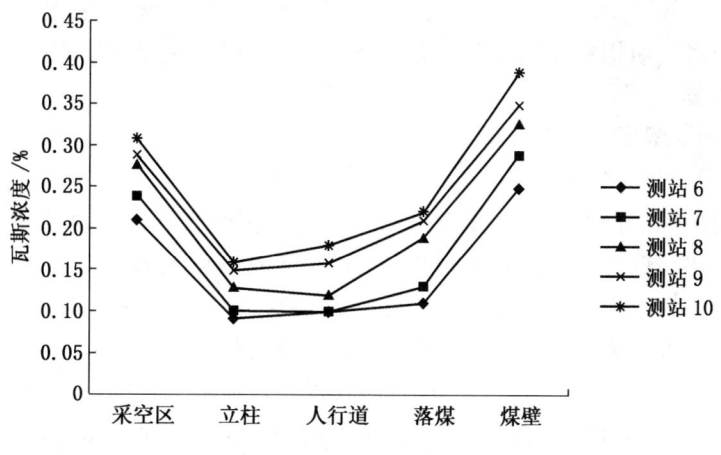

图 3-25 沿工作面走向瓦斯浓度分布

3.5.1.2 沿工作面倾向瓦斯浓度分布规律

总体上来说,采空区、立柱、人行道、落煤及煤壁瓦斯浓度沿倾向均呈增大趋势,煤壁处瓦斯浓度最高,其次为采空区、落煤、立柱及人行道,但各自有不同的特点。

由图 3-26 可以看出,煤壁和采空区处瓦斯浓度分布经历了三个阶段,即采煤工作面

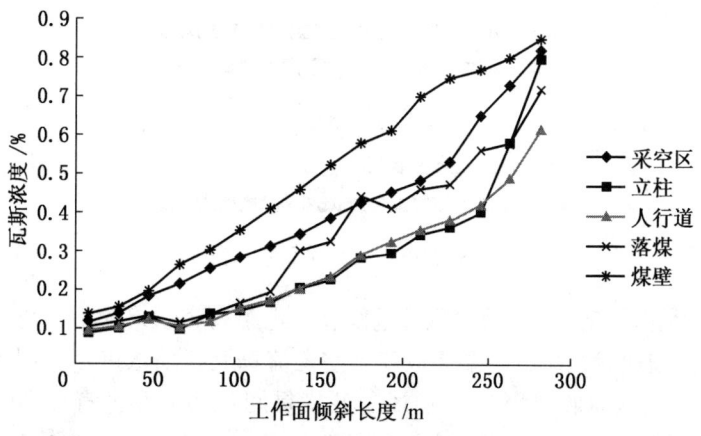

图 3-26 沿工作面倾向瓦斯浓度分布

上部——缓慢增加阶段、采煤工作面中部——加速增加阶段、采煤工作面下部——稳定增加阶段；落煤处瓦斯浓度在采煤工作面上部处于缓慢增加阶段，在采煤工作面中部稳定增加，工作面下部增速最快；人行道和立柱处瓦斯浓度变化较一致，一直处于缓慢增加阶段。

3.5.2 工作面上隅角瓦斯治理效果分析

在 24207 工作面回采过程中，采用膏体材料充填保留工作面胶带巷作为工作面回风巷，工作面实体内的轨道巷、胶带巷均进风，采用二进一回的"Y"型通风方式。由于工作面轨道巷和胶带巷均进风，工作面上隅角处于进风侧，解决了上隅角瓦斯超限问题；工作面实际通过风量较"U"型低，工作面两端压差小，工作面采空区漏风量小，采空区漏风携带的瓦斯量小；膏体充填材料充填形成的留巷密实性好，采取有效措施保证留巷的密实性和密封性，有效减少采空区的漏风，易于在工作面采空区形成高浓度瓦斯库。由于瓦斯密度小，采空区瓦斯积聚在工作面采空区上部及其上覆岩层卸压裂隙区，利于实现有效的采空区瓦斯抽采。

3.5.3 采空区瓦斯浓度场模拟分析

3.5.3.1 "Y"型通风工作面采空区瓦斯浓度场模拟分析

在近距离突出煤层群首采层卸压开采时，首采工作面瓦斯涌出量达 90~120 m³/min，邻近层的瓦斯涌出比例通常超过 60%。我国传统的长壁后退式采煤工作面采用"U"型通风或"U+L"型通风，由于采空区漏风汇集在工作面上隅角，易在工作面上隅角形成瓦斯积聚，传统的通风方式无法解决深部采煤工作面上隅角瓦斯超限问题。近年来，煤矿科技进步实践表明，"Y"型通风方式（图 3-27）使得工作面采空区的漏风主要流向留巷，从根本上解决了上隅角瓦斯积聚难题；留巷采空区内部易积存大量高浓度瓦斯，利于实现高浓度瓦斯抽采；在留巷内距工作面切顶线一定距离或留巷末端增加流出汇（抽采覆岩卸压瓦斯或采空区埋管抽采瓦斯），通过调节抽采量，可显著改变采空区流场结构，从而实现工作面上隅角瓦斯浓度处于安全允许值以下的较低值。

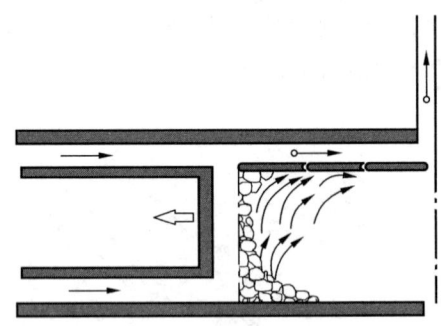

图 3-27 "Y"型通风示意图

若在工作面上巷留巷，工作面回风通过留巷一定距离至联络横贯，再由尾巷进入回风系统，形成"Y"型通风系统，可显著改变采空区流场和瓦斯浓度场，利于工作面风流控制和采空区高浓度瓦斯抽采。"Y"型通风留巷横贯间距的大小，直接影响采空区流场结构、漏风率和上隅角瓦斯浓度大小，应合理科学确定。以沙曲煤矿 24207 工作面为例，利用 CFD 方法对采空区瓦斯流动场和瓦斯浓度场进行分析，优化确定合理的通风方式和抽采布置，为采空区瓦斯治理提供科学依据。

3.5.3.2 采空区流场与浓度场计算数学物理模型及数值计算方法

1. 数学物理模型

采空区瓦斯的涌出和移动与采空区风流流动状况有着密切关系，属于典型的渗流-扩散传质问题。将采场视为连续的渗流空间，忽略各组分气体引起气体密度的改变和紊流效应，采用带组分输运方程的 N—S 方程，根据质量守恒定理推导得

$$\begin{cases} \dfrac{\partial p}{\partial t} + \dfrac{\partial (\rho v_i)}{\partial x_i} = S_m \\ \dfrac{\partial}{\partial t}(\rho v_i) + \dfrac{\partial}{\partial t}(\rho v_i v_j) = -\dfrac{\partial p}{\partial x_i} + \dfrac{\partial l_{ij}}{\partial x_i} + \rho g + S_i \end{cases} \quad (3-38)$$

式中　ρ——密度，kg/m^3；

　　　t——时间，s；

　　　v_i、v_j——各方向速度分量，m/s；

　　　p——气体压力，Pa；

　　　g——动力黏性系数，$kg/(m \cdot s)$；

　　　x_i——空间位置；

　　　S_m——从分散次生相和任何其他用户自定源在连续相上质量；

　　　S_i——渗流与扩散的动量损失源，由黏性阻力和惯性阻力组成。

现假定将采空区视作为均匀的多孔介质，则采空区动量损失可以表述为

$$\dfrac{1}{\alpha}\mu v_i + 0.5 C_2 \rho v_i |v_i| = S_i \quad (3-39)$$

式中　$1/\alpha$——黏性阻力系数；

　　　C_2——惯性阻力系数。

采空区的瓦斯浓度扩散方程符合 Fick 扩散定律，即

$$\delta_t \dfrac{\partial C}{\partial t} + \nabla(-D \nabla C) = R - u \nabla C \quad (3-40)$$

式中　δ_t——瞬态时间比例系数；

　　　C——瓦斯浓度，mol/m^3；

　　　D——扩散系数，m^2/s；

　　　u——平均流速向量，m/s；

　　　R——汇源项，$mol/(m^3 \cdot s)$。

2. 边界条件

模拟实验中的基本物理模型参数：采空区走向长为 300 m，工作面长度为 220 m，采空区按均质考虑，将整个采空区的孔隙率分布视为均匀分布，取 $n=0.25$。黏性阻力系数、内部阻力系数选取 118230 和 3000。工作面轨道巷进风量取 $Q_1=1800$ m^3/min，胶带巷 $Q_2=600$ m^3/min，根据工作面日产 3000 t 的绝对瓦斯涌出量为，确定采空区瓦斯涌出量为 41.4 m^3/min，瓦斯涌出源项取 3.25×10^{-6}。

无抽采条件下，建立二源一汇的二维模型；在采空区留巷后部增加抽采口，建立二源二汇的二维模型；并利用 Gambit 软件对其进行网格化，将坐标原点定在进风巷起点。

为了得出采空区瓦斯分布规律，选用 Fluent 数值模拟软件，使用有限容积法求解上述方程。在使用 Fluent 的前处理器 Gambit 进行构建模型和划分网格后，将其导入解算器进行模拟计算。

3.5.3.3　数值计算结果及分析

1. "Y"型通风采空区无抽采模型

利用 Fluent 模拟软件对其进行解算，得出稳态条件下的风流流动场和瓦斯浓度场。图 3-28~图 3-31 分别为工作面累计推进 25 m、50 m、75 m 和 100 m，即横贯回风口位置与工作面切顶线位置相距 25 m、50 m、75 m 和 100 m 时的采空区瓦斯浓度场。

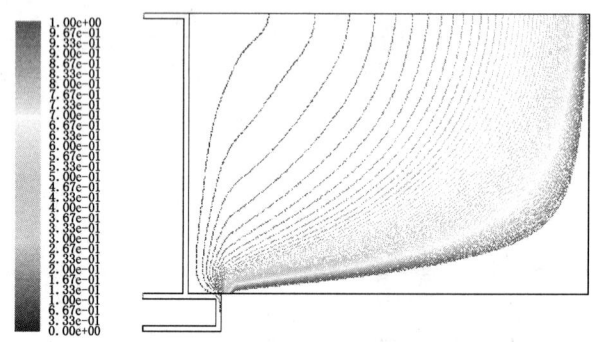

图 3-28　无抽采下三巷布置"Y"型通风采空区瓦斯浓度场（工作面推进 25 m）

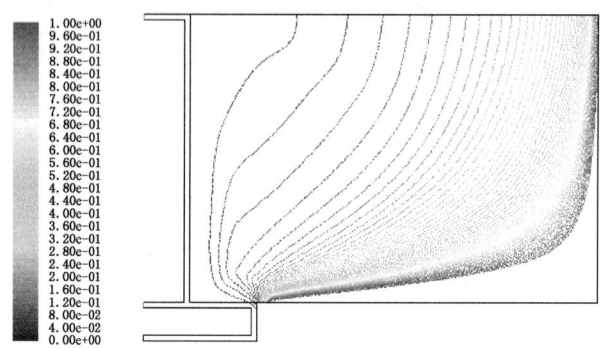

图 3-29　无抽采下三巷布置"Y"型通风采空区瓦斯浓度场（工作面推进 50 m）

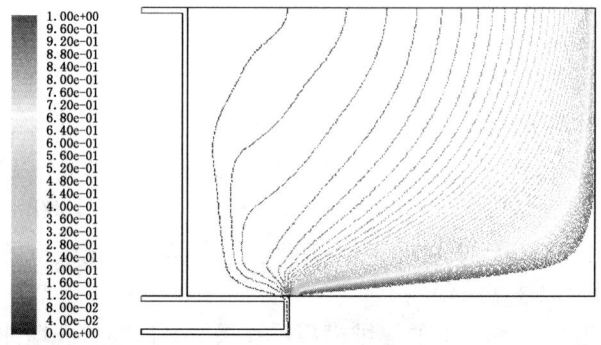

图 3-30　无抽采下三巷布置"Y"型通风采空区瓦斯浓度场（工作面推进 75 m）

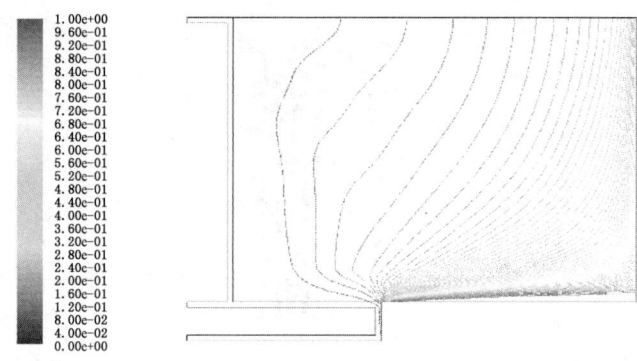

图 3-31 无抽采下三巷布置"Y"型通风采空区瓦斯浓度场（工作面推进 100 m）

在不考虑采空区抽采的条件下，横贯回风口是工作面采空区的漏风汇，在横贯回风口位置与工作面切顶线平行或相距较短时，易在工作面上隅角处形成局部瓦斯积聚。从瓦斯浓度场分布图可以看出，与工作面分别相距 25 m、50 m、75 m 时，留巷后方充填墙侧采空区瓦斯浓度较大，随距离的增加，采空区充填墙侧瓦斯浓度有降低趋势；当超过 75 m，横贯回风口后方充填墙侧采空区瓦斯浓度明显较低。

2. "Y"型通风采空区后部设置抽采的模型

考虑到工作面累计推进超出 75 m 后，采空区充填墙侧瓦斯浓度明显较低，尾巷抽采效果不明显，因此只对工作面累计推进 50 m 和 75 m 时，尾巷的抽采效果进行模拟考察。图 3-32 及图 3-33 分别为工作面累计推进 50 m 和 75 m 时取采空区绝对瓦斯绝对涌出量为 41.4 m³/min、尾抽混合量为 80 m³/min 采空区瓦斯浓度场。

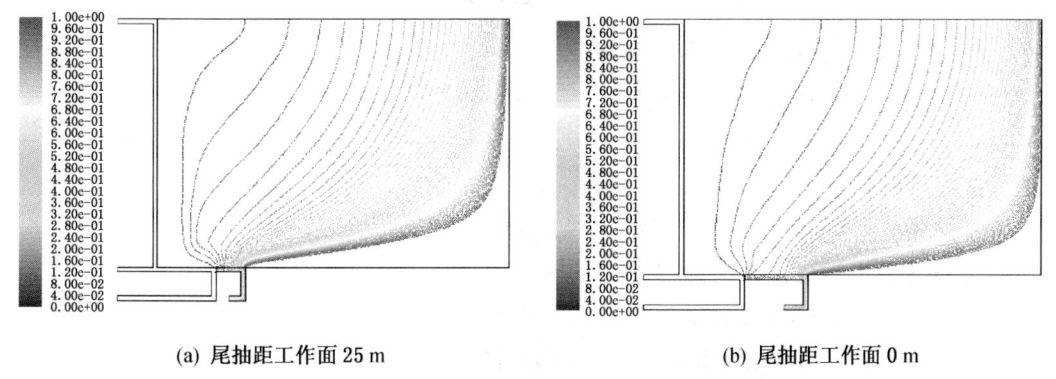

(a) 尾抽距工作面 25 m   (b) 尾抽距工作面 0 m

图 3-32 三巷布置"Y"型通风采空区瓦斯浓度场（工作面推进 50 m）

对比图 3-29 与图 3-32、图 3-30 与图 3-33 可以发现，留巷采空区后部增加抽放汇流管，采空区高瓦斯浓度带明显向后移动，高浓度瓦斯富存区间缩小；工作面上隅角瓦斯浓度显著降低；横贯回风口后方充填墙侧采空区瓦斯浓度明显降低。且对比图 3-32 与图 3-33 可以看出，尾抽距离工作面越近，抽采效果越显著，而当留巷长度超过 75 m 并继续增长时，抽采地点进一步远离工作面，尾巷抽采效果提升有限，可以认为尾抽的范围为与工作面相距 100 m 为较为合理。

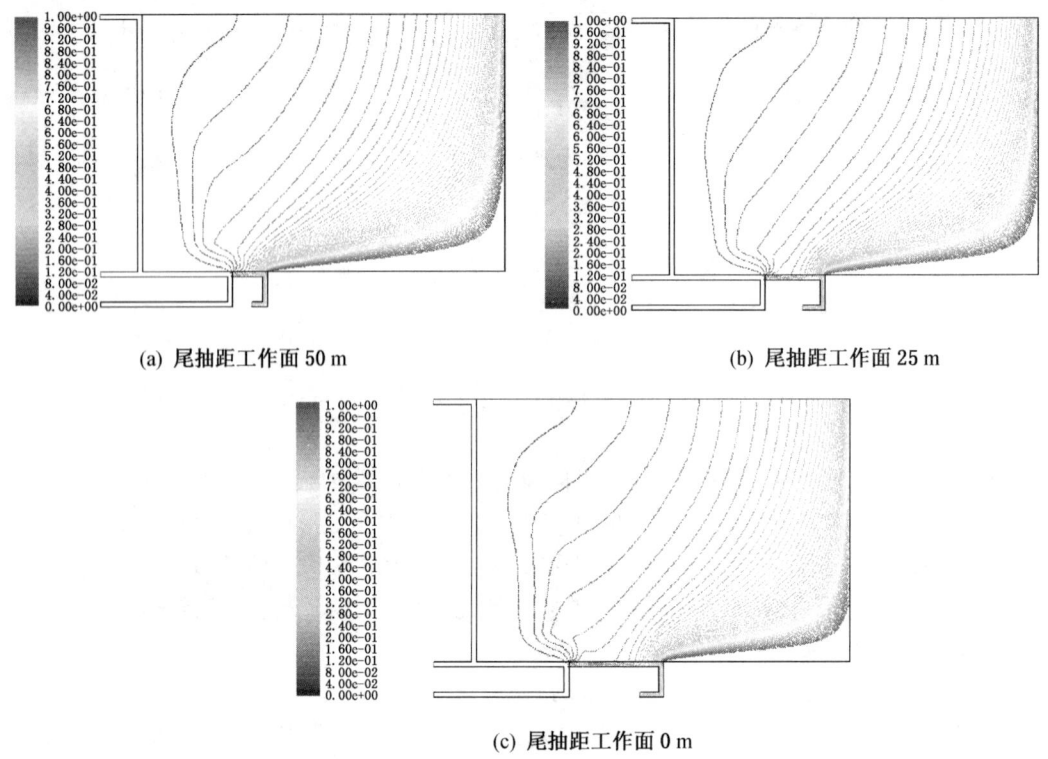

图 3-33 三巷布置 "Y" 型通风采空区瓦斯浓度场（工作面推进 75 m）

3.6 单 "U" 型通风工作面瓦斯运移规律研究

3.6.1 工作面瓦斯浓度分布规律研究

1. 沿倾向方向瓦斯浓度分布特征

以单 "U" 型通风 15101 工作面为例，通过分析该工作面瓦斯浓度分布得出，工作面瓦斯浓度从进风侧到回风侧逐渐增大；进风到工作面中部范围内瓦斯浓度变化不大，工作面中部到回风上隅角瓦斯浓度增加较快，尤其是靠近回风侧 30 m 范围内瓦斯浓度较高。

2. 工作面瓦斯浓度沿走向分布特征

沿该工作面走向方向，从煤壁至采空区（支架尾）瓦斯浓度呈现高—低—高的分布趋势，即在煤壁和采空区之间有一个瓦斯最低点，最低点的位置在工作面的不同位置有所不同。

3. 工作面瓦斯涌出的不均衡性

前面提到的工作面瓦斯浓度分布都是在工作面相对稳定的条件下测定的，当采煤机割煤时，采面瓦斯大体上仍符合上述规律，但瓦斯涌出更加不均衡。通过采煤机在不同位置时对测点的测量发现，由于采煤机的位置不断改变且时采时停，其位置改变对工作面瓦斯的分布影响较大。当采煤机由进风侧向工作面中部割煤过程中，瓦斯涌出只有煤壁和落煤，而且其中一部分瓦斯随风流漏入采空区，工作面瓦斯涌出量较小。当采煤机在工作面中部继续向回风方向割煤时，原来漏入采空区的风流携带瓦斯逐渐返回工作面，使工作面瓦斯涌出量逐渐增加。理论分析和实践证明，在矿井通风负压作用下，采空区内的瓦斯大部分聚积在靠近回风 30 m 范围内，此范围内的支架后面赋存大量的较高浓度的瓦斯，采煤机在此段采煤、推刮板输送机、移架，使工作面断面减小，阻力增大，一部分风流再次通过架间漏入采空区，由于漏风线路短，风流在很短时间内返回工作面，同时将支架后面的较高浓度的瓦斯带出，使工作面瓦斯急剧增加，造成集中涌出，观测结果表明，综采工作面瓦斯超限一般都是在此段生产时造成的。

3.6.2 工作面上隅角瓦斯治理分析

采用"U"型通风的长壁后退式采煤工作面，在风流由进风巷进入采场时，其中有一部分风流将会漏入采空区中，把采空区中的瓦斯从上隅角带出，引起回风巷风流中的瓦斯浓度增大而采空区内瓦斯涌入工作面，除了由漏风流引起外，另一个重要原因在于：工作面通风期间，采空区与工作面之间存在气压差，造成了采空区瓦斯向工作面涌入。由于采空区漏风汇集在工作面上隅角，易在工作面上隅角形成瓦斯积聚，传统的通风方式无法解决深部采煤工作面上隅角瓦斯超限问题。

15101 工作面上隅角瓦斯治理主要采用保护层开采+底抽巷定向长钻孔区域预抽方法先降低煤层原始瓦斯含量，进而采用本煤层钻孔抽采+高位钻孔裂缝带定向长钻孔进行边采边抽，同时辅以一定的通风措施，降低进风巷和回风巷风压差，并合理调配风量，实现高突矿井单"U"通风工作面上隅角瓦斯有效治理。

3.6.3 工作面采空区瓦斯浓度场模拟分析

采用 Fluent 数值模拟软件模拟 15101 工作面采空区瓦斯流场分布，高位钻孔位于 5 号煤层采动裂缝带，模拟结果如图 3-34 所示。

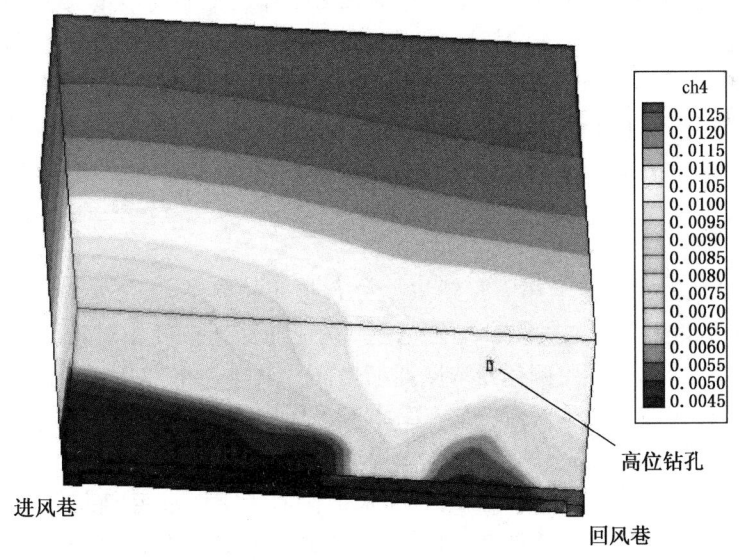

图 3-34 高位钻孔抽采条件下采空区瓦斯浓度分布图

从模拟结果可以看出，高位钻孔作用效果明显，采空区部分瓦斯浓度在降低，采煤工作面最高瓦斯浓度达到 0.6%，采煤工作面瓦斯浓度出现明显的下降。这是由于采空区部分瓦斯通过高位钻孔流走，逸出到工作面的瓦斯大量减少，使采煤工作面瓦斯浓度保持在较低水平。

随着工作面的推进，残留在采空区底板的浮煤会逐渐释放瓦斯，在距工作面一定范围浮煤释放瓦斯的初期,瓦斯释放量大,使得在距工作面一定距离瓦斯浓度逐渐升高;而在靠近工作面垮落岩石间隙大,漏经该处的风流流速也较大,风流对采空区距工作面越近的瓦斯的稀释、运移作用就越大,因而瓦斯浓度相对来说反而会降低。在瓦斯浓度达到一定值以后,这时浮煤释放瓦斯量的已经很小,瓦斯浓度基本保持不变。因而在平行于工作面的方向上,随距工作面距离增加的变化趋势是:逐渐增加—平衡—维持稳定。

采空区在垂直于煤层走向的各个平面上,在距工作面近的平面瓦斯浓度的变化规律表现为:从进风侧起,瓦斯浓度逐渐升高。在距工作面一定远的平面瓦斯浓度趋于一致。主要原因是距工作面近处漏风大,采空区瓦斯在漏风流作用下,向回风侧运移,而在距工作面远处,漏风流逐渐减小直至消失,采空区瓦斯在分子扩散作用下趋于均匀。

采空区瓦斯从底板向顶板的高度上,由于浮升力作用,瓦斯逐渐增加。并且在距工作面近处,瓦斯浓度梯度小,在距工作面远处,瓦斯浓度梯度大。首先,近处漏风带走的瓦斯量大,远处随着顶板垮落压实,瓦斯运移空间变窄、变小;其次,漏风流在高度方向上也产生变化,随高度增加,漏风流减小,也就造成瓦斯浓度在高度方向上的变化或分层。在距工作面远处,因无漏风流,且瓦斯分子扩散的压强扩散和普通扩散方向相反,从而抑制了瓦斯从高浓度处向低浓度处扩散,再则这种分层气体微团受到扰动后仍然恢复原位,具有相对稳定性,瓦斯浓度要想达到比较均匀得花费相当长的时间。

3.7 本章小结

(1) 沙曲一矿 4 号煤层开采时回采工作面瓦斯涌出量为 163.54 m^3/min,其中开采层占 49.6%,邻近层占 50.4%;5 号煤层开采时回采工作面瓦斯涌出量为 36.78 m^3/min,其中开采层占 77.79%,邻近层占 22.21%。沙曲二矿 4 号煤层开采时回采工作面瓦斯涌出量为 117.67 m^3/min,其中邻近层占 58.47%,开采层占 41.53%;5 号煤层开采时回采工作面瓦斯涌出量为 31.34 m^3/min,其中开采层占 68.16%,邻近层占 31.84%。

(2) 工作面瓦斯涌出规律的主控因素为生产工序、配风量、开采强度(回采速度)、工作面采用的通风系统("U+I"型通风、单"U"型通风、"Y"型通风等)、工作面瓦斯地质条件。

(3) 不同通风方式下,工作面瓦斯浓度分布整体趋势基本一致,沿倾向分布规律为"V"字型,煤壁和液压支架后部瓦斯浓度高,立柱前瓦斯浓度相对较低;沿走向瓦斯分布规律为自进风巷至回风巷一侧瓦斯浓度逐渐增高。其中,单"U"型和"U+I"型通风工作面上隅角由于风流易发生涡流,加上采空区漏风携带出的瓦斯,易造成上隅角瓦斯浓度偏高;"Y"型通风则可以有效解决这一问题。

(4) "U+I"型通风和单"U"型通风综采工作面采空区沿走向方向:在 15~25 m 范围内,瓦斯浓度变化不明显,浓度在 10% 上下波动;在 25~50 m 之间,瓦斯浓度逐渐增大。沿倾向方向:靠近综采工作面,由进风侧起瓦斯浓度逐渐增加;远离工作面,瓦斯浓度趋于一致。沿垂直方向:沿采空区垂直高度方向,顶板处瓦斯浓度比底板处瓦斯浓度高,形成典型的综放采空区气体分层(密度不均)现象。

(5) "Y"型通风采空区瓦斯浓度分布规律:与工作面分别相距 25 m、50 m、75 m时,留巷后方充填墙侧采空区瓦斯浓度较大,利于采空区后方的瓦斯抽采;随距离的增加,采空区充填墙侧瓦斯浓度有降低趋势。

4 近距离突出煤层群瓦斯综合治理战略及规划

4.1 瓦斯综合治理理念与战略

4.1.1 瓦斯治理的发展历程

沙曲矿各煤层均具有煤与瓦斯突出危险性，受限于近距离高含气煤层群瓦斯赋存条件，瓦斯超限或煤与瓦斯突出等。瓦斯问题一直制约着企业的发展。为此，华晋公司加大安全和科技投入，积极探索新技术与新工艺研发和工程示范，通过20年来的瓦斯防治技术与工程实践，瓦斯治理工作卓有成效。总结回顾华晋公司瓦斯治理的发展历程，大致经历了三个阶段。

第一阶段：瓦斯综合治理的认识和观念转变阶段（1993—1999年）。该阶段，华晋公司经历了对煤与瓦斯突出从不认识到认识、从认识到防治的过程。矿井由完全依靠通风转变为通风与本煤层瓦斯抽放相结合来治理瓦斯。但防突技术措施以"浅"为主，仅为"浅孔"排放卸压，"浅孔"注水等，控制范围在2~10 m，虽然起到了一定的防治作用，但没能有效遏制煤与瓦斯突出事故，期间瓦斯超限较为频繁，矿井瓦斯超限次数上千次，多次发生煤与瓦斯突出动力现象。

第二阶段：推动区域瓦斯治理，促进生产力解放阶段（2000—2011年）。该阶段，华晋公司坚持以科技为支撑，不断提升瓦斯灾害防治意识和技术装备水平，瓦斯防治技术进入快速发展时期。自2000年开始，以沙曲矿作为研究基地，联合国内研究院所，陆续开展了保护层开采技术，尝试引进地面钻井，推广了岩巷穿层预抽掩护掘进，加强了采煤工作面预抽煤层瓦斯工作，施工了大量的高位巷和底板抽采巷，瓦斯分源抽采、高压水力割缝、瓦斯地质预报等适用技术，瓦斯防治意识大幅提升，实现了从局部治理向区域治理、从生产过程治理向超前治理、从措施型向工程型的"3个转变"，瓦斯抽采量和治理效果显著提高。但是依然存在"抽—掘—采"失衡、井上下联合抽采时空不协调、上隅角瓦斯超限等问题。

第三阶段：统筹规划，超前治理，实现三区联动、立体抽采和煤与瓦斯共采的良性循环阶段（2012年至今）。该阶段，华晋公司基于矿井地质、开采技术条件及瓦斯赋存与涌出规律，坚持"一矿一策，一面一策"的原则，整体推进保护层开采+底抽巷穿层钻孔群、底抽巷定向穿层钻孔群、井上下水平多分支井对接抽采、沿空留巷无煤柱开采+Y型通风等技术，先后制定了《华晋公司中长期瓦斯治理规划》《沙曲矿防突专项设计》《华晋公司瓦斯综合治理技术体系及实施细则》，组建瓦斯治理组织机构和专业化防突队伍，强力推进了瓦斯区域治理工程，建成了国家煤矿瓦斯治理示范矿井。

多年来，华晋公司围绕制约煤矿安全高效的技术瓶颈，开展了近距离煤层群资源安全高效开发及利用关键技术、近距离高含气量煤层群煤层气高效开发技术集成与应用、近距离煤层群多水平分支井井上下联合抽采防突技术等研究，攻克了一批深部煤岩动力灾害防治技术难题，优化了地面钻井的井网设计、层位布置参数，多分支水平井与千米钻孔定向对接高效抽采技术、厚煤层沿空留巷煤与瓦斯共采技术、保护层开采+底抽巷定向穿层钻孔群、采动裂缝带定向长钻孔群精准抽采和"两堵一注"封孔新工艺等得到广泛应用。

同时，施行煤与瓦斯共采，坚持瓦斯治理与利用并举，通过乏风瓦斯催化氧化、地面井抽采瓦斯液化、瓦斯发电与民用相结合等综合利用模式，提高了瓦斯综合利用率，形成了"煤气电"循环产业链，创造了显著的经济效益、安全效益及社会效益。

4.1.2 瓦斯综合治理理念

华晋公司坚定"瓦斯事故是可以预防和避免的"科学认识，树立主动全面的瓦斯治理观，积极召开专题会、研讨会，加强培训，科学制定了矿井瓦斯治理的措施和方向。明确了"瓦斯抽采"是源头治本之策，瓦斯治理实现"局部治理"向"区域治理"转变、"管理措施型"向"技术工程型"转变。确立了"全方位抽采、高标准管理"的管理理念，执行"多措并举、可保必保、应抽尽抽、效果达标，不掘突出头、不采突出面"的规定，实现了由单一煤层治理向近距离煤层群综合治理过渡、区域预抽由短期预抽向长期预抽过渡。全面推行保护层开采技术，明确先开采 2 号、3 号保护层，再开采 4 号、5 号解放煤层；实现保护层和被保护层煤量配置合理，彻底消除煤与瓦斯突出隐患，实现"瓦斯消突不超限、衔接合理不紧张、产能大幅度提升"的瓦斯治理中长期目标。

通过多年经验摸索，全员重视瓦斯治理工作，凝结了以下 12 条瓦斯治理理念。

（1）瓦斯不治，矿无宁日。
（2）三区联动，区域优先。
（3）抽采是重点，防突是关键，监控是保障，通风系统是基础。
（4）高投入，高素质，强技术，严管理。
（5）治理瓦斯，地质先行。
（6）只有打不到位的钻孔，没有卸不了压的瓦斯。
（7）可保尽保，应抽尽抽，以抽定产。
（8）瓦斯超限就是事故。执行瓦斯浓度 0.5% 预警，0.8% 断电，实现瓦斯"零"超限。
（9）高突矿井低瓦斯状态下采掘。
（10）瓦斯事故是可以预防和避免的。
（11）瓦斯是害也是宝，煤与瓦斯共采，治理与利用并重。
（12）瓦斯治理和利用的核心是安全高效开采，保护资源和环境，促进企业健康发展。

沙曲矿瓦斯综合治理的总体目标是：杜绝"一通三防"责任事故，实现瓦斯零超限；通过抽采达标，实现抽掘采平衡，矿井生产区域瓦斯含量降到 6 m³/t 以下，使矿井产能充分释放，产量达到设计预期，瓦斯治理形成规划区、准备区、生产区分区治理、"三区联动"格局。

4.1.3 瓦斯综合治理战略

沙曲矿瓦斯治理吸收并借鉴了国内外多年来的成功经验，通过近 20 年的瓦斯治理科研成果和工程实践，基于沙曲矿瓦斯赋存规律以及采动卸压瓦斯运移规律，确立了以"三区联动"和"五项治本之策"为核心的沙曲矿瓦斯治理战略。以规划区、准备区、生产区的"三区联动"从时间和空间上对沙曲井田不同区域瓦斯治理方针进行了规划;确立的保护层开采、区域性预抽、优化改造通风系统、提升瓦斯抽采系统能力、地面钻井瓦斯抽采工程等"五项治本之策"从实施和技术角度对不同情况下瓦斯治理方法进行了细化。"三区联动"与"五项治本之策"相结合构成了沙曲井田未来瓦斯治理战略的主体。凝练形成了以"基于井上下联合立体式抽采的三区联动"为特色的瓦斯治理"沙曲模式"。

4.2 基于井上下联合抽采的"三区联动"瓦斯治理模式

4.2.1 基于井上下联合抽采的"三区联动"瓦斯防治技术原理

4.2.1.1 "三区联动"瓦斯抽采的技术原理

规划根据国内煤矿区域瓦斯治理和煤层气开发利用经验,并考虑沙曲矿煤炭资源特点及生产接续等,采用"三区联动"井上下联合抽采瓦斯防治模式,如图4-1和图4-2所示。

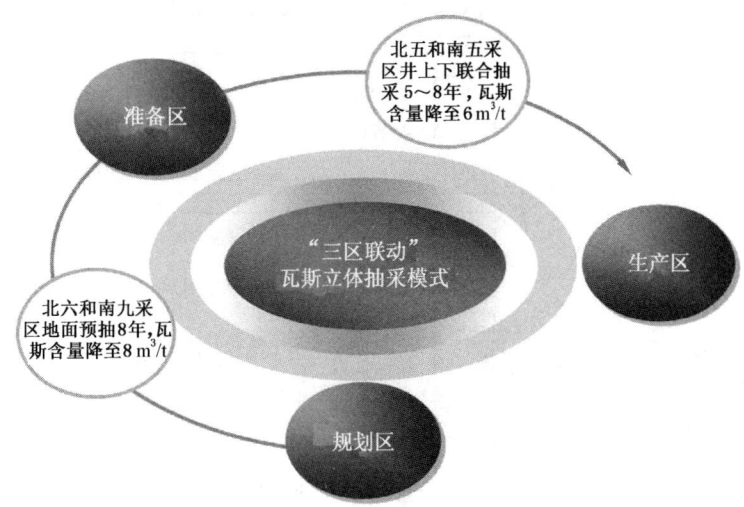

图4-1 沙曲矿"三区联动"瓦斯抽采模式示意图

"三区联动"瓦斯治理模式通过采用不同的井上、下瓦斯抽采技术实现"三区联动",依次完成突出矿井的规划区→准备区→生产区的转化,井田对应的开采阶段依次由待开采区域→巷道开拓区→采掘活动区,相应采取的井上下联合抽采防治瓦斯技术为地面钻井规模化预抽、区域性预抽技术、工作面本煤层预抽+边掘边抽+裂缝带抽采+采空区抽采,见表4-1。

表4-1 "三区联动"的各区域采用井上下联合抽采瓦斯技术

区域	开采阶段	采用井上下联合抽采技术	
		地面抽采	井下抽采
规划区	待开采区域	地面直井、多分支水平井超前预抽	—
准备区	巷道施工	多分支水平井孔对接抽采、地面直井预抽	保护层开采、底抽巷+穿层钻孔群、定向钻孔本煤层区域预抽及条带预抽

表 4-1(续)

区域	开采阶段	采用井上下联合抽采技术	
		地面抽采	井下抽采
生产区	采掘生产	采动区地面井抽采	沿空留巷"Y"型通风、递进式本煤层钻孔、大孔径裂缝带钻孔、边掘边抽钻孔、采空区埋管/插管抽采

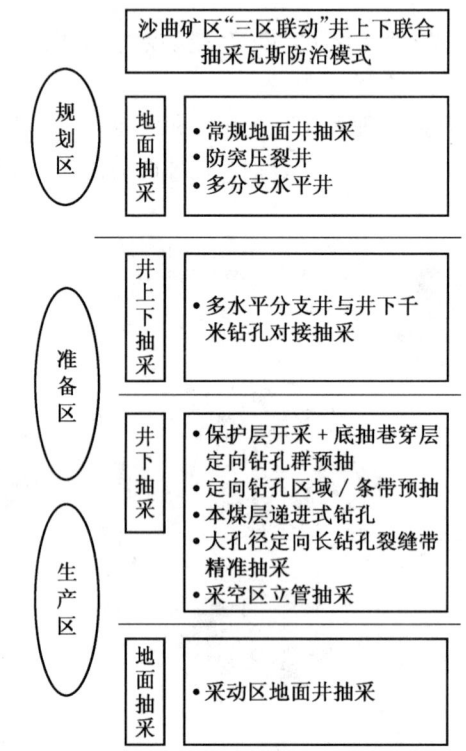

图 4-2 沙曲矿"三区联动"井上下联合抽采瓦斯防治模式

1. 规划区

一般为 5~10 年后开采的井田区域,在此区域无巷道可以利用,只开展地面钻井瓦斯抽采工作,利用地面钻井预抽煤层瓦斯,降低煤层瓦斯含量,减小突出危险程度。通过 5~10 年或更长时间在地面布置大规模井群,进行大面积抽采,形成煤层气开采产业规模。根据经验地面井抽采一般前三年基本保持单井抽采流量的稳定,3 年后将不断降低,通过长时间抽采瓦斯含量下降到原始含量的 40%。

规划区采用地面钻井规模化抽采技术,地面钻井有三种:直井、丛式井和水平井,如图 4-3 所示。沙曲矿在规划区实施地面直井,经过 5~10 年超前预抽,实现突出煤层群瓦斯含量的瓦斯压力大幅减低。

2. 准备区

该区域提前 3~5 年布置,进行井上下立体抽采,即地面钻孔与井下区域预抽同步进

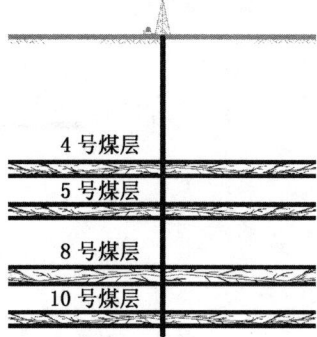

(a) 直井

(b) 丛式井　　　　　　　　　(c) 水平井

图 4-3　地面钻井布置示意图

行,主要抽采方法以底板岩石巷道网格式向上穿层钻孔预抽和井底钻孔对接多分支水平井为主,对准备区煤层群进行大面积预抽,解决准备区工作面巷道掘进中的瓦斯涌出、瓦斯突出以及瓦斯超限等问题,通过瓦斯超前治理,有效解决了准备区向生产区的快速转化,保证了"四量"合理有效接续。

准备区主要采用的地面抽采技术有地面直井预抽和多分支水平井(图 4-4),井下抽采方法有保护层开采+底抽巷穿层钻孔群区域预抽(图 4-5)、定向钻孔区域预抽(图 4-6)及条带预抽(图 4-7)。

3. 生产区

生产区是指已经完成了区域瓦斯治理,对于准备区抽采效果不好的局部区域,在转化为生产区后,实施局部瓦斯抽采。鉴于目前采动区内的采掘活动仍需进行区域瓦斯治理,结合矿井采场现状,决定了各采区区域瓦斯治理措施上的不同,严格落实"一区一策""一面一策"。

生产区地面采用采动区地面井抽采采空区瓦斯,井下抽采方法有沿空留巷"Y"型通风(图 4-8)、递进式本煤层钻孔(图 4-9)、大孔径裂缝带钻孔(图 4-10)、边掘边抽钻孔、采空区埋管/插管抽采(图 4-11)。

4.2.1.2　"三区联动"瓦斯治理转化条件

通过不同区域不同时间采用不同的井上、下瓦斯抽采技术实现"三区"联动,依次完成突出矿井的规划区→准备区→生产区的转化,实现了突出区域→高瓦斯区域→非突(低

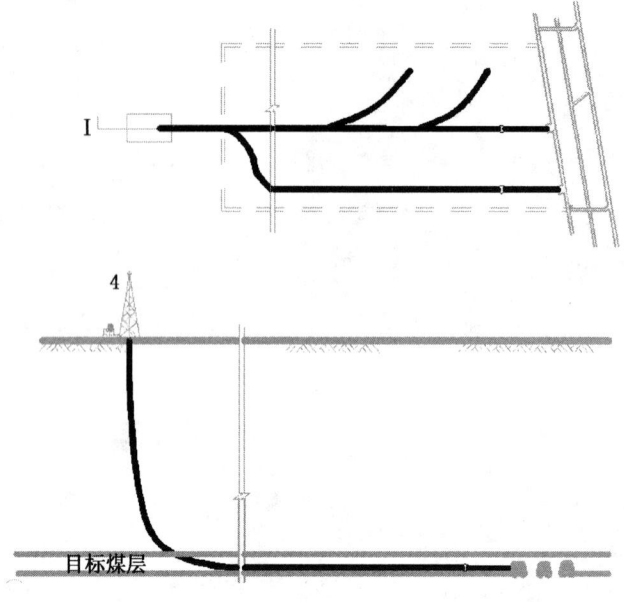

图 4-4 多分支水平井示意图

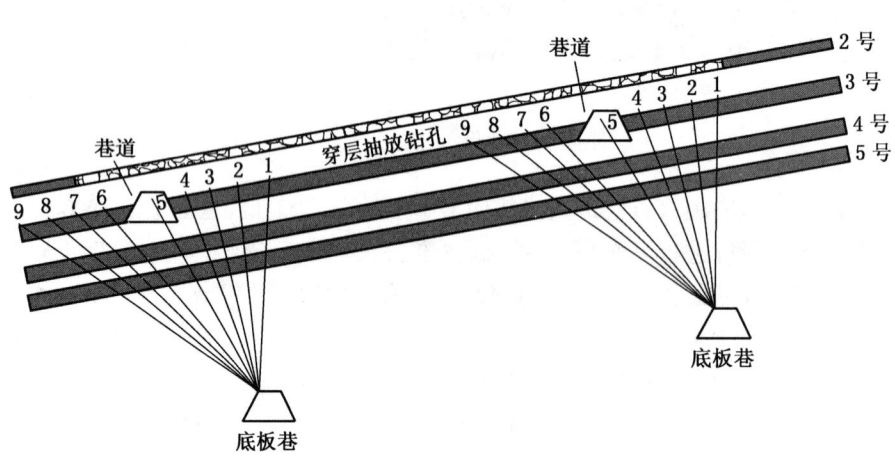

图 4-5 保护层开采+底抽巷穿层钻孔群区域预抽示意图

瓦斯)区域的转化,需满足时间、空间及消突指标等转化条件,见表 4-2。

表 4-2 "三区联动"的时空及安全生产转化条件

区域	时间/年	空间	消突指标	区域瓦斯等级转化
规划区	5~10	多水平	$W > 8 \text{ m}^3/\text{t}$, $P > 0.74 \text{ MPa}$	具有突出危险性
准备区	3~5	多水平、多采区	$W < 8 \text{ m}^3/\text{t}$	高瓦斯
生产区	<2	采掘区域	$W < 6 \text{ m}^3/\text{t}$	低瓦斯(非突)区域

4.2.1.3 "三区联动"瓦斯治理总体规划

根据矿井及瓦斯治理的现状,实现瓦斯治理规划目标,按照"三步走"的原则,分阶

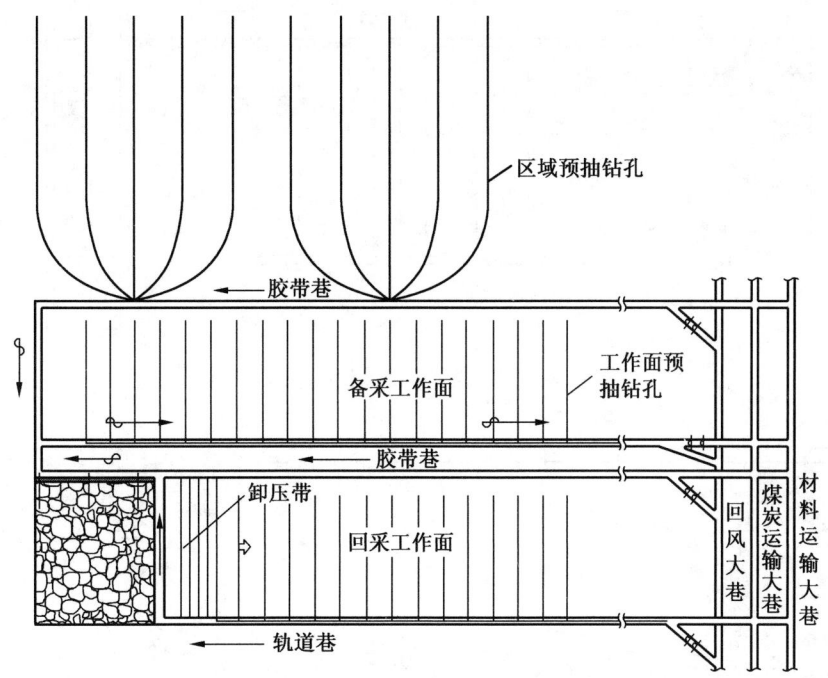

图 4-6　定向钻孔区域预抽示意图

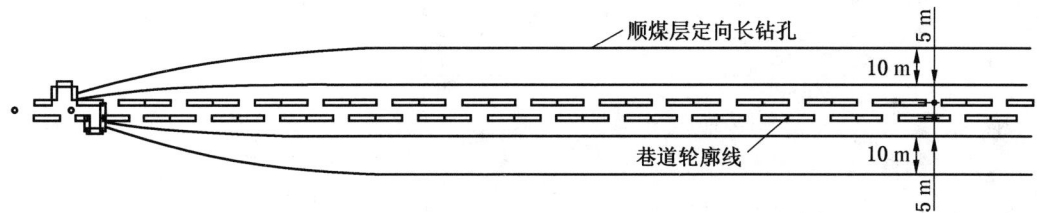

图 4-7　定向钻孔条带预抽示意图

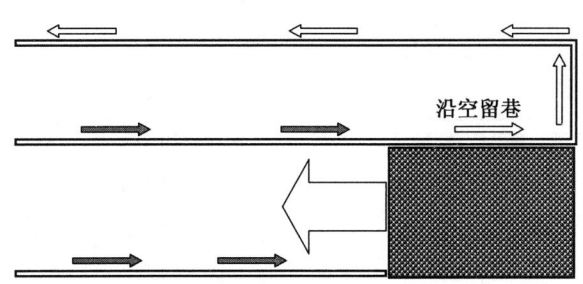

图 4-8　沿空留巷"Y"型通风示意图

段治理瓦斯：

第一阶段（2014—2016年）：战略规划期，构建瓦斯治理"三区联动"模式。划分"三区"，对地面钻井完善规划设计，加快施工地面钻孔，井下施工开拓巷道或准备巷道，呼应准备区瓦斯治理，实施井上下联动抽采；瓦斯治理的重心是对过渡时期生产区域进行

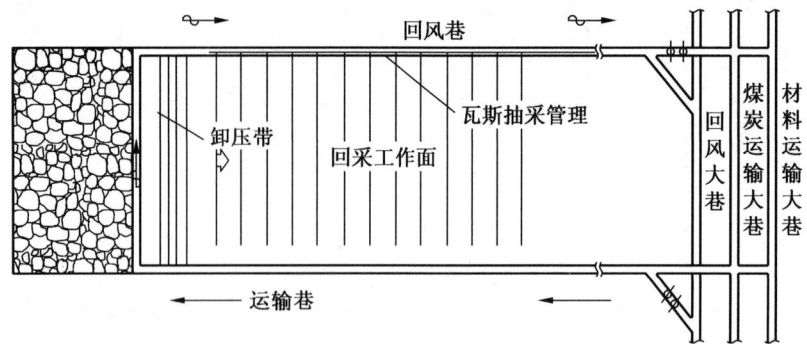

图 4-9 递进式本煤层钻孔示意图

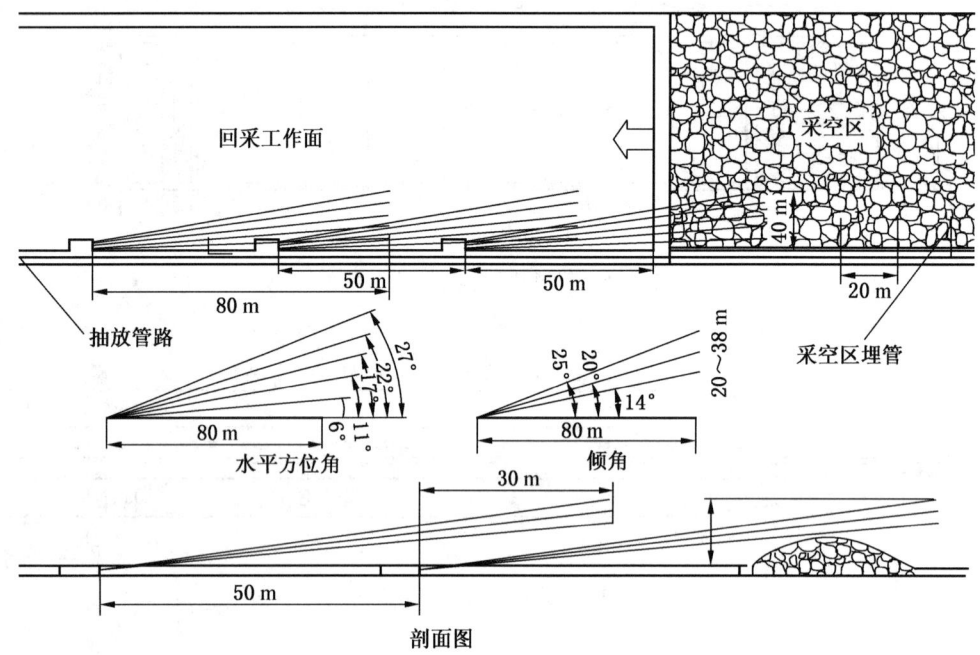

图 4-10 大孔径裂缝带钻孔示意图

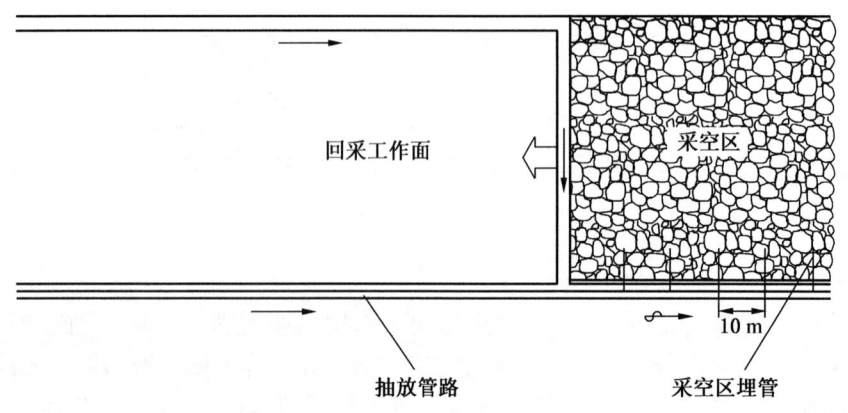

图 4-11 采空区埋管抽采示意图

瓦斯治理，必须坚持保护层开采、坚持底抽巷穿层钻孔或本煤层递进式钻孔区域预抽煤层瓦斯，实现瓦斯含量降至 8 m³/t 以下，消除突出危险。

第二阶段（2017—2020 年）：战略实施期，巩固生产区瓦斯治理成果，在准备区、规划区实现抽采达标。在"三区"转化之前，过渡时期生产区域的瓦斯治理仍然处于重中之重，必须强化保护层开采和底抽巷穿层钻孔区域预抽力度，降低瓦斯含量并消突，打开采场空间，释放产能，2019 年沙曲一矿产量达到 500 万 t、沙曲二矿产量达到 300 万 t；规划区、准备区全面抽采瓦斯，并采取煤层增透措施，经过较长时间的抽采，实现瓦斯治理目标，为"三区"转化做好准备。

第三阶段（2020 年后）：战略实现期，实现"三区"良性转化，建立高产高效矿井。

4.2.2 井上下联合抽采的时空协调性

4.2.2.1 井上下联合抽采的时空分布

根据沙曲一矿、二矿的开拓开采部署、采掘接替及抽采工程衔接的时空接替特征，将井田划分为规划区、准备区和生产区。以煤炭开采和瓦斯抽采工程的时间轴和空间轴为横纵坐标轴，以规划区、准备区和生产区作为点坐标，全面系统分析煤炭开采与瓦斯抽采工程的时空分布及其演化特征，进而得出煤炭开采与瓦斯抽采全过程的时空规律。鉴于煤炭开采与瓦斯抽采工程的多层次性和复杂性，对其进行简化，建立了基于煤炭开采与瓦斯抽采过程直接活动的瓦斯抽采时空坐标系（图 4-12）。

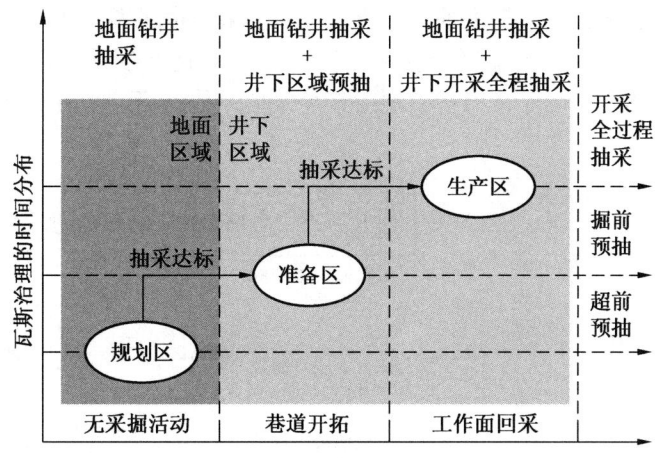

图 4-12　瓦斯治理的时空坐标系

在规划区，主要采用常规地面钻井预抽瓦斯，其预抽时间较长，为 5~10 年，降低煤层中游离态和吸附态瓦斯量，为后续的采煤作业奠定基础；在准备区，主要采用以地面钻井抽采为辅，大面积开展井下区域预抽为主的方法治理瓦斯，保障井下巷道开拓，依次形成采区、回采工作面，并根据《防突细则》《煤矿瓦斯抽采工程设计规范》《煤矿瓦斯抽采达标暂行规定》等进行消突效果评价；在生产区，由于煤层开采卸压作用，大量瓦斯涌出工作面，主要采用井上下联合抽采方法来治理瓦斯，工作面瓦斯含量与压力等指标需同时满足《煤矿瓦斯抽采达标暂行规定》和《防突细则》的要求。

4.2.2.2 井上下联合抽采的时空转换机制

地面钻井抽采贯穿煤炭开采"三区"的全过程，受时空条件影响小。受矿井采掘接替和单项抽采技术（抽采率）的影响，直接决定了准备区井下瓦斯抽采的时间和区域预抽范围，进而影响着地面钻井与井下抽采技术在空间上的合理布置以及时间上的有效衔接；受矿井采掘接替、开采强度条件以及准备区瓦斯抽采效果的影响，生产区的瓦斯抽采时间和范围将大受限制，也决定了生产区井上下联合抽采的布局与衔接；此外，瓦斯抽采工程的时空特性还受煤层瓦斯含量、压力等指标以及单项抽采技术的极限抽采率的影响，综合分析可得出瓦斯抽采在"三区"接替过程的时空约束特征，见表4-3。

表4-3 "三区联动"瓦斯抽采技术的时空约束特征

抽采方法	规划区约束级别		准备区约束级别		生产区约束级别		临界指标
	时间	空间	时间	空间	时间	空间	
地面抽采	一般	一般	一般	一般	一般	一般	瓦斯含量、压力指标；极限瓦斯抽采率
井下抽采	—	—	受限	受限	严重受限	严重受限	瓦斯含量、压力指标；极限瓦斯抽采率

井上下联合高效抽采是地面钻井与井下抽采进行优势互补，降低时空条件对瓦斯抽采工程的限制，井上下联合抽采的时空协调图如图4-13所示。地面钻井的抽采由于抽采作用时间长及有效影响范围大，不仅大大减少井下钻孔工程量及预抽时间，还能缓解采掘衔接紧张；井下长、短钻孔密集精准抽采可有效消除抽采空白带并实现区域强化抽采，有效缩短瓦斯区域预抽时间。井上下联合抽采可降低空间对瓦斯抽采的限制，以时间换取空间；在步入准备区和生产区后，通过井地对接高效抽采技术可缩短瓦斯预抽时间，以空间换取时间。

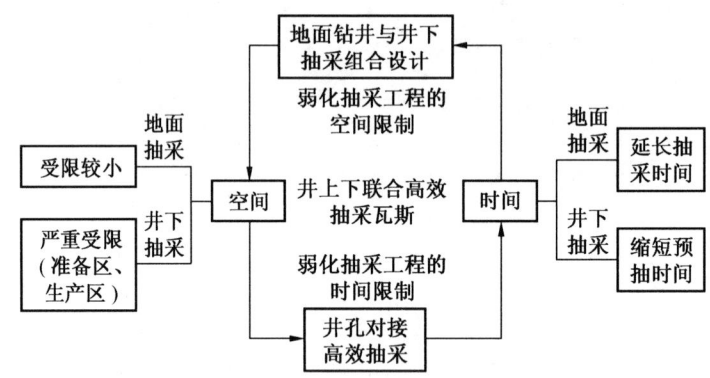

图4-13 井上下联合抽采的时空协调图

4.3 沙曲矿瓦斯防治的"五项治本之策"

"五项治本之策"指的沙曲矿瓦斯治理最根本的五项措施，即地面井瓦斯抽采、区域性预抽、保护层开采、抽采系统扩能、通风系统优化等。

1. 地面井瓦斯抽采

在5~10年远期规划期内，利用地面大规模钻井群预抽煤层瓦斯，降低煤层瓦斯含量，并形成煤层气开采产业规模。地面井抽采前五年能基本保持单井抽采流量的稳定,通过长时间抽采,瓦斯含量最多下降到原始含量的40%。

2. 区域性预抽

当规划区逐步转向准备区时,利用地面抽采井在煤层中所形成裂隙,井下开拓准备巷道后采用多水平分支井与千米钻孔对接抽采、大孔径走向长钻孔群预抽区域,实现井上下联合抽采,进一步降低煤层的瓦斯含量。

3. 保护层开采

针对沙曲矿近距离煤层群的特点,一层开采多层卸压,选择沙曲一矿2号煤层、二矿3号煤层作为保护层,作为生产区和准备区重要区域瓦斯治理手段,在生产区配合本煤层顺层递进钻孔进行局部强化抽采。

4. 抽采系统扩能

由于矿井区域预抽、局部抽采工程开展,且随着开采工作面增加,为了防止矿井抽采能力紧张,及时配套提升抽采泵能力,并对抽采系统进行改造,为矿井区域预抽和局部抽采提供设备保障。

5. 通风系统优化

随着矿井开采深度和强度的增加,通风系统更为复杂,需要对巷道及通风设施进行优化,保证采掘工作面用风量需求,减少采空区漏风。

4.4 近距离突出煤层群"三区联动"瓦斯治理方案

根据沙曲矿瓦斯赋存和地质条件的特点,结合第二章中对沙曲矿瓦斯分区分级情况,实行分区域瓦斯治理,不同的区域采用不同的综合瓦斯治理模式。在沙曲一矿选择开采2号煤层作为保护层,结合卸压瓦斯强化抽采技术,来消除3号、4号、5号煤层的突出危险性;在沙曲二矿首先采用区域综合措施消除3号煤层的突出危险性后,再实施3号煤层保护层开采,结合卸压瓦斯强化抽采技术消除4号、5号煤层的突出危险性。

综合瓦斯治理模式不单单是指保护层的选择和开采,还包括在保护层回采的同时,对相应的被保护煤层所采取相应的卸压瓦斯强化抽采措施,因此需要施工大量的煤巷、岩巷和钻孔作为保证。在矿井的采掘计划中,必须结合瓦斯治理模式的选择,有针对性的做出安排,确保瓦斯治理模式的有效实施。

根据生产现状和采场安排,通过对生产区、准备区、规划区三区采取不同的瓦斯治理方式,形成三区的联动并转化。现有规划区转化为生产区,井田形成"一保护、两主采"的生产格局,即井田内有一个保护层工作面和两个主采煤层工作面,形成良性循环,实现抽掘采衔接平衡,产能得到大幅释放。

4.4.1 "三区"划分

1. "三区"划分的依据

(1) 规划区:井下区域无巷道可以利用,只能采用地面井抽采区域;

(2) 准备区:根据采区接替,井下具备开拓延伸条件或有能够利用的开拓巷道和准备巷道,可实现井上下联合抽采的区域;

(3) 生产区:经过区域治理实现高瓦斯(突出)煤层在低瓦斯状态下采掘的区域。

2. 沙曲一矿"三区"划分

根据沙曲一矿的瓦斯治理现状和瓦斯治理规划目标，将井田划分为三个区域，分别是规划区（六采区）、准备区（四采区）、生产区（一采区、二采区、三采区、五采区）。

3. 沙曲二矿"三区"划分

根据沙曲二矿的瓦斯治理现状和瓦斯治理规划目标，将井田划分为三个区域，分别是规划区（六采区、七采区、八采区）、准备区（五采区后部、九采区后部）、生产区（三采区、四采区、五采区前部、九采区浅部）。

4.4.2 "三区联动"瓦斯治理总体方案

4.4.2.1 沙曲一矿"三区联动"瓦斯治理方案

1. 规划区

矿井规划区为六采区。该区域提前 8~10 年布置，开展地面钻井瓦斯抽采工作，地面水平井预抽时间不低于 5 年，地面直井预抽时间不低于 10 年，将瓦斯含量降到 8 m^3/t 以下，在时间空间上将瓦斯抽采工程提前，为规划区向准备区的转化创造有利条件。目前六采区共有中联煤层气公司施工的水平井 14 口，有效采气半径约为 150 m。

2. 准备区

矿井准备区为四采区。该区域提前 3~5 年布置，进行井上下立体抽采，即地面钻孔与井下区域预抽同步进行，主要抽采方法以底板岩石巷道网格式向上穿层钻孔预抽和井底钻孔对接多分支水平井为主，对准备区煤层群进行大面积预抽，解决准备区工作面巷道掘进中的瓦斯涌出、瓦斯突出以及瓦斯超限等问题，通过瓦斯超前治理，实现准备区向生产区的快速转化，保证了"四量"平衡。

3. 生产区

矿井当前生产区为一、二、三、五采区。鉴于目前沙曲一矿未达到真正意义上的生产区瓦斯治理的标准，采掘活动仍需进行区域瓦斯治理，由于矿井煤层瓦斯的赋存特点和煤层层间距的变化，各采区采用不同的瓦斯治理模式，实行"一矿一策""一面一策"。

（1）一采区：以轨道大巷巷道为界单翼进行开采，区内上组煤可采煤层为 3+4 号、5号，3+4 号煤层上距 2 号煤层 18.7 m，下距 5 号煤层 5.2 m。煤层厚度 3.34~4.83 m，平均 4.21 m。5 号煤层上距 4 号煤层 5.2 m，下距 K_3 砂体 1.79 m，可采厚度为 2.85~4.19 m，平均为 3.52 m。目前一采区 3+4 号煤层工作面已全部开采，对下伏 5 号煤层构成保护效果，因此 5 号煤掘进工作面已经采取了开采保护层的区域防突措施，掘进过程中，直接进行区域效果检验和区域验证，如无异常，可在采取安全防护措施下直接进行掘进。回采工作面采用"一面两巷"U"型通风方式，辅以 5 号煤层顺层卸压抽采钻孔、采空区钻孔等抽采方法对本煤层、采空区瓦斯进行抽采。

（2）二采区：先以底抽巷掩护保护层工作面巷道掘进，利用密集穿层钻孔对多个煤层进行区域预抽，进行采前消突；随着保护层工作面的回采，被保护煤层卸压渗透率增大，继续利用底抽巷穿层密集钻孔进行卸压区域瓦斯预抽，在消突的同时提高瓦斯抽采效率；回采时，采取顶板走向孔或倾向高位孔抽采裂隙带瓦斯、沿空留巷埋管抽采采空区瓦斯、下部 3+4 号、5 号煤层采用底抽巷穿层定向钻孔采前预抽和采后卸压抽采等措施。

（3）三、五采区：不具备保护层开采条件，3+4 号主采煤层以地面多分支水平井进行大面积区域预抽和利用已掘巷道采用定向钻机施工递进式区域预抽钻孔掩护下接工作面巷道掘进，工作面"两面三巷"布置，确保沿空留巷"Y"型通风条件下顺层钻孔瓦斯抽采满足 6 个月以上预抽时间；回采时，采取顶板走向孔或倾向高位孔抽采裂缝带瓦斯、沿空留巷埋管抽采采空区瓦斯、下部 5 号煤层采用底抽巷穿层定向钻孔采前预抽和采后卸压抽采等措施。

4.4.2.2 沙曲二矿"三区联动"瓦斯治理方案

1. 规划区

采用地面井对上、下组主要可采煤层进行预抽，预抽时间超前生产至少 5 年以上，使煤层瓦斯含量降至 8 m^3/t 以下。

六采区、七采区、八采区：由华晋煤层气公司组织施工地面井，穿过上、下组主采煤层，采用分层压裂的方式将煤层压裂后进行地面排采，有效采气半径约为 150 m。

2. 准备区

采取地面防突压裂井、井下匹配钻孔进行抽采的方式对区域内煤层提前 3~5 年预抽，在规划区预抽的基础上，使煤层瓦斯含量进一步下降至 6 m^3/t 以下。

五采区后部、九采区深部：由华晋煤层气公司组织实施的防突井及地面抽采井。从地面施工直井至 5 号煤层底部，对 4 号、5 号煤层实施水力压裂。完井后从井下巷道向压裂区施工钻孔，并进行抽采，降低煤层瓦斯含量。

3. 生产区

鉴于目前沙曲二矿未达到真正意义上的生产区瓦斯治理的标准，采掘活动仍需进行区域瓦斯治理，由于矿井煤层瓦斯的赋存特点和煤层层间距的变化，各采区采用不同的瓦斯治理模式，实行"一矿一策""一面一策"。

(1) 三采区：根据采区地勘孔 B305、B306 探测的煤层变化趋势和已掘巷道层间距探测结果显示，3 号煤层平均厚度为 1 m，4 号煤层平均厚度为 2.5 m，3 号、4 号煤层间距由西向东从 11~1 m 变化不等，煤层间距变化较大，煤层埋藏不稳定，不具备保护层开采条件。4 号煤主采煤层利用已掘巷道采用定向钻机施工递进式区域预抽钻孔掩护下接工作面巷道掘进，工作面"一面三巷"布置，沿空留巷"Y"型通风条件下顺层钻孔瓦斯抽采确保 6 个月以上预抽时间；回采时，采取顶板走向孔或倾向高位孔抽采裂缝带钻孔、沿空留巷埋管抽采采空区瓦斯、下部 5 号煤层采用底抽巷穿层定向钻孔采前预抽和采后卸压抽采等瓦斯治理措施。

(2) 四采区：根据采区地勘孔 M39、B304、18 探测的煤层变化趋势和已掘巷道层间距探测结果显示，3 号煤层平均厚度为 1 m，4 号煤层平均厚度为 2.3 m，5 号煤层平均厚度为 2.3 m，3 号、4 号煤层间距平均为 12 m，4 号、5 号煤层间距平均为 5.5 m。各煤层层间距变化基本稳定，具备保护层开采条件，因此将 3 号煤层作为保护层开采，4 号、5 号煤层作为被保护层开采。3 号煤层利用已掘进巷道施工长距离钻孔井下条带预抽，保护层工作面采用"一面三巷"沿空留巷"Y"型通风方式，采取顺层钻孔抽采本煤层瓦斯、顶板走向孔抽采裂缝带瓦斯、下部 4 号煤层利用底抽巷或 4 号煤层巷道施工定向钻孔采前预抽和采后卸压抽采以及留巷埋管抽采等瓦斯治理措施，实现煤与瓦斯共采。

(3) 五采区：根据五采区地面井 B310、SQN-174、SQN-168 探测煤层情况及相邻三采区煤层开采情况显示，3 号煤层平均厚度约为 1 m，4 号煤层平均厚度约为 2.2 m，5 号煤层平均厚度约为 1.6 m，3 号、4 号煤层间距为 8 m，4 号、5 号煤层间距为 6 m。各煤层层间距变化基本稳定，具备保护层开采条件，因此将 3 号煤层作为保护层开采，4 号、5

号煤层作为被保护层开采。3 号煤层采用定向钻机施工长距离区域预抽钻孔掩护巷道掘进，保护层工作面采用"一面三巷"沿空留巷"Y"型通风方式，采取顺层钻孔抽采本煤层瓦斯、顶板走向孔抽采裂缝带瓦斯、下部 4 号煤层利用回风大巷和 3 号煤层巷道施工穿层定向钻孔采前预抽和采后卸压抽采以及留巷埋管抽采等瓦斯治理措施，实现煤与瓦斯共采。

（4）九采区：根据沙曲二矿生产衔接实际情况，九采区暂时没有布置保护层工作面和底抽巷，为解决 4 号煤层工作面（4901）巷道消突及回采工作面瓦斯问题，同时缓解生产衔接紧张局面，计划采用大功率、大扭矩定向钻机施工长距离、大孔径顺层条带区域预抽钻孔，本着增加钻孔孔径（最小孔径为 120 mm，最大孔径为 203 mm），减少钻孔数量，提高钻孔抽采效率的原则，对各巷道进行消突，实现快速掘进。工作面采用"一面三巷"沿空留巷"Y"型通风方式，采取顺层钻孔抽采本煤层瓦斯、顶板走向定向孔抽采裂缝带瓦斯、下部 5 号煤层利用定向钻机深部巷道（4901 回风巷）施工穿层定向钻孔采前预抽和采后卸压抽采以及留巷埋管抽采等瓦斯治理措施，实现煤与瓦斯共采。

4.4.3 生产区采掘规划及瓦斯治理方案

4.4.3.1 沙曲一矿生产区采掘规划

在沙曲一矿北一采区内 4101、4102、4103 工作面均已回采完毕；在北二采区内，4201、4202 工作面也已完成回采；在北三采区内 4301、4302、4303 工作面均已回采完毕。由于采动卸压作用，上述工作面对应的 5 号煤层均已消除了突出危险性。在沙曲一矿的其他采区，各煤层均未回采，必须采用综合瓦斯治理模式，开采 2 号煤层作为保护层，消除其余煤层的突出危险性，其接续安排见表 4-4。

表 4-4 沙曲一矿回采接续安排

煤 层		工作面回采接续安排						
保护层工作面	2 号	2305	2201	2306	2202	2203	2204	2205
被保护层工作面	4 号	4305	4208	4306	4209	4210	4211	4212
	5 号	5305	5208	5306	5209	5210	5211	5212

在保护层 2 号煤层回采期间，通过底板岩巷施工穿层钻孔和煤巷施工顺层钻孔，作为被保护煤层采前瓦斯治理措施；在被保护层回采期间，通过顶板走向高位钻孔、沿空留巷穿层钻孔抽采作为采中瓦斯治理措施；在被保护层采空区内，通过采空区埋管及沿空留巷压管抽采作为采后瓦斯治理措施。其岩巷和煤巷钻孔施工、抽采和工作面回采接续安排如图 4-14 所示。

4.4.3.2 沙曲二矿生产区采掘规划

在沙曲二矿南一采区内 4101～4105 工作面均已回采完毕；在北二采区内 4201～4205 工作面也已完成回采。由于采动卸压作用，可认为上述工作面对应的 5 号煤层均已消除了突出危险性。在沙曲二矿的其他采区，各煤层均未回采，必须采用综合瓦斯治理模式，首先采用区域综合措施消除 3 号煤突出危险性后，再通过开采 3 号煤层作为保护层消除其余煤层的突出危险性，其接续安排见表 4-5。

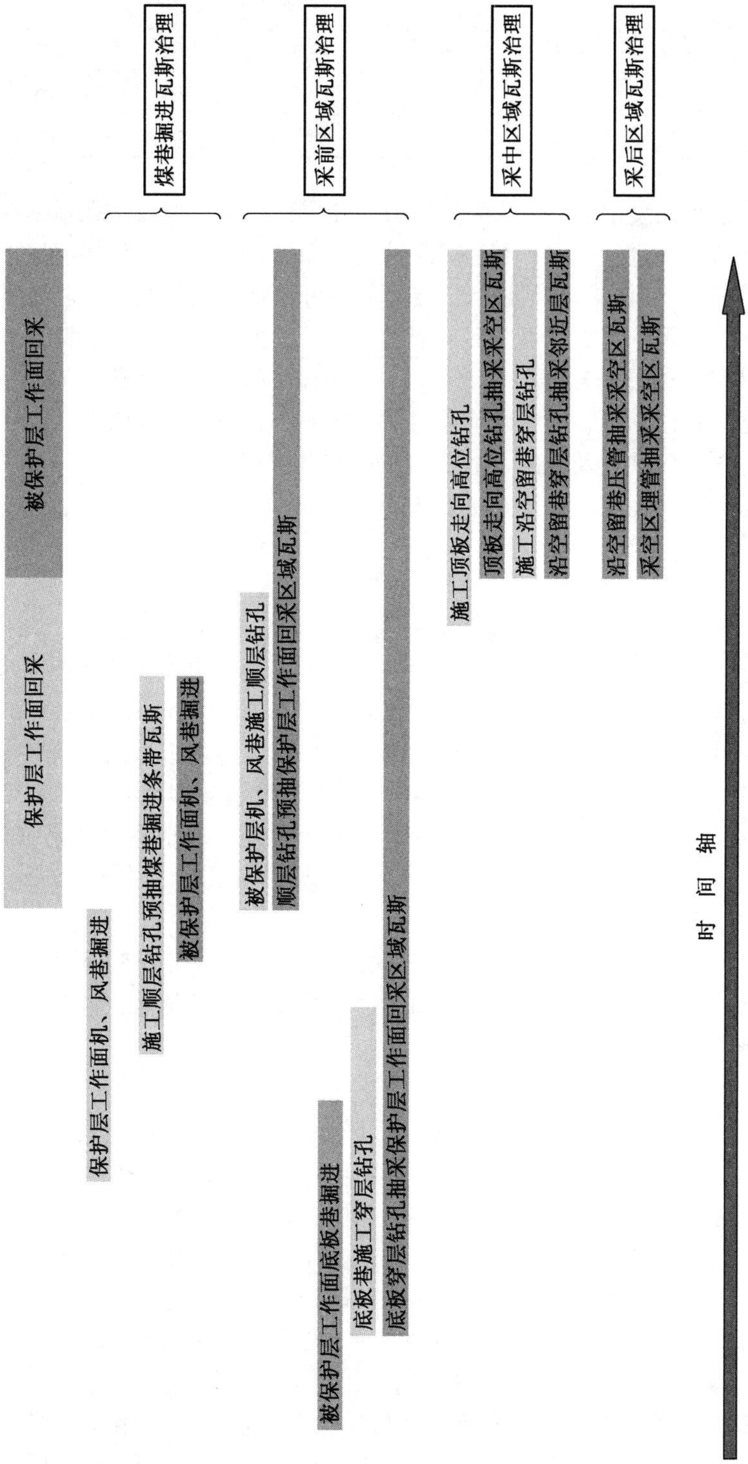

图 4-14 沙曲一矿瓦斯综合治理模式"掘、采、抽"时空接续安排示意图

表4-5 沙曲二矿回采接续安排

煤 层		工作面回采接续安排					
保护层工作面	3号	3301	3302	3303	3304	3305	3306
被保护层工作面	4号	4302	4303	4304	4305	4306	4307
	5号	5302	5303	5304	5305	5306	5307

从瓦斯综合治理角度出发，首先采用底板巷穿层钻孔结合顺层钻孔预抽3号煤层煤巷条带瓦斯，掩护煤巷掘进；其次，利用顺层钻孔和穿层钻孔预抽3号煤层保护层工作面回采区域范围内的瓦斯，对3号煤层进行消突效果评价，验证消除突出危险后，再进行3号煤层保护层开采。在保护层3号煤层回采期间，通过底板岩巷施工穿层钻孔和煤巷施工顺层钻孔，作为被保护煤层4号煤层和5号煤层的采前瓦斯治理措施；在被保护层回采期间，通过顶板走向高位钻孔、沿空留巷穿层钻孔抽采作为采中瓦斯治理措施；在被保护层采空区内，通过采空区埋管及沿空留巷压管抽采作为采后瓦斯治理措施。其岩巷、煤巷、钻孔施工、抽采和工作面回采接续安排如图4-15所示。

4.4.3.3 沙曲一矿生产区瓦斯治理方案

1. 一采区

一采区东至矿界，西至大巷及保护煤柱线，该采区东西长1.1 km，南北宽1.2 km，面积1.32 km²。以轨道大巷巷道为界单翼进行开采，区内上组煤可采煤层为3+4号、5号煤层，在3年规划期内，一采区回采1个工作面（5103工作面），掘进3个巷道。

目前一采区3+4号煤层工作面已全部开采，5号煤层掘进工作面已采取了开采保护层的区域防突措施，在掘进过程中，直接进行区域效果检验和区域验证。回采工作面采用"U"型通风方式，辅以5号煤层顺层卸压抽采钻孔、采空区钻孔等抽采方法对本煤层、采空区瓦斯进行抽采。

1) 工作面巷道区域防突措施

5103轨道巷及开切眼、5104轨道巷、5104胶带巷均采取了开采保护层的区域防突措施，在掘进过程中，直接进行区域效果检验和区域验证，如无异常，可在采取安全防护措施下直接进行掘进。

2) 回采工作面瓦斯治理措施

一采区3+4号煤层工作面已全部开采，对下伏5号煤层构成保护效果，回采工作面采用"一面两巷""U"型通风方式，辅以5号煤层顺层卸压抽采钻孔、已采3+4号煤层采空区钻孔、上隅角埋管等抽采方法对本煤层、采空区瓦斯进行抽采。

根据瓦斯涌出量预测，一采区5号煤层回采工作面瓦斯主要来源于本煤层瓦斯、上覆4号煤层采空区瓦斯和下伏6号煤层的卸压瓦斯。按照分源治理的原则，5号煤层工作面的瓦斯主要采用"U"型通风+本煤层瓦斯抽采+上覆采空区瓦斯抽采+上隅角埋管抽采的瓦斯治理方法。以5103工作面瓦斯治理为例，如图4-16所示。

(1) 本煤层瓦斯抽采：5103工作面本煤层钻孔布置在5103工作面胶带巷采帮，钻孔采用单排平行方式布置，顺工作面5号煤层施工，在5103胶带巷采帮距开切眼15 m处开始布置1号钻孔，以后每间隔15 m布置一个，到终采线结束，孔间距15 m，共置钻孔48个，各钻孔均垂直煤壁向回采煤体施工，单孔设计孔深175 m，工程量8400 m。

4 近距离突出煤层群瓦斯综合治理战略及规划

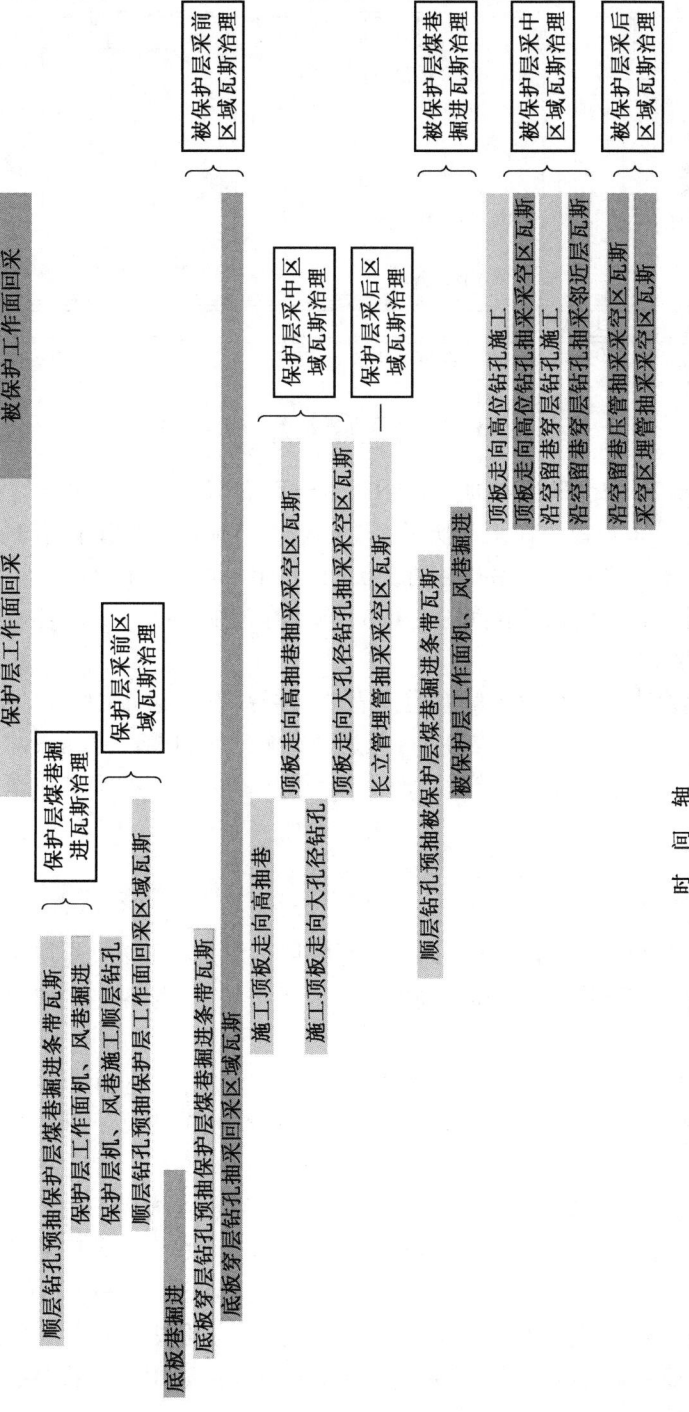

图 4-15 沙曲二矿瓦斯综合治理模式 "掘、采、抽" 时空接续安排示意图

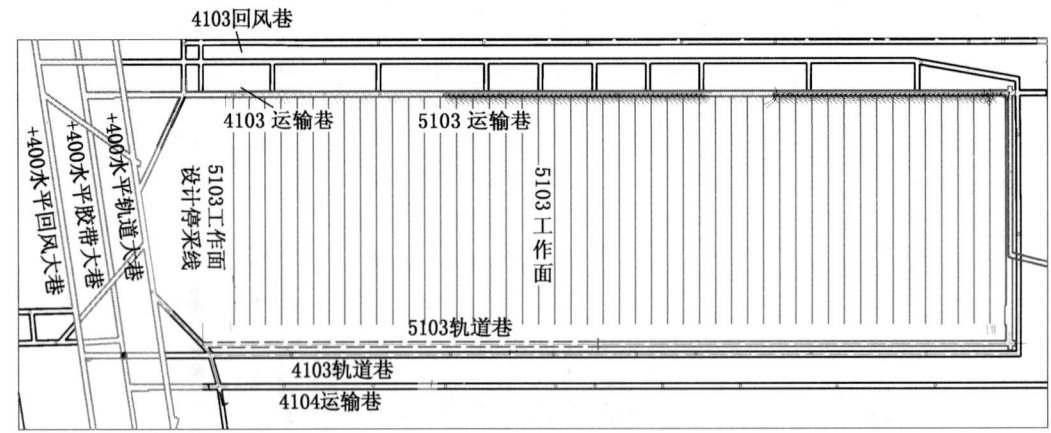

图 4-16 5103 工作面瓦斯综合治理示意图

(2) 上覆 4 号煤层采空区瓦斯抽采：5103 工作面上部 4 号煤层采空区瓦斯抽采钻孔布置在 5103 胶带巷巷道顶板，在距开切眼 4.5 m 处巷道顶板开始布置第 1 组钻孔，以后每间隔 4.5~5 m 布置 1 组采空区钻孔，到 5103 工作面终采线结束，组间距 4.5~5 m。每组布置 3~5 个钻孔，相邻钻孔开孔间距为 0.5 m，终孔间距为 2.5 m，各钻孔开孔倾角均为 32°，设计孔深为 12 m。

(3) 上隅角埋管抽采：在回风侧巷道内靠非采帮铺设一趟 $\phi 320$ mm 瓦斯抽采管路，每隔 3~9 m 安设一个 $\phi 320$ mm 变 $\phi 219$ mm 三通，每个三通加设 $\phi 219$ mm 堵片，当工作面回采至三通位置时，拆除三通上的堵片，即可利用瓦斯抽采管路抽采工作面上隅角和采空区瓦斯。

2. 二采区

二采区位于井田西部，采区走向长 3820~3744 km，倾向长 1393~2003 km，面积 6.38 km^2。采区开拓利用 +400 m 生产水平，2 号煤层工作面利用 2 号煤层集中轨道、集中胶带巷开顺槽掘进，并利用三条大巷直接进入二采区 4 号、5 号煤层工作面。根据采区煤层赋存情况和工作面布局，未来三年内二采区回采 6 个工作面（5201、4209、2203、2204、2205、5207），掘进巷道 8 个（4210 轨道巷、4210 胶带巷及开切眼、4209 胶带巷及开切眼、4206 胶带巷、4206 回风巷、5207 轨道巷、5207 胶带巷及开切眼、2206 轨道巷及开切眼）。

二采区 2 号煤、3+4 号煤及 5 号煤从上到下依次开采，构成保护效果，先以底抽巷掩护 2 号煤保护层工作面巷道掘进，利用密集穿层钻孔对多个煤层进行区域预抽，进行采前消突；随着保护层工作面的回采，持续利用底抽巷穿层密集钻孔进行卸压区域瓦斯预抽，在消突的同时提高瓦斯抽采效率；回采时，采取顶板走向孔或倾向高位孔抽采裂缝带钻孔、沿空留巷埋管抽采采空区瓦斯、下部 3+4 号、5 号煤层采用底抽巷穿层定向钻孔采前预抽和采后卸压抽采等瓦斯治理措施。

1) 掘进工作面巷道区域防突措施

(1) 4206 胶带巷、4206 回风巷采用递进式长距离钻孔预抽煤层瓦斯区域防突措施，利用已掘 4207 轨道巷和 5207 轨道巷巷道采用定向钻机施工长距离钻孔对顺槽进行大范围区域预抽，瓦斯抽采时间均达到1年以上，如图4-17所示。

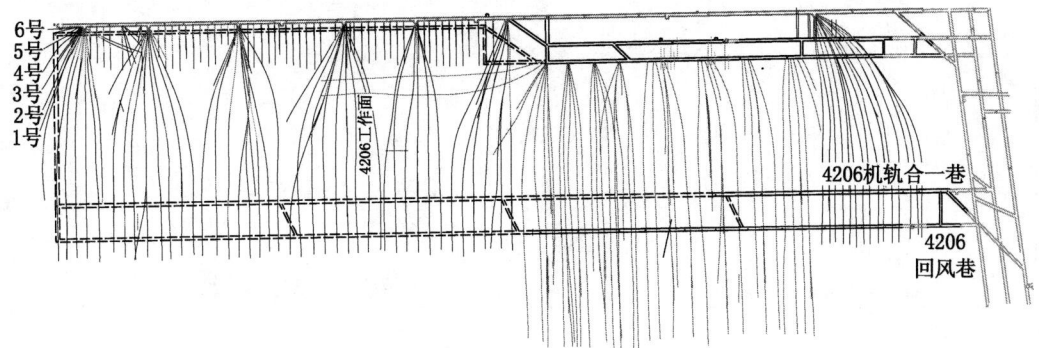

图4-17　4206工作面3+4号煤层区域预抽钻孔布置图

（2）4210轨道巷、4210胶带巷及开切眼、4209胶带巷及开切眼、5207轨道巷、5207胶带巷及开切眼均采取了开采保护层的区域防突措施，在掘进过程中，直接进行区域效果检验和区域验证，如无异常，可在采取安全防护措施下直接进行掘进。

（3）2206轨道巷掘进期间采取顺层钻孔预抽煤层瓦斯的区域防突措施，在巷道正前及左右钻场施工2号煤顺层钻孔，钻孔预抽距离为80 m以上，辐射范围为巷道轮廓线两帮15 m，如图4-18所示。

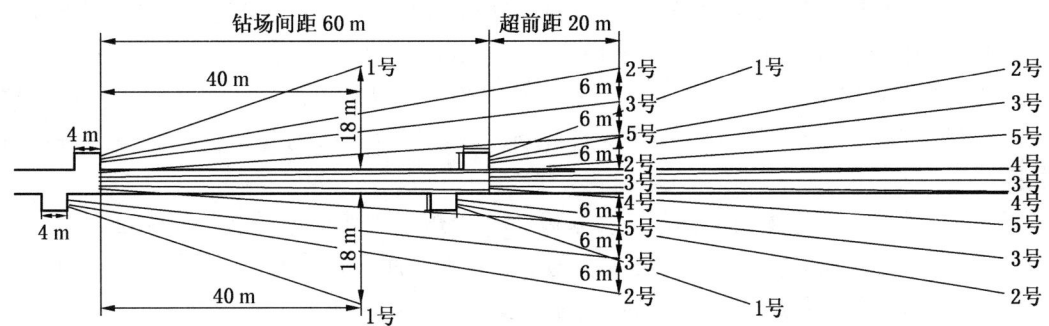

图4-18　2206轨道巷掘进期间2号煤层区域预抽钻孔设计图

2）回采工作面瓦斯治理措施

（1）二采区2号煤层工作面。二采区2号煤层作为保护层提前开采，对下伏3+4号煤、5号煤构成保护效果，所以为实体煤。因此2号煤层工作面回采时采用顺层钻孔、下邻近层钻孔、裂缝带钻孔等抽采方法对本煤层、下邻近层及采空区瓦斯进行抽采。

按照分源治理的原则，2号煤层工作面的瓦斯主要采用"Y"型通风+本煤层瓦斯抽采+下邻近层瓦斯抽采+裂缝带抽采+采空区埋管抽采的瓦斯治理方法。以2204工作面瓦斯治理为例，如图4-19所示。

① 本煤层瓦斯抽采：在2204胶带巷（原2203轨道巷）、2204轨道巷的采帮和采帮钻场，向回采煤体布置平行工作面顺层孔和以钻场形式布置扇形顺层孔抽采本煤层瓦斯，孔深37~150 m，孔底间距6~10 m。

② 下邻近层瓦斯抽采：在二采区2号底抽巷布置区域预抽钻场，利用定向钻机在2号

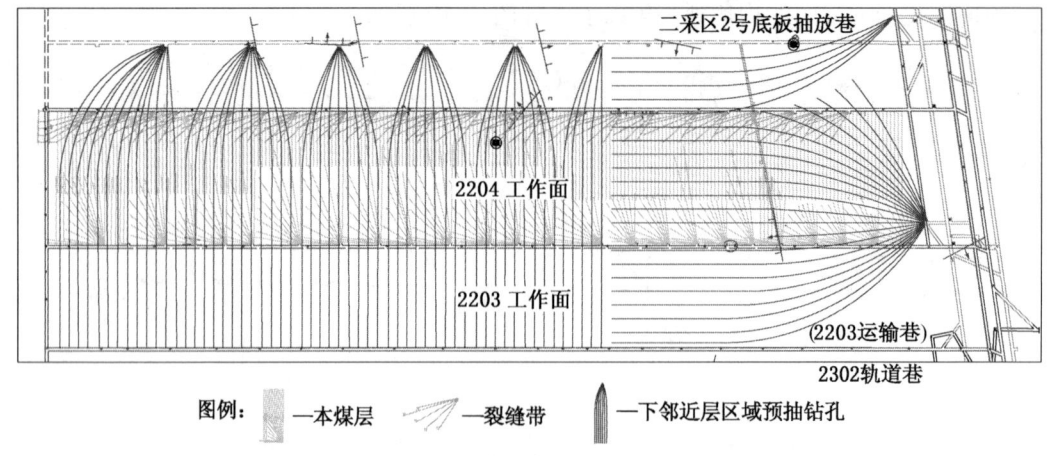

图 4-19 2204 工作面瓦斯综合治理示意图

底抽巷南侧钻场向 2204 工作面下部施工长距离 3+4 号煤层、5 号煤穿层区域预抽钻孔，采前预抽 2204 工作面下伏 3+4 号煤、5 号煤层瓦斯，回采过程中拦截抽采 3+4 号、5 号煤层的采动卸压瓦斯；钻孔平均孔深为 460 m，孔底间距为 15 m。

③ 裂缝带瓦斯抽采：利用 2204 轨道巷的采帮钻场成组布置顶板裂缝带集群孔，抽采工作面采动卸压的裂缝带瓦斯。2204 轨道巷共布置 25 组裂缝带集群孔，相邻钻场间距 30~80 m，每个钻场内扇形布置 5 个钻孔，孔深在 54~117 m；终孔端控制在距 2 号煤顶板 6~12 倍采高位置，第一个孔距轨道巷 15 m、其他孔间距 10 m。

④ 留巷埋管抽采采空区的瓦斯：回采过程中在留巷段充填体墙体内每间隔 9 m 预留一根 4 寸抽放管，进入采空区时超出墙体 1 m，外端与留巷段内瓦斯抽采管路连接进行抽采。

(2) 二采区 3+4 号煤层工作面。二采区 3+4 号煤层工作面上覆 2 号煤层已开采，对下伏 3+4 号煤层构成保护效果，因此 3+4 号煤层工作面回采时采用顺层钻孔、下邻近层钻孔、采空区钻孔等抽采方法对本煤层、下邻近层及采空区瓦斯进行抽采。

按照分源治理的原则，3+4 号煤层工作面的瓦斯主要采用"U"型通风+本煤层瓦斯抽采+下邻近层瓦斯抽采+上覆采空区瓦斯抽采+上隅角埋管抽采的瓦斯治理方法。以 4209 工作面瓦斯治理为例，如图 4-20 所示。

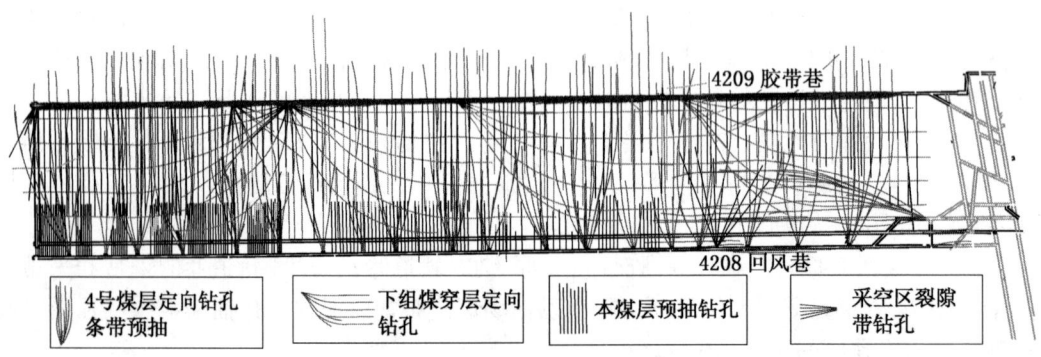

图 4-20 4209 工作面瓦斯综合治理示意图

① 本煤层瓦斯抽采：在4208回风巷利用定向钻机施工4209工作面顺层递进式区域预抽钻孔，各钻孔目标方位角均为359°（平行切眼布置），钻孔间距10 m，主孔深度为320 m，实际共施工19组钻场，100个（主、分支孔合计137个）3+4号煤顺层定向长钻孔，累计完成钻孔进尺36245 m，提前对4209综采工作面及距4209轨道巷北侧帮70 m范围内本煤层瓦斯进行了预抽和卸压抽采。

4209工作面受上部的2201、2202保护层工作面开采卸压影响，原先在4208回风巷向4209工作面方向施工的顺层递进式区域预抽钻孔所在区域的煤体膨胀变形，出现被截断现象。故在4209轨道巷采帮布置4209工作面补充本煤层抽采钻孔，钻孔采用单排平行方式布置，距4209工作面开切眼采帮15 m处开始布置1号钻孔，各钻孔垂直巷道在南侧帮煤壁开孔，顺3+4号煤层施工，共布置钻孔94个，单孔设计孔深180 m，孔间距15 m。在非采帮布置补充本煤层抽采钻孔，强化对相邻工作面的瓦斯抽采，钻孔采用单排平行方式布置，距4209工作面开切眼采帮对侧15 m处开始布置1号钻孔，间隔15 m，到距开切眼采帮平距1410 m处结束，各钻孔垂直巷道在北侧帮煤壁开孔，顺3+4号煤层施工，共布置钻孔94个，单孔设计孔深80 m，工程量7520 m。

② 下邻近5号煤层瓦斯抽采：在4209轨道巷里程1054 m处、748 m处、448 m处采帮各施工一个钻场，用于施工4209工作面下邻层5号煤钻孔。在4209轨道巷采帮钻场内利用定向钻机背靠背施工长距离下邻近层5号煤钻孔，采用终孔"平行式"布孔，实施"先穿层至5号煤，后顺5号煤层沿着目标方位角定向施工至设计孔深"的钻进工艺。其中：一组钻孔在钻场的前壁开孔，沿工作面倾向往开切眼方向施工，该组布置6个下邻近层5号煤钻孔，各钻孔目标方位角均为269°，单孔设计平均孔深412 m，总进尺2470 m。另一组在钻场的后壁开孔，沿工作面倾向往开口方向施工，该组布置6个下邻近层5号煤钻孔，各钻孔目标方位角均为89°，单孔设计平均孔深412 m，总进尺2470 m。两组钻孔的1号钻孔终孔端距4209轨道巷采帮轮廓线均为20 m，2~5号孔相邻钻孔间终孔端间距为40 m，5号孔终孔端距4209轨道巷采帮轮廓线180 m，6号孔作为补充抽采钻场施工5号煤钻孔时留下的三角空白带区域。

③ 上部2号煤层采空区瓦斯抽采：4209工作面上部的2号煤层采空区瓦斯抽采钻孔布置在4209轨道巷顶板，在距切眼采帮18 m处开始布置第1组钻孔，以后每间隔4.5 m布置1组采空区钻孔，到距开切眼平距1427 m处结束，组间距为4.5 m，共布置314组钻孔。每组布置5个顶板采空区钻孔，孔间距为0.5 m，终孔间距为3 m，各钻孔开孔倾角均为32°，其中：1号钻孔与巷道夹角-14°，2号钻孔与巷道夹角为-10°，3号钻孔与巷道夹角为-5°，4号钻孔与巷道夹角为0°，5号钻孔与巷道夹角为5°，孔深均为35 m，实际施工时，孔深以穿透顶板进入2号煤采空区为准。

④ 上隅角埋管抽采：在回风侧巷道内靠非采帮铺设一趟ϕ315 mm瓦斯抽采管路，每隔3~9 m安设一个ϕ315 mm变ϕ219 mm三通，每个三通加设ϕ219 mm堵片，当工作面回采至三通位置时，拆除三通上的堵片，即可利用瓦斯抽采管路抽采工作面上隅角和采空区瓦斯。

(3) 二采区5号煤层工作面瓦斯治理措施。

二采区3+4号煤层工作面开采后，对下伏5号煤构成保护效果，因此5号煤层工作面回采只是辅以顺层钻孔、采空区钻孔等抽采方法对本煤层、采空区瓦斯进行抽采。

按照分源治理的原则，5号煤层工作面的瓦斯主要采用"U"型通风+本煤层瓦斯抽采+上覆采空区瓦斯抽采+上隅角埋管抽采的瓦斯治理方法。以5201工作面瓦斯治理为例，如图4-21所示。

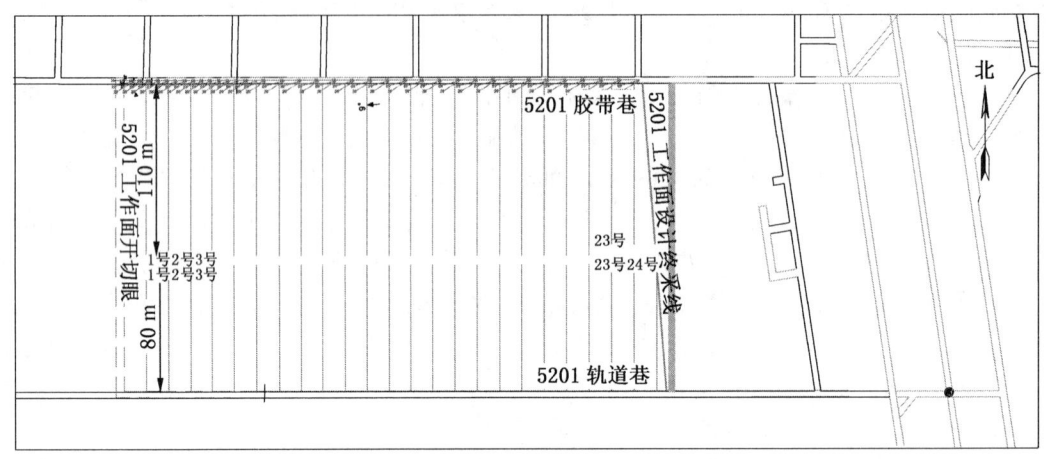

图4-21　5201工作面瓦斯综合治理示意图

本煤层瓦斯抽采：在5201轨道巷、5201胶带巷两侧采帮布置顺层钻孔，钻孔采用平行方式布置，两巷相对施工。5201轨道巷、胶带巷距开切眼15 m处分别布置1号钻孔，到终采线结束，孔间距为15 m。其中：5201轨道巷布置顺层钻孔24个，单孔设计孔深80 m；5201胶带巷布置顺层钻孔23个，单孔设计孔深110 m；共布置47个本煤层钻孔，进尺4450 m。钻孔施工完毕后及时封孔联入抽采管路系统抽采本煤层瓦斯。

上覆4号煤层采空区瓦斯抽采：在5201胶带巷巷道顶板布置抽采上覆4号煤层采空区瓦斯钻孔，距开切眼6 m处开始布置第1组钻孔，到工作面终采线结束，共布置37组钻孔，111个采空区钻孔。其中：距开切眼100 m以内布置16组钻孔，每组间距为6 m；距开切眼100 m至终采线段布置21组，每组间距为12 m；每组布置3个钻孔，钻孔开孔位置在巷道顶板，开孔间距为0.5 m，每组1~3号钻孔倾角均为27°，1号钻孔与巷道夹角为0°，2号钻孔与巷道夹角为-15°，3号钻孔与巷道夹角为-30°，孔深为14 m。实际孔深以穿透顶板进入4号煤层采空区为准。

上隅角埋管抽采：在5201胶带巷靠非采帮铺设一趟φ320 mm瓦斯抽采管路，每隔9 m安设一个φ320 mm变φ219 mm三通，每个三通加设φ219 mm堵片，当工作面回采至管路三通位置时，拆除三通上的φ219 mm堵片，即可利用瓦斯抽采管路进行抽采工作面上隅角和采空区瓦斯。

3. 三采区

三采区东至矿界，西至大巷及保护煤柱线，北至东总回风大巷和矿界，南至5301轨道巷整体往南20.5 m。该采区东西长1.88 km，南北宽3.75 km，面积7.05 km²。以轨道大巷和东翼大巷为界单翼进行开采，在三年规划期内，三采区回采4个工作面（5302、4307、4305、5305工作面），掘进巷道7个（5305轨道巷、5305胶带巷及开切眼、4305后部轨道巷、4305胶带巷及开切眼、5306轨道巷、5303轨道巷、5303胶带巷）。

三采区东面及东北角相邻的三个地方煤矿均形成大面积 4 号、5 号煤层采空区,且存有一定积水;南邻一采区已有两个工作面的上组煤(4 号、5 号)采完,西邻的二采区正进行上组 2 号、4 号、5 号煤的采掘活动,其他方向均无采掘活动。

1)掘进工作面巷道区域防突措施

(1) 4305 后部轨道及胶带巷采用顺层钻孔预抽条带煤层瓦斯区域防突措施,在 5305 轨道巷左右钻场采用定向钻机施工长距离钻孔对 4305 轨道巷进行大范围区域预抽,在 4306 胶带巷非采帮施工本煤层顺层钻孔对 4305 胶带巷右帮进行区域预抽(左帮为 4306 工作面采空区),瓦斯抽采时间达 6 个月以上,如图 4-22 所示。

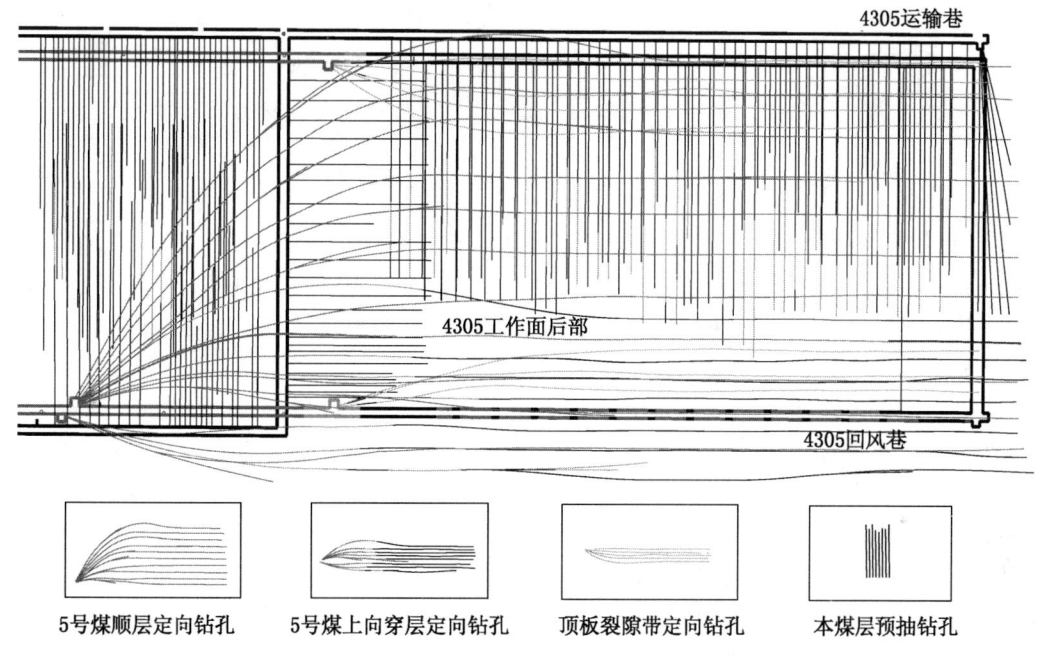

图 4-22 4305 后部工作面 3+4 号及 5 号煤层区域预抽钻孔布置图

(2) 5305 轨道巷、5305 胶带巷及开切眼、5306 轨道巷、5303 轨道巷、5303 胶带巷均采取了开采保护层的区域防突措施,在掘进过程中,直接进行区域效果检验和区域验证,如无异常,可在采取安全防护措施下直接进行掘进。

2)回采工作面瓦斯治理措施

(1) 3+4 号煤层工作面。三采区 3+4 号主采煤层以地面多分支水平井进行大面积区域预抽和利用已掘巷道采用定向钻机施工递进式区域预抽钻孔掩护下接工作面巷道掘进,工作面"一面三巷"布置,"U"通风条件下顺层钻孔瓦斯抽采措施,确保 6 个月以上预抽时间;回采时,采取顶板走向孔或倾向高位孔抽采裂缝带钻孔、沿空留巷埋管抽采采空区瓦斯、下部 5 号煤采用底抽巷穿层定向钻孔采前预抽和采后卸压抽采等瓦斯治理措施。

3+4 号煤层工作面采用"U"型通风+本煤层瓦斯抽采+下邻近层瓦斯抽采+裂缝带抽采+上隅角埋管抽采的瓦斯治理方法。以 4307 工作面瓦斯治理为例,如图 4-23 所示。

① 本煤层瓦斯抽采:4307 工作面距轨道运输斜巷口 0~1050 m 段工作面本煤层瓦斯,采用地面多分支水平对接井辐射抽采的方式进行了预抽。其多分支水平井包括 DS01、

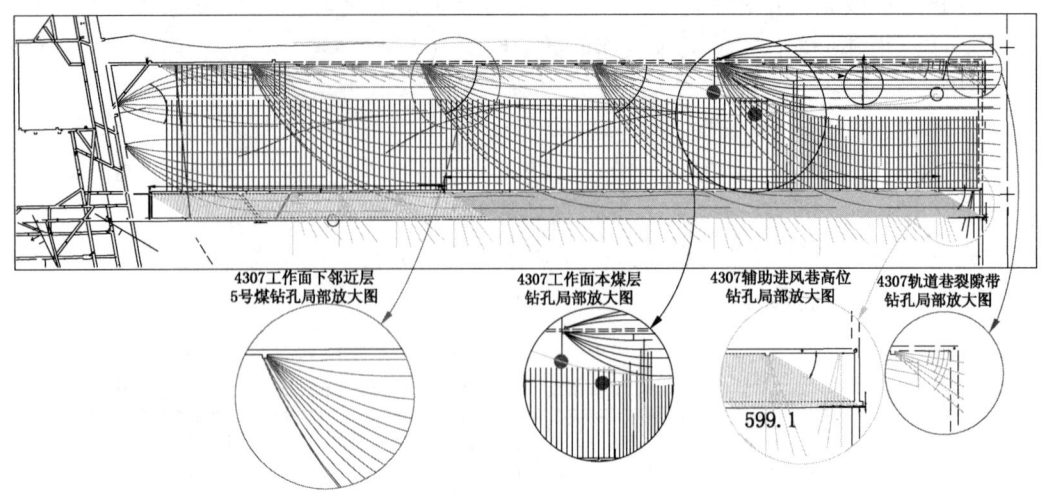

图4-23 4307工作面瓦斯综合治理示意图

DS02两个主支及4个分支,总进尺3417 m,其中3+4号煤层段主、分支水平井总长度为3000 m,在轨道大巷施工两个对接钻孔,分别与水平井的两个主支对接;封闭地面孔口后,将井下对接钻孔带入矿井井下抽采系统,利用井下抽采系统提前抽采4307工作面回采煤体瓦斯。

为强化抽采工作面前部地面多分支水平井预抽区域本煤层瓦斯,降低煤层瓦斯残存量,在多分支水平对接井抽采区域补充施工顺层钻孔抽采本煤层瓦斯,即在4307轨道巷每隔9 m平行布置1个本煤层孔,设计孔深55 m。

4307工作面后部距4307轨道运输斜巷口1050~1440 m段,因多分支水平井未覆盖到,设计在4307轨道巷和4307辅助进风巷两条巷道采帮布置顺层钻孔抽采本煤层瓦斯。即在4307辅助进风巷距工作面开切眼0~360 m段北侧帮,平行布置60个顺层钻孔抽采本煤层瓦斯,孔间距为6 m,单孔设计孔深120 m,各钻孔垂直煤壁开孔钻进。

② 下伏煤层瓦斯抽采:采用定向钻机在4307配巷和4307轨道巷钻场沿工作面倾向布置下邻近层5号煤钻孔,利用工作面倾向方向,煤层倾角平均为+6°,采用定向钻机在工作面4307配巷和4307轨道巷开设的钻场内开倾角接近0°钻孔,穿层过4号与5号煤层之间的岩石层,进入5号煤层后,沿着5号煤层并按照设计目标方位角钻进至设计孔深位置,采前预抽和采中、采后卸压拦截4307工作面下邻近层5号煤层瓦斯。共设计6组,65个钻孔。第1~2组布置在4307配巷钻场内,第3~6组布置在4307轨道巷采帮钻场内,共布置65个钻孔,每组相邻钻孔终孔间距为20 m,单孔孔深300~540 m。

③ 裂缝带瓦斯抽采:在4307轨道巷施工裂缝带集群钻孔和在4307辅助进风巷施工高位钻孔,抽采工作面上部2号煤层及受采动卸压的裂缝带瓦斯,即在4307轨道巷钻场内布置18组(92个)裂缝带集群孔,每间隔50~100 m布置1组;每组布置5个裂缝带钻孔,1号、2号、3号、4号、5号钻孔终孔端伸入工作面距轨道巷采帮的平距分别为10 m、20 m、30 m、30 m、30 m。各组钻孔终孔垂高位于7~10倍采高位置,终孔孔径为94 mm,孔深在61~133 m。

④ 上隅角埋管抽采采空区瓦斯:在工作面回风巷(原4306沿空留巷)向采空区预埋

一趟 DN320 mm 瓦斯管，工作面回采段每 9 m 安设一个 ϕ320 mm 变 ϕ219 mm 三通，每个三通加设 ϕ219 mm 堵片，当工作面回采至管路三通位置时，拆除三通上的 ϕ219 mm 堵片，即可利用瓦斯抽采管路进行抽采上隅角瓦斯。

（2）三采区 5 号煤层工作面。因上部 3+4 号煤层保护层已开采，为此三采区 5 号煤层工作面采用"U"型通风+本煤层瓦斯抽采+上覆采空区瓦斯抽采+上隅角埋管抽采的瓦斯治理方法。三年规划期内回采的三采区 5305 工作面，瓦斯治理模式和一采区 5103 工作面瓦斯治理模式基本一致。

4. 五采区

五采区东邻柳林煤矿，南邻三采区（未开掘），西面为未采区，北面为聚财塔正断层煤柱。本区地质构造相对简单，总体呈单斜构造，南北走向。水文地质条件中等，区内带压开采，4 号、5 号煤层瓦斯涌出量相对较大。该采区走向长 2988 m，倾斜长 1583 m，面积 4.5 km^2，地面标高为 +810～+1032 m。在三年规划期内，五采区回采 1 个工作面（4502），掘进巷道 3 个（4502 轨道巷、4520 胶带巷及开切眼、4503 轨道巷）。

1) 掘进工作面巷道区域防突措施

（1）4501 工作面巷道采取地面水平分支井预抽瓦斯的区域防突措施（图 4-24）。

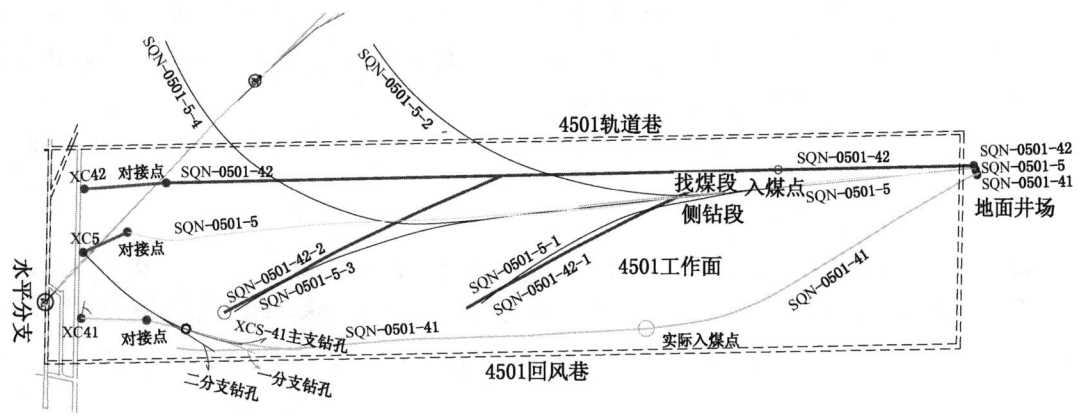

图 4-24　4501 工作面地面水平分支井预抽瓦斯示意图

（2）4502、4503 工作面巷道掘进期间采用顺层钻孔预抽条带煤层瓦斯区域防突措施，在巷道左右钻场采用定向钻机施工长距离钻孔对工作面巷道进行大范围区域预抽，瓦斯抽采时间达到 6 个月以上后再进行掘进施工。以 4502 轨道巷为例，如图 4-25 所示。

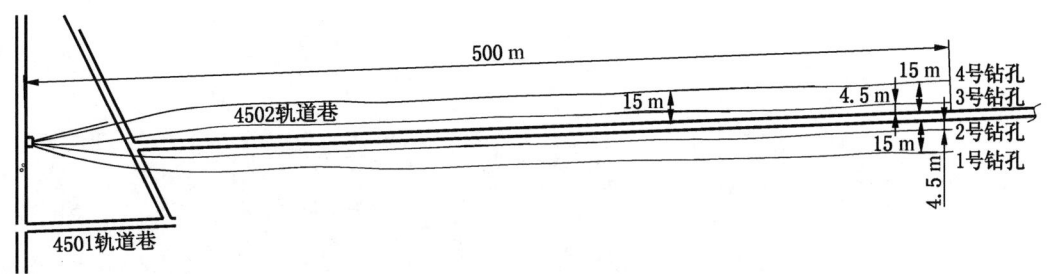

图 4-25　4502 轨道巷 3+4 号区域预抽钻孔示意图

2）五采区 3+4 号煤工作面瓦斯治理措施

五采区 3+4 号主采煤层工作面采用"两面三巷"布置，"Y"通风方式，回采时，采取地面多分支水平井抽采+本煤层定向长钻孔抽采+顶板走向孔或倾向高位孔抽采裂缝带钻孔+沿空留巷埋管抽采采空区瓦斯+下部 5 号煤层定向钻孔采前预抽和采后卸压抽采等瓦斯治理措施。三年规划期内，三采区 4502 工作面和三采区 4307 工作面瓦斯治理模式基本一致。

5. 开拓巷道区域防突措施

开拓巷道有轨道大巷、回风大巷、胶带大巷。其主要防突措施如下：

（1）轨道大巷：利用千米钻机在巷道左右钻场施工长距离顺层及邻近煤层区域预抽钻孔，钻孔深度 350~500 m，消除 5 号煤本煤层及上邻近层 3+4 号煤层突出危险性。

（2）胶带大巷：利用胶带大巷正前及左右钻场施工 6 号煤顺层条带区域预抽钻孔，消除 6 号煤层突出危险性。

4.4.3.4 沙曲二矿生产区瓦斯治理详细方案

1. 三采区

三采区位于井田中东部，采区走向长约 2.3 km，倾斜宽 1.2~2.4 km，面积约 8.3 km²。煤层开采上限标高约+551 m，开采下限标高约+411 m。三采区共布置 3 条集中巷道，在三年规划期内，三采区回采 3 个工作面（5301、4303、4304），掘进巷道 8 个（4304 胶带巷及开切眼、集中轨道巷、集中胶带巷、4305 轨道巷、3 号底抽巷、4306 轨道巷、5302 轨道巷、5302 胶带巷及 5302 开切眼）。

三采区优先开采 4 号煤层，将 4 号煤层作为 5 号煤层的保护层。三采区 4 号煤层目前还有 4304、4305、4306、4307 尚未形成综采工作面。

1）工作面巷道区域防突措施

（1）4304 胶带巷及开切眼、4305 轨道巷及开切眼、4306 轨道巷采用递进式长距离钻孔预抽煤层瓦斯区域防突措施，利用已掘 4 号煤层巷道采用定向钻机施工长距离钻孔对接替工作面及其巷道进行大范围区域预抽，瓦斯抽采时间均达 1 年以上（图 4-26）。

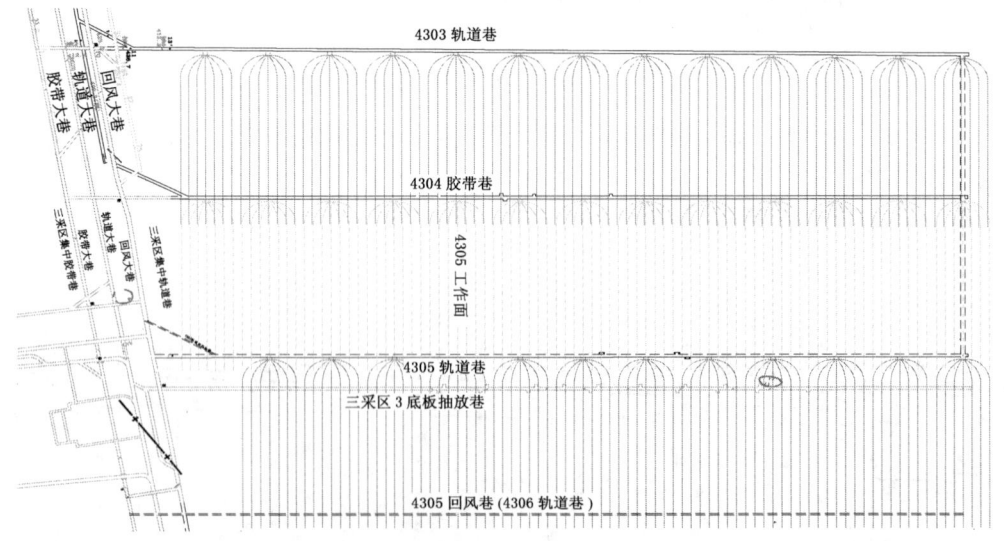

图 4-26 4304、4305、4306 区域预抽钻孔布置示意图

(2) 三采区集中轨道巷、集中胶带巷采用顺层钻孔预抽条带煤层瓦斯的区域防突措施，具体在巷道正前施工孔深不小于 100 m 的区域预抽钻孔，共设计 13 个钻孔，钻孔辐射巷道两帮各 20 m 范围，保留 20 m 超前距，终孔间距不大于 12 m（图 4-27）。

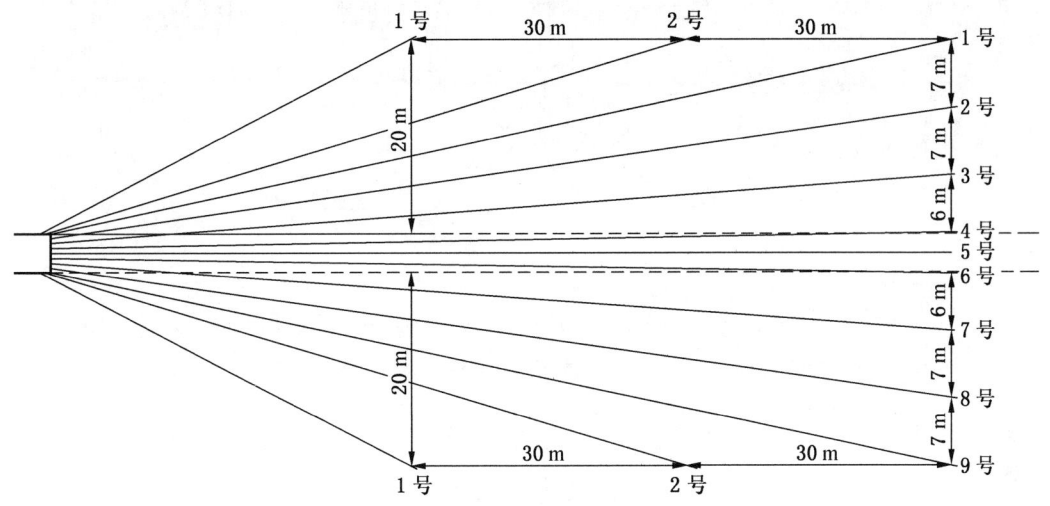

图 4-27 三采区集中轨道、集中胶带区域预抽钻孔布置示意图

(3) 5302 轨道巷、5302 胶带巷及 5302 开切眼上部为 4 号煤层采空区，根据 4 号、5 号煤层间距，5302 工作面可作为被保护层进行采掘活动，掘进过程中无须采取区域防突措施，可直接采取局部防突措施。

2）工作面瓦斯治理措施

三采区 4 号煤层的本煤层抽采主要利用现有 4 号煤层巷道施工长距离定向钻孔辐射超过下一个巷道 20 m，提前预抽本煤层瓦斯和解决下一个巷道的防突问题。在 4303 轨道巷非采帮钻场内向 4304 工作面施工长距离区域预抽钻孔，4304 胶带巷非采帮钻场内利用工作面煤层倾角布置 4305 工作面 4 号煤层定向钻孔，从 4305 轨道巷和 4306 轨道巷非采帮布置 4306 工作面和 4307 工作面 4 号煤层定向钻孔，提前预抽 4305（4306、4307）工作面本煤层瓦斯。

按照分源治理的原则，4 号煤层工作面的瓦斯治理措施主要采用本煤层钻孔抽采、顶板裂缝带钻孔抽采、下邻近 5 号煤层钻孔抽采和沿空留巷埋管抽采 4 种瓦斯治理方法。4304、4305、4306、4307 工作面瓦斯治理模式基本一致。以 4304 工作面瓦斯治理为例，如图 4-28 所示。

(1) 本煤层钻孔抽采。本煤层区域预抽钻孔布置在 4304 轨道巷采帮，钻孔共布置 8 组。第 1 组钻孔在 4304 开切眼位置开孔，共布置钻孔 8 个，钻孔辐射开切眼轮廓线外 5~15 m 范围；第 2 组距第 1 组 130 m，第 2 组到第 8 组间隔 75 m 布置，第 2、5、6、7 组设计 5 个钻孔，第 4、8 组设计 6 个钻孔，第 3 组布置 7 个钻孔，每组钻孔开孔间距 1 m，孔径为 96 mm，实际孔深以穿过 4304 胶带巷 20 m 为准，钻孔辐射范围覆盖 4304 胶带巷开切眼往外 600 m 范围。在 4304 胶带巷材料斜巷口本煤层区域预抽钻孔，共设计钻孔 20 个。钻孔开孔间距 0.5 m，1 号孔与 4304 胶带材料斜巷夹角 38.5°，2~20 号孔以夹角 6° 依次呈扇形布置，孔深 180 m，孔径为 94 mm。

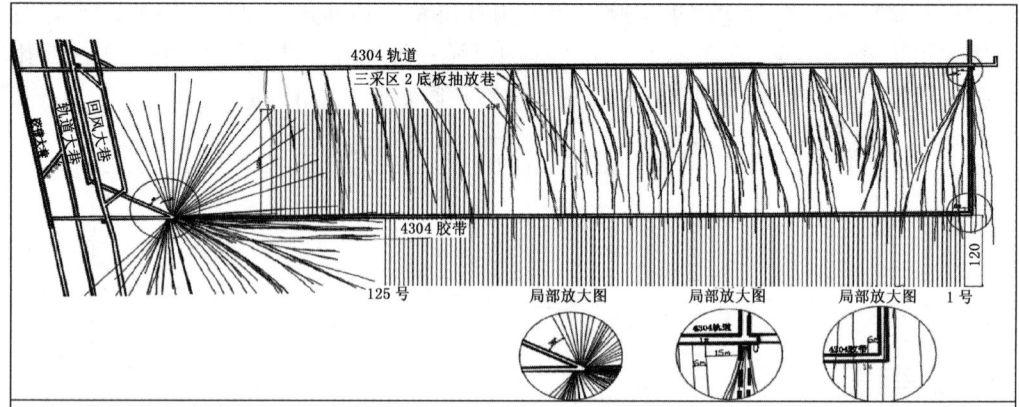

说明：1. 在4304轨道巷采帮布置8组本煤层区域抽孔，第1组布置钻孔8个，第2、56、7组布置5个，第4、8组布置6个，第1组在切眼位置开孔，第2组距第1组130m，第2～8组间距75m。
2. 在4304胶带材料斜巷口布置20个本煤层区域预抽孔，1号孔与4304胶带材料斜巷夹角38.5°，2～20号孔以夹角6°依次呈扇形布置。
3. 在4304轨道巷8组本煤层区域预抽孔间三角空白带布置本煤层顺层钻孔，第1组与第2组间空白带布置钻孔16个，第2～8组间每组空白带布置8个，钻孔间距为6m。
4. 在4304胶带巷采帮里程130～410m布置49本煤层顺层钻孔，1号孔从里程130m处开孔，孔间距6m，孔深160m。
5. 在4304胶带巷非采帮布置本煤层区域预抽孔126个，1号孔从4304节眼以外6m处开孔，孔间距6m，孔深不小于12mm。

图4-28 4304工作面本煤层钻孔布置图

在4304轨道巷8组本煤层区域预抽钻孔之间三角空白带及4304胶带巷本煤层区域预抽钻孔覆盖范围以外进行补打本煤层顺层钻孔。在4304轨道巷第1组和第2组本煤层区域预抽钻孔之间三角空白带补打钻孔16个；在4304胶带巷里程130～418 m处补打钻孔49个。

（2）顶板裂隙带钻孔抽采。4304胶带巷采帮由里向外每隔50 m布置一组裂缝带钻孔，共布置钻孔18组，每组布置6个钻孔，每组钻孔开孔间距为0.5 m。钻孔终孔端第一组控制在6~8倍采高，第二组到十九组控制在8~10倍采高，终孔孔径为192 mm，且钻孔伸入工作面距离在25~65 m之间（图4-29）。

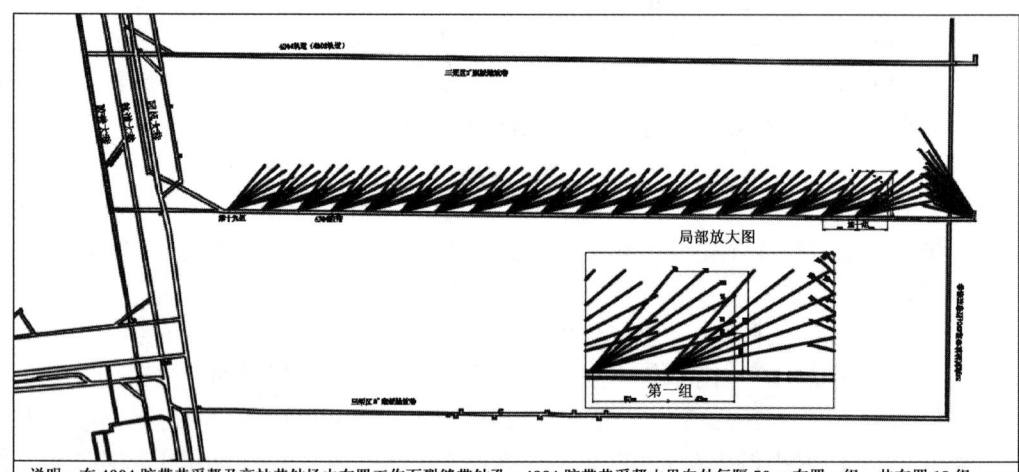

说明：在4304胶带巷采帮及高抽巷钻场内布置工作面裂缝带钻孔，4304胶带巷采帮由里向外每隔50 m布置一组，共布置19组，每组布置6个孔，第一组钻孔终端孔端控制在6~8倍采高，第二到十九组控制在8~10倍采高，终孔孔径为192mm。钻孔伸入工作面距离在25~65m之间。
在4304切眼后部高抽巷钻场布置13个高位钻孔，钻孔在高抽巷左侧1m处布置1号钻孔，共布置钻孔13个，孔间距0.7m，钻孔终孔端控制在8~10倍采高，终孔孔径为192mm，终孔端距4304胶带巷距离16～80m。

图4-29 4304工作面裂缝带钻孔布置图

(3) 下邻近 5 号煤层钻孔抽采。在三采区 3 号煤层底抽巷的北侧钻场内施工 4304、4305 工作面下邻近 5 号煤层定向钻孔，共布置 13 组，每组 4 个钻孔，钻孔开孔间距为 1.2 m，终孔端间距为 20 m，设计孔深 460 m，钻孔孔径为 120 mm；钻孔以 18°在距离底板 1.5 m 位置开孔，根据层间距钻进 60 m 揭露 5 号煤层后，继续沿 5 号煤层钻进（图 4-30）。

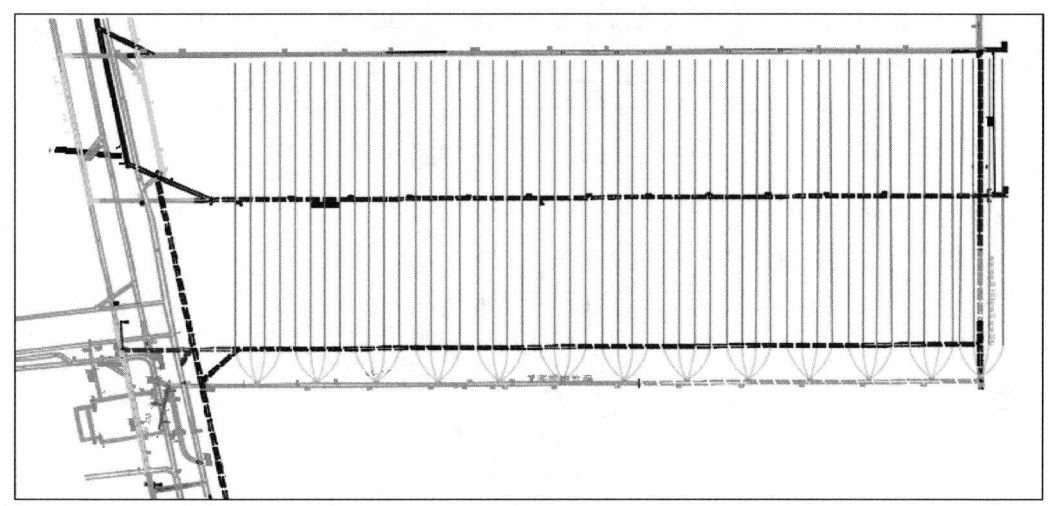

图 4-30　4304 工作面下邻近层 5 号煤层钻孔布置图

(4) 沿空留巷压埋管抽采。根据巷道布置情况，4304 胶带巷后部沿空留巷作为工作面的回风通道。在沿空留巷段充填墙体前 30 m 内每间隔 3 m 预埋一根 DN219 mm 铁管，之后每隔 9 m 预埋一根 4 寸铁管，压埋管进入采空区超出墙体 1 m，并与 4304 胶带巷非采帮 DN320 mm 瓦斯抽采管路采用 4 寸埋线软管连接，每一分支管道上设置一个三通和阀门，当工作面回采时，利用沿空留巷墙体的压埋管牵制采空区瓦斯涌出。

2. 四采区

四采区位于井田中东部，该采区北临二采区上组煤（4 号、5 号）已基本采完，其他方向均无采掘活动。采区走向长约 2.9 km，倾斜宽约 0.86~1.2 km，面积约 2.9 km^2。可采储量 1525.98×10^4 t。采区设计三条集中巷道，区内可采煤层有山西组 3 号、4 号、5 号煤层及太原组 6 号、8 号（8+9 号）、10 号煤层，煤厚 15.42 m。3 号煤层平均厚度为 1 m，4 号煤层平均厚度为 2.3 m，5 号煤层平均厚度为 2.3 m，3 号、4 号煤层间距平均为 12 m，4 号、5 号煤层间距平均为 5.5 m。

四采区首先开采 3 号煤层，4 号、5 号煤层作为 3 号煤层被保护层开采。其中，3402、3403 已形成保护层回采工作面，3404 工作面尚未形成。在三年规划期内，四采区回采 5 个工作面（4401、4402、3402、3403、3404），掘进巷道 4 个（四采区集中轨道巷、4402 胶带巷及开切眼、3404 轨道巷及开切眼、4402 轨道巷）。

1) 工作面巷道区域防突措施

4402 轨道巷（前 620 m）采用开采上保护层的区域防突措施，掘进在上保护层 3402 工作面回采完毕瓦斯进行充分的卸压排放后进行掘进作业。

四采区集中轨道巷、4402 轨道巷（后 560 m）、4402 胶带巷、4402 开切眼、3404 轨道巷及3404开切眼采用定向钻机在巷道正前施工长距离顺层定向钻孔进行大范围区域预抽，共施工5个区域预抽钻孔（正前1个，左右钻场各2个），孔径94 mm，控制巷道两帮轮廓线外20 m范围，超前保留20 m（图4-31）。

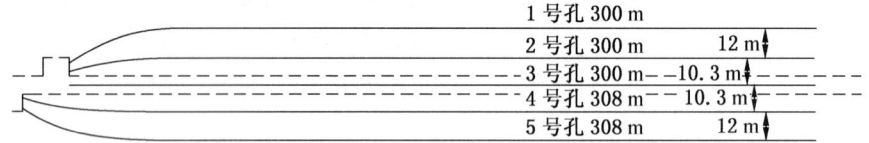

图4-31 区域预抽钻孔布置示意图

2）工作面瓦斯治理措施

四采区3号煤层综采工作面瓦斯主要来源有：3号煤本煤层瓦斯、上邻近2号煤层瓦斯、下邻近4号煤层瓦斯和采空区瓦斯涌出。按照分源治理的原则，3号煤层工作面的瓦斯治理措施主要采用：本煤层钻孔抽采、长距离顶板裂缝带钻孔抽采、下邻近4号煤层钻孔抽采和沿空留巷埋管抽采4种瓦斯治理方法。3402、3403、3404工作面瓦斯治理模式基本一致，下面以3402工作面瓦斯治理措施为例说明。

（1）本煤层钻孔抽采：3402工作面本煤层钻孔布置如图4-32所示。一是利用VLD-1000型钻机在4401回风巷的左帮及正前施工3号煤层区域预抽钻孔。钻孔共布置钻孔11个，开孔间距1 m，开孔高度距离底板1 m，终孔间距为20 m。孔径为96 mm，孔深225 m。二是用ZDY-4000L型钻机3402轨道巷和胶带巷采帮分别施工3号煤本层钻孔，孔径为94 mm，封孔长度为12 m，封孔采用直径为108 mm的聚乙烯管和密封材料封孔。其中，轨道巷共设计钻孔117个钻孔，胶带巷共设计钻孔120个，钻孔垂直煤壁钻进，孔间距为6 m，设计孔深110 m；轨道巷1号孔在距切眼10 m处开孔，117号孔在3402轨道巷130 m处结束；胶带巷1号孔在距开切眼10 m处开孔，120号孔在3402胶带巷130 m处结束。

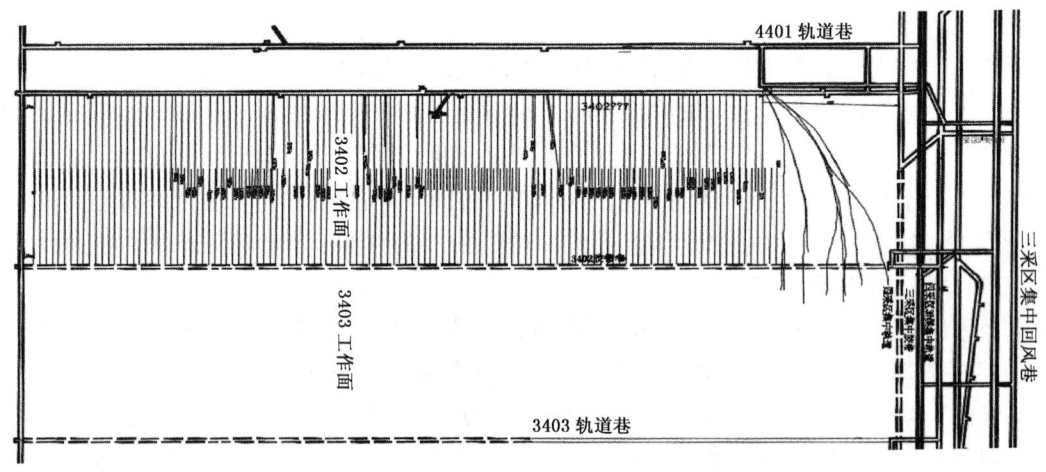

图4-32 3402工作面本煤层钻孔布置图

（2）顶板裂缝带钻孔抽采：3402工作面裂缝带钻孔布置（图4-33），分别在3402胶带巷采帮钻场（短距离钻孔）和3402胶带回风巷口（定向长距离钻孔）。短距离裂缝带钻孔：共布置 8 组，第一组在 3402 胶带巷里程 767 m、第二组在里程 714 m、第三组在里程 668 m、第四组在里程 620 m、第五组在里程 565 m、第六组在里程 526 m、第七组在里程 485 m、第八组在里程 418 m，每组布置 5 个钻孔，钻孔朝开切眼呈扇形布置。第一组钻孔终孔端垂高为 4~7 倍采高，其余钻孔终孔端垂高为 6~10 倍采高，钻孔伸入工作面距离分别为 25 m、35 m、45 m、55 m、65 m。长距离裂缝带钻孔：3402 胶带回风巷口裂缝带钻孔沿工作面倾向方向布置，共布置 6 个钻孔，孔深 430 m，1 号孔终孔距采帮 25 m，2~6 号钻孔终孔间距 10 m，钻孔终孔端垂高为 7~10 倍采高。3403、3404 工作面裂缝带钻孔以定向钻孔施工为主。

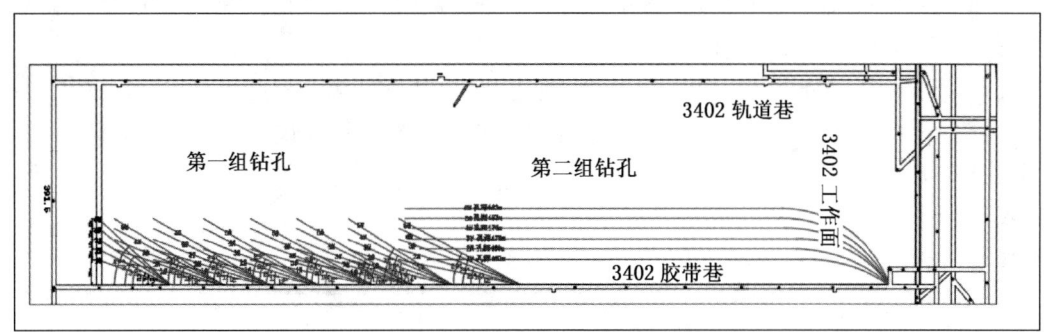

图 4-33　3402 工作面裂缝带钻孔布置图

（3）下邻近 4 号煤层钻孔抽采：在 4401 回风巷的左帮及正前布置下邻近层 4 号煤钻孔（图 4-34），采用 VLD-1000 型钻机施工，用于抽采下邻近层瓦斯，钻孔共设计 13 个，开孔间距 1 m，开孔高度距离底板 1 m，孔间距为 20 m，目标方位角为 234.5°和 144.5°，孔深 500 m，孔径为 96 mm，封孔长度为 12 m。为消除 3402 综采工作面后部下邻近层 4 号煤层空白带，在 3402 回风联络巷里程 140 m 钻场向 3402 工作面方向布置 3402 综采工作面下邻近层 4 号煤层钻孔，采用 ZDY4000 LD 型钻机施工，共设计钻孔 8 个，孔深 200~220 m，孔径为 96 mm，封孔长度为 12 m。3403、3404 工作面下邻近层 4 号煤层钻孔利用四采区 1 号底抽巷施工穿层定向钻孔抽采。

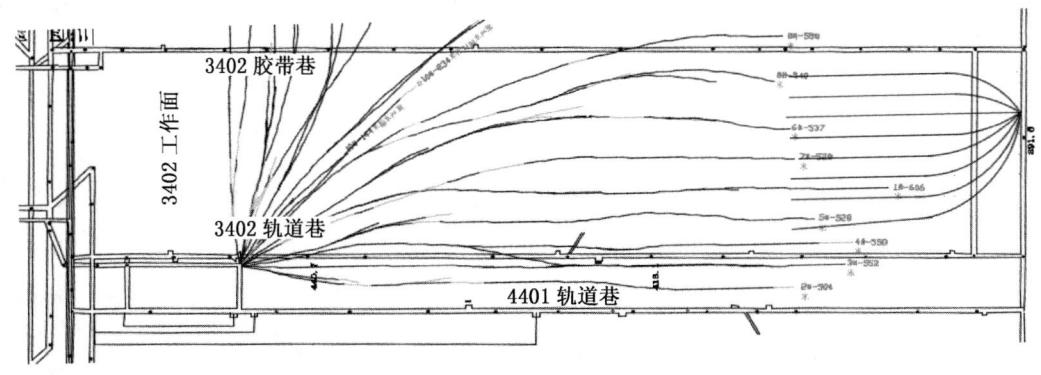

图 4-34　3402 工作面下邻近层 4 号煤层钻孔布置图

（4）沿空留巷压埋管抽采：根据沿空留巷布置+"Y"型通风方式，3402 胶带巷后部沿空留巷作为工作面的回风通道。沿空留巷段充填墙体压埋管布置参数、瓦斯抽采管路系统布置和连接方式与4307工作面基本一致，目的和作用都是利用沿空留巷墙体的压埋管牵制采空区瓦斯涌出。

3. 五采区前部

五采区位于井田中东部，采区走向长约4.2~5.4 km，倾斜宽约3.2 km，面积约15.36 km^2，可采储量为2372.1×10^4 t。采区设计三条集中巷道，一条采区胶带运输巷（沿3号煤层布置），一条采区轨道巷（沿3号煤层布置），回风系统利用回风大巷，巷道顶板均沿煤层顶板掘进。在三年规划期内，五采区回采1个工作面（3501），掘进巷道5个（五采区集中轨道巷、五采区集中胶带巷、3501轨道巷、3501胶带巷及开切眼、3502轨道巷）。

1）工作面巷道区域防突措施

（1）五采区集中轨道巷、集中胶带巷利用定向钻机在回风大巷施工穿层定向区域预抽钻孔（图4-35），钻孔抽采方向与巷道掘进方向相对布置，钻孔设计7个，钻孔辐射巷道轮廓线外20 m。

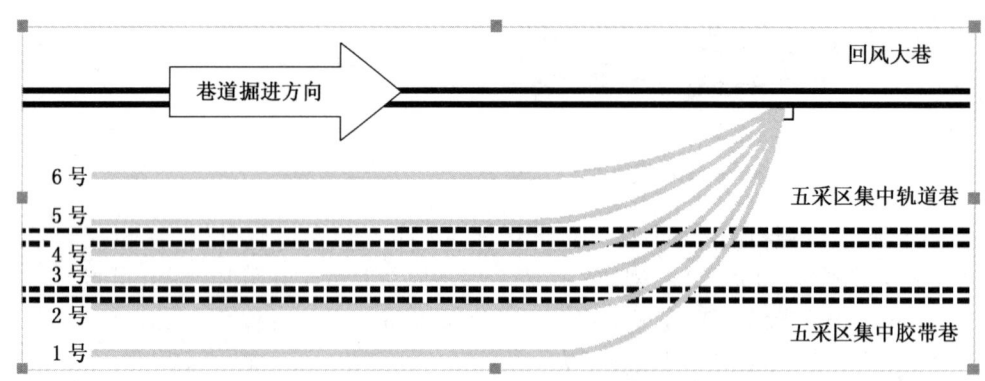

图4-35 五采区集中轨道、集中胶带区域预抽钻孔布置示意图

（2）3501工作面的轨道巷、胶带巷、开切眼和3502轨道巷用顺层钻孔预抽条带煤层瓦斯区域防突措施（图4-36）3501轨道巷、3501胶带巷及3502轨道巷第一循环区域预抽钻孔在回风大巷施工，共施工5个300 m长的抽钻孔（正前1个，左右两侧各2个），孔径94 mm，控制巷道两帮轮廓线外20 m范围，超前保留20 m。

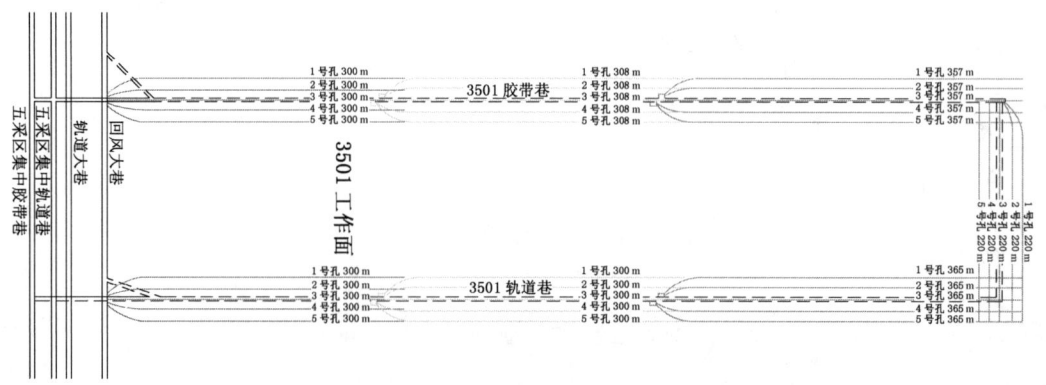

图4-36 巷道区域预抽钻孔布置示意图

2)工作面瓦斯治理措施

基于瓦斯涌出量预测和分析可知,五采区3号煤层瓦斯主要来源是:3号煤本煤层瓦斯、上邻近2号煤层瓦斯、下邻近4号煤层瓦斯和采空区瓦斯涌出。按照分源治理的原则,应采用本煤层钻孔抽采、长距离顶板裂缝带钻孔抽采、下邻近4号煤层钻孔抽采和沿空留巷埋管抽采4种措施。

(1)本煤层钻孔抽采:在3501胶带巷采帮钻场内布置3号煤层定向钻孔(图4-37)。在距离底板1.5 m位置处以+3°开孔。第一组钻孔从开切眼往外45 m处的钻场开始布置,共设计10组,每组间距为80 m,每组设计7个钻孔;钻孔开孔间距为0.6 m,终孔端间距为12 m,孔深为220 m,孔径为120 mm。

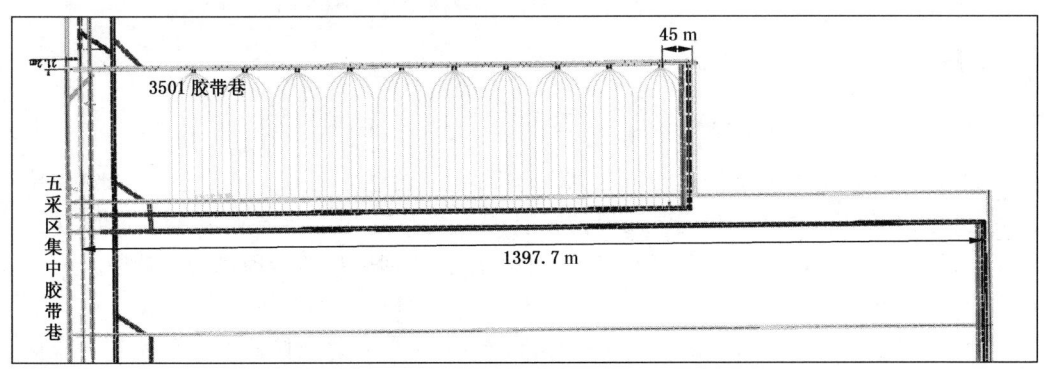

图4-37 3501工作面本煤层钻孔布置图

(2)顶板裂隙带钻孔抽采:在3501轨道巷回风联络巷口和491 m处采帮钻场内布置2组长距离顶板裂缝带钻孔(图4-38),每组布置3个钻孔,孔深450 m左右,每组钻孔开孔间距为0.6 m。钻孔终孔端控制在7~10倍采高(1号孔7倍采高,2号孔9倍采高,3号孔10倍采高)。钻孔首次钻进孔径为120 mm,一次扩孔后孔径为150 mm,二次扩孔后终孔孔径为203 mm,且钻孔伸入工作面距离在25~45 m之间(1号、2号与3号钻孔投影位置距轨道巷25 m、35 m和45 m,终孔间距为10 m)。

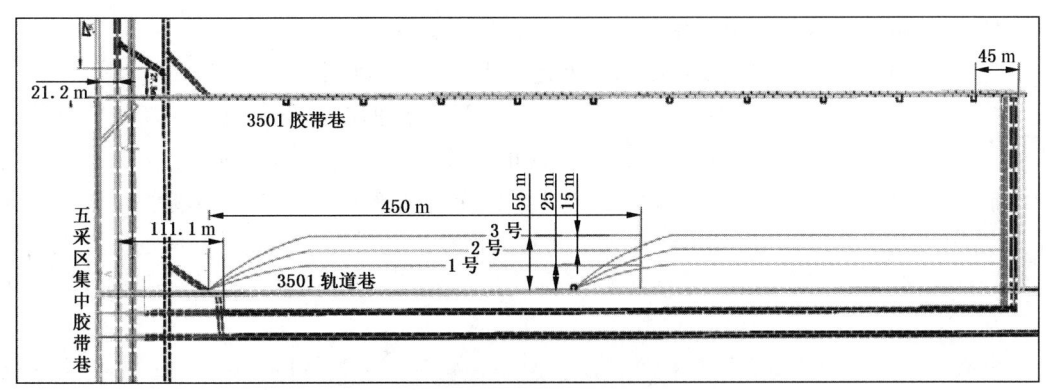

图4-38 3501工作面裂缝带钻孔布置图

(3)下邻近4号煤层钻孔抽采:在3501轨道巷回风巷口和507 m处采帮钻场内利用工作面煤层倾角布置两组下邻近4号煤层定向钻孔(图4-39)。每组设计9个钻孔。钻孔以0°在距离底板1.0 m位置开孔，钻进60 m时见4号煤层之后沿4号煤层钻进；钻孔开孔间距为1.2 m，终孔端间距为20 m，设计孔深为570 m，钻孔孔径为120 mm。

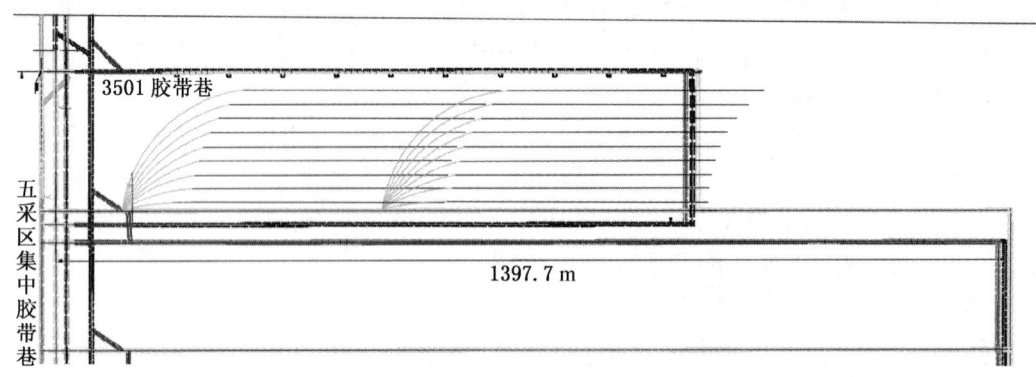

图4-39 3402工作面下邻近层4号煤钻孔布置图

（4）沿空留巷压埋管抽采：根据3502工作面沿空留巷布置+"Y"型通风方式，沿空留巷段充填墙体压埋管布置参数、瓦斯抽采管路系统布置和连接方式与3402、4307工作面基本一致，通过留巷压埋管牵制采空区瓦斯涌出，达到了瓦斯治理目的和效果。

4. 九采区前部

九采区位于沙曲二矿西北部，九采区总体走向为北东向北西倾斜的单斜构造，采区长约4 km、宽约2 km，面积为7.68 km²，可采储量为1309.5×10⁴ t。九采区共布置三条集中巷道，分别为：九采区预抽一巷（集中胶带巷）布置在5号煤层中，九采区预抽二巷（集中轨道巷）、九采区预抽三巷（集中回风巷），预抽二巷、预抽三巷布置在4号煤层。该区域煤岩层倾角较平缓，平均倾角为4°。区内主要可采煤层有山西组3号、4号、5号煤层及太原组6号、8号（8+9号）、10号煤层。

在三年规划期内，九采区仅回采1个工作面（4901），掘进巷道7个（4901胶带巷及4901开切眼、4901轨道巷及4902开切眼、4901回风巷、4903轨道巷及4903开切眼、九采区三条集中巷道）。

1）工作面巷道区域防突措施

工作面掘进巷道（4901胶带巷、4901轨道巷、4901回风巷、4903轨道巷、4901开切眼、4902开切眼、4903开切眼）均采用顺层定向钻孔预抽煤巷条带煤层瓦斯的区域防突措施，区域预抽钻孔（图4-40）布置在巷道正前及其左、右钻场，利用定向钻机施工区域预抽钻孔，区域预抽钻孔设计5个钻孔（正前布置1个钻孔，左右钻场各布置2个钻孔），钻孔孔径为120 mm。抽采达标工作面巷道正常掘进过程中，左、右钻场钻孔继续带抽牵制掘进前方煤体瓦斯，实现巷道掘进方向煤体瓦斯的连续抽采，有效降低掘进过程中风排瓦斯量。

九采区三条集中巷道继续延伸掘进时，遵循九采区一巷先行掩护九采区二巷，九采区二巷掩护九采区三巷这一原则。结合巷道层位及施工顺序，采用定向钻机在九采区预抽一巷正前及左右钻场施工长距离区域预抽钻孔掩护巷道掘进，利用非定向钻机在九采区预抽一巷施工穿层钻孔掩护预抽二巷掘进，利用非定向钻机在九采区预抽二巷施工顺煤层钻孔掩护预抽三巷掘进。

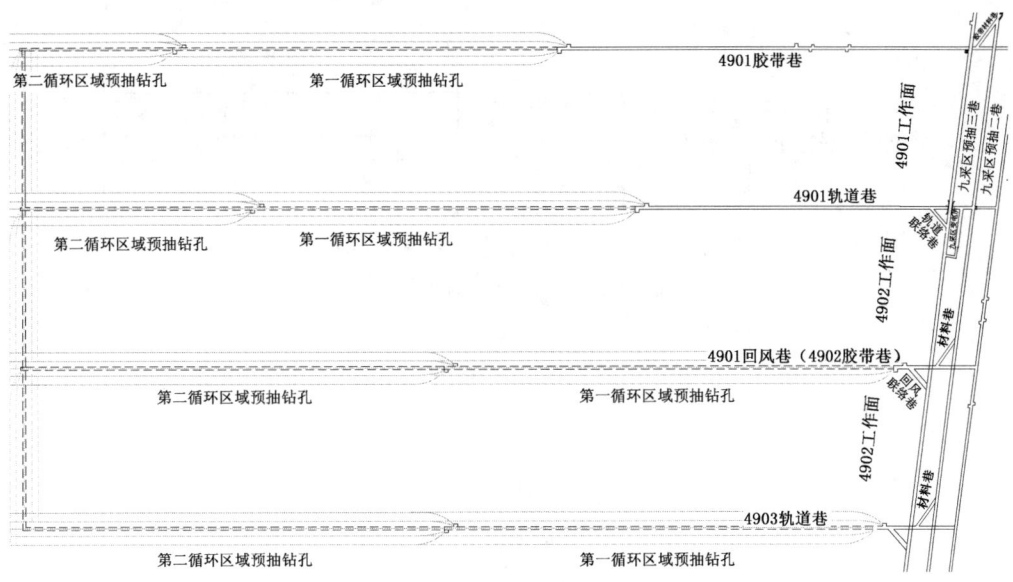

图 4-40 九采区 4 号煤层巷道区域预抽钻孔布置示意图

2) 工作面瓦斯治理措施

根据沙曲二矿生产衔接实际情况，九采区暂没有布置保护层工作面和底抽巷，为解决 4901 工作面瓦斯问题，采用大功率大扭矩定向钻机施工长距离大孔径顺层条带区域预抽钻孔，本着增加钻孔孔径（最小孔径为 120 mm，最大孔径为 203 mm），减少钻孔数量，提高钻孔抽采效率的原则，结合煤层自然倾角利用定向钻机由深部工作面巷道向浅部工作面施工顺层定向钻孔预抽区段煤层瓦斯，实现工作面在低瓦斯条件下开采。

基于对 4901 工作面瓦斯涌出量预测，确定瓦斯主要来源有：4 号煤本煤层瓦斯、上邻近 3 号煤层瓦斯、下邻近 5 号煤层瓦斯和采空区瓦斯涌出。按照分源治理的原则，设计选择：本煤层钻孔抽采、长距离顶板裂缝带钻孔抽采、下邻近 5 号煤层钻孔抽采和沿空留巷埋管抽采等措施。

（1）本煤层钻孔抽采：在 4901 轨道巷采帮钻场布置 4 号煤层定向钻孔（图 4-41）。在距离底板 1.5 m 位置处以 +3° 开孔。第一组钻孔从开切眼往外 45 m 处布置，共设计 17 组，每组间距为 80 m，7 个钻孔；开孔间距为 0.6 m，终孔间距为 12 m，孔深为 210 m，孔径为 120 mm。

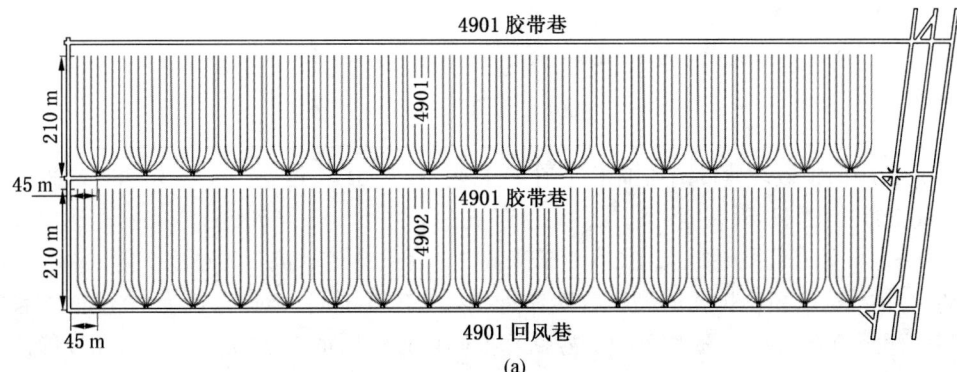

(a)

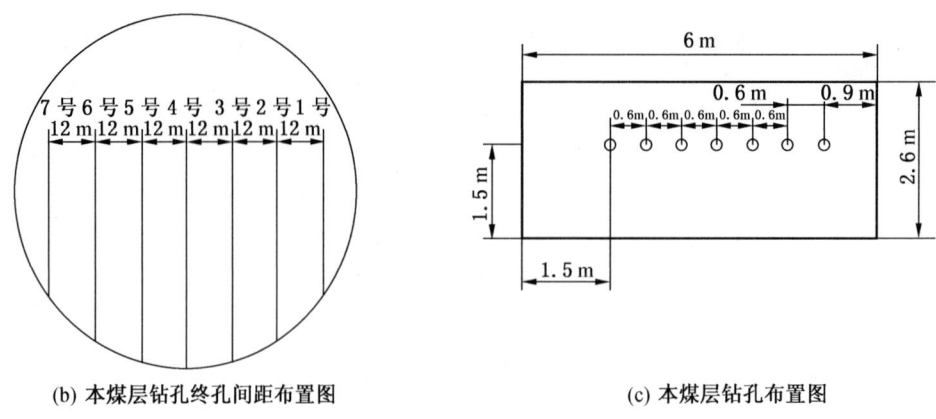

(b) 本煤层钻孔终孔间距布置图　　　　(c) 本煤层钻孔布置图

图 4-41　4901 工作面本煤层钻孔布置图

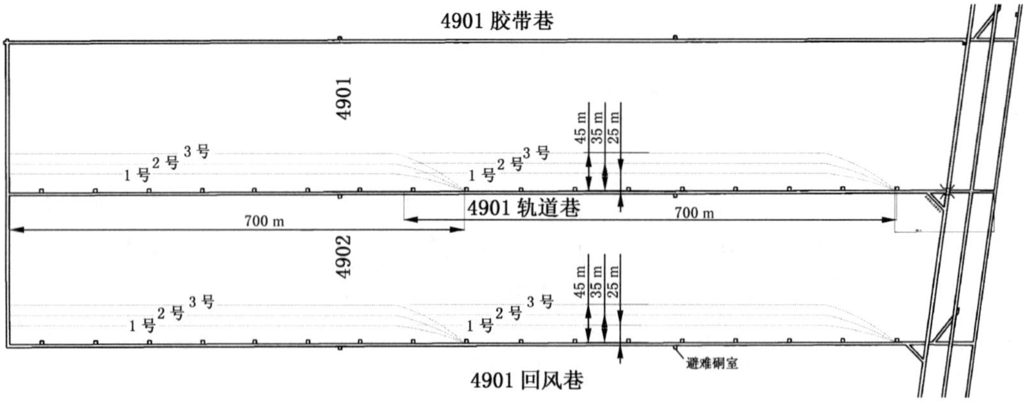

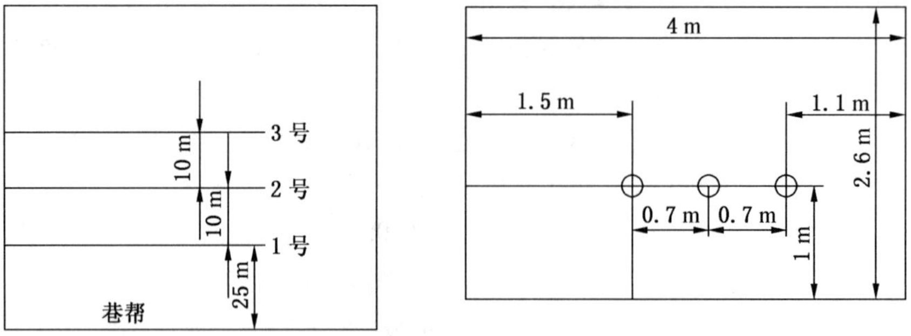

(b) 裂缝带钻孔终孔间距布置图　　　　(c) 裂缝带钻孔布置图

图 4-42　4901 工作面裂缝带钻孔布置图

(2) 长距离顶板裂缝带钻孔抽采（图 4-42）：在 4901 轨道巷 174 m 和 786 m 处采帮钻场内布置 2 组长距离顶板裂缝带钻孔，每组布置 3 个钻孔，孔深 700 m 左右，每组钻孔开孔间距为 0.6 m。钻孔终孔端控制在 7~10 倍采高（1 号孔 7 倍采高，2 号孔 9 倍采高，3 号 10 倍采高）。钻孔采取多次扩孔成型，首次钻进孔径为 120 mm，终孔孔径为 203 mm，且钻孔伸入工作面距离在 25~45 m 之间（1 号钻孔投影位置距轨道巷 25 m，2 号钻孔投影位置距轨道巷 35 m，3 号钻孔投影位置距轨道巷 45 m，钻孔终孔间距为 10 m）。

（3）下邻近 5 号煤层钻孔抽采：在 4901 回风巷采帮钻场内布置下邻近 5 号煤层定向钻孔（图 4-43）。在距离底板 1.0 m 位置以 0°开孔，钻进 60 m 时见 5 号煤层后沿煤层钻进。第一组钻孔从开切眼往外 45 m 处钻场开始布置，共设计 17 组，每组间距为 80 m，每组设计 4 个钻孔；开孔间距为 1.2 m，终孔间距为 20 m，孔深为 460 m，孔径为 120 mm。

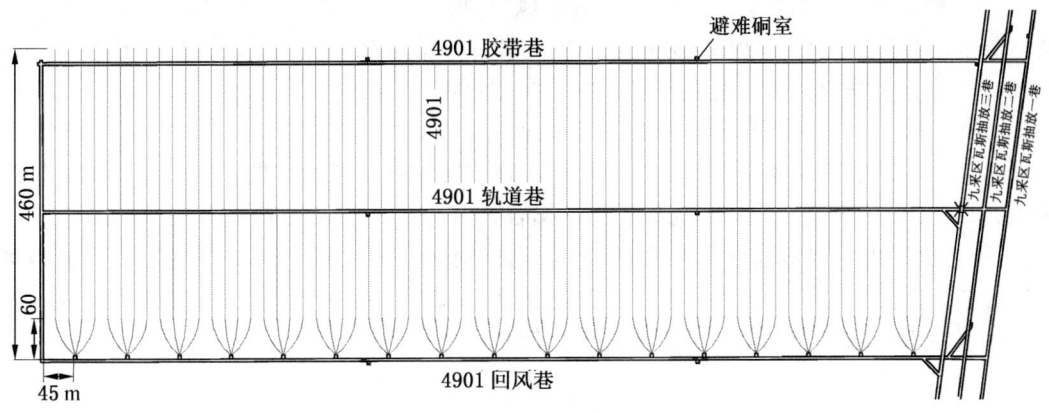

图 4-43　4901 工作面下邻近层钻孔布置图

（4）沿空留巷压埋管抽采：根据 4901 工作面沿空留巷布置+"Y"型通风方式，沿空留巷段充填墙体压埋管布置参数、瓦斯抽采管路系统布置和连接方式与 3402、4307 和 3501 工作面基本一致，通过留巷压埋管牵制采空区瓦斯涌出，达到了瓦斯治理目的和效果。

5. 开拓巷道

开拓巷道有轨道大巷、胶带大巷、回风大巷、轨胶 14 号联络巷、轨回 6 号联络巷和胶回 2 号联络巷。胶带大巷超前轨道大巷 80 m 左右，回风大巷位于 4 号煤层中；胶带大巷沿 6 号煤层顶板掘进，轨道大巷位于 6 号煤层下方 1 m 左右；三条开拓大巷都受邻近突出煤层的威胁，采用一巷超前掩护双巷的瓦斯治理措施。

（1）胶带大巷：正前布置帮钻场，在正前及钻场施工区域预抽钻孔。

（2）轨道大巷：利用胶带大巷向轨道大巷施工穿层钻孔，抽采轨道大巷邻近上下的 5 号、6 号煤层瓦斯，掩护轨道大巷掘进。

（3）回风大巷：利用千米钻机在正前及左右钻场，消除 4 号煤层突出危险性，利用轨道大巷施工钻孔抽采回风大巷下部的 5 号、6 号煤层瓦斯，掩护回风大巷掘进。

4.5　本章小结

（1）基于沙曲矿瓦斯赋存规律以及采动卸压瓦斯运移规律，确立了以"三区联动"和"五项治本之策"为核心的沙曲矿瓦斯治理战略，形成了以"井上下立体抽采"为特色的"沙曲瓦斯治理模式"。

（2）基于近距离煤层群开采特点，在规划区开展各类地面井相结合的大范围地面抽采，实现煤层气的规模化预抽；在准备区瓦斯治理中，研发并示范了多分支水平井与千米钻孔定向对接高效抽采、保护层开采+底抽巷穿层钻孔群等区域立体预抽技术；在生产区，通过采动地面井与井下抽采方法（沿空留巷"Y"型通风、大孔径裂缝带抽采、本煤层递进式预抽、采空区埋管抽采）相联合，形成沙曲矿以井上下立体式抽采为特色的"三区联动"瓦斯治理模式。

（3）基于井上、井下抽采技术的时空分布特征研究，确立了井上、井下抽采技术受约束的等级与指标，揭示了沙曲矿井上下联合抽采与三区的时空转换机制。

（4）针对沙曲矿煤炭资源和瓦斯资源禀赋特点，统筹矿井生产接续和煤与瓦斯共采规划，分别结合工程示范对沙曲瓦斯综合治理具体 5 项治本之策进行系统介绍，并对"三区联动""井上下联合抽采"瓦斯治理技术方案进行细化、优化。

（5）根据沙曲矿瓦斯赋存与涌出规律、地质条件和开采技术条件，对矿井实行分区域瓦斯治理，不同的区域采用不同的综合瓦斯治理方案，在矿井的沙曲一矿，选择地面钻井预抽+开采非突出煤层 2 号煤作为保护层，结合井下卸压瓦斯强化抽采技术，来消除 3 号、4 号、5 号煤层的突出危险性；在沙曲二矿，选择地面钻井预抽+底抽巷定向穿层钻孔群区域综合措施消除 3 号煤层突出危险性后，再通过开采 3 号煤层作为保护层，结合卸压瓦斯强化抽采技术消除 4 号、5 号煤层的突出危险性。

5 沙曲矿瓦斯综合治理技术体系

5.1 井上下联合抽采防突技术体系

根据沙曲矿近距离突出煤层群的特点,除 2 号煤层+375 m 以浅无突出危险性外,2 号煤层深部及其下部各煤层均具有突出危险性,且煤层最大原始含量大于 15.6 m^3/t,最大原始瓦斯压力大于 2.5 MPa,突出危险性较高,直接采取井下防突措施存在一定风险,故采取井上下联合抽采防突模式进行消突(图 5-1),即首先采取三类地面钻井超前预抽来降低各煤层的突出危险性,为开展井下区域预抽提供安全保障,且首次开发了多分支水平井与井下千米钻孔对接抽采防突技术,实现了地面抽采防突和井下抽采防突在时空上的"无缝对接";在井下区域预抽方面,利用近距离煤层群条件优先开采保护层,并结合底抽巷穿层定向钻孔群技术,极大发挥定向长钻孔的优势,可实现下部煤层采区范围的消突,相比传统普通钻孔群,不仅保证防突效果还显著减少钻孔工程量;此外还提出了基于突出力学模型的 K_1 值计算方法,确立其临界值,并应用于掘进工作面突出效检工作中,提高了效检准确率。

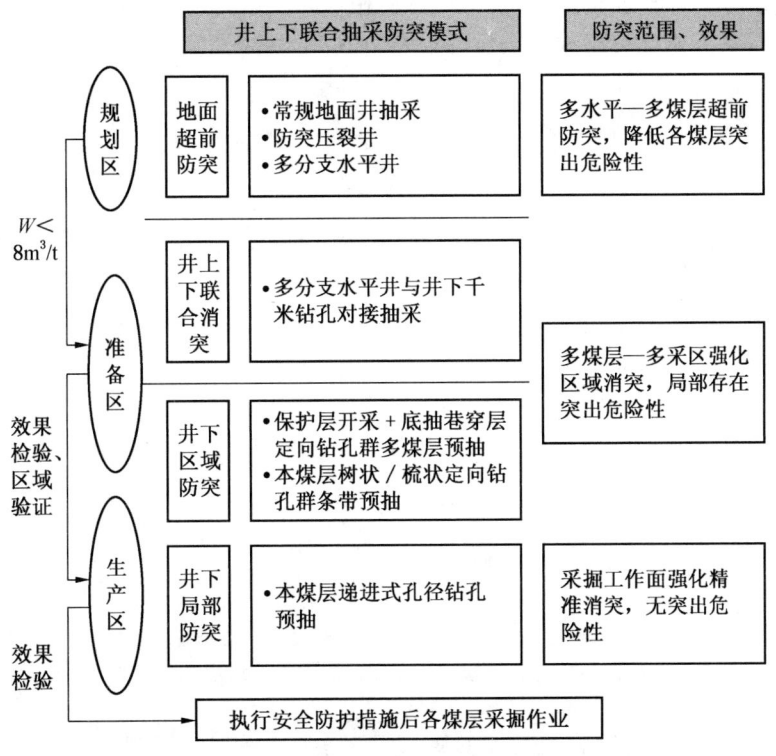

图 5-1 沙曲矿井上下联合抽采防突模式

5.1.1 区域防突技术

5.1.1.1 区域预测

沙曲矿井应进行区域突出危险性预测（以下简称区域预测），经区域预测后划分为突出危险区和无突出危险区，未进行区域预测的区域视为突出危险区。区域预测分为新水平、新采区开拓前的区域预测（以下简称开拓前区域预测）和新采区开拓完成后的区域预测（以下简称开拓后区域预测）。不同阶段的区域预测对矿井开拓开采的指导侧重点不同：开拓前区域预测结果仅用于指导新水平、新采区的设计和新水平、新采区开拓工程的揭煤作业；开拓后区域预测结果用于指导工作面的设计和采掘生产作业。根据不同预测区域范围内的不同预测结果，采取相应的防突措施，沙曲矿首采区属于已开拓区域，需进行开拓后区域预测。

沙曲矿井的区域预测方法采用煤层瓦斯参数结合瓦斯地质分析方法来进行，其基本做法如下：

（1）煤层瓦斯风化带为无突出危险区域，瓦斯风化带可以根据瓦斯气体的成分、瓦斯含量等资料进行划分。

（2）根据已开采区域确切掌握的煤层赋存特征、地质构造条件、突出分布的规律和对预测区域煤层地质构造的探测、预测结果，采用瓦斯地质分析的方法划分出突出危险区域。当突出点及具有明显突出预兆的位置分布与构造带有直接关系时，则根据上部区域突出点及具有明显突出预兆的位置分布与地质构造的关系确定构造线两侧突出危险区边缘到构造线的最远距离，并结合下部区域的地质构造分布划分出下部区域构造线两侧的突出危险区；否则，在同一地质单元内（即地质特征相近的、未受到大的地质构造阻隔的一片区域），突出点及具有明显突出预兆的位置以上 20 m（埋深）及以下的范围为突出危险区，如图 5-2 所示。

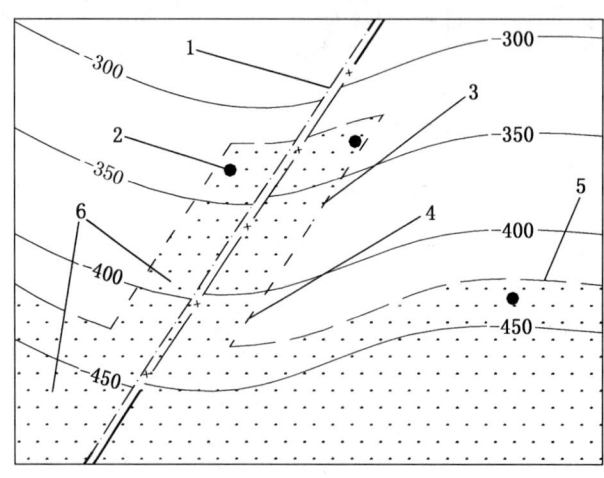

1—断层；2—突出点；3—上部区域突出点在断层两侧的最远距离线；
4—推测下部区域断层两侧的突出危险区边界线；5—推测下部区域突出危险区上边界线；
6—突出危险区（阴影部分）

图 5-2 根据瓦斯地质分析划分突出危险区域示意图

(3) 在上述 (1)、(2) 项划分出的无突出危险区和突出危险区以外的区域，应当根据煤层瓦斯压力 P 进行预测。如果没有或者缺少煤层瓦斯压力资料，也可根据煤层瓦斯含量 W 进行预测。预测所依据的临界值应根据试验考察确定，在确定前可暂按表 5-1 进行预测。

表 5-1 根据煤层瓦斯压力或瓦斯含量进行区域预测的临界值

瓦斯压力 P/MPa	瓦斯含量 $W/(m^3 \cdot t^{-1})$	区域类别
<0.74	<8	无突出危险区
其他情况		突出危险区

采用煤层瓦斯参数结合瓦斯地质分析的方法既可以用于开拓前的预测，也可以用于开拓后的预测。当采用煤层瓦斯参数结合瓦斯地质分析的方法进行开拓后区域预测时：①预测所主要依据的煤层瓦斯压力、瓦斯含量等参数应为井下实测数据。②测定煤层瓦斯压力、瓦斯含量等参数的测试点在不同地质单元内根据其范围、地质复杂程度等实际情况分别布置；同一地质单元内沿煤层走向布置测试点不少于 2 个，沿倾向不少于 3 个，并且在地质单元内埋深最大处至少有一个测试点。

5.1.1.2 区域防突措施

5.1.1.2.1 沙曲一矿区域防突措施

1. 区域防突技术措施选择

区域防突措施是指在突出煤层进行采掘前，对突出煤层较大范围采取的防突措施。区域防突措施包括地面井超前预抽、井下开采保护层和区域预抽三类。其中，地面井超前预抽属于规划区（各煤层开拓前）区域防突措施；保护层开采属于准备区和生产区（针对首采层和下邻近层分别属于开拓后和开拓前）的区域防突措施。

基于沙曲矿近距离突出煤层群的特点，采取开采保护层是最有效、最可靠的防突措施，区域防突措施应当优先采用开采保护层。

开采保护层分为上保护层和下保护层两种方式。

预抽煤层瓦斯可采用的方式有：地面井预抽煤层瓦斯以及井下穿层钻孔或顺层钻孔预抽区段煤层瓦斯、穿层钻孔预抽煤巷条带煤层瓦斯、顺层钻孔或穿层钻孔预抽回采区域煤层瓦斯、穿层钻孔预抽石门（含立、斜井等）揭煤区域煤层瓦斯、顺层钻孔预抽煤巷条带煤层瓦斯等。

在采用预抽煤层瓦斯区域防突措施时，应当按上述所列方式的优先顺序选取，或一并采用多种方式的预抽煤层瓦斯措施。

根据沙曲一矿煤层赋存情况，一采区仅存 4104 工作面和 5103 工作面，4104 工作面已构成，正在进行区域防突措施，二采区具备开采保护层的条件，可以把开采保护层作为区域防突措施。因此，根据矿井生产需求，设计沙曲一矿二采区将 2 号煤层作为保护层先行开采区域性防突措施，三采区应采用预抽煤层瓦斯作为 3+4 号、5 号煤层的区域性防突措施，四采区、五采区属于接替区，接替区域采用地面井预抽，六采区属于远景规划区，由于接替时间长，拟采用地面井预抽形式，作为区域防突措施。

沙曲一矿现已建有瓦斯抽采系统，可以在采掘工作面采用大面积预抽煤层瓦斯作为区域性防突措施。在区域预测为有危险的回采工作面回采前，布置抽放钻孔进行大面积预抽，从而消除或降低突出危险性，预抽煤层瓦斯消突危险原理如图5-3所示。

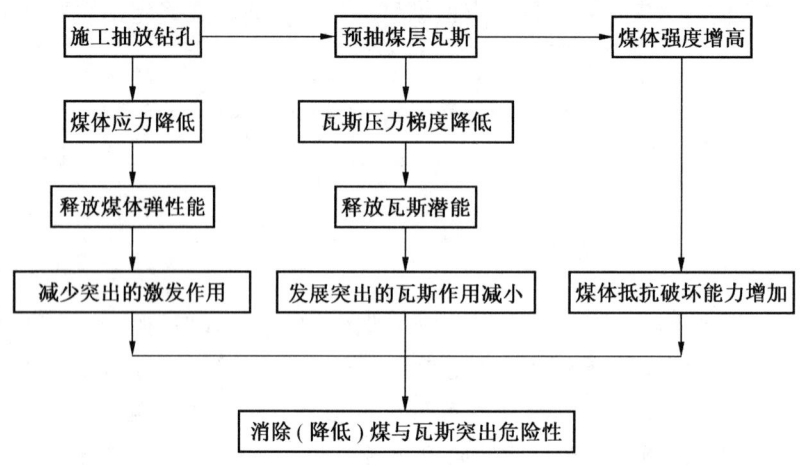

图5-3 预抽煤层瓦斯消突危险原理图

1）开采保护层

根据保护层和开采顺序的论证，沙曲一矿将二采区2号煤层作为3+4号、5号煤层的上保护层进行开采。开采保护层区域防突措施应符合以下要求：

（1）开采保护层时，同时抽采被保护层的瓦斯。

（2）开采近距离保护层时，应采取措施防止被保护层初期卸压瓦斯突然涌入保护层采掘工作面或误穿突出煤层。

（3）正在开采的保护层工作面超前于被保护层的掘进工作面，其超前距离不得小于保护层与被保护层层间垂距的3倍，并不得小于100 m。

（4）开采保护层时，采空区内不得留有煤（岩）柱。特殊情况需留煤（岩）柱时，应经技术负责人批准，并做好记录，将煤（岩）柱的位置和尺寸准确地标在采掘工程平面图上。每个被保护层的瓦斯地质图应当标出煤（岩）柱的影响范围，在煤柱范围内进行采掘工作前，必须采取预抽煤层瓦斯区域防突措施。

（5）当保护层留有不规则煤柱时，必须按照其最外缘的轮廓划出平直轮廓线，并根据保护层与被保护层之间的层间距变化确定煤柱影响范围。在被保护层进行采掘工作时，还应当根据采掘瓦斯动态及时修改。

（6）保护层和被保护层开采设计依据的保护层有效保护范围等有关参数，应当根据试验考察确定，并报华晋公司总工程师批准后执行。

由于沙曲一矿开采煤层层间距较近，保护层先行开采时，须注意邻近的被保护层瓦斯涌出对保护层开采工作面的影响，加强邻近瓦斯治理力度。同时采取措施防止被保护层初期卸压瓦斯突然涌入保护层采掘工作面或误穿突出煤层。

2）保护层保护范围

首次开采保护层时，保护层与被保护层之间最大保护垂距、沿倾斜、走向方向的保护范围、开采下保护层时不破坏上部被保护层的最小层间距离等参数可参照下述条文确定。

（1）最大保护垂距：保护层与被保护层之间的最大保护垂距可参照表5-2选取或用

式 (5-1)、式 (5-2) 计算确定：

表 5-2 保护层与被保护层之间的最大保护垂距

煤层类别	最大保护垂距/m	
	上保护层	下保护层
急倾斜煤层	<60	<80
缓倾斜和倾斜煤层	<50	<100

下保护层的最大保护垂距：
$$S_{下} = S'_{下}\beta_1\beta_2 \tag{5-1}$$

上保护层的最大保护垂距：
$$S_{上} = S'_{上}\beta_1\beta_2 \tag{5-2}$$

式中 $S'_{下}$、$S'_{上}$——下保护层和上保护层的理论最大保护垂距，m。它与工作面长度 L 和开采深度 H 有关，可参照表 5-3 取值。当 $L>0.3H$ 时，取 $L=0.3H$，但 L 不得大于 250 m；

β_1——保护层开采的影响系数，当 $M \leqslant M_0$ 时，$\beta_1 = \dfrac{M}{M_0}$；当 $M > M_0$ 时，$\beta_1 = 1$；

M——保护层的开采厚度，m；

M_0——保护层的最小有效厚度，m。M_0 可参照图 5-4 确定；

β_2——层间硬岩（砂岩、石灰岩）含量系数，以 η 表示在层间岩石中所占的百分比，当 $\eta \geqslant 50\%$ 时，$\beta_2 = 1 - \dfrac{0.4\eta}{100}$；当 $\eta < 50\%$ 时，$\beta_2 = 1$。

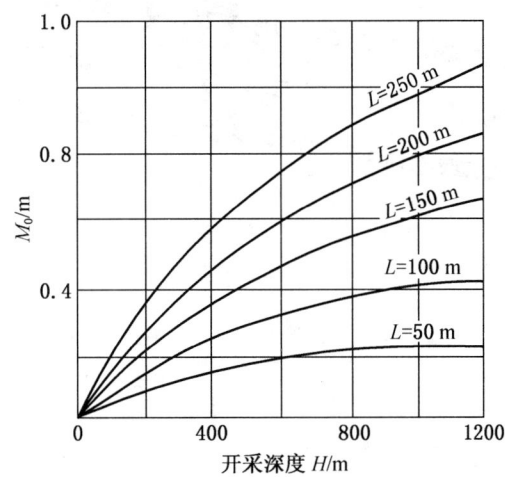

图 5-4 保护层工作面始采线、终采线和煤柱的影响范围

二采区将 2 号煤层作为上保护层开采时，地表标高约为 +800 m，采煤工作面标高约为 +430 m，开采深度 H 约为 370 m，工作面长度 $L=150$ m，$L>0.3H$ 取 $L=0.3H=111$ m。据查表 5-3，$S'_{上}$ 为 60 m；通过图 5-4 可知，M_0 为 0.3 m，2 号煤层开采厚度 $M=1.08$ m，$M>M_0$，所以 $\beta_1=1$；2 号煤层底板为泥岩、砂质泥岩、粉砂岩；2 号煤层底板 η 可取

60%，$\eta \geqslant 50\%$，所以 $\beta_2=1-0.4\eta/100$。计算得 $\beta_2=0.76$。则 $S_\text{上}=60\times1\times0.76=45.6 \text{ m}$。

表 5-3　$S'_\text{上}$ 和 $S'_\text{下}$ 与开采深度 H 和工作面长度 L 之间的关系　　　　m

开采深度 H	工作面长度 L								工作面长度 L					
	50	75	100	125	150	175	200	250	50	75	100	125	150	200	250
	$S'_\text{下}$								$S'_\text{上}$						
300	70	100	125	148	172	190	205	220	56	67	76	83	87	90	92
400	58	85	112	134	155	170	182	194	40	50	58	66	71	74	76
500	50	75	100	120	142	154	164	174	29	39	49	56	62	66	68
600	45	67	90	109	126	138	146	155	24	34	43	50	55	59	61
800	33	54	73	90	103	117	127	135	21	29	36	41	45	99	50
1000	27	41	57	71	88	100	114	122	18	25	32	36	41	44	45
1200	24	37	50	63	80	92	104	113	16	23	30	32	37	40	41

沙曲一矿二采区将 2 号煤层作为上保护层开采时，最大保护范围是 45.6 m。2 号煤层距离下邻近层 3+4 号和 5 号煤层间距分别为 20.64 m 和 25.09 m。因此，2 号煤层开采时，对下邻近层 3+4 号和 5 号煤层可起到保护作用。

根据上述保护层最大保护垂距大于 2 号煤层与 3+4 号、5 号煤层的层间距，故采取开采 2 号煤层作为 3+4 号、5 号煤层的保护层。

(2) 保护范围：保护层工作面沿倾斜方向的保护范围应根据卸压角 δ 划定，如图 5-5 所示。沙曲一矿没有实测的卸压角，可参考表 5-4 的数据取值。

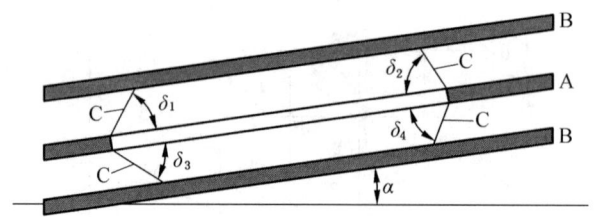

A—保护层；B—被保护层；C—保护范围边界线

图 5-5　保护层工作面沿倾斜方向的保护范围

表 5-4　保护层沿倾斜方向的卸压角　　　　(°)

煤层倾角 α	卸压角 δ			
	δ_1	δ_2	δ_3	δ_4
0	80	80	75	75
10	77	83	75	75
20	73	87	75	75
30	69	90	77	70
40	65	90	80	70
50	70	90	80	70

表 5-4（续） (°)

煤层倾角 α	卸压角 δ			
	δ_1	δ_2	δ_3	δ_4
60	72	90	80	70
70	72	90	80	72
80	73	90	78	75
90	75	80	75	80

沙曲一矿 2 号煤层保护层回采工作面倾角为 8°左右，按表 5-4，下煤层卸压角 δ_3、δ_4 可分别取 75°、75°，对 3+4 号、5 号煤层的可保护范围如图 5-6 所示。

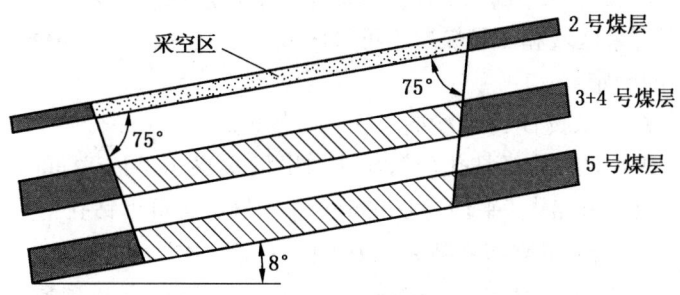

图 5-6 2 号煤层开采时对邻近煤层沿倾向保护范围示意图

（3）沿走向方向的保护范围：若保护层采煤工作面停采时间超过 3 个月且卸压比较充分，则保护层采煤工作面对被保护层沿走向保护范围对应于始采线、终采线及所留煤柱边缘位置边界线可按卸压角 $\delta_5 = 56° \sim 60°$ 划定，如图 5-7 所示。

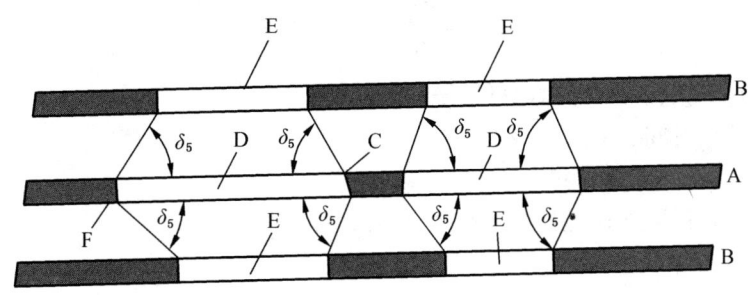

A—保护层；B—被保护层；C—煤柱；D—采空区；
E—保护范围；F—始采线、终采线
图 5-7 保护层工作面始采线、终采线和煤柱的影响范围

沙曲一矿 2 号煤层回采工作面对邻近煤层沿走向保护范围如图 5-8 所示。

为了保证被保护层掘进工作面的安全，保护层回采工作面必须超前被保护层的掘进工作面。根据《防突细则》，其最小超前距离不得小于保护层与被保护层层间垂距的 3 倍，并不得小于 100 m。根据沙曲矿的实际情况，保护层回采工作面超前被保护层掘进工作面的距离应不得小于 100 m。

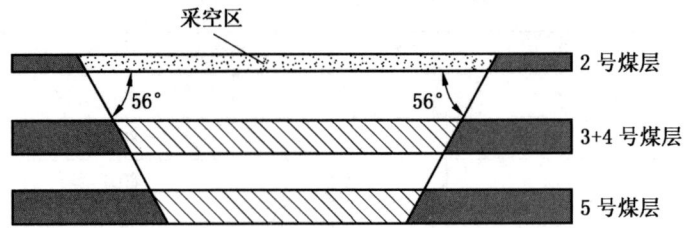

图 5-8 2 号煤层开采时对邻近煤层沿走向保护范围示意图

2. 二采区煤层瓦斯预抽方案

二采区作为首采区域,首采工作面为 4208 工作面。目前,2201、4201、4202、4207 工作面已回采完毕,2202、2203、2204、4208 工作面已形成。二采区的防突措施共分为两部分,即 2 号煤层可采区域和 2 号煤层不可采区域。

1）预抽时间的确定

根据《华晋焦煤有限责任公司沙曲一矿（2 号、3 号、4 号、5 号煤层）瓦斯涌出量预测报告》可知：2 号煤层百米钻孔初始瓦斯涌出量 q_0 为 0.53 m³/min,钻孔瓦斯流量衰减系数 α 为 0.033~0.038 d⁻¹,平均为 0.036 d⁻¹；4 号煤层百米钻孔初始瓦斯涌出量 q_0 为 0.59 m³/min,钻孔瓦斯流量衰减系数 α 为 0.024~0.028 d⁻¹,平均为 0.026 d⁻¹；5 号煤层百米钻孔初始瓦斯涌出量 q_0 为 0.65 m³/min,钻孔瓦斯流量衰减系数 α 为 0.037~0.038 d⁻¹,平均为 0.0375 d⁻¹。因此,百米钻孔在不同 t 时间内可抽采的瓦斯总量（Q_t）和钻孔抽采有效系数（K）按下式计算：

$$Q_t = \frac{1440 q_0 \cdot (1 - e^{-\alpha t})}{\alpha} \tag{5-3}$$

$$K = \frac{Q_t}{Q_j} = 1 - e^{-\alpha t} \tag{5-4}$$

式中 Q_t——百米钻孔在 t 时间内可抽采瓦斯总量,m³；

t——抽采时间,d；

K——钻孔抽采有效系数,%；

Q_j——钻孔极限瓦斯涌出量,$Q_j = 1440 q_0 / \alpha$,m³。

计算结果见表 5-5。

表 5-5 不同抽采时间内百米钻孔抽采瓦斯总量及钻孔抽采有效系数

煤层编号		预抽时间/d			
		60	90	120	180
2 号	抽采瓦斯总量 Q_t/m³	19011.47	20691.57	21270.74	21167.48
	钻孔抽采有效系数 K/%	88.12	95.90	98.59	99.84
3+4 号、4 号	抽采瓦斯总量 Q_t/m³	25809.59	29528.40	30704.61	32373.71
	钻孔抽采有效系数 K/%	78.99	90.37	95.58	99.07
5 号	抽采瓦斯总量 Q_t/m³	22261.63	24032.93	24607.99	24930.77
	钻孔抽采有效系数 K/%	89.46	96.58	98.89	99.89

由表5-5得出，当预抽时间为4个月（120 d）时，钻孔抽采有效系数 K 已经在95%以上了，考虑到沙曲一矿消除煤与瓦斯突出威胁的需求以及与回采工作面生产周期一致，回采工作面生产周期为1年多，建议预抽时间确定为12个月，对于布置有底抽巷的区域，预抽时间相对充足，建议预抽时间为18个月（具体可根据预抽情况而定，但必须满足瓦斯含量低于 8 m^3/t、煤层瓦斯压力小于 0.74 MPa）。

2）二采区2号煤层可作为保护层开采的区域防突措施

现以4209工作面为例进行瓦斯预抽方案设计。4029工作面上部的2号煤层属于可采区域，应优先开采2号煤层作为保护层作为下部4号和5号煤层的区域防突措施。在2号煤层的开采区域，主要采取保护层开采作为区域防突措施。

3）二采区2号煤层不可采区域

二采区2号煤层不可采区域，主要开采3+4号、5号煤层，根据二采区的煤层赋存及开拓情况，设计采用底板岩巷预抽3+4号、5号煤层巷道条带瓦斯，回采区域采取底板岩巷穿层钻孔大面积预抽，利用回采区段巷道单巷（或双巷）打平行钻孔进行补充预抽。具体设计方案如下：

（1）二采区3+4号、5号煤层掘进工作面瓦斯预抽方案。根据沙曲一矿煤层赋存情况，在5号煤层底板大于12 m处布置底板倾向瓦斯抽放巷，施工穿层钻孔（从下向上依次穿过5号、3+4号）预抽3+4号煤层巷道条带瓦斯，控制3+4号煤层工作面巷道两帮15 m，巷道条带预抽完毕后掘进巷道，施工穿层钻孔预抽3+4号煤层巷道条带瓦斯时，钻孔终孔间距应根据实测抽放半径确定。封孔深度应不小于12 m，封孔管直径大于50 mm。当采用钻孔直径为94 mm，终孔间距为5 m时，预抽时间不得少于12个月（或将含量降到 8 m^3/t 以下、煤层瓦斯压力降到0.74 MPa以下），如图5-9所示。

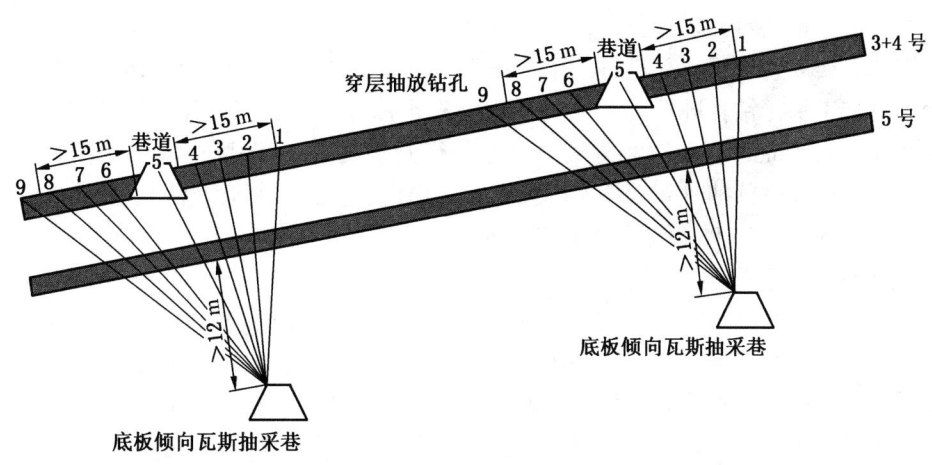

图5-9　3+4号煤层底板瓦斯抽放巷巷道条带预抽钻孔布置图示意图

根据二采区的实际情况，在2号煤层不可采区域无法采取保护层开采时，采用底板岩巷穿层钻孔预抽煤层条带瓦斯。上述的钻孔设计在保证抽采效果的同时可根据矿方的实际施工情况进行调整。

（2）二采区3+4号、5号煤层回采区段煤层瓦斯预抽方案。由于3+4号煤层和5号煤层间距较小，在回采3+4号煤层时必须对5号煤层进行消突，利用底板岩巷，施工穿层钻孔

（从下向上依次穿过 5 号、3+4 号）预抽 3+4 号、5 号煤层回采区段瓦斯，如图 5-10 所示，控制"3+4 号和 5 号煤层工作面回风巷上帮至少 15 m 和运输巷下帮至少 15 m"之间区域。封孔深度不小于 12 m，封孔管直径应大于 50 mm。当采用钻孔直径为 94 mm，终孔间距为 5 m 时，预抽时间不得少于 18 个月或将含量降到 8 m^3/t 以下、煤层瓦斯压力降到 0.74 MPa 以下。

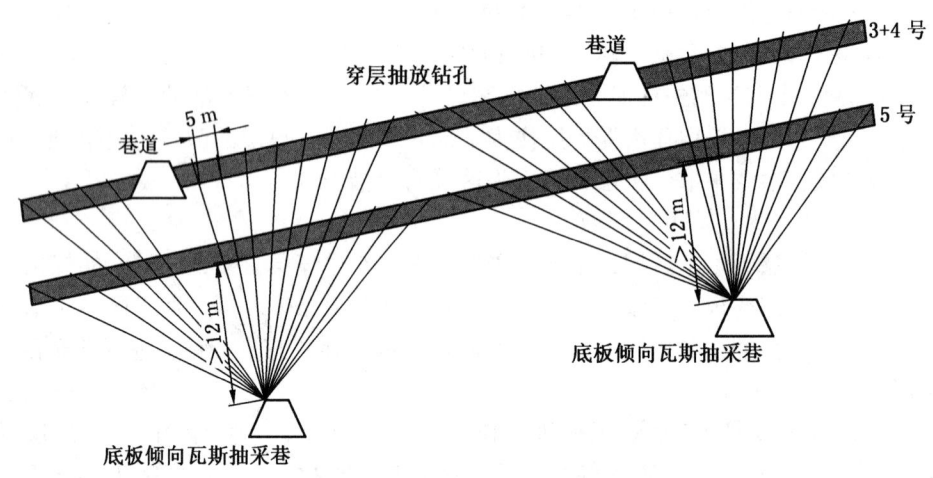

图 5-10 底板抽放巷穿层钻孔预抽 3+4 号、5 号煤层区段瓦斯

4）煤层瓦斯预抽方案补充措施

当利用底板岩巷进行大面积顺层预抽时，会存在布孔不均，留有抽采空白区域，所以在工作面回采前首先要对回采区域的防突措施做区域验证。另外，对达不到防突要求的区域需重新采取补充措施。补充措施主要有利用巷道进行单巷施工平行钻孔预抽，或者是利用双巷对打平行钻孔对回采区段进行补充预抽。

采用单巷或双巷顺层钻孔进行回采工作面补充预抽时，如图 5-11、图 5-12 所示，主要利用巷道施工平行钻孔进行补充预抽。在补充预抽过程中，当采用钻孔直径为 94 mm，钻孔终孔间距为 5 m 时（根据实测抽放半径进行调整），封孔深度应不小于 9 m，封孔管直径应大于 50 mm。预抽时间根据实际预抽效果而定，但必须将含量降到 8 m^3/t 以下、煤层瓦斯压力降到 0.74 MPa 以下，方可进行回采。

3. 三采区煤层瓦斯预抽方案

目前，三采区内的 4301、4302、4303、4304、4305 工作面均已回采完毕，4306 工作面已经形成，下部 5 号煤层 5301、5302、5303、5304、5305、5306 工作面均未开拓，由于 3+4 号煤层与 5 号煤层的平均间距只有 4.45 m，故下部 5 号煤层工作面在上部 4 号煤层开采完毕后均已卸压，但在开采 5 号煤层之前应首先对 5 号煤层的回采区域进行区域验证。

根据 4307 工作面地面井预抽实际情况，实验性预抽方案效果不错，设计建议在后期的 4308 及后续工作面首先采用地面井预抽，预抽不达标区域进行补充预抽，地面井预抽方案参照 4307 工作面进行地面井预抽施工。

三采区 4307 工作面多分支水平井布置方式如图 5-13 所示。4307 工作面内共设计 6 个水平分支，总进尺 3042.32 m，水平井轨迹方向沿着工作面回采推进方向，煤层中主水平段长度为 1000~1100 m，属远端井下对接地面水平井。

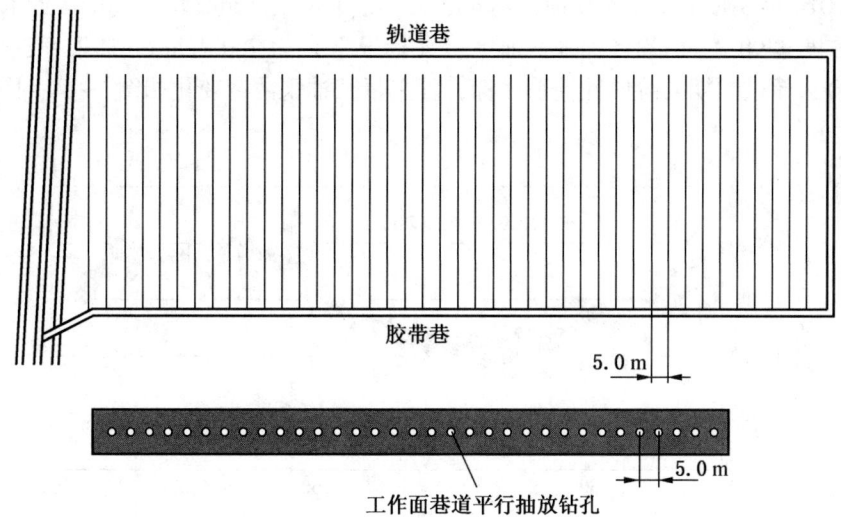

图 5-11 单巷顺层钻孔补充预抽回采区域煤层瓦斯布置图

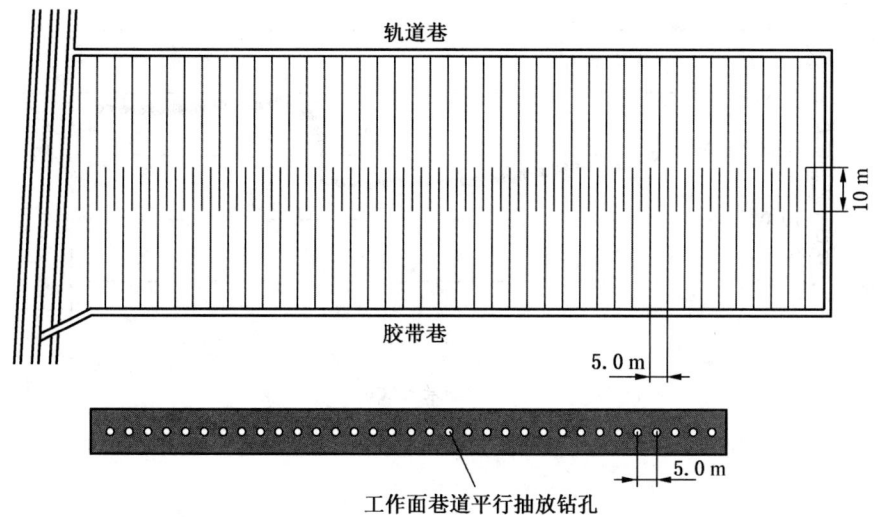

图 5-12 双巷顺层平行钻孔补充预抽回采区域煤层瓦斯布置图

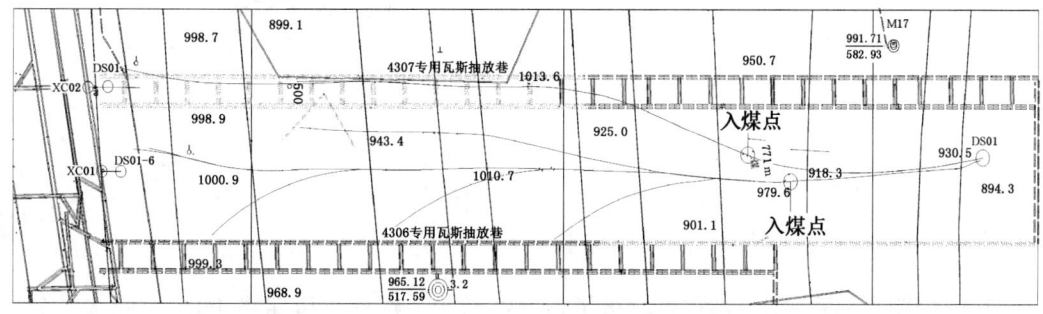

图 5-13 4307工作面多分支水平对接井平面图

截至 2014 年 3 月 1 日，连续抽采达 440 天，整个水平井组日均产气量接近 1.5 万 m^3，平均瓦斯浓度达 90%，已累计抽采瓦斯纯量（标况下）为 700 万 m^3。抽采率已达到 43%（700/1600），超过预期的阶段性抽采目标，抽采量及抽采浓度变化如图 5-14、图 5-15 和图 5-16 所示。

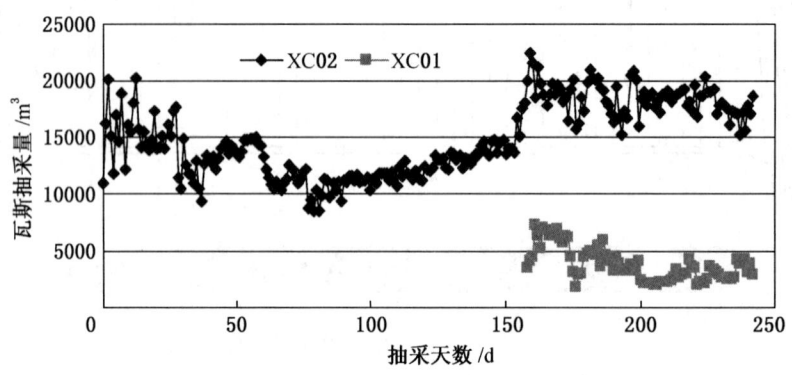

图 5-14　瓦斯抽采量变化曲线

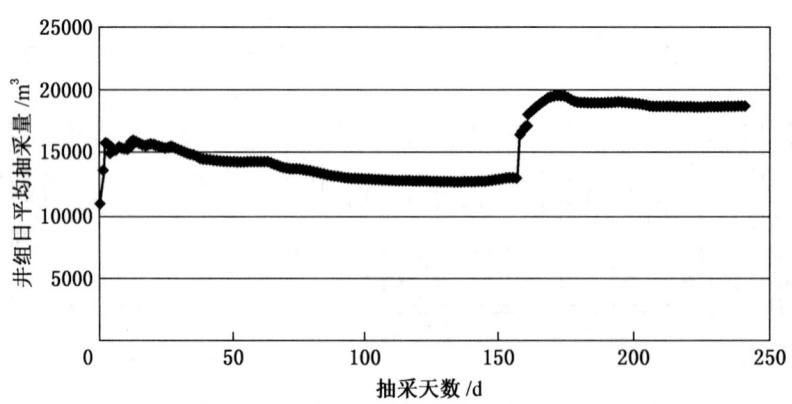

图 5-15　DS01 水平井组瓦斯抽采量曲线

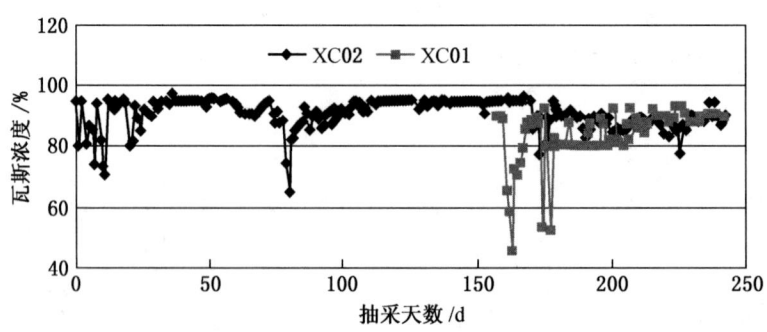

图 5-16　瓦斯抽采浓度变化曲线

4307 工作面地面井实验性预抽取得了良好的效果，因此，后期将 4307 地面水平分支井的成果应用到 4308 及后期工作面进行地面井提前预抽。

4. 预抽参数的确定

(1) 钻孔直径:理论上钻孔直径大,暴露煤壁面积也大,瓦斯涌出量就大。但钻孔的直径应根据打钻技术、抽放瓦斯量和抽放半径等因素综合考虑,一般选用65~113 mm,有条件时可用大直径钻孔。根据沙曲一矿的实际情况,预抽钻孔采用94 mm直径。

(2) 钻孔长度:实践证明,钻孔的抽放瓦斯量随着钻孔长度(揭露煤的长度)的增大而增加,因此,应尽可能打长钻孔,尽可能在一条巷道施工的抽采钻孔一次性打穿全回采区段并至少压茬15 m。

(3) 钻孔终孔间距:钻孔终孔间距应根据实测抽放半径确定。

(4) 抽放时间:抽放时间应能满足消突效果。

(5) 封孔:封孔的好坏直接影响抽放效果和矿井抽放浓度,根据沙曲一矿煤层、巷道支护的实际情况,上向孔可采用聚氨酯(水泥浆机械式封孔),煤孔封孔深度至少12 m,岩孔至少9 m。

(6) 计量:原则上抽放巷内每个钻场、本层预抽孔每组应有计量装置和控制闸门,计量装置为孔板或皮托管、均速管等。干管和主管必须有计量装置和自动放水装置。

需要说明的是,沙曲一矿应优先选择开采上保护层(2号煤层)作为区域防突措施,但当2号煤层无保护层开采时或者2号煤层保护效果达不到《防突细则》要求时,则应对3+4号、5号煤层对应区域采取底板岩巷穿层钻孔预抽煤层瓦斯的区域防突措施。

此外,采用本煤层顺层钻孔预抽3+4号、5号煤层区段煤层瓦斯时,如果矿井在施工工作面顺层预抽钻孔时在部分地点出现过卡钻、顶钻、喷孔等现象,会造成抽放钻孔施工不到位或因钻进速度过慢而导致无法施工,从而留下抽放空白带,为以后的安全生产留下隐患。建议缩短工作面长度或购买大功率的钻机设备,并配合麻花钻杆、风力排渣工艺进行施工,管理上加强操作人员的技能培训,提高钻工技术水平,确保按照设计要求施工;若采用上述工艺和方法,钻孔施工因喷孔、顶钻、卡钻原因仍不能达到设计深度时,可试验采用穿层钻孔预抽卸压后再施工顺层钻孔的方法,即在顺层钻孔施工确实困难的地点,从回采工作面运输巷向煤层底板掘进下山斜巷,斜巷末端掘进钻场,在钻场内向抽采空白带施工穿层预抽钻孔,穿层孔预抽一段时间达到卸压效果后,再按设计要求施工顺层长钻孔。

根据上述设计方案,结合沙曲一矿二采区和三采区开拓采准部署现状,将沙曲一矿2号、3+4号、5号煤层划分为三个区域,以便于分区域实施防突措施。其中,三采区开采3+4号、5号煤层时以地面水平分支井预抽作为准备区域的主要区域防突措施;二采区采取优先开采2号煤层作为3+4号、5号煤层的上保护层的区域防突措施,2号煤层准备区采取底板岩抽巷对煤巷条带瓦斯进行预抽,开采区采用顺层钻孔对回采区域进行条带预抽;四、五、六采区采用地面井大面积预抽作为区域防突措施。

5. 地面井预抽

(1) 勘探作用:煤层气预抽井间距通常为300~400 m,如果把钻井资料与矿方的地震勘探资料结合,将提高井下地质情况的精确度和可信度,有利于矿方合理规划巷道和布置工作面,节约勘探成本和生产成本。

(2) 采前抽:在吨煤瓦斯含量大于8 m^3/t 的后备采区提前8~15年进行地面煤层气预抽,可以使煤层瓦斯含量大幅度降低,有效降低瓦斯突出危险。

(3) 采中抽：布置在采煤工作面的煤层气地面预抽井受采煤活动的影响，瓦斯产出量增加，涌向工作面的瓦斯减少，从而降低矿井通风压力和瓦斯危险性。

(4) 采后抽：当采煤工作面推进过去后，煤层气地面预井可以作为采空区抽采井抽采采空区残余瓦斯，减少采空区瓦斯涌出量，降低井下瓦斯事故率。

结合沙曲一矿的实际情况，一采区、二采区和三采区为矿井移交生产时的主采区域，四采区、五采区和六采区为接替区域。三采区 4307 工作面采用地面水平分支井进行了实验性预抽，并取得了良好的效果。设计采用地面水平分支井提前预抽四采区、五采区和六采区煤层瓦斯。

6. 三区联动立体化抽采

地面井与井下联合抽采相结合能够实现高效快速的抽采，在空间上体现为井上下结合，即地面与井下瓦斯抽采相结合，与煤矿开采衔接完全一致，在时间上体现为煤矿规划区域实施地面预抽、煤矿准备区域实施井上下联合抽采、煤矿生产区域实施井下瓦斯抽采，在方式上体现多种抽采方式相结合，即地面抽采、长钻孔抽采和顺层钻孔抽采相结合。

结合沙曲一矿的实际情况划分为生产区、准备区、规划区。生产区一般是指近 3 年内要开采的区域直接采用井下抽采；准备区是 3~8 年开采的区域，采用地面与井下联合抽采；规划区是 8~10 年后开采的区域，采用地面井预抽。

7. 近 3 年采掘工作面防突措施方案及钻孔工程量

根据矿井采掘接替计划，采掘工作面防突措施及施工地点见表 5-6 和表 5-7。

表 5-6　采掘工作面防突措施方案

序号	工作面编号	工作面预抽方法	巷道预抽方法	施工地点
1	2202	保护层、顺层钻孔	无	2201 轨道巷
2	2203	保护层、顺层钻孔	无	2202 轨道巷
3	2204	保护层、顺层钻孔	无	2203 轨道巷
4	4203	穿层预抽	底板岩巷穿层	底板岩巷
5	4208	穿层预抽	底板岩巷穿层	底板岩巷
6	4209	穿层预抽	底板岩巷穿层	底板岩巷
7	5301	顺层钻孔	定向长钻孔	5301 轨道巷、胶带巷
8	4305	顺层钻孔	无	4305 胶带巷
9	4306	区域递进式	区域递进式	4305 回风巷

表 5-7　防突钻孔工程量计算

序号	工作面编号	工作面长/m	可采长度/m	单孔长度/m	钻孔间距/m	钻孔数量/个	钻孔总长度/m
1	2202	145	1430	35	5	6090	213150
2	2203	145	1430	35	5	6090	213150
3	2204	145	1430	35	5	6090	213150
4	4203	210	1025	30	5	8610	258300

表 5-7(续)

序号	工作面编号	工作面长/m	可采长度/m	单孔长度/m	钻孔间距/m	钻孔数量/个	钻孔总长度/m
5	4208	210	1470	30	5	12348	370440
6	4209	210	1450	30	5	12180	365400
7	5301	210	1148	120	5	383	45920
8	4305	210	960	120	5	320	38400
9	4306	210	960	230	5	320	73600
合计							1791510

5.1.1.2.2 沙曲二矿区域防突措施

根据沙曲二矿煤层赋存情况，一采区、二采区已基本回采完，5105 工作面已经形成并已采取防突措施。三、四采区 4 号、5 号煤层的平均层间距都小于 7 m，且 4 号、5 号煤层均有突出危险性，因此，根据矿井生产需求，三、四、五采区应采用预抽煤层瓦斯作为 3 号、4 号、5 号煤层的区域性防突措施，六、七、八、九采区属于远景规划区，由于接替时间长，拟采用地面井长时间预抽形式，作为区域防突措施。

沙曲二矿现已建有瓦斯抽采系统，可以在采掘工作面采用大面积预抽煤层瓦斯作为区域性防突措施。在区域预测为有危险的回采工作面布置抽放钻孔进行大面积预抽，从而消除或降低突出危险性，预抽煤层瓦斯消突危险原理如图 5-17 所示。

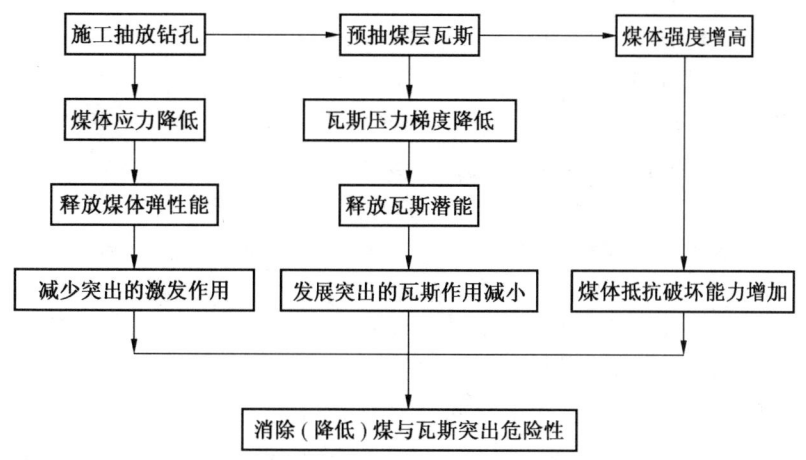

图 5-17 预抽煤层瓦斯消突危险原理图

根据沙曲二矿 3 号、4 号、5 号煤层突出危险性鉴定结果，3 号、4 号、5 号煤层均具有煤与瓦斯突出危险性，因此，开采前 3 号、4 号、5 号煤层必须采取预抽煤层瓦斯的区域防突措施。目前，一采区和二采区基本已回采完毕，故主要针对三、四采区的 3 号、4 号和 5 号煤层的预抽方案进行设计。

1. 三采区煤层瓦斯预抽方案

1) 预抽时间

根据《华晋焦煤有限责任公司沙曲二矿（2 号、3 号、4 号、5 号煤层）瓦斯涌出量预测报告》,3号煤层百米钻孔初始瓦斯涌出量 q_0 为 0.53 m³/min,钻孔瓦斯流量衰减系数 α 为 0.040~0.042 d⁻¹,平均为 0.041 d⁻¹;4号煤层百米钻孔初始瓦斯涌出量 q_0 为 0.59 m³/min,钻孔瓦斯流量衰减系数 α 为 0.024~0.028 d⁻¹,平均为 0.026 d⁻¹;5号煤层百米钻孔初始瓦斯涌出量 q_0 为 0.65 m³/min,钻孔瓦斯流量衰减系数 α 为 0.037~0.038 d⁻¹,平均为 0.0375 d⁻¹。从而,百米钻孔在不同 t 时间内可抽采的瓦斯总量(Q_t)和钻孔抽采有效系数(K)按下式计算:

$$Q_t = \frac{1440 q_0 \cdot (1 - e^{-\alpha t})}{\alpha} \tag{5-5}$$

$$K = \frac{Q_t}{Q_j} = 1 - e^{-\alpha t} \tag{5-6}$$

式中 Q_t——百米钻孔在 t 时间内可抽采瓦斯总量,m³;

t——抽采时间,d;

K——钻孔抽采有效系数,%;

Q_j——钻孔极限瓦斯涌出量,$Q_j = 1440 q_0/\alpha$,m³。

计算结果见表 5-8。

表 5-8 不同抽采时间内百米钻孔抽采瓦斯总量及钻孔抽采有效系数

煤层编号		预抽时间/d			
		60	90	120	180
3号	抽采瓦斯总量 Q_t/m³	17024.29	18149.78	18478.76	18603.02
	钻孔抽采有效系数 K/%	91.45	97.50	99.27	99.93
4号	抽采瓦斯总量 Q_t/m³	25809.59	29528.40	30704.61	32373.71
	钻孔抽采有效系数 K/%	78.99	90.37	95.58	99.07
5号	抽采瓦斯总量 Q_t/m³	22261.63	24032.93	24607.99	24930.77
	钻孔抽采有效系数 K/%	89.46	96.58	98.89	99.89

由表 5-8 得出,当预抽时间为 4 个月(120 d)时,钻孔抽采有效系数 K 已经在 95% 以上了,考虑到沙曲二矿消除煤与瓦斯突出威胁的需求以及与回采工作面生产周期一致,回采工作面生产周期为 1 年多,预抽时间确定为 12 个月,对于布置有底抽巷的区域,预抽时间相对充足,预抽时间为 18 个月(具体可根据预抽情况而定,但必须满足瓦斯含量低于 8 m³/t、煤层瓦斯压力小于 0.74 MPa)。

2)掘进工作面预抽

三采区主采 4 号和 5 号煤层,目前 4301 工作面已经形成并已采取防突措施,4302 轨道巷和 4303 轨道巷正在掘进,以 4303 轨道巷掘进为例设计掘进工作面预抽方案。由于 4 号、5 号煤层间距较小(小于 7 m),在 4 号煤层掘进时,必须同时对 5 号煤层进行预抽,根据矿方的实际情况,设计采用底板岩巷+穿层钻孔预抽 4 号和 5 号煤层巷道条带瓦斯(图 5-18)。

在 5 号煤层底板大于 12 m 处布置一条底板岩巷,每隔 15 m 布置一个钻场,在钻场内分别布置 4 号、5 号煤层抽采钻孔并应控制 4 号、5 号煤层工作面巷道两帮至少 15 m,钻孔封孔深度应不小于 12 m,封孔管直径大于 50 mm,钻孔直径 94 mm,终孔间距 5 m 时,预抽时间不得少于12个月。设计抽放天数、终孔间距应根据实测煤层瓦斯含量、煤层透气性系数、抽放半径等参数确定。

采用底板岩巷穿层钻孔作为三采区4号、5号煤层4303胶带巷、4303轨道巷、4304胶带巷、4304轨道巷、5301胶带巷、5301轨道巷、5302胶带巷、5302轨道巷、5303胶带巷、5303轨道巷、5304胶带巷、5304轨道巷及其他巷道条带瓦斯预抽方案。底板岩巷的设计位置、底板岩巷抽采钻场的位置及钻孔倾角可根据实际需要进行调整,但必须保证预抽效果。

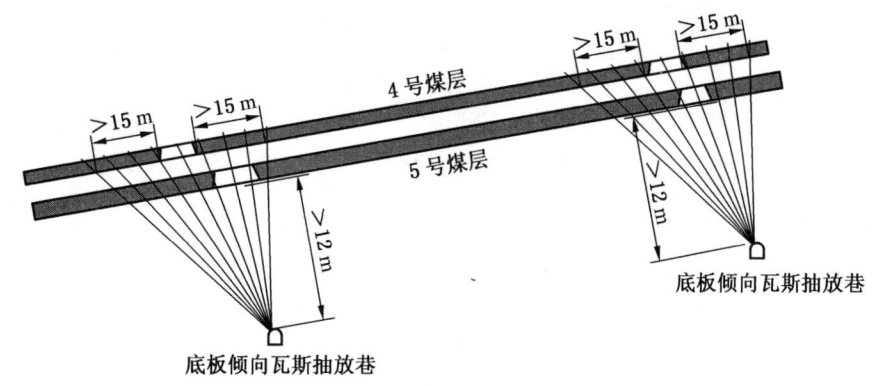

(a) 4号煤层底板岩巷预抽条带瓦斯

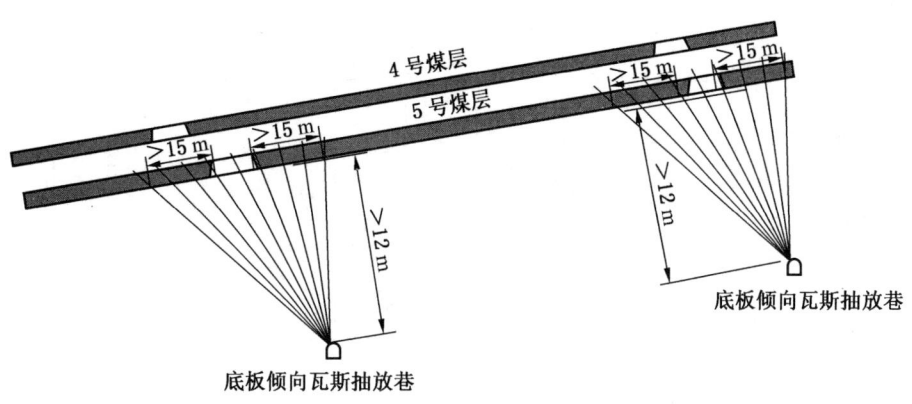

(b) 5号煤层底板岩巷预抽条带瓦斯

图5-18 底板岩巷穿层钻孔巷道条带瓦斯预抽

3) 回采工作面预抽

结合三采区掘进工作面预抽方案,以4303回采工作面为例,预抽可利用巷道条带预抽的底板岩巷,施工穿层钻孔(从下向上依次穿过5号、4号煤层)预抽4号、5号煤层回采区段瓦斯(图5-19),控制"4号、5号煤层工作面回风巷上帮至少15 m和运输巷下帮至少15 m"之间区域。封孔深度应不小于12 m,封孔管直径大于50 mm,钻孔直径为94 mm,终孔间距为5 m时,预抽时间不得少于18个月。

4) 回采工作面预抽补充方案

针对布孔不均或存在的抽采空白区域,在工作面回采前首先要对回采区域的防突措施

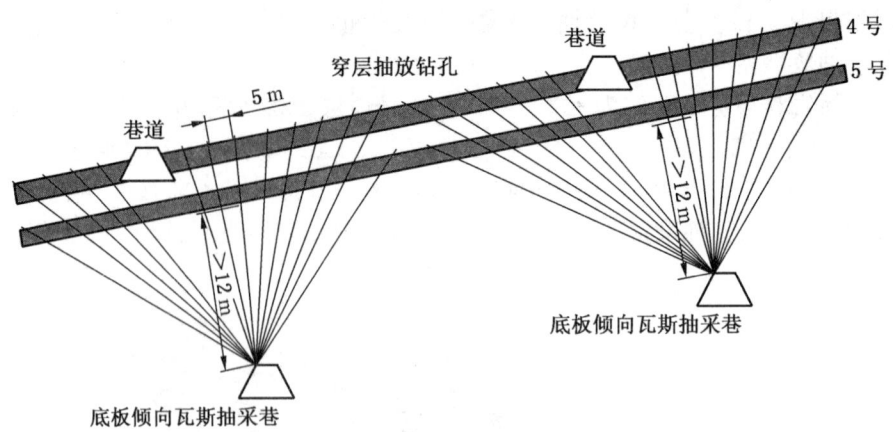

图 5-19 底板倾向瓦斯抽放巷预抽 4 号、5 号煤层区段瓦斯

做区域验证。对达不到防突要求的区域需重新采取补充措施。

采用单巷或双巷顺层钻孔进行回采工作面补充预抽时,单巷平行钻孔预抽方案如图 5-20 所示,双巷同时施工平行钻孔预抽方案如图 5-21 所示。在补充预抽过程中,当采用钻孔直径为 94 mm,钻孔终孔间距 5 m 时,封孔深度应不小于 9 m,封孔管直径大于 50 mm。预抽时间根据实际预抽效果而定,但必须将含量降到 8 m^3/t 以下、煤层瓦斯压力降到 0.74 MPa 以下,方可进行回采。

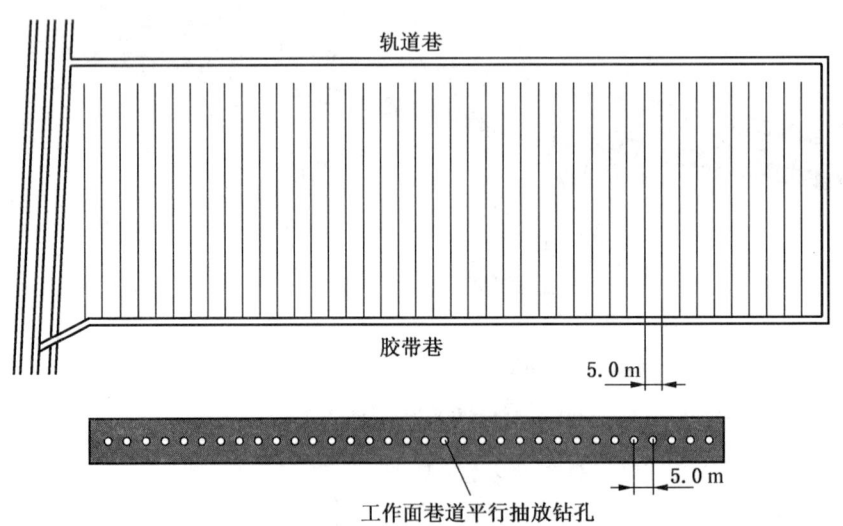

图 5-20 单巷顺层钻孔补充预抽回采区域煤层瓦斯布置图

综上所述,根据沙曲二矿的实际情况,结合三采区 4 号、5 号煤层的赋存条件及矿方的设备配置情况,建议采用底板岩巷穿层孔预抽煤层巷道条带瓦斯,底板岩巷大面积穿层钻孔预抽 4401、4402、4403、4404、5401、5402、5403 工作面回采区段瓦斯。穿层预抽回采区段瓦斯后,对于瓦斯抽采空白区域采用巷道钻孔进行补充预抽。5 号煤层的工作面全部布置在 4 号煤层已开采区域,4 号煤层回采完毕后,首先应对 5 号煤层进行消突效果检验,若突出指标超限,应采取防突措施消突后再进行开采。

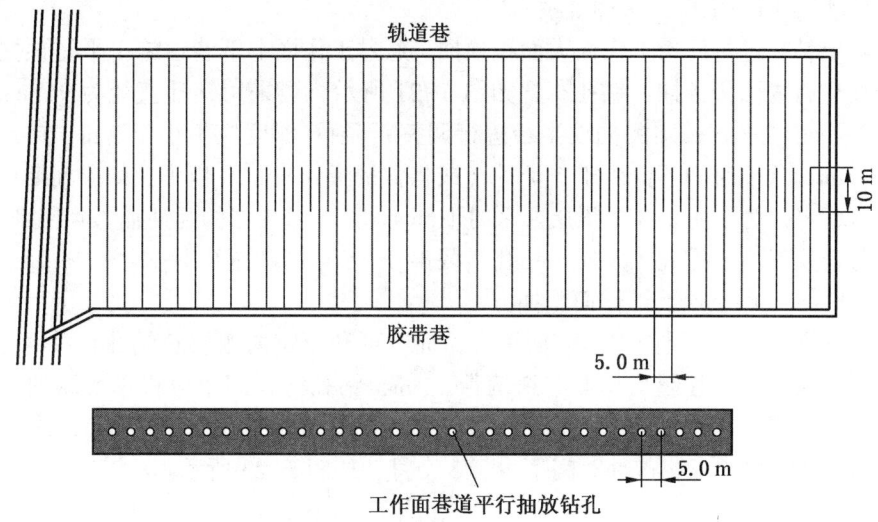

图 5-21 双巷顺层平行钻孔补充预抽回采区域煤层瓦斯布置图

2. 四采区煤层瓦斯预抽方案

矿井四采区主采 4 号、5 号煤层，4 号煤层 4401 工作面已形成，其他工作面及巷道均未形成。3 号煤层在四采区内部分可采，因此，把 3 号煤层可采区域作为上保护层开采。

四采区 3 号煤层可采区域的瓦斯预抽方案如下：

1）3 号煤层掘进工作面预抽方案

设底板倾向瓦斯专用抽采巷穿层预抽 3 号煤层巷道条带瓦斯，巷道条带预抽完毕后掘进巷道，巷道形成后采取本煤层递进式预抽。根据沙曲二矿煤层赋存情况，在 5 号煤层底板大于 12 m 处布置底板倾向瓦斯抽放巷，施工穿层钻孔（从下向上依次穿过 5 号、4 号、3 号煤层）预抽 3 号煤层巷道条带瓦斯，控制 3 号煤层工作面巷道两帮 15 m，钻孔终孔间距应根据实测抽放半径确定。封孔深度应不小于 12 m，封孔管直径大于 50 mm。当采用钻孔直径为 94 mm，终孔间距为 5 m 时，预抽时间不得少于 12 个月（或将含量降到 8 m³/t 以下、煤层瓦斯压力降到 0.74 MPa 以下）。钻孔布置如图 5-22 所示。

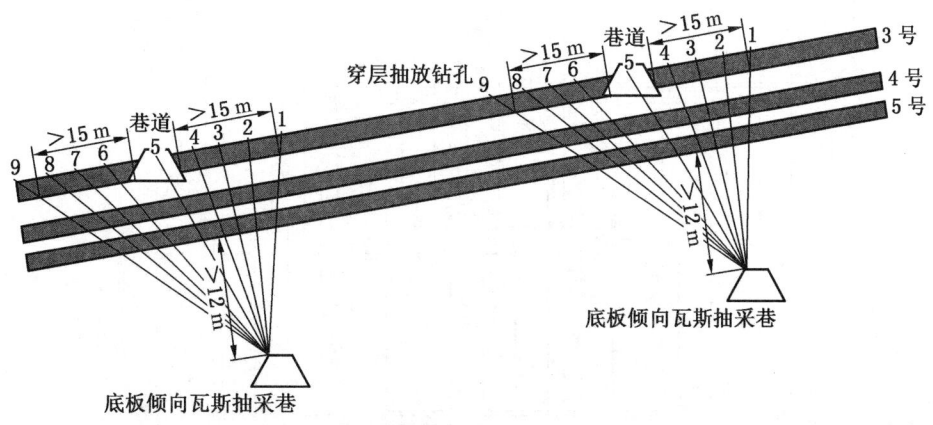

图 5-22 3 号煤层底板瓦斯抽放巷条带预抽钻孔布置图

2) 3号煤层回采工作面预抽方案

采用顺层钻孔进行回采工作面大面积预抽。通过工作面上下巷道施工平行预抽钻孔对回采工作面进行大面积预抽,钻孔布置如图 5-21 所示。当采用钻孔直径为 94 mm,钻孔终孔间距为 5 m 时(根据实测抽放半径进行调整),封孔深度应不小于 9 m,封孔管直径应大于 50 mm,预抽时间不得少于 6 个月(或将含量降到 8 m^3/t 以下、煤层瓦斯压力降到 0.74 MPa 以下)。为了防止 3 号煤层回采时下部 4 号、5 号煤层的瓦斯涌入到回采工作面,建议在 4 号煤层对应巷道施工定向长钻孔拦截 4 号、5 号的卸压瓦斯。

3) 4号、5号煤层掘进工作面预抽方案

四采区 4 号、5 号煤层尚未形成回采工作面,可利用定向顺层长钻孔预抽 4 号、5 号煤层的巷道条带瓦斯,控制工作面巷道两帮 15 m,钻孔终孔间距应根据实测抽放半径确定。封孔深度应不小于 9 m,封孔管直径大于 50 mm,钻孔直径为 94 mm,终孔间距为 10 m,钻孔长度为 300 m,预抽时间不少于 3 个月,如图 5-23 所示。

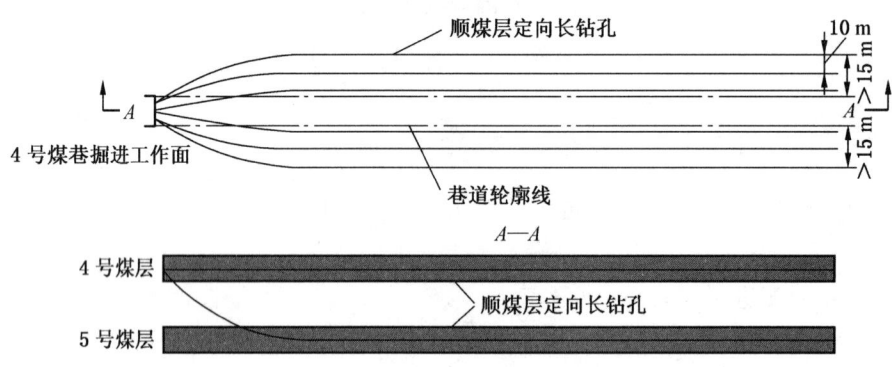

图 5-23 煤巷掘进工作面条带预抽煤层瓦斯抽钻孔布置示意图

4) 4号、5号煤层回采工作面预抽方案

四采区 4 号、5 号煤层形成巷道后,采用区域递进式抽采,利用定向钻机在巷道向衔接工作面施工长距离、大孔径的区域性预抽钻孔。封孔深度不小于 9 m,钻孔直径为 94 mm,终孔间距为 5 m 时,预抽时间不少于 12 个月,如图 5-24 所示。

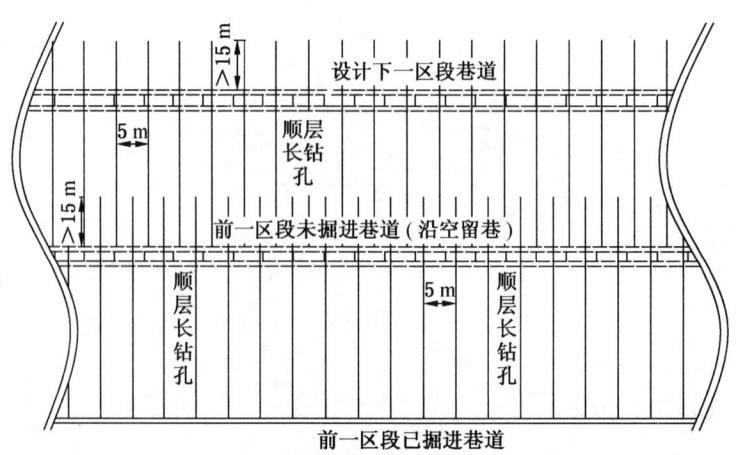

图 5-24 4号、5号煤层长钻孔递进式区域预抽示意图

综上所述，四采区 3 号煤层可采区域采用底板岩巷预抽 3 号煤层巷道条带瓦斯，上下巷道对打平行钻孔预抽回采区段瓦斯，开采 3 号煤层保护层开采。4 号、5 号煤层开采时采用定向长钻孔预抽煤层条带瓦斯，区域递进式预抽回采区段瓦斯。

3. 五采区煤层瓦斯预抽方案

由于五采区尚未开拓且 4 号、5 号煤层均为突出煤层，在掘进和回采前必须对煤层进行预抽消突。

1) 掘进工作面预抽

由于 4 号、5 号煤层间距小于 7 m，在 4 号煤层掘进时必须同时对 5 号煤层进行预抽，设计五采区内采用 5 号煤层底板大于 12 m 处布置底板岩巷预抽 4 号和 5 号煤层巷道条带瓦斯（图 5-25）。

在底板岩巷每隔 15 m 布置一个钻场，在钻场内分别布置 4 号、5 号煤层抽采钻孔，抽采钻孔应控制 4 号、5 号煤层工作面巷道两帮至少 15 m，钻孔封孔深度应不小于 12 m，封孔管直径应大于 50 mm，钻孔直径为 94 mm，终孔间距为 5 m 时，预抽时间不得少于 12 个月。设计抽放天数、终孔间距应根据实测煤层瓦斯含量、煤层透气性系数、抽放半径等参数确定。

采用底板岩巷穿层钻孔作为五采区 4 号、5 号煤层掘进巷道条带瓦斯预抽方案。底板岩巷的设计位置、抽采钻场的位置及钻孔倾角可根据实际需求进行调整，以保证预抽效果。

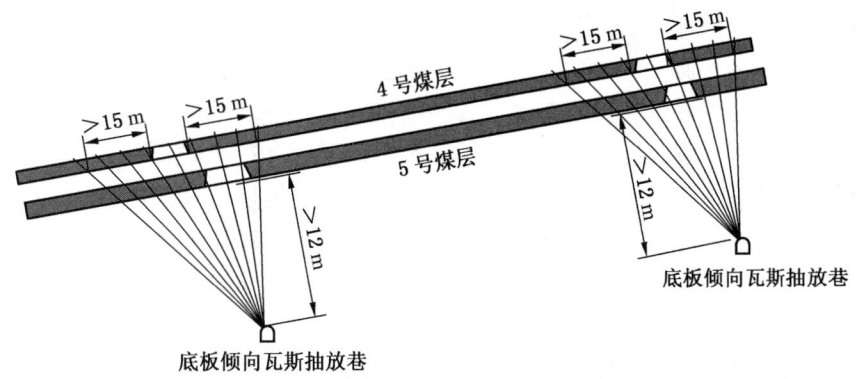

(a) 4 号煤层底板岩巷预抽条带瓦斯

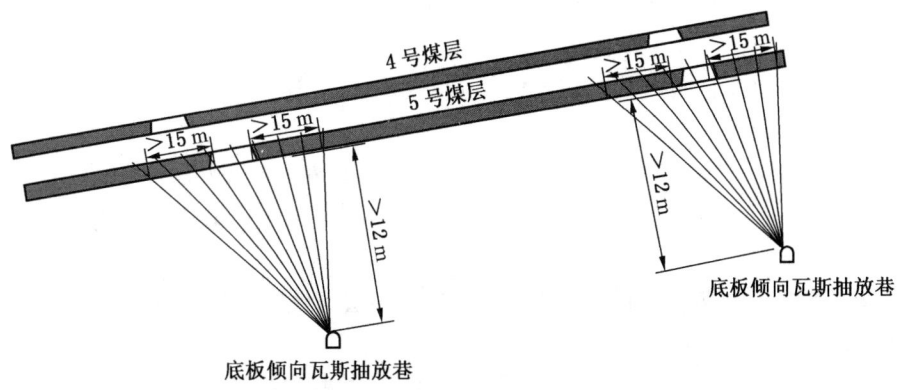

(b) 5 号煤层底板岩巷预抽条带瓦斯

图 5-25 底板岩巷穿层钻孔巷道条带瓦斯预抽

2) 回采工作面预抽

工作面可利用底板岩巷+穿层钻孔预抽 4 号、5 号煤层区段瓦斯,控制回风巷上帮至少 15 m 和运输巷下帮至少 15 m 之间区域。封孔深度 12 m,封孔管直径 50 mm,钻孔直径为 94 mm,终孔间距为 5 m,预抽时间不少于 18 个月,如图 5-26 所示。

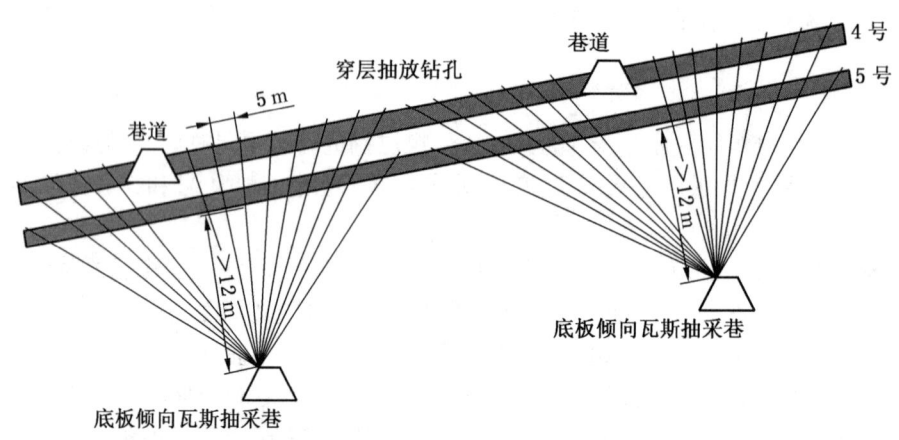

图 5-26 底板倾向瓦斯抽放巷预抽 4 号、5 号煤层区段瓦斯

3) 回采工作面预抽补充方案

综上所述,根据沙曲二矿的实际情况,结合五采区 4 号、5 号煤层的赋存条件及矿方的设备配置情况,建议采用底板岩巷穿层孔预抽煤层巷道条带瓦斯,底板岩巷大面积穿层钻孔预抽工作面回采区段瓦斯。穿层预抽回采区段瓦斯后,对于瓦斯抽采空白区域采用巷道钻孔进行补充预抽。5 号煤层的工作面全部布置在 4 号煤层已开采区域,4 号煤层回采完毕后,首先应对 5 号煤层进行消突效果检验,若突出指标超限应采取防突措施消突后再进行开采。

4. 开采保护层

煤层群中首先开采非突出危险煤层或突出危险性相对较小的煤层。开采保护层后,对有突出危险的煤层产生保护作用,使之消除或减少突出危险性,达到防止煤与瓦斯突出的目的。针对沙曲二矿实际情况,在四采区开采 3 号煤层作为 4 号和 5 号煤层的上保护层。

5. 地面井预抽

六、七、八、九采区为规划区域,设计采用地面井提前预抽。

1) 地面井的作用

(1) 勘探作用:煤层气预抽井间距通常为 300~400 m,如果把钻井资料与地震勘探资料结合,将提高井下地质情况的精确度和可信度,有利于合理规划巷道、布置工作面,节约勘探成本和生产成本。

(2) 采前抽:在规划区提前 8~15 年进行地面煤层气预抽,可以使煤层瓦斯含量大幅度降低,有效降低瓦斯突出危险。

(3) 采中抽:布置在采煤工作面的煤层气地面预抽井受采煤活动的影响,瓦斯产出量大大增加,涌向工作面的瓦斯大大减少,从而降低矿井通风压力和瓦斯危险性。

(4) 采后抽:当采煤工作面推进过去后,煤层气地面预井可以作为采空区抽采井抽采采空区残余瓦斯，减少采空区瓦斯涌出量，降低井下瓦斯事故率。

根据采掘部署，深部瓦斯含量大于 8 m^3/t，且具有 5 年以上抽采时间，采取地面预抽井进行瓦斯治理是可行的。经地面井抽采后的煤层进行区域措施效果检验，经效果检验仍为突出危险区的，必须继续补充实施区域防突措施，可采取和三、四采区各突出煤层区域防突措施相同的措施。补充区域防突措施完成后必须再次进行区域措施效果检验。

2) 地面井的布井原则

井网采用优先水平井设计施工，在完成水平井施工的区域根据区域大小设计丛式井和直井来填补，直井的井间距设计为 300 m×300 m，在水平井之间的空隙超过 300 m×300 m 的则设计一口直井，如果空隙更大则设计丛式井。对于地质因素对渗透性的影响，应充分考虑煤层底板、构造、地下径流等特性，在局部缩小井间距，以获得最优的瓦斯治理效果。在地形条件不具备开设井场的位置，可设计从周围井场施工的定向井，以填补区域空白。

3) 地面井的设计规划

沙曲二矿 4 号煤层瓦斯含量高于 13.5 m^3/t 的区域必须从地面进行瓦斯治理，降低到 13.5 m^3/t 以下后，以井下瓦斯治理为主，辅以地面瓦斯治理措施。根据《华晋焦煤有限责任公司沙曲二矿 4 号、5 号煤层瓦斯涌出量预测报告》和沙曲矿采区划分情况进行区域划分，地面瓦斯治理主体区域如图 5-27 所示。以地面瓦斯治理为主的区域（以下称 1 号区域）面积约为 24.2 km^2，以地面瓦斯治理为辅的区域（以下称 2 号区域）面积约为 40.2 km^2。

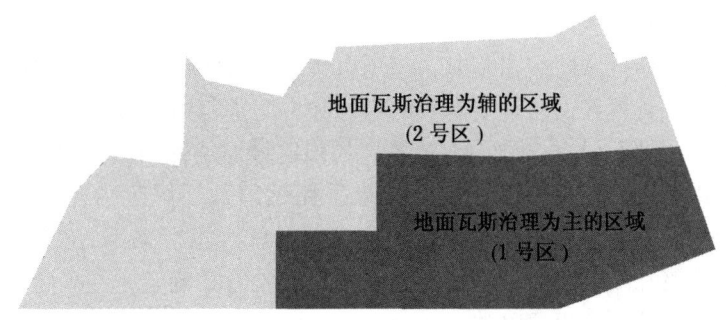

图 5-27 地面瓦斯治理区域划分示意图

1 号区的布井井网采用菱形网格装分布，根据沙曲二矿的主应力方向及主裂隙发育方向、地形地质条件及煤层气含气量条件，井间距设计为 300 m×350 m，沿地应力方向井间距大，垂直地应力方向井间距小。

对于地质因素对渗透性的影响，应充分考虑煤层底板、构造、地下径流等特性，再局部缩小井间距，以获得最优的瓦斯治理效果。

在地形条件不具备开设井场的位置，设计从周围井场施工的定向井，以填补区域空白。

2 号区的布井井网相对 1 号区域稀疏一些，在靠近 1 号区的布井密度大一些，远离 1 号区的布井密度小一些。在 10.5 m^3/t 线以东区域布置少量井，并根据实际采气数据进行调整井眼布置。

全井田共设计地面抽采井 343 口,其中防突井 12 口,地面抽采直井 299 口,定向井 32 口。1 号区域共设计各类钻井 245 口,单井控制面积为 0.1 km²,平均井间距为 314 m,能够达到瓦斯治理要求。

5.1.1.3 区域防突效果检验

1. 开采保护层效果检验

开采保护层的保护效果检验主要采用残余瓦斯压力、残余瓦斯含量、顶底板位移量及其他经试验证实有效的指标和方法,也可以结合煤层的透气性系数变化率等辅助指标。

沙曲一矿二采区 2 号煤层作为保护层先行开采,需要对被保护层的保护效果进行效果检验。

当采用残余瓦斯压力、残余瓦斯含量检验时,应根据实施区域内现场实测的最大值来对预计被保护区域的保护效果进行判断。所依据的临界值应根据试验考察确定参照表 5-1 分析,若检验结果仍为突出危险区,保护效果为无效。

当采用顶底板位移量检验时,如果根据顶底板位移量计算出煤层的最大膨胀变形量大于煤层厚度的 3‰,则说明开采保护层确实对被保护层起到了卸压保护效果,但如果最大膨胀变形量小于或等于 3‰,则说明卸压保护效果较小或不足,应判定为该区域仍有突出危险。

2. 预抽煤层瓦斯效果检验

沙曲一矿 2 号、3+4 号、5 号煤层目前均为突出煤层,因此应对首先回采的一、三采区 3+4 号煤层和二采区 2 号煤层局部区域采用预抽煤层瓦斯区域防突措施。经过一段时间抽采后,需要进行效果检验以便验证是否达到消除突出危险的目的。

1)效果检验指标

采用预抽煤层瓦斯区域防突措施时,应当以预抽区域的煤层残余瓦斯压力或者残余瓦斯含量为主要指标或其他经试验证实有效的指标和方法进行措施效果检验。

对于穿层钻孔预抽石门(含立、斜井等)揭煤区域煤层瓦斯区域防突措施,也可以采用钻屑瓦斯解吸指标进行措施效果检验。如果采用钻屑瓦斯解吸指标进行措施效果检验时,建议开展预测敏感指标考察研究工作,确定瓦斯解吸指标采用 Δh_2 或 K_1 值。各煤层石门揭煤工作面钻屑瓦斯解吸指标的临界值应根据试验考察确定,在确定前可暂按表 5-9 中所列的指标临界值预测突出危险性。

表 5-9 钻屑指标法预测石门工作面突出危险性的临界值表

煤类	Δh_2 指标临界值/Pa	K_1 指标临界值
干	200	0.5
湿	160	0.4

2)指标应用要求

在采用残余瓦斯压力或者残余瓦斯含量指标对穿层钻孔、顺层钻孔预抽煤巷条带煤层瓦斯区域防突措施和穿层钻孔预抽石门揭煤区域煤层瓦斯区域防突措施进行检验时,必须依据实际的直接测定值。其他方式的预抽煤层瓦斯区域防突措施可采用直接测定值或根据预抽前的瓦斯含量及抽、排瓦斯量等参数间接计算的残余瓦斯含量值。

3)效检点的布置方式和要求

对预抽煤层瓦斯区域防突措施进行检验时,均应当首先分析、检查预抽区域内钻孔的分布等是否符合设计要求,不符合设计要求的,不予检验。

采用直接测定煤层残余瓦斯压力或残余瓦斯含量等参数进行预抽煤层瓦斯区域措施效果检验时,应当符合下列要求:

(1) 对穿层钻孔或顺层钻孔预抽区段煤层瓦斯区域防突措施进行检验时,若区段宽度(两侧回采巷道间距加回采巷道外侧控制范围)未超过 120 m,以及对预抽回采区域煤层瓦斯区域防突措施进行检验时,若回采工作面长度未超过 120 m,则沿回采工作面推进方向每间隔 30~50 m 至少布置 1 个检验测试点;若预抽区段煤层瓦斯区域防突措施的区段宽度或预抽回采区域煤层瓦斯区域防突措施的回采工作面长度大于 120 m 时,则在回采工作面推进方向每间隔 30~50 m,至少沿工作面方向布置 2 个检验测试点。

当预抽区段煤层瓦斯的钻孔在回采区域和煤巷条带的布置方式或参数不同时,按照预抽回采区域煤层瓦斯区域防突措施和穿层钻孔预抽煤巷条带煤层瓦斯区域防突措施的检验要求分别进行检验。

沙曲一矿各工作面长度都超过 120 m,因此顺层预抽煤层回采区段瓦斯及工作面瓦斯时,其检验测试点每 30~50 m 至少沿工作面方向布置 2 个,具体测试点位置要根据所在部位(小区域)的预抽钻孔分布情况确定,但一般离两侧巷道大于 15 m,基本均匀布置,能尽量覆盖各个区域。效果检验钻孔布置示意图如图 5-28 所示。

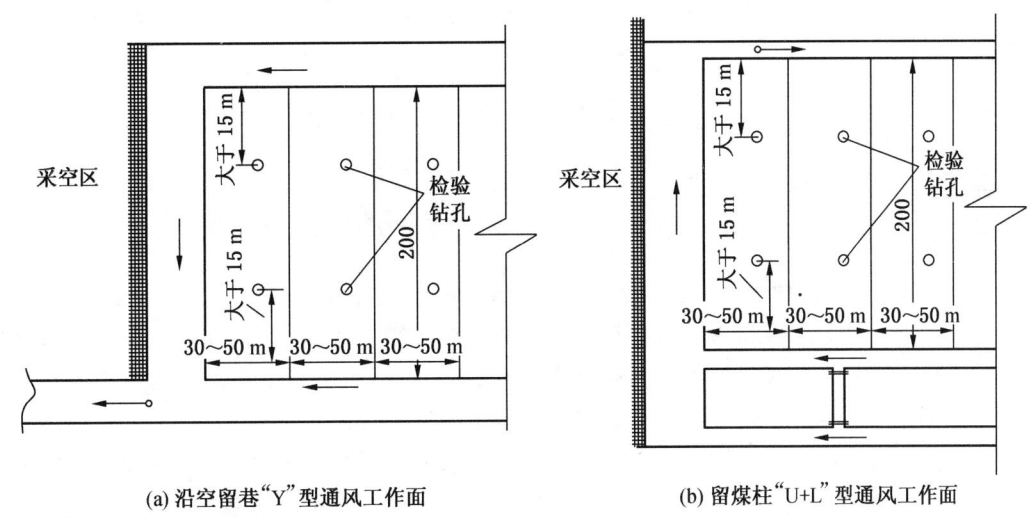

(a) 沿空留巷"Y"型通风工作面 (b) 留煤柱"U+L"型通风工作面

图 5-28 顺层钻孔预抽回采区域效果检验钻孔布置示意图

(2) 对穿层钻孔预抽煤巷条带煤层瓦斯区域防突措施进行检验时,在煤巷条带每间隔 30~50 m 至少布置 1 个检验测试点,测试点位置要根据所在部位(小区域)的预抽钻孔分布情况确定,一般沿煤巷条带两侧均匀布置,覆盖预抽范围内的各个区域,最远点离巷道一般不超过 15 m,如图 5-29 所示。

(3) 对穿层钻孔预抽石门(含立、斜井等)揭煤区域煤层瓦斯区域防突措施进行检验时,至少布置 4 个检验测试点,分别位于要求预抽区域内的上部、中部和两侧,并且至少有 1 个检验测试点位于要求预抽区域内距边缘不大于 2 m 的范围,如图 5-30 所示。

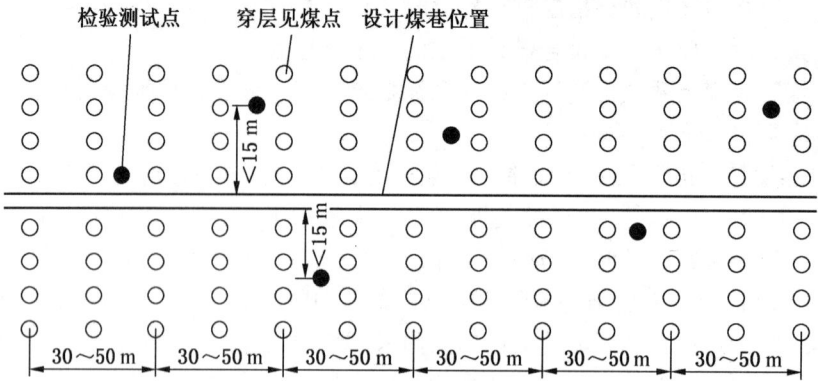

图 5-29　穿层钻孔预抽煤巷条带煤层瓦斯检验测点布置图

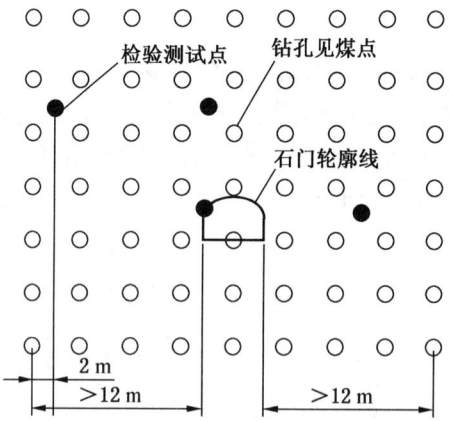

图 5-30　穿层钻孔预抽石门揭煤区域检验测点布置图

(4) 对顺层钻孔预抽煤巷条带煤层瓦斯区域防突措施进行检验时,在煤巷条带每间隔 20~30 m 至少布置 1 个检验测试点,且每个检验区域不得少于 3 个检验测试点。测试点位置要根据所在部位(小区域)的预抽钻孔分布情况确定,一般沿煤巷条带两侧均匀布置,覆盖预抽范围内的各个区域,最远点离巷道一般不超过 15 m。

(5) 各检验测试点应布置于所在部位钻孔密度较小、孔间距较大、预抽时间较短的位置,并尽可能远离测试点周围的各预抽钻孔或尽可能与周围预抽钻孔保持等距离,且避开采掘巷道的排放范围和工作面的预抽超前距。在地质构造复杂区域适当增加检验测试点。

4) 效检结果划分

对预抽煤层瓦斯区域防突措施进行检验时,应当根据经试验考察确定的临界值进行评判。在确定前可以按照如下指标进行评判:可采用残余瓦斯压力指标进行检验,如果没有或者缺少残余瓦斯压力资料,也可根据残余瓦斯含量进行检验,并且煤层残余瓦斯压力小于 0.74 MPa 或残余瓦斯含量小于 8 m³/t 的预抽区域为无突出危险区,否则,即为突出危险区,预抽防突效果无效;也可以采用钻屑瓦斯解吸指标对穿层钻孔预抽石门(含立、斜井等)揭煤区域煤层瓦斯区域防突措施进行检验,如果所有实测的指标值均小于表 5-9 的临界值则为无突出危险区,否则,即为突出危险区,预抽防突效果无效。

若检验期间在煤层中进行钻孔等作业时发现了喷孔、顶钻及其他明显突出预兆时,发生明显突出预兆的位置周围半径100 m内的预抽区域判定为措施无效,所在区域煤层仍属突出危险区。

当采用煤层残余瓦斯压力或残余瓦斯含量的直接测定值进行检验时,若任何一个检验测试点的指标测定值达到或超过了有突出危险的临界值而判定为预抽防突效果无效时,则此检验测试点周围半径100 m内的预抽区域均判定为预抽防突效果无效,即为突出危险区。

5.1.1.4 区域验证

区域验证是针对特定区域,即经一次区域预测或采取区域防突措施后,经措施效果检验划分为无突出危险区内,在采掘活动之前进行,以确保该特定区域内的无突出危险性区域能够相通并连成一片。对无突出危险区进行区域验证应按照下列要求进行:

(1)采掘工作面由石门或由另一个区域进入该区域时,在第一个循环的采掘作业前必须进行区域验证。首次区域验证并保留预测超前距进行采掘作业后,还要进行第二次区域验证,即连续进行至少两次区域验证,以尽快掌握煤层瓦斯赋存状况确保安全;

(2)进入该区域后,工作面每推进10~50 m至少进行两次区域验证,两次可不连续进行,只要每次验证都无突出危险性即说明在该区域内的煤层都无突出危险;不必连续进行的区域预测距离取值时,可根据不同的地质情况确定,一般在地质构造简单或在保护层保护的有效区域内,间隔距离可适当扩大;在地质构造复杂区域、采取了预抽煤层瓦斯区域防突措施效果不理想、瓦斯涌出异常区域等情况时宜取小值;

(3)在地质构造破坏带内,应连续进行区域验证,直到离开该地质破坏带为止;

(4)为了能够对煤巷掘进工作面前方的煤层赋存等情况提前有所了解,在煤巷掘进工作面至少打1个超前距不小于10 m的超前钻孔,在钻孔施工过程中观察是否有喷孔等突出预兆,或采取超前物探措施了解前方的地质构造情况。

石门揭煤工作面对无突出危险区进行的区域验证,应当采用钻屑瓦斯解吸指标法进行;煤巷掘进工作面采用钻屑指标法进行区域验证;采煤工作面采用煤钻屑指标法进行验证。

当采掘工作面区域验证为无突出危险时,应当采取安全防护措施后再进行采掘作业;首次区域验证时,在采掘前还应保留足够的预测超前距。只要有一次区域验证为有突出危险或超前钻孔等有突出预兆,则该区域以后的采掘作业均应当执行局部综合防突措施。

5.1.2 局部防突技术

5.1.2.1 工作面突出危险性预测

5.1.2.1.1 煤巷掘进工作面突出预测技术研究

《防突细则》中提出的煤巷掘进面煤与瓦斯突出的预测方法包括:钻孔瓦斯涌出初速度法;R值指标法;钻屑指标法;其他经实验证实有效的方法(钻屑温度、煤体温度、爆破后瓦斯涌出量等)。这些方法需要测定钻屑量S、钻屑瓦斯解析指标Δh_2、K_1值、钻孔瓦斯涌出初速度q等指标。

本节建立了预测煤巷掘进面煤与瓦斯突出与否的一个力学模型,并求得了突出与否瓦斯压力所应满足的条件,即若

$$p_{z=L} \leqslant F\left[f(C + \sigma_H \tan\phi) - \left(\frac{L-S}{2a}\right)^{2/3}\sigma_H\right]$$

则不发生突出；反之，则发生突出。式中，$p_{z=L}$ 为迎头内距迎头 L 处的煤层瓦斯压力，MPa，可用煤层瓦斯压力快速测定仪实测，也可根据 K_1 值换算；$F = \dfrac{1}{1 - \dfrac{1}{2}f\tan\phi}$，$f = \dfrac{\left(1 + \dfrac{L-S}{a}\tan\phi\right)\dfrac{L-S}{a}\cos\phi}{\left(\dfrac{1}{2} + \dfrac{L-S}{a}\tan\phi\right)^2}$，这里，$\phi$ 为煤的内摩擦角，L 为预测孔深，S 为拟掘进的深度，$L-S$ 为超前距，a 为巷道断面特征尺寸（如正方形断面的边长）；C 为煤的内聚力，MPa；$\sigma_H = 0.027H$（MPa），σ_H 为煤层埋深处的地应力，H 为埋深，单位为 m。

给出了突出预测指标临界值的计算式。利用瓦斯压力与 K_1 值之间的关系，可以得出突出与否 K_1 值所应满足的条件，即 K_1 值的临界值的计算式；如果已知 Δh_2 或 q 与瓦斯压力的关系，也可得出 Δh_2 或 q 临界值的计算式。

将煤层瓦斯压力、地应力、煤体的力学性质、巷道断面大小、掘进参数等有机地联系在一起，具有明确的物理意义，符合人们对突出发生机理的认识等。

根据上述煤与瓦斯突出力学模型，结合沙曲矿突出预测指标及其临界值的确定，并应用于沙曲矿的具体实际，作为判断是否发生突出，得出了一些重要结果。

5.1.2.1.2 煤巷掘进面煤与瓦斯突出的简化力学模型

煤与瓦斯突出包括倾出、压出与突出三种形式。倾出主要是由重力作用引发的，压出主要是由地应力作用引发的，而突出则主要是由瓦斯压力与地应力的联合作用引发的。一般说来，突出的危害最大。

首先考虑综掘或人工刨煤等工作面连续推进的情况。图 5-31 是煤巷沿底板掘进示意图，其中，o 为本次预测、措施、效验、掘进循环开始时刻迎头的位置，s 为掘进过程中某时刻迎头的位置，d 为假想面，S 为本次预测掘进循环拟掘进的深度（从 o 点算起），L 为测压孔深度（也是从 o 点算起）。$L-S$ 即为预测超前距，《防突细则》中规定为 2 m。

如前所述，考虑水平巷道的情况，参见图 5-32，设煤层埋深为 H，巷道断面为矩形，宽为 w（梯形断面取中线），高为 h；距迎头 d 处的水平地应力为 $\sigma_{z=d}$；据迎头 d 处的瓦斯压力为 $p_{z=d}$；煤体的内聚力为 C，内摩擦角为 ϕ。

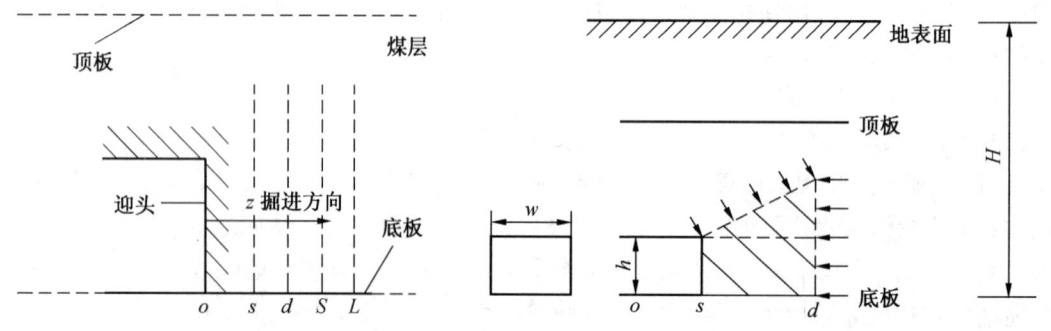

图 5-31　煤巷沿底板掘进示意图　　　　图 5-32　掘进面突出问题力学模型

根据大量突出案例规律研究发现，突出是由于迎头内的煤体在瓦斯压力与地应力的联合作用下克服煤层阻力引发的。这里，受力对象（隔离体）为一棱台，左端面即为瞬时迎头端面 s，这里为矩形；右端面也为矩形，但位置 d 是变化的；四个侧面均为梯形平面，与水平面或纸面的夹角取为煤体的内摩擦角 ϕ。需要知道隔离体达到静力平衡的条件。

考虑到一般情况下 w 与 h 相当，取 $a=\frac{1}{2}(w+h)$，并用 a 代替 w、h；同时忽略底板的影响（即认为煤巷沿煤层内掘进，偏安全）；将上述棱台简化为一个圆台，左端面直径为 a；在此基础上，分析圆台的受力情况。

引发突出的力主要是 $z=d$ 平面上的瓦斯压力 $p_{z=d}$ 与水平地应力 $\sigma_{z=d}$ 之和，总的作用力为

$$F_1 = \frac{\pi}{4}[a + 2(d-s)\tan\phi]^2 (p_{z=d} + \sigma_{z=d}) \tag{5-7}$$

阻止突出的力为圆台侧面上的剪切力的水平分量，按下式计算：

$$F_2 = \pi[a + (d-s)\tan\phi](d-s)\left[C + \left(\frac{1}{2}p_{z=d} + \sigma_H\right)\tan\phi\right]\cos\phi \tag{5-8}$$

式中　σ_H——埋深 H 处的地应力。为简单计算，认为垂直地应力等于水平地应力。

显然，如果 $F_1 \leqslant F_2$，则不发生突出；反之，亦然。由此得出掘进面不发生突出的条件为（推导从略）

$$p_{z=d} \leqslant \frac{(C + \sigma_H \tan\phi)f - \sigma_{z=d}}{1 - \frac{1}{2}f\tan\phi} \tag{5-9}$$

式中，$f = f\left(\dfrac{d-s}{a}, \phi\right) = \dfrac{\left(1 + \dfrac{d-s}{a}\tan\phi\right)\dfrac{d-s}{a}\cos\phi}{\left(\dfrac{1}{2} + \dfrac{d-s}{a}\tan\phi\right)^2}$。

式 (5-9) 对于 s 在 $0 \sim S$ 之间、d 在 $s \sim L$ 之间均适用，令 $s = S$，$d = L$，式 (5-9) 变为

$$p_{z=L} \leqslant F[(C + \sigma_H \tan\phi)f - \sigma_{z=L}] \tag{5-10}$$

其中，$F = \dfrac{1}{1 - \dfrac{1}{2}f\tan\phi}$，$f = f\left(\dfrac{L-S}{a}, \phi\right) = \dfrac{\left(1 + \dfrac{L-S}{a}\tan\phi\right)\dfrac{L-S}{a}\cos\phi}{\left(\dfrac{1}{2} + \dfrac{L-S}{a}\tan\phi\right)^2}$，函数 f、F、G（意义见炮掘部分）的数值见表 5-10。

表 5-10　函数 f、F、G 数值表（$L-S=2$ m，$a=2\sim6$ m，$\phi=15°\sim40°$）

f/FG	$\dfrac{L-S}{a}=0.333$	0.4	0.5	0.667	1.0
$\phi=15°$，$\tan\phi=0.268$	1.01/1.16 0.84	1.16/1.18 0.80	1.36/1.22 0.76	1.65/1.28 0.69	2.08/1.39 0.59
$20°$，$\tan\phi=0.364$	0.91/1.20 0.78	1.03/1.23 0.74	1.19/1.28 0.69	1.41/1.35 0.61	1.72/1.46 0.49

表 5-10（续）

f/FG	$\dfrac{L-S}{a}=0.333$	0.4	0.5	0.667	1.0
25°，$\tan\phi=0.466$	0.81/1.23 0.72	0.91/1.27 0.67	1.04/1.32 0.61	1.21/1.39 0.53	1.42/1.49 0.40
30°，$\tan\phi=0.577$	0.72/1.26 0.66	0.80/1.30 0.61	0.90/1.35 0.54	1.02/1.42 0.45	1.18/1.52 0.33
35°，$\tan\phi=0.700$	0.63/1.28 0.60	0.69/1.32 0.54	0.77/1.37 0.47	0.86/1.43 0.38	0.97/1.51 0.26
40°，$\tan\phi=0.839$	0.54/1.29 0.53	0.59/1.33 0.48	0.64/1.37 0.41	0.71/1.42 0.32	0.79/1.50 0.21

注：表中斜线上为 f 值，斜线下为 F 值，第二行为 G 值；当 ϕ、$\dfrac{L-S}{a}$ 取其他值时可以进行线性插值。

式（5-9）即为预测孔深 L 处瓦斯压力（不要求是煤层的最大瓦斯压力）所应满足的关系式，其中，L、S、a 的意义已如前述，需要进一步说明的是 $p_{z=L}$、σ_H、$\sigma_{z=L}$ 与 C、ϕ 的物理意义与确定方法。

（1）$p_{z=L}$ 可利用煤层瓦斯压力（含量）快速测定仪进行测定，如煤科总院抚顺分院研制的 WP-1 型（0~6 MPa）或重庆分院研制的 QPC-1 型（0~3 MPa）煤层瓦斯压力（含量）快速测定仪都可以快速测定孔深 L 处的煤层瓦斯压力。

（2）σ_H 可按 $\rho_r g H$ 计算，这里，ρ_r 为上覆岩层的平均密度，g 为重力加速度，实测结果为 $\sigma_H=0.027H$（MPa），H 的单位为 m。

（3）$\sigma_{z=L}$ 为垂直于迎头方向距迎头深 L 处的水平地应力。关于迎头内水平地应力应力集中的情况，尚未找到理论或试验方面的研究结果。迎头内的情况与工作面内的情况不同，后者可作平面应变问题处理，相对简单，而有些研究结果认为迎头内的情况属于典型的三维问题，如果 $w\gg h$，可以近似为两维问题；事实上，通常情况下，w、h 大小相当，因此不能简化为两维问题处理。

理论上，其定性特性应如图 5-33 中的折线 1 所示（实际情况应为光滑曲线，在原点处 σ_z 及其对 z 的一阶导数均应为 0 等；为方便作图，图中画成了折线）。考虑到发生突出的煤的抗压强度总的来说较低，当应力超过其屈服极限（即三轴抗压强度）时即进入塑性状态，故实际应力状态曲线应如折线 2 所示。

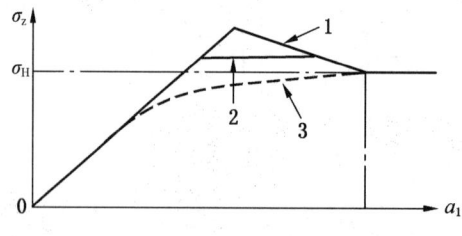

图 5-33 迎头内轴向应力分布示意图

折线 2 需要用分段（线性）函数描述，不便应用，用一条光滑的连续曲线 3 近似它，其数学描述为 $\sigma_z=\left(\dfrac{z}{a_1}\right)^{\frac{1}{n}}\sigma_H$，参照两维问题的情况，$a_1$ 暂取为 a 的两倍，n 暂取为 1.5，

则 $\sigma_{z=L}$ 可暂按 $\sigma_{z=L} = \left(\dfrac{L-S}{2a}\right)^{\frac{2}{3}} \sigma_H$ 计算。

(4) C、ϕ 分别为煤的内聚力与内摩擦角，原则上可通过实验室试验测定。考虑到发生突出的煤的 C、ϕ 值均较小，取样、运输、制样等均比较困难，故可按下述方法估计：

岩石的坚固性系数等于抗压强度（MPa）除以 10，而抗剪强度约为抗压强度的一半。如果认为煤的内聚力近似等于煤的抗剪强度，则根据煤的坚固性系数可以确定内聚力 C。

煤的内摩擦角 ϕ 一般在 16°~40° 间变化，暂无近似估算方法，可根据煤的破坏类型等综合确定。当无法确定时，可暂取一较小值，如 16°（偏安全）。

将 $\sigma_{z=L}$ 的计算式代入式 (5-10)，得

$$p_{z=L} \leq F\left[f(C + \sigma_H \tan\phi) - \left(\dfrac{L-S}{2a}\right)^{\frac{2}{3}} \sigma_H\right] \quad (5-11)$$

根据式 (5-11)，如果实测的 $p_{z=L}$ 满足该式，则不会发生突出；否则，须采取防突措施，如打排放孔并排放一定时间，再次打效验孔进行检验，直到 $p_{z=L}$ 满足该式并采取安全防护措施后方可掘进，并保留超前距 $L-S$。

式 (5-11) 可改写为

$$p_{z=L} \leq F\left\{fC + \left[f\tan\phi - 0.63\left(\dfrac{L-S}{a}\right)^{\frac{2}{3}}\right]\sigma_H\right\}$$

当 $\dfrac{L-S}{a}$ 较小时，$f\tan\phi - 0.63\left(\dfrac{L-S}{a}\right)^{\frac{2}{3}} \approx 4\dfrac{L-S}{a}\sin\phi - 0.63\left(\dfrac{L-S}{a}\right)^{\frac{2}{3}} \sim 0$，上式近似为

$$p_{z=L} \leq FfC$$

煤的内摩擦角一般在 16°~40° 之间，内摩擦角越小，煤越软，越容易发生突出。取 $\phi = 15°$，根据于不凡所著的《煤矿瓦斯灾害防治及利用技术手册》，某煤样内摩擦角等于 15° 时的内聚力 $C = 0.572$ MPa；假设 $\dfrac{L-S}{a} = 0.4$（对应 $a = 5$ m），查表 5-10 得 $F = 1.18$，$f = 1.16$，代入得 $p_{z=L} \leq 0.78$ MPa。根据《防突细则》，当瓦斯压力小于 0.74 MPa 时一般不会发生突出，与这里的计算值非常一致，从侧面说明了式 (5-11) 的合理性。

式 (5-11) 还存在下列不足：没有考虑重力的影响，因此不适用于倾角很大的情况（包括上山与下山）；此外，在构造应力变化剧烈的地带，式 (5-11) 也不适用，因为没有对构造应力作详尽研究，$\sigma_H = 0.027H$ 只适用于通常的情况；$\sigma_{z=L} = \left(\dfrac{L-S}{2a}\right)^{\frac{2}{3}} \sigma_H$ 的合理性也需要从理论与试验两个方面进行检验。

利用式 (5-11) 可以解释突出机理中的许多现象，例如，C 越大，允许的 $p_{z=L}$ 越大；a 越大越容易突出；H 越大越容易突出等。

5.1.2.1.3 K_1 值的临界值计算

式 (5-11) 适用于用煤层瓦斯压力（含量）快速测定仪测定瓦斯压力的情况。当已知其他预测指标与煤层瓦斯压力的关系时，可以将式 (5-11) 转化为其他预测指标临界值的计算式。例如，当采用 K_1 值作为敏感指标时，根据 K_1 值与煤层瓦斯压力之间的关系：

$$K_1 = Ap^B \tag{5-12}$$

可以获得 K_1 值所应满足的对应关系，即

$$K_1 \leq A\left\{F\left[f(C + \sigma_H\tan\phi) - \left(\frac{L-S}{2a}\right)^{2/3}\sigma_H\right]\right\}^B \tag{5-13}$$

式中，A、B 为煤的吸附变形常数，可通过实验获得。

当精度要求不高时，A、B 值可通过下式估计：

$$\begin{cases} A = 3.352\exp(-2.953f_1) \\ B = 1.176\exp(-0.864f_1) \end{cases} \tag{5-14}$$

式中，f_1 为煤的坚固性系数，可按《防突细则》附录中规定的方法测定。用式（5-14）计算出的 A、B 值没有考虑煤中灰分、水分的影响，用它们计算出的 K_1 值应乘以（1-灰分-水分）方可作为 K_1 值的临界值。故采用式（5-12）时，式（5-13）的右端也应乘以（1-灰分-水分）。

根据《防突细则》，当 $f_1 \geq 0.5$ 时一般不会发生突出，取 $f_1 = 0.5$，代入式（5-14）得，$A = 0.766‰$，$B = 0.763$；仍取 $p = 0.74\text{MPa}$，一起代入式（5-12）得 $K_1 = 0.609$，考虑到煤中灰分、水分的影响，可以认为采用式（5-14）计算 A、B 值的方法是可行的。

根据 f_1 测试结果可见，13 个数据中，0.5（含）以上的仅 2 个；0.4（含）~0.5（不含）之间的 1 个；0.3（含）~0.4（不含）之间的 8 个；0.3（不含）以下的 2 个，且一个为 0.29，一个为 0.28，故可认为沙曲矿的 f_1 值在 0.3~0.4 之间，（10 个的）平均值为 0.33。取 $f_1 = 0.33$，代入式（5-14）得，$A = 1.265‰$，$B = 0.884$。第 4 章测定结果得到灰分、水分的平均值分别为 15%~25%、0.84%。沙曲矿的 C、ϕ 值可分别取为 1.65 MPa 和 15°（表 5-10 中 ϕ 的最小值）。

5.1.2.1.4 煤巷炮掘工作面 K_1 临界值的确定

以上模型的建立是基于掘进面连续推进的情况，如人工刨煤或综掘等。对于爆破掘进的情况，由于波动过程等动力学因素的影响，需要另行处理。

如图 5-34 所示，炸药爆炸在煤体中产生应力波并向各个方向传播，当传播到煤体与空气的界面（即迎头）时发生透射与反射。透射波沿巷道内的空气传播（形成空气冲击波或声波），而反射波（稀疏波）则向迎头内传播，与爆生气体一起破碎煤体，并对煤体产生一定的外抛作用，使 s 面处的煤体分离、压力瞬间降为 0。

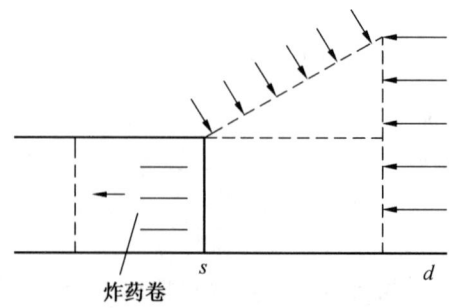

图 5-34 考虑爆破影响的掘进面突出问题力学模型

仍考虑 s—d 之间煤体的受力情况,开始时 s 截面作用有压力 F_3,$F_3=\frac{\pi}{4}a^2(p_{z=s}+\sigma_{z=s})$;$d$ 截面上作用有压力 F_1+F_3,这里,F_1 的意义同式(5-7),其他条件不变;某时刻 s 截面上的 F_3 突然降为 0,分析隔离体的运动问题。

事实上,这种情况相当于在 s 端面施加一瞬时脉冲拉力,大小等于 F_3,并以应力波的形式向煤体内传播。由于煤体内存在大量节理、裂隙等结构弱面,应力波的强度迅速衰减并很快消失,从安全的角度考虑,可认为 d 面上的压力未受影响,由此得不发生突出的条件为

$$F_1+F_3 \leqslant F_2 \tag{5-15}$$

即

$$p_{z=L}+Gp_{z=S} \leqslant F[f(C+\sigma_H\tan\phi)-\sigma_{z=L}] \tag{5-16}$$

式中,$G=\dfrac{F}{\left(1+2\dfrac{L-S}{a}\tan\phi\right)^2}$,其值见表 5-10。

式(5-16)即为炮掘情况下迎头内深 L 处瓦斯压力应满足的关系式,与连续推进情况下的式(5-9)相比,式(5-16)左端增加了 $Gp_{z=S}$ 一项,表明允许的瓦斯压力 $p_{z=L}$ 减小了,反映了炮掘更容易引发突出这一事实。这里,需要用到 $z=S$ 处的瓦斯压力值 $p_{z=S}$,而 G 值一般小于 1(表 5-10)。

对于采用 K_1 值的情况,则需要测定 $z=S$ 处的 K_1 值,记作 K_{1S} 和 $z=L$ 处的 K_1 值,记作 K_{1L},仿照前述方法可得 K_{1S} 与 K_{1L} 所应满足的不等式(即不发生突出的条件)为

$$\left(\frac{K_{1L}}{A}\right)^{1/B}+G\left(\frac{K_{1S}}{A}\right)^{1/B} \leqslant F\left[f(C+\sigma_H\tan\phi)-\left(\frac{L-S}{2a}\right)^{2/3}\sigma_H\right] \tag{5-17}$$

当 A、B、G 值确定后,可以将式(5-17)的左端列成表格,以方便井下使用。

假设 $K_{1S}=K_{1L}$,则式(5-17)简化为

$$K_1 \leqslant A\left\{\frac{F}{1+G}\left[f(C+\sigma_H\tan\phi)-\left(\frac{L-S}{2a}\right)^{2/3}\sigma_H\right]\right\}^B \tag{5-18}$$

5.1.2.1.5 煤巷掘进工作面突出预测技术在沙曲矿的应用研究

沙曲矿现分为南翼、北翼两个区域。北翼煤层瓦斯含量较大,生产中容易发生瓦斯超限情况,但不突出;南翼 4 号、5 号煤层为主采煤层,经鉴定具有突出危险性。

1. 南翼 4 号煤层 K_1 值的理论分析及应用

南翼 4 号煤层为突出煤层。掘进前首先进行预抽,即首先沿掘进方向打若干个大直径(不小于 0.094 m)的深钻孔(例如,200 m),预抽 1 周左右,待预抽率达到 40% 后再进行掘进。现场将这种情况 K_1 值的检测工作称为效验,一般情况下执行标准为 0.5,特殊情况下(如煤层出现构造破坏带等)执行标准为 0.3。

掘进时采用钻屑指标法并结合其他突出预兆预测煤与瓦斯的突出危险性。通常,钻屑量指标 S 一般不超标、而 K_1 值有时超限。若 K_1 值超限,即认为有突出危险,并采取防突措施——打排放孔。待排放一定时间后,再打效验孔,并测定 S 值和 K_1 值。若两者均不超标,即认为措施孔有效;只要有一项指标超标,即认为措施孔无效,需要继续补打措施孔等。

沙曲矿原执行标准为 K_1 值不超过 0.5,但发生过一些小突出事故。需要利用上节建立

的模型计算、分析 0.5 标准的合理性。

有关参数计算或选取如下：$A=1.265‰$（根据煤的坚固性系数计算），$B=0.884$（根据煤的坚固性系数计算），$C=0.43$ MPa（根据煤的坚固性系数估算），$\phi=15°$，$L=8$ m（效验孔深，实际参数），$S=6$ m（每个循环掘进深度，实际参数），$a=3.5$ m（巷道宽、高的平均值，实际参数），$H=450$ m（由井上下对照图查得，实际参数），$\sigma_H=12.15$ MPa（按 $\sigma_H=0.027H$ 算得），灰分 15%~25%（实测值），水分 0.84%（实测值）。

根据上述参数，查表 5-10 并线性插值得 $f=1.48$，$F=1.25$，$G=0.73$。

对于综掘的情况，根据式（5-13）并考虑灰分、水分的影响，得

$$K_1 \leqslant 1.265\left\{1.25\left[1.48(1.65+12.15\tan15°)-12.15\left(\frac{1}{3.5}\right)^{2/3}\right]\right\}^{0.884} \times 0.84 = 2.37$$

对于炮掘的情况，根据式（5-13）并考虑灰分、水分的影响，得

$$K_1 \leqslant 1.265\left\{\frac{1.25}{1+0.73}\left[1.48(1.65+12.15\tan15°)-12.15\left(\frac{1}{3.5}\right)^{2/3}\right]\right\}^{0.884} \times 0.84 = 1.46$$

上述 K_1 值是发生突出的极限临界值。考虑到突出问题的复杂性、模型的近似性、参数选取的近似性、地质条件的多变性、预测方法的局限性（如目前的预测方法难以保证煤样出自指定的深度等）、防突员的技术水平等因素的影响，实际使用时应考虑一个安全系数。安全系数的选取与突出发生的频率以及突出的灾害后果有关。众所周知，煤与瓦斯突出与瓦斯爆炸同为煤矿主要灾害，瓦斯爆炸的浓度下限为 5%。根据《煤矿安全规程》，低瓦斯、高瓦斯、煤（岩）与瓦斯突出矿井的煤巷、半煤岩巷和瓦斯涌出的岩巷掘进工作面瓦斯的报警浓度与断电浓度分别为 1% 和 1.5%，即安全系数为 3.3~5。认为这一安全系数也适用于煤与瓦斯突出问题。则实际执行的 K_1 值的临界值应满足：

综掘：　　　　　　　　$K_1 \leqslant 2.37/(3.3 \sim 5) = 0.47 \sim 0.72$

炮掘：　　　　　　　　$K_1 \leqslant 1.46/(3.3 \sim 5) = 0.29 \sim 0.44$

基于上述分析，沙曲矿决定一般情况下执行标准为 0.5；特殊情况下（如煤层出现构造破坏带等）执行标准为 0.3（处于该范围的低端，具有较大的安全系数）。执行该标准后，至今未发生突出事故。

沙曲矿 2008 年 1—9 月 4 号煤层煤巷掘进工作面共进行突出效验约 6000 次，其中，效验时发生 K_1 值超限的情况约 200 次，从原始记录中随机抽取了 42 次进行了分析，结果为：巷道近水平沿煤层底板布置，断面近似为矩形，宽 4 m，高 3 m，布置 5 个效验孔，若有软分层，布置在软分层里；若没有软分层，布置在距顶板 0.8 m 的位置，各孔编号如图 5-35a 所示。1 号、5 号孔距边界的距离约为 0.3 m，1 号孔与 2 号孔、2 号孔与 3 号孔等之间的距离均布，约为 0.85 m。5 个孔一字排开，近水平钻进，倾角如图 5-35b 所示。每个孔 2 m、4 m、6 m、8 m 深处的 K_1 值的平均值见表 5-11。

表 5-11　5 个效验孔不同深度处实测 K_1 值的平均值

深度/m	1 号孔	2 号孔	3 号孔	4 号孔	5 号孔
4	0.44	0.46	0.48	0.39	0.36
6	0.41	0.52	0.46	0.41	0.38
8	0.49	0.48	0.47	0.48	0.43

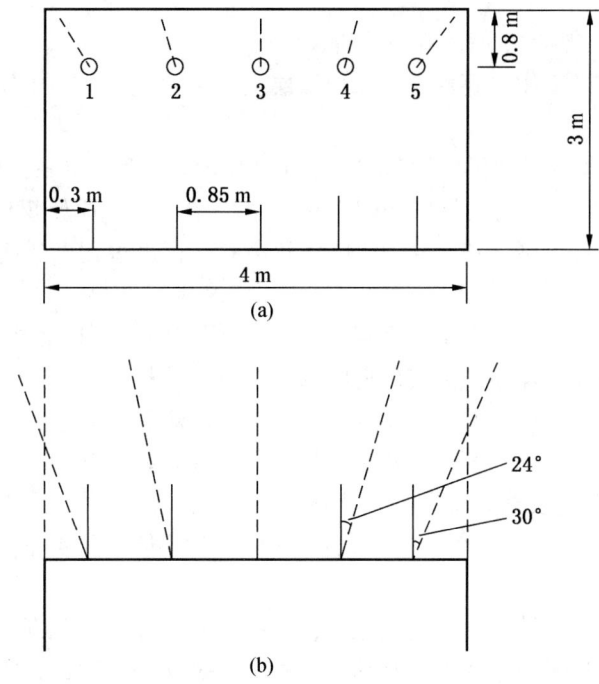

图 5-35 4 号煤 14301 轨道巷断面形状、效验孔布置及倾角示意图

分析表 5-11 数据,可以得出下列规律:
(1) 2 m 深处的 K_1 值没有记录(不超限);
(2) 沿深度方向,深度越大,K_1 值越大;
(3) 沿掘进面方向,中部较大,两侧较小。

但其中(2)、(3)的一致性并不强。考虑到突出问题的偶发性,要求每一次效验(预测)工作都应该严格执行《防突细则》的有关要求,如每 2 m 测定一次 K_1 值等,不能省略某些点上(如 2 m 深处)的 K_1 值的测定工作。

表 5-11 原始数据中每个孔不同深度处的最大值与最小值的比值 n(表 5-12)是一个重要参数,它表明在某个孔某一深度处的 $K_{1\max}$ 值有可能是 $K_{1\min}$ 值的 n 倍,如果以 $K_{1\min}$ 值(实测值)作为检测值,它有可能只是实际最大值的 $1/n$,因此,安全系数必须大于 n。

表 5-12 5 个效验孔不同深度处实测 K_1 最大值与最小值的比值 n

深度/m	1 号孔	2 号孔	3 号孔	4 号孔	5 号孔
2	—	—	—	—	—
4	2.18	2.06	1.81	1.80	—
6	1.71	2.35	2.31	1.64	1.77
8	2.39	1.73	2.30	2.00	1.93

由表 5-12 可见,14 个数据中有 7 个超过或达到 2.00,最大为 2.39。显然,对于一些发生概率很小且危害也很小的事故,采取 2.5 倍的安全系数是合适的,但对于像煤与瓦斯突出这类严重灾害,安全系数应大于 2.5。由此可以看出,采取 3.3~5 倍的安全系数是合

适的。

2. 沙曲二矿 3 号煤层 K_1 值的理论分析及应用

沙曲二矿目前掘进工作主要集中在 3 号煤层上,主要包括 13301 轨道巷等,为保护层开采做准备。

3 号煤层厚约 0.8 m,下距 4 号煤层 7 m。13301 轨道巷宽约 4 m,高约 3 m,由于煤层厚仅为 0.8 m,故巷道沿顶卧底掘进。但在掘进过程中,由于原始煤体的泄压作用,4 号煤层的瓦斯气体向 3 号煤层迁移,导致 13301 轨道巷在掘进过程中瓦斯易超限,K_1 值时常超过 0.5。

关于 13301 轨道巷掘进过程中是否需要检测 K_1 值的问题,目前沙曲矿存在两种观点,一种观点认为,既然 3 号煤层为无突出危险煤层,就无须检测 K_1 值;另一种观点则认为,煤层的突出危险性是相对的,原先鉴定为无突出危险的煤层随着条件的变化,也可能变为有突出危险性的煤层。从一些基础参数,如煤的坚固性系数、瓦斯放散初速度、瓦斯压力等方面看,13301 轨道巷掘进面有可能发生突出。因此,将 3 号煤层按突出煤层管理,探索如何确定 K_1 值的临界值,在保证安全的前提下 0.5 标准是否合理,可否适当提高掘进速度至关重要。

尽管 3 号煤层原鉴定结果为无突出危险,但由于 4 号煤层的瓦斯迁移作用的影响,导致 3 号煤层在煤巷掘进过程中瓦斯时常超限、K_1 值超过 0.5,因此,将 3 号煤层按突出煤层管理是偏于安全的。

计算 3 号煤层 K_1 值的极限临界值。除 $a=2.4$ m 之外,其他参数采用与前面相同的数据,即 $A=1.265‰$,$B=0.884$,$C=1.65$ MPa,$\phi=15°$,$L=8$ m,$S=6$ m,$H=450$ m,$\sigma_H=12.15$ MPa,灰分 15%~25%,水分 0.84%。查表 5-10 并线性插值得 $f=1.86$,$F=1.33$,$G=0.64$。

13301 轨道巷采用炮掘工艺,根据式(5-13)并考虑灰分、水分的影响,得

$$K_1 \leqslant 1.265 \left\{ \frac{1.33}{1+0.64} \left[1.86(1.65 + 12.15\tan15°) - 12.15\left(\frac{1}{2.4}\right)^{2/3} \right] \right\}^{0.884} \times 0.84 = 1.88$$

即 K_1 值的极限临界值为 1.88。仍取安全系数为 3.3~5,则 K_1 值的合理范围为 1.88/(3.3~5) = 0.38~0.56。

这一结果说明,煤层厚度变小,K_1 值的合理取值范围扩大了,即煤层厚度由 3 m 减小为 0.8 m 时,K_1 值的合理取值范围由 0.29~0.44 扩大为 0.38~0.56。根据这一结果,目前,3 号煤层执行的 K_1 值标准为 0.5,有望提高的幅度(0.05)并不大,因此,建议仍执行 K_1 值不超过 0.5 的现行标准。

从现场情况看,目前,3 号煤层 13301 轨道巷已掘进约 400 m,K_1 值的执行标准为 0.5,未发生突出事故及瓦斯异常动力现象。

根据上述计算分析与《防突细则》的要求,建议 13301 轨道巷执行下列[预测—措施—效验—(防护)]掘进顺序:

(1)预测孔(孔径为 0.042 m)个数减少为 3(或 4)个,即中间 1(或 2)个,两边各 1 个;孔深 8 m(边孔取掘进方向的投影深度,实际深度应大于 8 m);打钻顺序调整为先打中间孔,后打边孔;同时测定钻孔最大钻屑量 S_{max} 与 K_1 值,钻屑量每钻进 1 m 测定一次,最大值不应超过 6 kg/m 或 5.4 L/m,K_1 值每钻进 2 m 测定一次,最大值不应超过

0.5;若 S_{max}、K_1 值均不超标,在采取防护措施的条件下可开始掘进,掘进深度不超过 6 m(即超前距不小于 2 m)。

(2) 若预测过程中 S_{max} 或 K_1 值超标,即停止检测,打若干个措施孔(孔径为 0.075 m),措施孔孔深 11 m。

(3) 经措施孔排放一定时间(2 h)后,打效验孔,孔深 8 m,打孔过程中同时测定 S_{max}、K_1 值,测定方法同前。若 S_{max}、K_1 值均不超标,说明措施孔有效,可在采取防护措施的条件下开始掘进,掘进深度不超过 6 m;若 S_{max} 或 K_1 值有一项超标,说明措施孔无效,应继续补打措施孔,直到效验时不超标、证明措施孔有效,方可掘进。

还有以下几点需要说明:

(1) 目前执行的预测孔的个数为 5 个,即中间 3 个,两侧各 1 个。根据《防突细则》的要求,预测孔的个数只要不少于 3 个即可。考虑到 3 号煤层厚度仅 0.8 m,13301 轨道巷宽度约为 4 m,故可以考虑将预测孔的个数减少为 3 个或 4 个,即中间 1 个或 2 个,两边各 1 个,以提高预测效率。这里,关键是孔的深度以及边孔的角度,要保证边孔沿掘进方向的投影长度达到 8 m,终点在轮廓线外 2~4 m。

(2) 除 S 值、K_1 值之外,预测过程中还要注意观察是否有其他异常现象,如煤层出现构造破坏带(断层、剧烈褶曲、火成岩侵入等)、赋存条件急剧变化(煤层起伏、厚度变化)、采掘应力叠加、工作面出现喷孔、顶钻等动力现象、工作面出现明显的突出预兆等。出现上述情况时,应判定工作面具有突出危险,并采取相应措施。

(3) 防护措施主要包括爆破与避难所或压风自救系统方面的要求。爆破时要求起爆点必须设在进风侧反向风门之外的全风压通风的新鲜风流中或避难所内,距工作面的距离由矿技术负责人根据具体情况确定,但不得小于 300 m(新标准)。爆破既容易引发煤与瓦斯突出,也容易引发瓦斯爆炸或瓦斯与煤尘爆炸。因此,严格控制起爆点到掘进面的距离是必要的。

(4) 根据具体情况设置工作面避难所或压风自救系统,掘进距离超过 500 m 的掘进工作面必须设置工作面避难所。避难所应能满足工作面最多作业人数时的避难要求,压风自救系统参照《防突细则》布置。

从 2007 年 1 月 2 日至 12 月 15 日,累计效检 2591 次,其中,K_1 值 0.3(含,下同)~0.4(不含,下同)的 180 次,占 6.95%;0.4~0.5 的 52 次,占 2.00%;0.5 以上的 62 次,占 2.39%。由此可以看出,沙曲矿 K_1 执行 0.5 的标准;在有突出预兆的情况下执行 0.3 的标准,这时需要采取打排放钻孔等措施。这种做法对生产影响并不大,而安全系数则是偏大的。

5.1.2.2 工作面防突措施

目前,掘进工作面常用的防突措施主要有预抽煤层瓦斯、超前排放钻孔、松动爆破、水力冲孔、水力疏松。根据沙曲一矿和二矿的实际情况和具体装备条件,采用预抽煤层瓦斯、超前排放钻孔,作为沙曲一矿和二矿煤巷掘进工作面的局部防突措施。

1. 预抽煤层瓦斯

钻孔布置与煤层掘进工作面顺层钻孔布置相同,在掘进工作面布置 5 个钻孔,钻孔控制范围为巷道两侧 5 m。

2. 超前排放钻孔

掘进工作面超前钻孔用于预测效果检验超标、预抽钻孔未控制的局部地点（图 5-36）。采用超前钻孔作为防治突出的措施时，应符合下列要求：

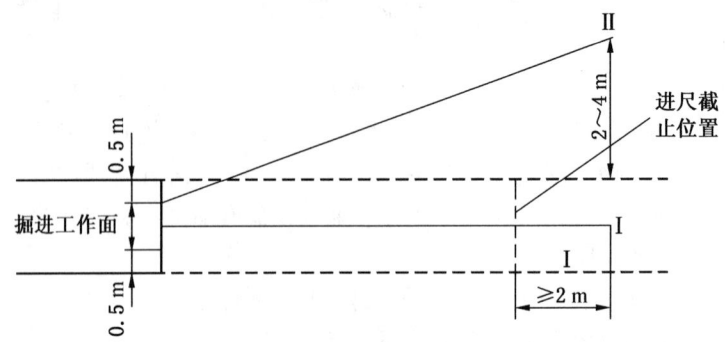

图 5-36 煤巷掘进工作面预测不超标时允许进尺平面示意图

（1）超前钻孔适用于煤层透气性好、煤质较硬的突出煤层。

（2）超前钻孔直径是确定影响超前钻孔效果的主要因素，钻孔直径越大，排放和卸压效果越好。超前钻孔直径应根据煤层赋存条件和突出情况确定，一般为 75~120 mm，地质条件变化剧烈地带也可采用直径为 42~75 mm 的钻孔。钻孔超前于掘进工作面的距离不得小于 5 m，若钻孔直径超过 120 mm 时，必须采用专门的钻进设备和制定专门的施工安全措施。根据沙曲一矿煤层赋存情况，采用超前排放钻孔时，为了提高瓦斯排放效果和减少排放时间，建议采用 $\phi 75$ mm 直径的排放钻孔，排放时间不小于 8 h。

（3）钻孔在控制范围内应均匀布置，在煤层的软分层中可适当增加钻孔数。

（4）应根据经实测钻孔的有效抽放或排放半径确定预抽钻孔或超前排放钻孔的孔数、孔底间距。

（5）煤层赋存状态发生变化时，应及时探明情况，再重新确定超前钻孔的参数。

（6）必须对超前钻孔进行效果检验，如果经检验措施无效，必须补打钻孔或采取其他补充措施。

（7）超前钻孔施工前应加强工作面支护，打好迎面支架，背好工作面。

沙曲一矿采用超前排放钻孔作为煤巷掘进工作面局部防突措施时，需要布置 1~2 排（根据煤层厚度情况确定，1.5 m 以下布置 1 排，大于或等于 1.5 m 布置 2 排），孔底间距为 1 m。钻孔终孔点控制巷道两侧轮廓线外钻孔的最小控制范围为 5 m。钻孔数量根据控制范围和钻孔间距计算，钻孔布置可参照图 5-37。

施工完所有排放钻孔后，应排放不少于 8 h 后，再进行措施效果检验，当检验指标超标时，措施无效，必须采取防止突出的补充措施，直到效果检验指标降到临界值以下或无异常情况为准。

5.1.2.3 石门揭煤技术

3 号、4 号和 5 号煤层采区巷道全部布置在 5 号煤层底板岩层中，采区巷道掘进不需要石门揭煤，3 号、4 号和 5 号煤层石门揭煤位置主要集中在采煤工作面。为保障安全揭煤，在石门揭煤过程中形成了近距离煤层群的"预抽、骨架、固化、拦截、注水、排放""六步法"揭煤技术（图 5-38），具体石门揭煤的作业流程如图 5-39 所示。

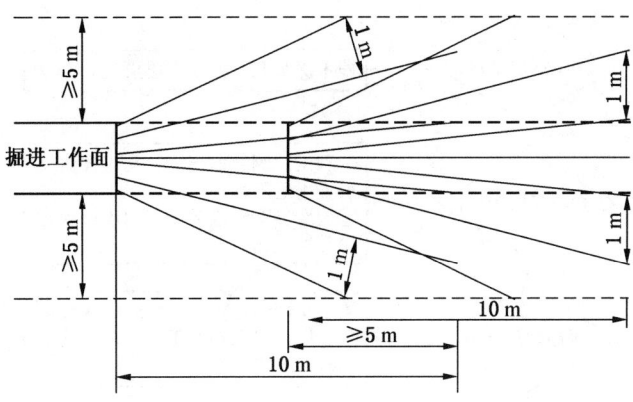

图 5-37 超前排放钻孔平面布置示意图

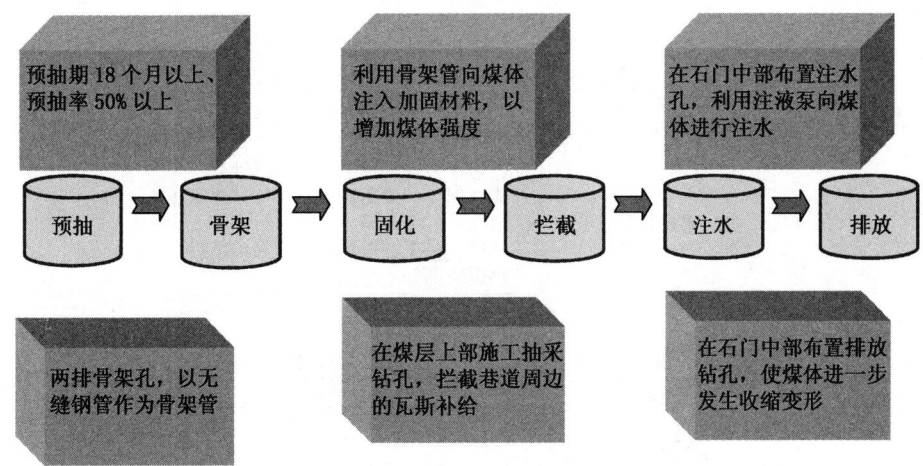

图 5-38 "六步法"石门揭煤技术

(1) 预抽：石门揭煤前，先在巷道两帮各施工一个钻场，然后在迎头和钻场中施工预抽钻孔，抽采石门前方及巷道周边煤体内的瓦斯，保证预抽期 18 个月以上、预抽率 50% 以上，方可揭煤。

(2) 骨架：紧贴巷道顶板施工两排骨架孔，以无缝钢管作为骨架管，穿透煤层进入顶板 0.5 m，用于支撑上方煤体的重力，阻止煤体的突然破坏和离层。

(3) 固化：利用骨架管向煤体注入加固材料，以增加煤体强度，实现对煤体的固化。

(4) 拦截：固化后在煤层上部施工一定数量的抽采钻孔，用于拦截巷道周边的瓦斯补给，降低突出危险性。

(5) 注水：在石门中部布置一定数量的注水孔，利用注液泵向煤体进行注水，以改善应力和水驱瓦斯，降低掘进工作面粉尘浓度。

(6) 排放：煤体注水后，再在石门中部布置一定数量的排放钻孔，使石门周围一定范围内的煤体进一步发生收缩变形，煤体的透气性增大，煤体的力学强度增高。

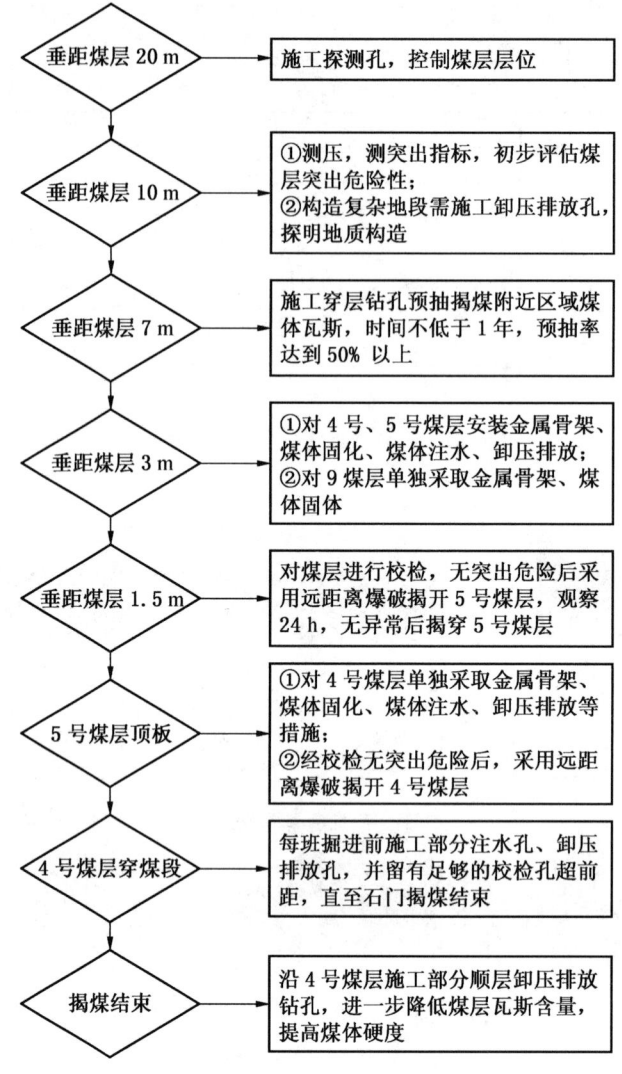

图 5-39 石门揭煤作业流程图

5.1.2.3.1 石门及井巷揭煤的防突技术措施

《防突细则》中对石门、竖井和斜井等岩石巷道揭煤区域性措施的规定如下：穿层钻孔预抽石门（含立、斜井等）揭煤区域煤层瓦斯区域防突措施应当在揭煤工作面距煤层的最小法向距离 7 m 以前实施（在构造破坏带应适当加大距离）。对于沙曲的近距离煤层群赋存条件，当相邻两层的层间距小于 7 m 时，在井巷揭煤过程中视作两煤层合并。钻孔的最小控制范围是：石门和竖井、斜井揭煤处巷道轮廓线外 12 m，同时还应当保证控制范围的外边缘到巷道轮廓线（包括预计前方揭煤段巷道的轮廓线）的最小距离不小于 5 m，且当钻孔不能一次穿透煤层全厚时，应当保持煤孔最小超前距 15 m，如图 5-40 所示。

当掘进至工作面法向距离不小于 5 m 处，经突出危险性预测（验证）石门、竖井和斜井等岩石巷道揭煤工作面存在突出危险时，可采取局部防突措施。其中石门（斜井等）揭煤工作面的防突措施包括预抽瓦斯、排放钻孔、水力冲孔、金属骨架、煤体固化或其他经

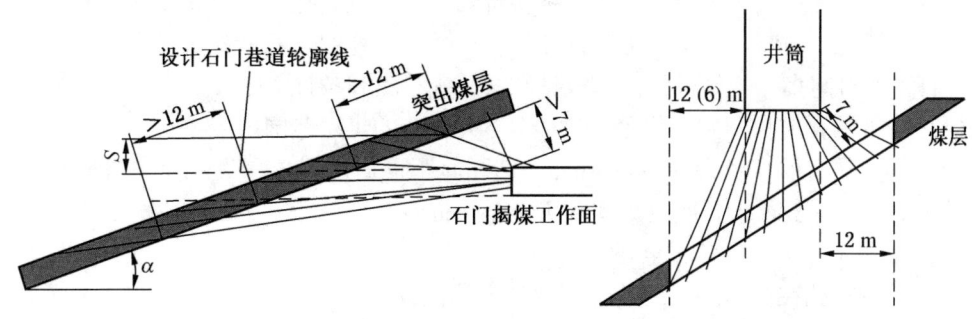

图 5-40 石门与竖井揭煤消突控制范围示意图

试验证明有效的措施，竖井揭煤工作面可以选用除水力冲孔以外的各项措施。石门揭煤工作面钻孔的控制范围是：石门的两侧和上部轮廓线外至少 5 m，下部至少 3 m。竖井揭煤工作面钻孔的控制范围是：近水平、缓倾斜、倾斜煤层为井筒四周轮廓线外至少 5 m。揭煤工作面施工的钻孔应当尽可能穿透煤层全厚。当不能一次打穿煤层全厚时，可分段施工，但第一次实施的钻孔穿煤长度不得小于 15 m，且进入煤层掘进时，必须至少留有 5 m 的超前距离（掘进到煤层顶或底板时不在此限）。

由于石门和岩巷揭煤的特殊性，一般在距煤层法向距离 7 m 处的区域防突措施便要求消除揭煤处规定范围的突出危险性，工作面的突出预测也要求在法向距离不小于 5 m 处进行，因此在实际操作过程中，可以在法向距离 7 m 时完成上述工作，但是在此后的施工过程中应坚持循环预测（验证），如存在突出危险性时，补充局部防突措施。

石门和岩巷揭煤的主要区域技术手段为穿层抽采，局部技术手段包括预抽瓦斯、排放钻孔、水力冲孔、金属骨架、煤体固化或其他经试验证明有效的措施，在实际揭穿突出煤层过程中，为了保证揭煤工作的经济性、安全性，实现快速揭煤，可将上述措施分为主要揭煤技术措施（预抽钻孔、排放钻孔）、加强型措施（水力冲孔、水力扩孔、冲煤扫孔等）和安全保障型措施（金属骨架、煤体固化、顺层钻孔等）。

1. 主要揭煤技术措施

石门和竖井揭煤工作面可采用抽排煤层瓦斯，降低瓦斯压力，释放瓦斯膨胀能，降低应力集中的影响，增加煤体强度，在石门或井筒周围形成足够厚度的安全区成为竖井防治煤与瓦斯突出的主要方向。钻孔预排瓦斯消除突出的原理是利用钻孔增加应力集中区煤岩体的损耗，在非弹性变形能作用下造成钻孔周围煤体卸压变形，使应力集中峰值降低、石门或井筒四周应力集中峰值点外移。同时利用掘进工作面前方煤体卸压变形、煤体的透气性增加的有利条件，通过对周围煤体瓦斯的抽采，降低煤体中积蓄的瓦斯膨胀能、煤体孔隙瓦斯压力，使煤体部分孔隙闭合，增强煤体强度。当煤体瓦斯预排达到一定程度后，瓦斯膨胀能减小到不足以粉化、抛射煤岩体时，预排范围内的煤体便失去了突出危险。从而在石门和井筒周围形成一定厚度的安全区，防止石门和井筒揭煤期间煤与瓦斯突出的发生。

1）排放钻孔法

排放钻孔是揭煤的一种常用防突措施，是在揭煤前由工作面向前方煤体打钻孔，排放煤体瓦斯并使煤体产生卸压，从而在工作面揭煤时起到防突的作用。由于防突需要的排放钻孔数量较多,且一般成排布置,故又称多排钻孔。排放钻孔防突措施工艺简单,效果较好。对于石门揭开缓倾斜煤层,由于钻孔较长,并且钻孔的岩石段较大,尤其是遇到硬岩石时,打钻的时间多,工作量大。排放钻孔必须满足下列条件:

(1) 排放钻孔应控制到揭煤处轮廓线外 5~12 m 的煤层范围内。

(2) 排放钻孔的直径为 75~120 mm,钻孔间距根据煤层透气性和生产计划允许排放的时间来确定,一般要求孔底见煤间距不大于 2 m。

(3) 钻孔应一次打穿煤层全厚。

(4) 排放钻孔在揭穿煤层之前应当保持自然排放。

(5) 适用于煤层透气性较好、有足够排放时间的工作面,对瓦斯抽采效果较差的掘进工作面,可以配合采用冲煤扫孔加速瓦斯排放技术。

2) 预抽瓦斯法

预抽瓦斯是透气性较好煤层揭煤时采用的一种最有效的防突措施,是在揭煤工作面采用排放钻孔措施自然排放瓦斯作用的基础上,预先抽采煤层中的瓦斯,加快瓦斯排放和突出煤体卸压速度,一般要求:

(1) 煤层透气性较好,并有足够的抽采时间(一般不少于 3 个月)。

(2) 抽采钻孔孔底应布置到井筒周界外 5~12 m 的煤层内。

(3) 抽采钻孔的直径通常可取 75~120 mm,钻孔孔底间距一般为 2~3 m。

(4) 预抽瓦斯钻孔在揭穿煤层之前应当保持抽采状态。

2. 安全保障型措施

在采取抽排钻孔对煤层瓦斯进行预先抽排,并经效果检验有效后,可以采用金属骨架、煤体固化措施和穿煤段顺层孔技术等保证型手段,以保证石门和岩巷揭煤的安全。

1) 金属骨架措施

金属骨架是用于石门(井巷)掘进工作面揭穿突出危险煤层的一种超前支架。这种支架是将钢管或钢轨插入预先在掘进工作面断面周边处布置的钻孔内,其前端伸入煤层的顶(底)板岩石中,后端支撑在掘进工作面中的支架上方。该防突措施的作用:一是通过安装金属骨架的钻孔排放煤体中的一部分瓦斯,使一定范围内的煤体卸压;二是依靠金属骨架加强掘进工作面前方煤体的稳定性。

石门和竖井揭煤掘进工作面金属骨架措施一般在石门上部和两侧或竖井周边外 0.5~1.0 m 范围内布置骨架孔。骨架钻孔应穿过煤层并进入煤层顶(底)板至少 0.5 m,当钻孔不能一次施工至煤层顶板时,则进入煤层的深度不应小于 15 m。钻孔间距一般不大于 0.3 m,对于松软煤层要架两排金属骨架,钻孔间距应小于 0.2 m。骨架材料可选用 8 kg/m 的钢轨、型钢或直径不小于 50 mm 的钢管,其伸出孔外端用金属框架支撑或砌入碹内。插入骨架材料后,应向孔内灌注水泥砂浆等不燃性固化材料。揭开煤层后,严禁拆除金属骨架。

2) 煤体固化技术

石门和竖井揭煤时煤体固化措施适用于松软煤层,用于增加掘进工作面周围煤体的强度。向煤体注入固化材料的钻孔应施工至煤层顶(底)板 0.5 m 以上,一般钻孔间距不大于 0.5 m,钻孔位于巷道轮廓线外 0.5~2.0 m 的范围内,根据需要也可在巷道轮廓线外布置多排环状钻孔。当钻孔不能一次施工至煤层顶板时,则进入煤层的深度不应小于 10 m。

各钻孔应当在孔口封堵牢固后方可向孔内注入固化材料，可以根据注入压力升高的情况或注入量决定是否停止注入。固化操作时，所有人员不得正对孔口。

在巷道四周环状固化钻孔外侧的煤体中，预抽或排放瓦斯钻孔自固化作业到完成揭煤前应保持抽采或自然排放状态，否则应打一定数量的排放瓦斯钻孔。从固化完成到揭煤结束的时间超过5天时，必须重新进行突出危险性预测或措施效果检验。

煤体固化的材料可以采用加固材料。加固材料是一种两种成分的聚亚氨酯产品，专为有严格下井需求的地层加固设计而成，由一种预聚物产生，以限制最大反应温度。加固材料的使用绝对安全，不受地层状况的限制。不管是出于防范或修补的目的，这种低黏度的混合物都会保持它的流动性长达几分钟，因此可以渗透到最小的缝隙，然后发生膨胀和硬化，以此来有效地加强和封闭相应的区域。加固材料可以很快地达到它全部的机械功。它的高黏合力、高机械压力和弹性的结合，确保地层完美黏合，并在工作区域发挥这种作用。

注浆系统设备布置图如图5-41所示。

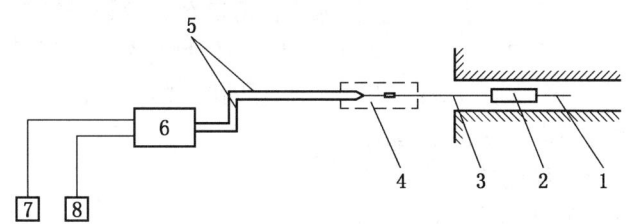

1—注浆管；2—专用封口器；3—注浆铁管；4—专用注射枪；
5—高压胶管；6—注浆泵；7—加固材料；8—催化剂

图5-41 注浆系统设备布置图

注加固材料施工工艺是：打眼→埋设注浆管→安装封口器→用高压胶管连接注射枪和注浆泵→将两根吸管分别插入装有加固材料和催化剂的桶内→开泵注浆→冲洗机具→停泵→拆卸注射枪。

每孔注浆量根据注浆压力确定，施工时必须严格控制注浆压力，当注浆压力达到5~8 MPa或出现大面积钻孔返浆时，即可换孔或停止注浆。

3）过煤段的安全保障措施

当石门（岩巷）穿过所揭煤层后，加强过煤段支护后，可沿着所揭穿过的煤层倾向施工部分上向、下向顺层钻孔，进一步降低石门（岩巷）附近煤体的瓦斯含量，同时提高煤体硬度，在巷道（井筒）外形成更大范围的安全保护圈，能够有效地防止穿煤段顶板垮落和瓦斯突出涌出事故的发生，确保揭煤段巷道的绝对安全。顺层钻孔施工如图5-42所示。

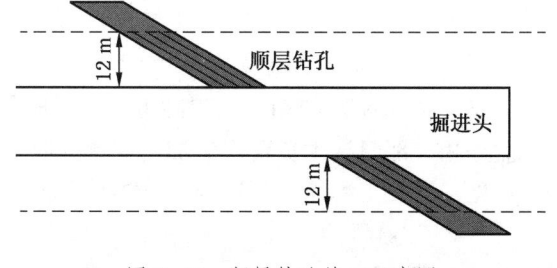

图5-42 顺层钻孔施工示意图

此外，当石门（岩巷）穿过所揭煤层后，也可以利用顺层钻孔向煤层注水的措施。通过注水降低穿煤段煤层应力，从而使煤层的弹性潜能降低，增加了煤的可塑性，有利于集中应力向煤层深部转移，同时能够使瓦斯放散速度变缓，降低煤层释放瓦斯能力，减少发生突出的瓦斯内能，有效防治突出。

5.1.2.3.2 石门和岩巷揭煤前效检及工程验收

1. 防突措施效果检验钻孔的布置和测定要求

抽（排）放钻孔施工结束并经过一定时间的瓦斯排放后，必须采用残余瓦斯压力、残余瓦斯含量、综合指标法、钻屑指标法或其他经试验证实有效的方法进行防突效果检验。经检验有效后，可采用远距离爆破揭穿煤层；如果措施无效，必须采取补充防治突出措施直至措施有效。防治突出专门机构必须填写防治突出措施效果检验单，报总工程师审批。

各检验测试点应布置于所在部位钻孔密度较小、孔间距较大、预抽时间较短的位置，并尽可能远离测试点周围的各预抽钻孔或尽可能与周围预抽钻孔保持等距离，且避开采掘巷道的排放范围和工作面的预抽超前距。在地质构造复杂区域适当增加检验测试点。对穿层钻孔预抽石门（含立、斜井等）揭煤区域煤层瓦斯区域防突措施进行检验时，至少布置 4 个检验测试点，分别位于预抽区域内的上部、中部和两侧，并且至少有 1 个检验测试点位于预抽区域内距边缘不大于 2 m 的范围。

防突措施效果检验考察包括：

（1）原始瓦斯压力和瓦斯含量；

（2）残余瓦斯压力和瓦斯含量、瓦斯排放量和瓦斯排放率等消除突出效果的检验指标。

2. 揭煤区域消除突出危险性认定

石门和岩巷抽（排）放钻孔施工完毕经过一段时间瓦斯抽排后，必须编制消除突出危险性认定报告，主要包括：

（1）揭煤处地质与煤层赋存等情况；

（2）所揭煤层的原始瓦斯压力及瓦斯含量；

（3）所揭煤层的突出危险性指标等相关参数；

（4）所揭煤层设计与实际施工钻孔相关参数说明；

（5）所揭煤层瓦斯储量与瓦斯排放量；

（6）所揭煤层的残余瓦斯压力及残余瓦斯含量；

（7）石门和岩巷达到安全揭煤条件的认定。

石门和岩巷揭煤区域消除突出危险性认定报告由矿负责编制，并作为工程验收的必备材料。

3. 工程验收

石门和岩巷抽（排）放钻孔施工完毕经效果考察之后，向华晋公司提出揭煤申请报告，华晋公司由负责安全生产（或通风）的副总工程师牵头，组成由华晋公司、生产矿井的生产、防突、地质和安监等相关部门技术负责人参加的现场验收组，对是否具备揭煤条件进行验收，并提出整改意见，整改工程完工、达到安全揭煤条件后，经验收通过后，方可进行揭煤工作。

揭煤申请报告应包括以下内容：

(1) 石门（井巷）所揭煤层瓦斯赋存报告；
(2) 揭煤安全技术措施；
(3) 消除煤层瓦斯突出危险性方案；
(4) 揭煤区域消除煤与瓦斯突出危险性认定报告；
(5) 揭煤远距离爆破安全技术措施；
(6) 揭煤通风、机电、防火、安全监控系统管理措施。

工程验收应包括以下内容：
(1) 测定参数的可靠性、抽（排）放钻孔施工质量、效果检验的可靠性、煤层加固措施的施工质量；
(2) 揭煤安全管理措施的可靠性。

5.1.2.4 局部防突效果检验

当采取了超前排放钻孔防突措施，经过一段时间的排放后，必须进行措施效果检验，其检验方法、临界指标与其突出危险性预测基本一致。工作面的检验孔深应小于或等于措施孔深，并应布置在措施孔之间。若检验值均不超过指标临界值，则认为措施有效，反之，认为措施无效。当措施无效时，无论措施孔还留有多少超前距，都必须采取防突的补充措施，并经措施效果检验有效后，方可在采取安全防护措施的前提下进行作业。

当检验结果措施有效时，若检验孔与防突措施钻孔向巷道掘进方向的投影长度（简称投影孔深）相等，则可在留足防突措施 5 m 超前距并采取安全防护措施的条件下掘进。当检验孔的投影孔深小于防突措施钻孔时，则应当在留足所需的防突措施超前距并同时保留有至少 2 m 检验孔投影孔深超前距的条件下，采取安全防护措施后实施掘进作业。如图 5-43 所示。

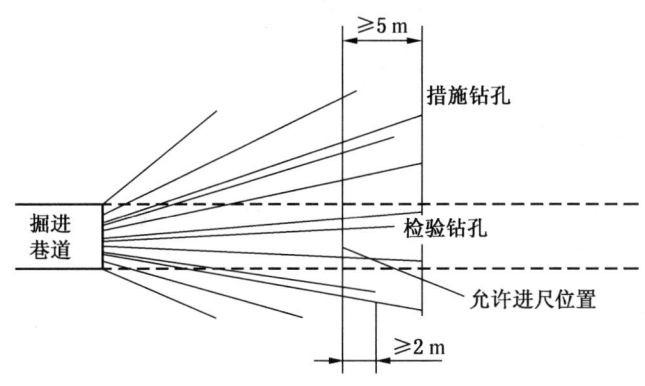

图 5-43 措施效果检验后允许进尺距离示意图

检验指标和临界值与预测时相同。

若一轮排放孔打后，检验孔达不到预定深度时，可分次进行检验，但超前距必须符合以上规定。

5.2 沙曲矿瓦斯治理技术体系

沙曲矿基于近距离煤层群开采特点，在煤炭开采规划区采用各类地面井相结合进行大范围地面抽采，实现煤层气的规模化预抽，突破传统地面抽采、井下抽采的单项抽采技术时空限制，在国内首次成功实施了多分支水平井与千米钻孔对接高效抽采、大孔径定向长钻孔立体式抽采等关键技术，通过与井下钻孔抽采方法优选集成，结合抽采和风排瓦斯综合利用技术，形成了基于井上下联合高效抽采的三区联动瓦斯综合治理模式——沙曲模式，如图5-44所示。

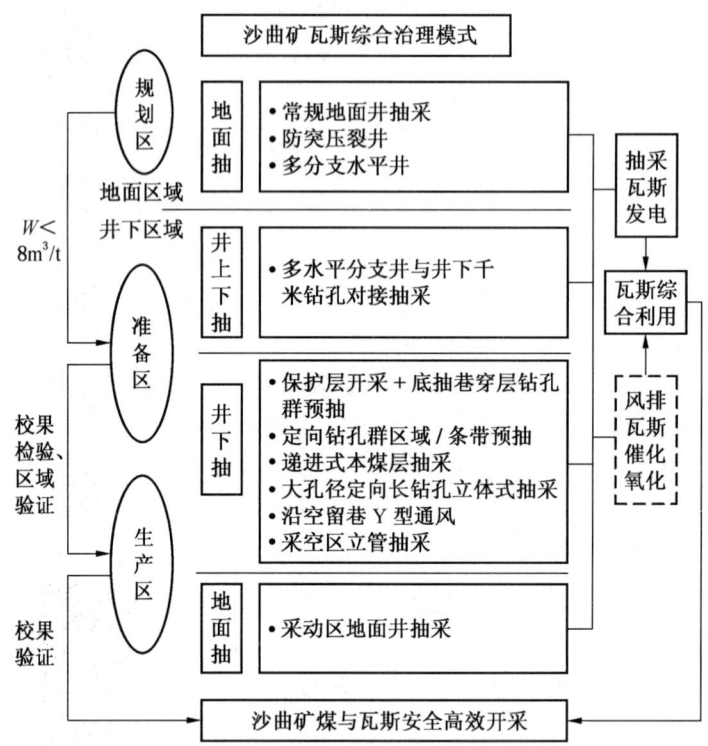

图 5-44　沙曲矿瓦斯治理技术示意图

5.2.1　区域瓦斯治理技术体系

5.2.1.1　地面井规模化预抽

根据沙曲矿的主应力方向及主裂隙发育方向、地形地质条件及煤层气含气量条件，地面钻井采用菱形网格状布置，此外，充分考虑煤层底板、构造、地下径流等特性，在局部缩小井间距，井田共设计地面抽采井342口，其中防突井12口，地面抽采直井299口，定向井32口，单井控制面积为0.1 km²，平均井间距为314 m，能够达到瓦斯治理要求。地面钻井井身结构示意如图5-45所示。

5.2.1.2　保护层开采+底板巷穿层钻孔群

在近距离突出煤层群条件下，保护层开采以后，其上、下邻近煤层发生卸压变形破坏，采动裂隙逐步扩展贯通，被保护层卸压瓦斯由此涌入保护层采掘空间，易造成工作面瓦斯超限，故采用底板巷+穿层钻孔群大面积区域预抽（图5-46），针对卸压瓦斯流形成"人工导流通道"，有效拦截被保护层卸压瓦斯涌入保护层工作面，同时可对下伏煤层进行预抽，保证下伏煤层的巷道安全掘进。

1. 下邻近被保护层卸压瓦斯涌出及其运移分析

采动卸压瓦斯从来源上可分为两类：一是开采煤层本身，二是开采层周围煤系地层

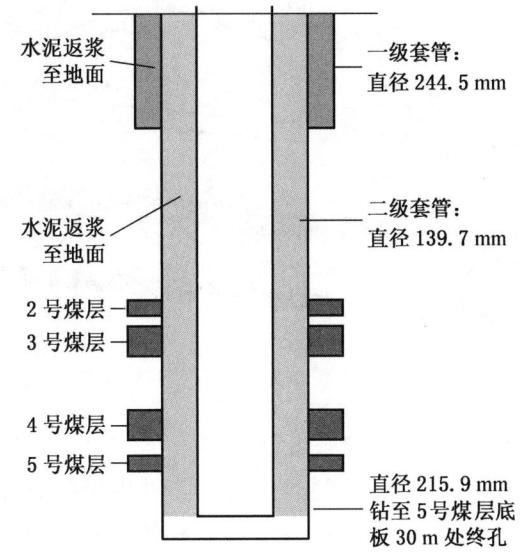

图 5-45 钻井井身结构示意图

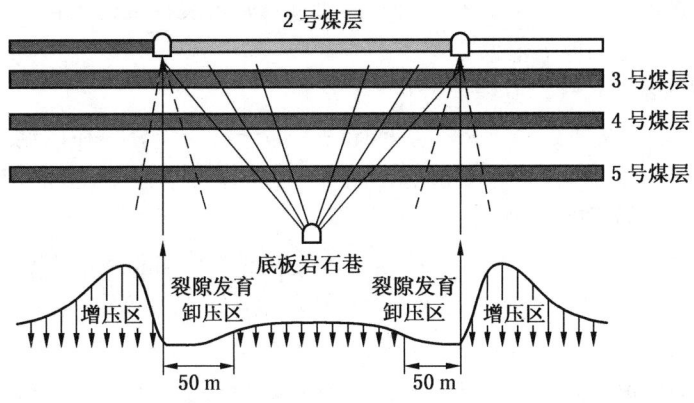

图 5-46 底板巷+穿层钻孔群区域预抽

（邻近层）。沙曲一矿首采煤层为 2 号薄煤层，下邻近 14 m 处为 3+4 号煤层，煤层厚度为 4.62 m，煤层原始瓦斯含量 X_4 = 11.42 m³/t；下方 22.1 m 处为 5 号煤层，煤层厚度为 3.6 m，煤层原始瓦斯含量 X_5 = 12.08 m³/t。2 号薄煤层回采后，将会破坏 2 号薄煤层和相邻煤层中的原始应力的平衡状态，导致煤岩体的变形，裂隙增多，透气性增大，破坏了煤层中瓦斯压力平衡状态，形成瓦斯流动，下邻近被保护 3+4 号、5 号煤层卸压瓦斯沿裂隙涌向 2 号薄煤层保护层回采工作面，造成 2 号薄煤层保护层回采过程中工作面瓦斯急剧增加，下邻近被保护层瓦斯的运移和储集如图 5-47 所示。

根据工作面推进后采空区底板围岩运移破坏规律，底鼓裂缝带下限为底板下方 15~25 m，该带煤岩层受到保护层采动作用的影响较大，裂隙发育充分，裂隙主要为煤岩层离层后形成的沿层理的顺层张裂隙和岩层破断后垂直、斜交层理形成的穿层裂隙。底鼓变形带下限为底板下方 50~60 m，该带内发育的裂隙以沿层理形成的顺层张裂隙为主，穿层裂

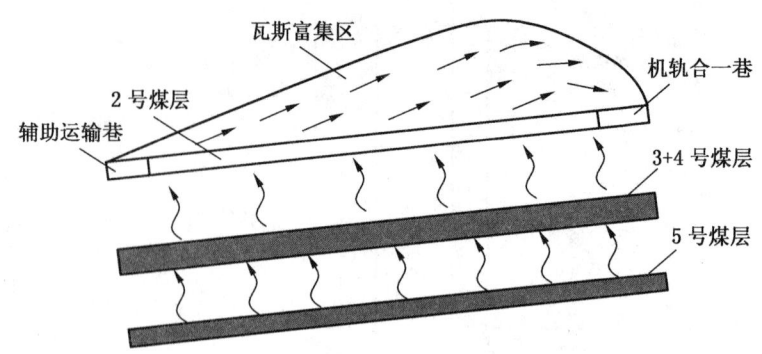

图 5-47 被保护层瓦斯的运移和储集

隙发育不足。结合对沙曲一矿保护层开采数值模拟分析，沙曲一矿 2 号薄煤层与下邻近 3+4 号被保护煤层间距为 14 m，因此 3+4 号煤层位于 2 号煤层开采后形成的底鼓裂缝带内，层间岩层裂隙发育充分，穿层裂隙将 3+4 号煤层与上保护层 22201 工作面连通。2 号薄煤层保护层开采时，保护层回采工作面邻近层瓦斯在煤层瓦斯压力及保护层 22201 工作面通风负压作用下，3+4 号被保护煤层卸压瓦斯沿层间穿层裂隙涌入上保护层 22201 工作面，给保护层工作面的安全开采带来隐患。因此，通过对底板裂缝带的分析，可以为下邻近被保护层瓦斯抽采优化方案提供依据。

2. 瓦斯在裂缝带的运移及其积聚分析

2 号薄煤层回采时瓦斯运移与储集主要有两大部分，一部分混在风流中通过通风系统排放到大气中，另一部分由于瓦斯密度和浓度梯度作用在采空区孔洞和采动岩层的孔隙或裂缝中，形成高浓度的瓦斯储集。

如图 5-48 所示，当 2 号薄煤层开采时，煤层围岩的移动和地应力重新分布，在工作面后方采空区顶板上方 5.33~13 m 处形成大量离层裂隙，为瓦斯的存储提供了空间，2 号薄煤层的底板形成大量的穿层裂隙和离层裂隙，并使邻近层和开采层之间形成贯通裂隙，提供了瓦斯运移的通道。同时 2 号薄煤层附近的煤岩层的透气性倍增，下邻近 3+4 号、5 号煤层以及岩层中的吸附瓦斯开始解吸转变为游离状态，邻近煤岩层裂隙内大量的游离瓦斯仍然保持在较高压力状态下，在邻近层和开采层之间的瓦斯流场存在相当大的压力梯度，导致大量邻近层的卸压瓦斯通过裂隙通道涌入保护层开采空间，形成瓦斯富集区域。这为 2 号煤层回采工作面顶板裂隙带瓦斯抽采钻孔布置提供了依据。

2 号薄煤层上部岩层卸压变形区域排放瓦斯的范围是随着时间和空间的变化而变化，但下邻近层的瓦斯流动情况与上邻近层有所不同。在工作面推进后，由于采空区出现大量的空间，在采动应力影响下，开采层下方的地层即向采空区鼓起，通常鼓起量达到 10 cm 以上，这样在层间形成大量的裂隙，形成了 3+4 号、5 号煤层中的大量卸压瓦斯向采场空间扩散的条件。

3. 底抽巷穿层钻孔群瓦斯抽采技术改进

底板巷穿层钻孔群瓦斯抽采可有效拦截下组卸压瓦斯涌入采场，沙曲一矿底抽巷穿层钻孔群由普通钻孔改进为定向穿层钻孔群，不仅增加抽采钻孔长度以增加抽采量，还可以将钻孔目标层位设定为下组煤层，在拦截卸压瓦斯上涌的同时还可以预抽煤层瓦斯。

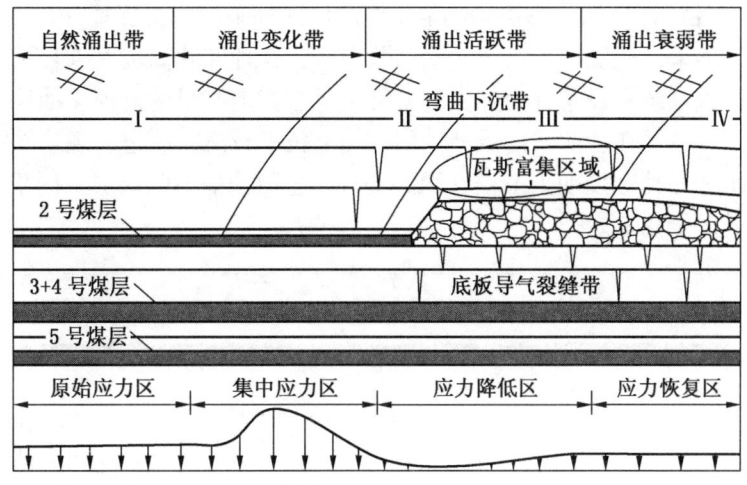

图 5-48 采动裂缝内瓦斯的运移与储集

5.2.1.3 多分支水平井与千米钻孔定向对接预抽

鉴于沙曲矿煤层原煤瓦斯含量为 7.01~16.50 m³/t，瓦斯压力为 1.31~1.48 MPa，坚固性系数小于 0.5，煤层突出危险性大，且邻近层瓦斯涌出量大，瓦斯经常超限，传统井下钻孔抽采瓦斯工程量巨大，且地面单井抽采影响范围受限。为此，在 24307 工作面实施多分支水平井与千米钻孔定向对接，基于近钻头电磁测距法定向对接工艺，提出了井、孔对接后正压瓦斯抽采方法，研发出高压水碴分离器并确定合理的抽采参数，进而形成井上下联合高效抽采技术，包括以下三点内容：

（1）提出高压水控 PDC 钻头钻进工艺，并改进了 PDC 钻头结构，提升其深孔造斜能力，合理确定了工艺参数，造穴参数满足 $\phi \geq 0.6$ m、$L \geq 1$ m，成功实现扩孔连通。

（2）提出了近钻头电磁测距法定向对接系统，优化磁信号测距软件，实现了旋转磁接头的精确定位，并实时显示钻头与对接钻孔的距离和方位变化，合理确定钻头倾斜角度、钻进压力及转速等参数，实现多分支水平井与井下千米钻孔的精准对接（图 5-49）。

图 5-49 水平井与千米钻孔定向对接示意图

（3）提出了控压瓦斯抽采方法，确定不同阶段的抽采压力，保证井、孔对接后的前期阶段瓦斯的匀速抽采，研发出了高压气水碴分离器，合理卸除高能瓦斯压力并分离出瓦斯和水汽，保证抽采系统和设备安全，实现了突出煤层群产气量的规模化抽采。

随着井孔对接技术在沙曲矿的成熟应用，加上技术及工艺改进，现正在沙曲一矿4501工作面实施多水平井孔对接抽采工程（图5-50），进而预抽不同煤层不同采区的瓦斯，保证了巷道开拓的安全高效。

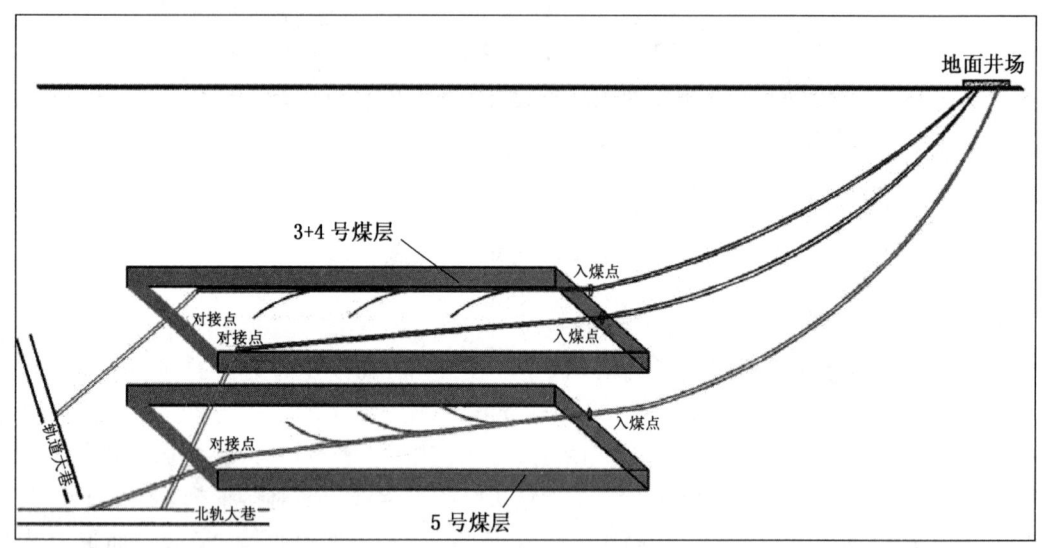

图5-50 沙曲一矿4501工作面多水平井孔对接设计示意图

5.2.2 局部瓦斯治理技术体系

5.2.2.1 本煤层递进式平行钻孔抽采

5.2.2.1.1 超前钻孔掩护煤巷掘进瓦斯预抽

掘进过程中严格执行"先抽后掘"的规定，在巷道两侧（双巷掘进时钻场仅在巷道一侧布置）布置钻场，钻场间距为40 m，钻场尺寸为3.5 m×4.0 m，高与掘进巷道相同。预抽范围控制在巷道轮廓线两侧15 m，即在巷道正前施钻或在左右钻场内施钻，部分钻孔为辐射钻孔，辐射距离达到控制范围；其他钻孔为平行钻孔，巷道正前分上、下两排。共计布置13~22个钻孔，完成钻孔后进行抽采，当钻孔抽采量达到目标煤体瓦斯含量的30%~40%以上时，可以达到超前消突的目标，从而掩护巷道掘进，同时还可以降低掘进过程中的瓦斯涌出量。钻孔布置要保证钻孔始终超前巷道工作面10 m，如图5-51、图5-52所示。

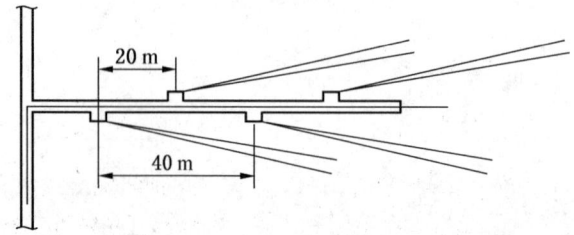

图5-51 掘进工作面抽采瓦斯方法示意图（单巷掘进）

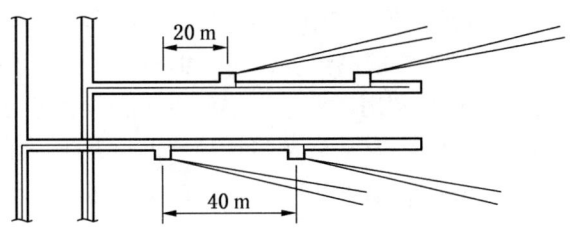

图 5-52 掘进工作面抽采瓦斯方法示意图（双巷掘进）

5.2.2.1.2 顺层钻孔煤层区域瓦斯预抽

在工作面轨道巷和胶带巷向回采煤体施工平行于工作面的顺层钻孔，孔间距为 6 m，孔径为 80~94 mm，钻孔孔深达到工作面采长的一半以上，然后将钻孔连入管网进行抽采，如图 5-53 所示。

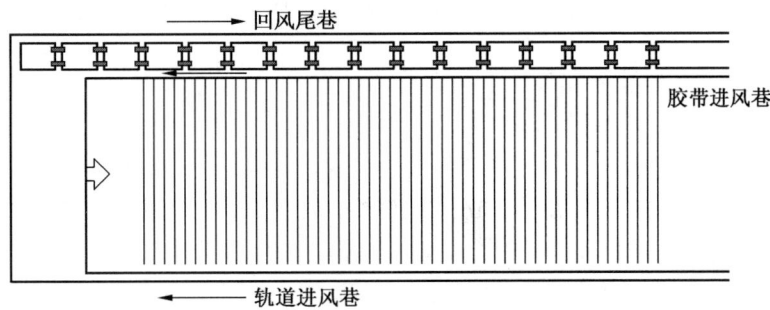

图 5-53 工作面本煤层采前预抽示意图

5.2.2.2 沿空留巷上隅角瓦斯治理

我国传统的长壁后退式采煤工作面采用"U"型通风或"U+L"型通风，由于采空区漏风汇集在工作面上隅角，易在工作面上隅角形成瓦斯积聚，传统的通风方式无法解决深部采煤工作面上隅角瓦斯超限问题。而"Y"型通风方式（图 5-54）使工作面采空区的漏风主要流向留巷，从根本上解决了上隅角瓦斯积聚难题；此外，留巷采空区内部易积存大量高浓度瓦斯，有利于实现高浓度瓦斯抽采；在留巷内距工作面切顶线一定距离或留巷末端增加流出汇（抽采覆岩卸压瓦斯或采空区埋管抽采瓦斯），通过调节抽采量，可显著改变采空区流场结构，确保工作面上隅角瓦斯浓度处于安全允许值以下。

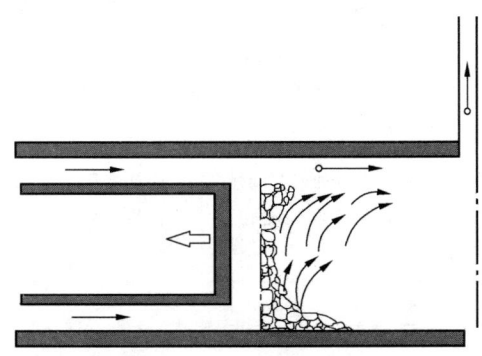

图 5-54 "Y"型通风示意图

沙曲矿工作面瓦斯治理实践表明，工作面采空区瓦斯涌出量占工作面瓦斯涌出量的60%以上，由于采空区漏风携带采空区高浓度瓦斯汇集至工作面上隅角并由风流排出，无论采用高位钻孔、埋管抽放，还是利用高抽巷，都不能从根本上解决上隅角瓦斯超限和瓦斯积聚问题，随着开采深度的增加，瓦斯问题将日趋严重。为此，在24207综采工作面试验采用"Y"型通风与倾向钻孔综合治理瓦斯试验。具体的瓦斯治理技术措施为：采用沿空留巷二进一回的"Y"型通风方式，即在工作面回采过程中，采用膏体材料充填保留工作面胶带巷作为工作面回风巷，工作面实体内的轨道巷、胶带巷均进风。由于工作面轨道巷和胶带巷均进风，工作面上隅角处于进风侧，解决了上隅角瓦斯超限问题；工作面实际通过风量较"U"型通风低，工作面两端压差小，工作面采空区漏风量小，采空区漏风携带的瓦斯量小；膏体充填材料充填形成的留巷密实性好，采取有效措施保证留巷的密实性和密封性，有效减少采空区的漏风，易在工作面采空区形成高浓度瓦斯库。由于瓦斯密度小，采空区瓦斯积聚在工作面采空区上部及其上覆岩层卸压裂隙区，利于实现采空区瓦斯抽采。

5.2.2.3 大孔径定向钻孔采动裂缝带瓦斯抽采

5.2.2.3.1 顶板大直径长钻孔抽放

1. 抽放方式的确定

沙曲矿目前虽然采用了本煤层抽放、邻近层抽放、采空区尾巷抽放和高抽巷抽放4种抽放方式相结合的方式进行瓦斯的综合治理，但是14205综采工作面上隅角瓦斯仍经常超限，严重影响了综采工作面的正常生产。2007年4月，沙曲矿引进德国千米定向钻机，采用该钻机进行顶板大直径长钻孔抽采瓦斯。

通过前文的研究成果以及综合比较各种抽放方案优缺点（表5-13），最终确定取消采用顶板大直径长钻孔抽采瓦斯取代原有施工较复杂、工程量大的邻近层抽放、采空区尾巷抽放和高抽巷抽放方式。通过对采动覆岩运移规律、综采工作面瓦斯的运移规律以及两者之间的关系研究，最终确定采用两组顶板大直径长钻孔抽采瓦斯。一组为高抽钻孔组，靠近回风巷，位置相对较低，主要起到高抽巷和抽采采空区"O"形圈的作用；另一组为采空区抽采钻孔组，位于工作面回风侧，主要抽采采空区顶板裂缝带中的瓦斯，减小采空区瓦斯的涌出强度。

表5-13 各种抽放方案优缺点

方法	尾巷顶板倾斜钻孔	走向顶板岩石钻孔	高位抽放巷道	顶板千米大直径钻孔
优点	抽放时间长；抽放不受运输生产影响；容易施工	和顶板裂隙沟通好；总钻孔工程量比尾巷小；抽放瓦斯浓度高	抽放瓦斯含量、瓦斯浓度高；断面大；和裂缝带沟通好	钻孔总工程量小；不用开掘和维护抽放巷道；有效抽放时间长
缺点	需要开掘和维护专用尾巷；钻孔工程量大；钻孔和裂缝带贯通性差	钻孔有效抽放时间短；在巷道施工和运输相互干扰	增加专用瓦斯抽放巷道；巷道掘进和维护费用高	钻孔垮孔和堵孔的可能性大；需要专用钻机

2. 顶板大直径长钻孔合理参数

顶板瓦斯抽放钻孔的参数设计主要包括钻孔的位置、直径等。设计的时候主要考虑顶板岩性、上覆煤层条件、垮落带和裂缝带高度、顶板节理裂隙分布规律、工作面上隅角瓦斯聚集位置等因素。

1) 高抽钻孔组抽采的合理参数

沙曲一矿14205综采工作面瓦斯涌出规律的测定结果表明，工作面回风流的瓦斯大部分来自采空区，在工作面正常开采时，采空区瓦斯涌出量占工作面总瓦斯涌出量的56%；在工作面检修时，采空区瓦斯涌出量占工作面瓦斯总涌出量的66%。

根据顶板走向千米钻孔抽采原理分析，高抽钻孔组布置在"O"形圈回风侧内，主要抽采工作面上隅角瓦斯，起高抽巷的作用。根据14205综采工作面瓦斯涌出量的测定分析及瓦斯涌出和数值模拟研究，确定高抽钻孔组的钻孔数为3个，3个钻孔在垂直面上呈等边三角形布置，钻孔间距取8 m，钻孔位置位于开采煤层顶板垂高10~25 m内，回风侧水平距离10~35 m范围内。顶板高抽钻孔组抽采瓦斯钻孔布置如图5-55所示。

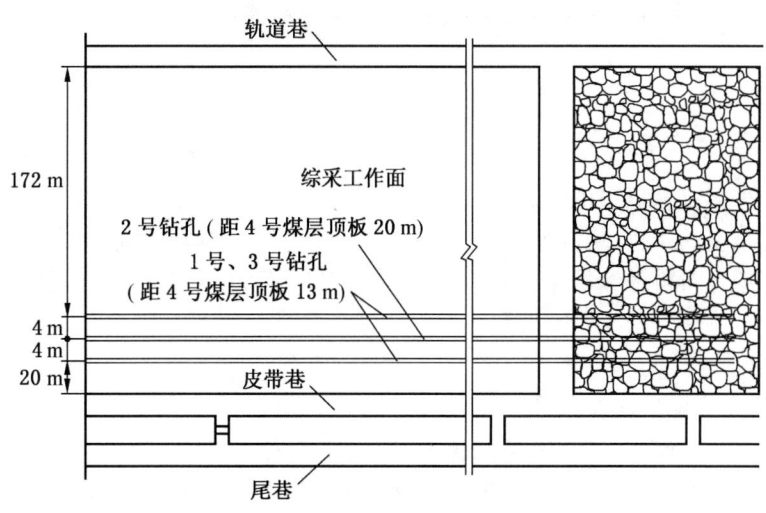

图5-55 顶板高抽钻孔组抽采瓦斯布置图

2) 采空区抽采钻孔

顶板裂隙钻孔组布置在顶板"⌒"形拱采动裂隙区，主要抽采采空区内邻近层卸压瓦斯，起减小采空区瓦斯涌出强度的作用。顶板裂隙抽采钻孔组抽采瓦斯布置如图5-56所示。

5.2.2.3.2 顶板千米钻孔抽采技术优势

与传统的采空区抽放、邻近层抽放以及高抽巷抽放等综合抽放方式相比，采用顶板走向千米钻孔抽采技术有以下优势：

(1) 顶板走向千米钻孔抽采技术取代了采空区抽放、邻近层抽放及高抽巷抽放综合抽放方式，减少了高抽巷的掘进量，避免在掘进过程中的煤与瓦斯突出问题，并节约了抽放管路等材料费用。

(2) 钻孔均布置在采空区高瓦斯聚集区域，其混合抽采量小，抽采浓度高，不但满足瓦斯利用的浓度要求，而且节约了抽采运行费用。

(3) 钻孔的采空区布置形式改变了采空区瓦斯渗流场，减小了采空区瓦斯涌出，有效解决了综采工作面上隅角瓦斯超限难题。

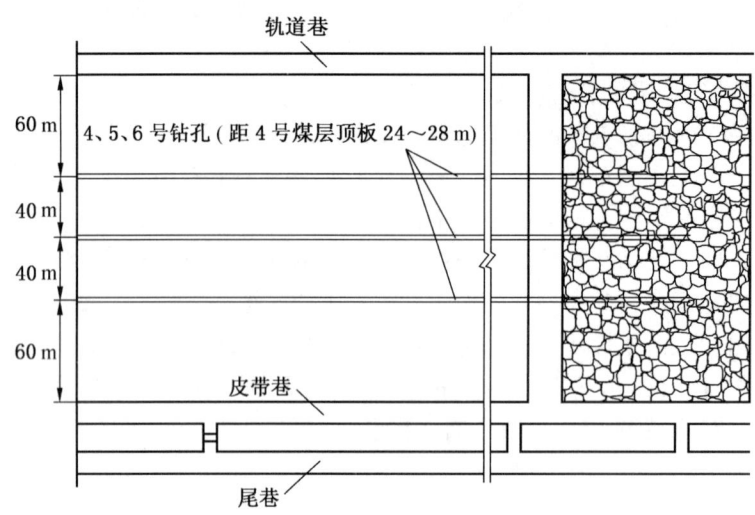

图 5-56 顶板裂隙抽采钻孔组抽采瓦斯布置图

(4) 千米定向钻机布置在开拓大巷附近钻场内，可与采区巷道并行作业，缓解了高瓦斯突出矿井的采掘接替紧张的难题。

(5) 钻孔布置在长期稳定存在的"O"形圈和"⌒"形拱裂隙区内，即使在综采工作面开采完毕后，对可继续抽采，对邻近层及邻近工作面开采过程中的瓦斯治理也起到一定的作用。

5.2.2.4 采空区瓦斯治理技术

5.2.2.4.1 密闭采空区压管抽采

首先在巷道中打密闭，然后将管子插入采空区直接抽采采空区瓦斯。密闭打在工作面回风巷内，厚度 3 m 以上。为了保证密闭的严密，煤壁和顶、底板的挖槽深度要大于 0.3 m。密闭两壁用砖（或料石）砌筑，厚度不小于 0.4 m，两层砖（或料石）墙间要充填黄土夯实，抽采管插进采空区 10 m 左右。全封闭采空区密闭瓦斯抽采示意如图 5-57 所示。

5.2.2.4.2 采煤工作面采空区埋管抽采

"U"型通风工作面采用上隅角埋管抽采、钻孔抽采，如 15201、15204、25101 等工作面；沿空留巷"Y"型通风工作面采用留巷段采空区埋管抽采，如 24202、24207 工作面，每 12 m 插一根抗压、抗静电的 ϕ219 mm 聚乙烯瓦斯管抽采采空区瓦斯，如图 5-58 所示。

5.2.2.4.3 地面钻井瓦斯抽采方法

24202 工作面采空区抽采井于 2011 年 5 月上旬开钻，6 月 9 日完井，8 月 16 日钻井与瓦斯抽放泵站之间的临时管路连接，但采用 17 kPa 的大负压抽采后，瓦斯浓度降低到 3%，这是由于井下采空区密闭不够严密，有漏风现象。8 月 30 日，工作面采空区密闭维修完毕，临时抽采管路地面接口和计量装置整改完毕，抽采负压仍然是 17 kPa。24202 工作面采空区抽采井在 2011 年 8 月 30 日至 9 月 19 日的瓦斯抽采数据如图 5-59 所示。

由图 5-59 可知，瓦斯抽采浓度一直比较稳定，平均值为 30%；瓦斯抽采纯量在抽采初期有下降趋势，而后保持稳定，平均值为 11.97 m³/min，平均日抽采量为 1.7 万 m³，累计抽采量为 37.9 万 m³。

5 沙曲矿瓦斯综合治理技术体系

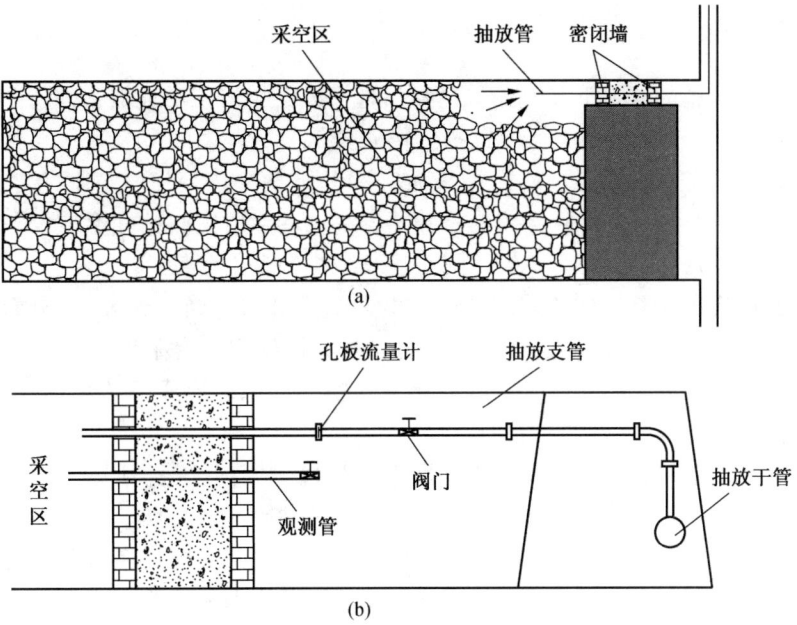

图 5-57 全封闭采空区密闭瓦斯抽采示意图

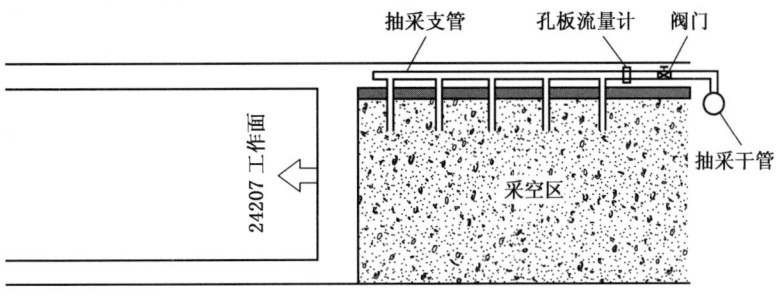

图 5-58 沿空留巷采空区压管抽采示意图

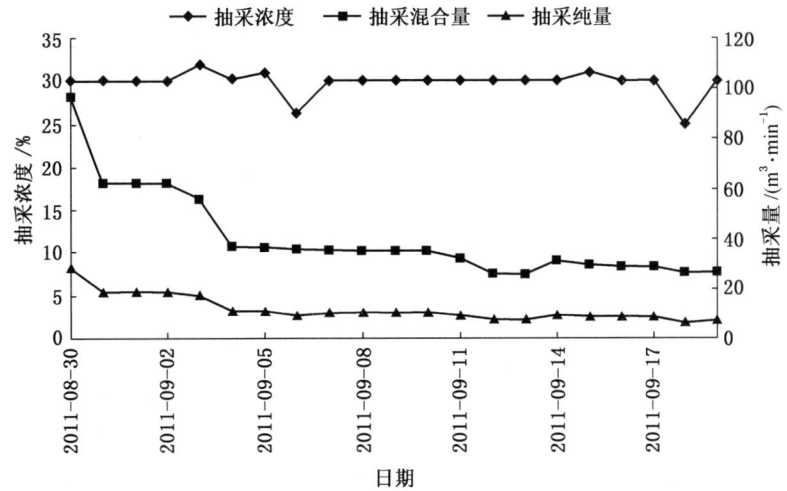

图 5-59 24202 工作面采空区抽采井瓦斯抽采数据统计

5.3　本章小结

（1）提出并实施的井上下联合抽采瓦斯治理模式，采取三类地面钻井超前预抽降低各煤层的突出危险性，为开展井下区域预抽提供安全保障。开发的多分支水平井与井下千米钻孔对接抽采防突技术，实现了地面抽采防突和井下抽采防突在时空上的"无缝对接"；利用近距离煤层群条件优先开采保护层，并结合底抽巷穿层定向钻孔群技术，可实现下部煤层采区范围的消突，保证防突效果，同时显著减少钻孔工程量。

（2）工作面突出危险性预测采用基于突出力学模型的所确立的 K_1 值指标，确定了机掘和炮掘工作面预测指标 K_1 值临界值。工作面防突措施主要有采煤工作面顺层钻孔预抽和掘进工作面超前瓦斯排放钻孔。通过多年工程实践，总结形成了"预抽、骨架、固化、拦截、注水、排放"的"六步"石门揭煤法。

（3）基于瓦斯分级区划，构建了以地面钻井规模化预抽、保护层开采、底抽巷+穿层钻孔群预抽以及多分支水平井与千米钻孔定向对接预抽等区域瓦斯治理技术体系，优选出适合的抽采方法并确定合理的预抽时间，实现空间上煤炭开采规划区向准备区转化。

（4）逐步形成了以递进式平行钻孔抽采、大孔径走向长钻孔群抽采、沿空留巷上隅角瓦斯治理以及采空区瓦斯治理技术（埋管/插管抽采与地面井抽采）等局部瓦斯治理技术，基于区域预抽结果，优选出合理的瓦斯治理方法，进一步强化抽采，实现空间上煤炭开采准备区向生产区转化。

6 近距离煤层群资源综合利用技术

华晋公司根据矿区资源条件和外部环境，以市场为导向合理确定发展综合利用的主导产业，形成了能够发挥自身优势并互相关联的综合利用产业链，取得了良好的经济效益和社会效益。沙曲矿响应集团公司的发展策略，积极发展近距离煤层群资源综合利用技术，尤其是在煤层气利用方面加大投入。瓦斯电厂投入使用后实现了高浓度瓦斯全部发电利用；同时，沙曲矿风排瓦斯资源丰富，综合利用风排瓦斯，将其变为可用的资源，可以取得较好的经济和社会效益。

6.1 以煤炭为核心的综合利用技术

6.1.1 洗选副产品的就地转化与洁净利用

根据国家电力"十五"规划："积极发展水电，优先发展火电，适当发展核电"的电源调整原则和山西省关于大力发展潜力产品，优化产业结构，输煤输电并举的总体部署，焦煤集团从成立之日起就把电力作为一个支柱产业来发展。全国最大的坑口电厂——古交电厂投入运营，实现了煤电联营、坑口电厂、空冷节水、环保脱硫、燃用劣质煤、中水复用等；白家庄矿和汾阳、南关、南下庄、李雅庄等一批坑口矸石电厂等项目的建设充分利用煤炭资源优势，实现煤电联营互保，对洗选副产品实现就地转化中煤和动力煤，变输煤为输电，解决运输瓶颈，获得高附加值，同时利用煤矸石及低热值燃料发电供热，还可以提高经济效益。

6.1.2 发展焦炭化工延伸煤炭产业链条

华晋公司具有丰富的焦煤资源，享有"中华瑰宝"的美称，现已探明储量17亿t，从事焦炭和煤化工不受上游资源工业的限制，而且可以加大与煤炭产业交易的关联度，降低交易成本，提升公司的利润空间。以西山古交煤气化公司为基础，建设大型焦炭和城市煤气供应基地及化工产品回收基地；建设汾阳焦化园，形成高附加值的醋酐、聚甲醛生产基地；以汾西介休焦化厂为基础，建设大型冶金焦炭生产基地和化工产品回收基地；以霍州中冶焦化厂为基础，建设大型焦炉煤气甲醇生产基地和醋酐生产基地。积极通过合资、合作等方式大力发展焦炭、化工产业，开发具有高附加值的下游产品，建设煤炭-焦炭-化工产业链，有力地提高了公司的经济增长质量和效益。

6.1.3 发展与焦煤特点相适应的建筑材料

（1）煤矸石建材。焦煤集团公司发展建筑建材的优势在于有着广阔的内部市场，有煤炭产业和电力产业提供能源支持，有发展新型墙体材料的原料来源，区域墙改政策的出台也为发展新型的建材提供了市场保障。开发以煤矸石、粉煤灰为基础原料的新型墙体材料，生产粉煤灰混凝土砌块、粉煤灰烧结砖及粉煤灰轻质陶粒等，依据"采煤—矸石—发电""采煤—矸石—制砖"闭路循环经济模式原理，因地制宜，努力发展与自有资源相适应的下游产业，减少了资源的投入，提高了企业的经济效益，使资源得到较高效率的利用，同时也实现了污染物排放的最小，取得了良好的社会效益。

（2）锅炉灰渣作为制砖材料应用。下龙花垣风井场地锅炉房和白家坡风井场地锅炉房每年各产生的1500 t锅炉灰渣作为制砖原料被柳林县佳盛粉煤灰制砖有限责任公司综合利用，华晋公司已经与该公司达成协议。佳盛粉煤灰制砖有限责任公司生产以电厂粉煤灰及炉渣为原料的多孔砖，年生产能力2000万块折标砖，年消耗粉煤灰、炉渣合计5.5万t。华晋公司已经与柳林县佳盛粉煤灰制砖有限责任公司达成协议，就沙曲一、二矿每年产出的3000t锅炉灰渣进行收购，作为砖原料。

6.1.4 发展井下与地面充填用料

（1）井下充填。如果矸石能直接在井下充填，每年不但能节约大量的提升费用，减少地表沉陷，还能减少矸石上井后带来的环境污染问题，从源头控制污染物产生，节约能源，实现清洁生产。

（2）填沟造地。根据分析，矸石淋溶液有害物质含量较低，可以用于填沟造地。井田所在区域属黄河中游黄土高原地带，区内山峦叠嶂，沟壑纵横，地形复杂，若将煤矸石用于充填山沟，每年可新增较大数量的农用地面积，排矸场服务期满后约造地13.01 hm^3，从而有利于减小井田开发对农业生产的影响，改善矿区生态环境。

6.2 瓦斯综合利用技术

华晋公司沙曲矿赋存丰富的瓦斯资源，瓦斯资源储量260亿 m^3，目前瓦斯资源储量剩余238.63亿 m^3。鉴于此，沙曲矿充分合理地利用瓦斯气体这一资源，推行瓦斯综合利用，变废为宝，变害为宝，不仅符合国家相关能源政策，同时还可享受多种优惠政策，取得了可观的经济效益、环保效益和社会效益。

6.2.1 风排瓦斯催化氧化利用技术

矿井生产通过通风系统排出的瓦斯，俗称"风排瓦斯"。尽管近年来瓦斯抽采力度加强，抽采率上升较快，但仍有至少30%的瓦斯由通风系统排放到大气中。据估计，我国由于煤矿开采通过通风瓦斯排出的纯甲烷为161亿~200亿 m^3，是西气东输（一期）的120亿 m^3 天然气量输送量的1.3~1.6倍。煤矿区通风瓦斯排放量占全国温室气体排放总量的4%左右。按当量热值计算，相当于每年有2160万~2700万 t标准煤被白白浪费掉。由于甲烷的温室效应是二氧化碳的21倍，每年通过通风瓦斯向大气中排入161亿 m^3 的纯甲烷，相当于排放约2.25亿~2.81亿 t二氧化碳。可以看出，风排瓦斯的浓度虽小，但总量大，如果能有效对通风瓦斯加以利用，将产生巨大的经济效益、社会效益和环境效益。

按每年由风排瓦斯排放到大气里的甲烷200亿 m^3 计算，治理风排瓦斯和综合利用可以获得两方面的效益：

（1）获得清洁能源。风排瓦斯中的甲烷是一种清洁能源，完全燃烧放出的化学能与天然气相同。充分利用这些甲烷，每年可发电500亿 kW·h，另有300 MW的水热，用于夏季空调制冷和冬季取暖。

（2）实现碳减排。相同质量的甲烷的温室气体效应是 CO_2 的21倍，大量的通风瓦斯直接排入大气，会严重污染环境。治理风排瓦斯减排甲烷，可以在CDM框架下，进行碳交易，得到收益。

按每吨 CO_2 的交易价格10欧元计，每年减排甲烷可以获得的经济效益为230亿元。

两项效益相加，可获得 400 亿元以上的经济效益，且环保效应明显。

6.2.1.1 工业试验装置

风排瓦斯的利用采用催化氧化技术，催化氧化利用按处理风排瓦斯气量 60000 m^3/h 设计，甲烷浓度为 0.3%~0.7%。

根据理论研究和现场工业试验，需要将反应器内的催化剂床层预热到设定的温度，才能将风排瓦斯气氧化，故在反应器运行前，需要预热催化剂床层，这一阶段称为预热阶段。在催化剂床层达到该温度后，反应器可以连续操作，称为操作阶段。

在预热阶段，关闭引风管线上的阀门，打开预热管线上的阀门，由风机将风排瓦斯鼓入电加热器，加热催化剂和蓄热陶瓷，直到将催化剂床层加热到设定温度。当催化剂床层达到该温度后，关闭预热管线上的阀门，打开引风管线上的阀门，即完成了预热阶段。

在反应器操作阶段，反应器的操作由 PLC 控制，不需要人为干预。风机将风排瓦斯气体自扩散塔顶部引风口经管线引入反应器，常温的风排瓦斯气体进入反应器后，在流经蓄热陶瓷床层被持续加热，当到达催化剂床层时，发生催化氧化反应，将甲烷氧化成二氧化碳和水。

甲烷氧化后释放出的化学能一部分用于加热催化和蓄热陶瓷，维持反应器的自热，另一部分从高温烟气出口排出，低温烟气从反应器出口排出。PLC 通过控制两组阀门的开关，实现反应器的流向变换。可按固定切换周期切换，也可根据催化剂和蓄热陶瓷床层温度反馈自动切换。

6.2.1.2 现场工业试验

1. 工业试验

沙曲矿建成的 60000 m^3/h 风排瓦斯催化氧化工业试验装置是全国第一套达到工业应用规模的风排瓦斯催化氧化装置。

经过近 2 个月 8 次试验（现场试验，带电加热器预热），工业试验装置的各个设备运转正常，用电 6.8 万 kW·h（由于催化氧化反应器的隔热较好，在 3 h 停车后可继续运行，不必再重新预热）。由此验证了风排瓦斯催化氧化技术的工艺流程合理，主要设计和操作参数选择正确，催化剂活性超过原设计指标，起燃温度低，蓄热陶瓷的蓄热能力大，自动控制系统方便、灵活、可靠，能满足试验需要。

整个工业试验装置由一套 PLC 系统控制，可实现温度、压力、流量的数据采集，实现风机启动、停止，变频风量调节，电加热器预热温度和时间设置，时间和逻辑控制阀门开关，实现反应器的流向变换，高温烟气流量可调。工业试验装置的处理量、甲烷进出口浓度、用电功率等数据的瞬时值和累计值实现实时存储，便于试验数据的查询和分析。

可以从如下 3 个指标分析工业试验装置的性能：

(1) 反应器摧毁甲烷的效率。装置运行催化氧化反应器为工业试验装置的 89%，还没有达到摧毁甲烷的效率 99% 设计指标。

(2) 反应器的风排瓦斯处理量。由于试验装置的过滤器面积较小，管路阻力大，试验用风量为 900 m^3/min，没有达到设计的处理量 1000 m^3/min。

(3) 处理风排瓦斯的甲烷浓度范围。试验装置在甲烷浓度为 0.17% 时，反应器能正常工作。按催化剂性能，处理的风排瓦斯浓度范围为 0.15%~1.0%。优于 0.3%~0.7% 的设计指标。

2. 存在的问题

(1) 管线风量达不到设计值。过滤器的极限风量设计为 1000 m^3/min，由于反吹设计不合理，滤网经常堵塞，使过滤器阻力过大，引起管路振动。因此，试验过程中仅能在几小时内将风量开到 900 m^3/min，无法实现长时间连续运行。

(2) 甲烷摧毁效率不高。因试验前期的预热管线分布器和进出口分布器结构不合理，造成甲烷摧毁效率仅能到 89% 左右，没有达到设计值。

(3) 反应器内温度测量点过少。无论是在催化剂床层内部，还是床层两侧，热电偶数量过少，无法全面分析催化剂床层最高温度、一个截面上温度的均匀程度，不利于分析反应器内部结构是否合理，以改进和优化设计。

3. 解决问题的方案

(1) 改进过滤器。增加两个过滤模块，加大过滤面积；改进反吹机构和方法，提高过滤器清铁屑能力；改进滤筒材料，降低流动阻力。

改进过滤器后，送风量能稳定地提高到 1000 m^3/min，在极限情况能达到 1200 m^3/min。

(2) 提高甲烷摧毁效率的方法。经过数值模拟分析，设计出满足要求的预热管线分布器和反应器两侧的气体分布器，改善反应器内速度、温度均匀程度后，可将甲烷摧毁效率提高到设计值。

(3) 增加温度测点数。为监测催化剂床层两侧的温度分布，需要在催化剂床层两侧各增加 30 个热电偶测温点，更新 PLC 和上位机程序，增加 PLC 输入通道数，敷设控制电缆。

6.2.1.3 应用情况

1. 建成 60000 m^3/h 风排瓦斯催化氧化工业试验装置

根据 60000 m^3/h 风排瓦斯催化氧化反应器及相应的工艺流程，完成施工图设计。在沙曲一矿北风井建成了国内首套 60000 m^3/h 风排瓦斯催化氧化工业试验装置，完成了整套装置的设备、电气、仪表调试，为开展工业试验研究奠定了基础。

2. 进行风排瓦斯催化氧化工业试验

工业试验装置在沙曲一矿进行了两个月的初步试验，工业试验装置的各设备运转正常，验证了风排瓦斯催化氧化技术的工艺流程合理，主要设计和操作参数选择正确。工业试验的内容包括：

(1) 设计参数的验证。对不同甲烷浓度下，采集或测量催化剂床层温度、蓄热陶瓷床层温度、壁面温度等数据，结合数值模拟，验证了数学模型的正确性。

(2) 反应器性能评价。对不同甲烷浓度下，分析催化剂床层和蓄热陶瓷床层温度均匀性、甲烷催化效率，评价分布器结构、床层布置，提出了改进意见。

(3) 自动控制系统调整。改进反应器流向变换的控制方案，完善工控机界面，提高易用性，减小误操作的可能性。

(4) 热能利用率研究。在不同甲烷浓度下，研究抽气系数对催化剂床层和蓄热陶瓷床层温度的影响，最大限度地利用甲烷氧化释放出的热量，提出改进抽气结构、减小流向切换体积效应的措施，降低甲烷摧毁率下降的程度。

经工业试验验证，催化剂活性比原设计指标高，起燃温度低，蓄热陶瓷的蓄热能力大。计算机自动控制系统方便、灵活、可靠，能满足试验需要。

3. 进行了"风排瓦斯催化氧化热能利用"试验

试验将风排瓦斯催化氧化后抽出的高温烟气混合冷空气后送向北风井,用于代替热风炉加热井筒。由于工业试验的时间较短,供热装置还有较多完善之处。因此,通过对工业试验数据分析,完善催化氧化反应器设计,改进工艺流程,降低工业装置的耗电量,进一步开展风排瓦斯催化氧化热能的系统利用设计工作,包括用高温烟气制热水、热风,带动溴化锂吸收制冷机做空调和利用余热锅炉产生中压蒸汽,进行余热发电工作。既完善风排瓦斯催化氧化技术本身,又开发出与之配套的余热利用装置,使风排瓦斯真正变成可利用的资源。

6.2.1.4 推广应用的范围、措施

1. 推广应用的范围

工业规模的风排瓦斯催化氧化,可以整体上提高我国煤矿风排瓦斯综合利用水平。在推广应用中不断发现问题,解决问题,改进系统,使系统逐渐完善、稳定,成套技术成熟后向国内有类似条件的煤矿推广,具有极大的应用空间。

2. 推广应用的主要措施

(1) 依托在沙曲矿建立起来的工业试验装置,取得足够多的数据,不断对系统进行改进与完善,优化设计催化氧化反应器,提高工艺流程的可靠性,降低系统的制造、运行成本。提高具有自主知识产权的风排瓦斯催化氧化技术与国外相似产品的竞争力。

(2) 装置建成运行过程中,需要不断完善与改进,提高系统运行效率及其稳定性。系统基本定型后,分别在沙曲矿南翼副立井建成 6 台、白家坡风井建成 4 台催化氧化反应器构成的装置,向工业厂区供洗澡热水和冬季供暖,逐步推广应用。

6.2.1.5 效益分析

(1) 经济效益:将风排瓦斯变废为宝,把目前排放到大气中的瓦斯作为燃料加以利用,利用甲烷催化氧化释放的热量,替代以往燃煤和瓦斯锅炉所需的能源,节省购买燃煤的费用。

(2) 环境效益:利用风排瓦斯,减少温室气体排放,保护环境。将风排瓦斯作为能源利用,减少了燃煤污染,同时可获得 CDM 资金和政府补助。

(3) 风排瓦斯催化氧化技术适合在全国煤矿应用,具相当有广阔的推广应用范围,可促进相关设备、仪表和新材料等多行业发展,培植新产业,由此带来的经济和安全效益将是巨大的。

在工业试验期间,先后共计 40 天向井筒供热风,高温烟气送热风的平均功率为 1.4 MW。节省标准煤 164.24 t,按每吨煤 500 元计算,共产生经济效益 8.12 万元。利润率按产值的 30% 计算,税收按利润的 13% 计算,合计新增利润 2.44 万元,新增税收 0.32 万元,节支总额 2.86 万元。

6.2.2 高、低浓度瓦斯发电技术

6.2.2.1 高浓度瓦斯发电技术

瓦斯发电不但可以合理利用瓦斯,减少污染,保护环境,还可以作为地方电力或企业用电调峰补充,是资源合理利用与防治污染相结合,企业经济效益与环保效益、社会效益相统一的综合利用工程。

沙曲瓦斯电厂规划总规模为 76 MW,分两期建成,其中一期规模 14 MW,二期规模

62 MW，实现高浓度煤层气消耗率达100%，利用率达95%。

1. 沙曲瓦斯发电厂一期工程

一期工程建设总投资6865万元，占地面积12660 m^2，采用20台国产700 kW（济柴700GF-WK）燃气发电机组，总装机容量14MW。配置4台2.3 MW余热利用锅炉，产生余热向矿区居民区及电厂厂区供热。年发电量2.0931亿kW·h，供电量1.96亿kW·h，年瓦斯消耗量13050万m^3，每年CO_2减排量135万t。

2. 沙曲瓦斯发电厂二期工程

沙曲瓦斯发电厂二期工程装机容量62 MW（28×2000 kW发电机组+2×3 MW汽轮发电机），年均发电量可达1.96亿kW·h，年利用瓦斯气体5373万m^3，每年可减排CO_2量106万t。

6.2.2.2　低浓度瓦斯发电技术

随着高家山、白家坡低浓瓦斯发电站投入运行，沙曲瓦斯电厂二期工程全面竣工投产，2015年实现浓度10%～30%的低浓煤层气消耗率达85%，利用率达80%。

高家山低浓电站项目：装机总容量8000 kW，占地面积约4000 m^2，8台燃气发电机组布置在一个单元厂房内，发电电压10 kV，上网电压10 kV，发出的电全部供沙曲矿使用。8台发动机的尾气（温度约为600 ℃）经过对应的热管式换热器汇集到母管，作为冬季取暖使用。

白家坡瓦斯发电站项目：安装8台发电机组，单机容量为1000 kW，发出的电全部供沙曲矿使用。8台发动机的尾气（温度约为458 ℃）分两种方式供热，冬季为沙曲南风井地面供暖，夏季为站内冷凝脱水提供蒸汽，其余6台为热风锅炉使用，冬季为矿井提供100 ℃左右的热风。

2012年在北翼抽放站建设低浓度瓦斯提纯试验项目，建设规模为小时处理混合气量10000 m^3。2015年在北翼抽放站建设低浓度瓦斯提纯试验项目，建设规模为小时处理混合气量20000 m^3。

6.2.2.3　瓦斯电厂余热利用工程

本着发展循环经济，节约能源，改善生态环境，沙曲矿建设绿色矿区和保障企业可持续发展的原则，建设了南北翼联网工程，现已将南翼容量1万m^{3}气柜中储存的瓦斯气北调，实现气源集中使用。充分利用了瓦斯气资源，实现瓦斯的有效利用，合理调配资源，统一管理，并充分利用燃气发电机组的高温烟气，通过余热锅炉向厂区、矿区供热，替代所有的燃煤锅炉，确保能源的充分利用。沙曲瓦斯发电一期工程发电机组的尾气余热经过余热锅炉转换为110 ℃/80 ℃的高温水，为瓦斯发电站一、二期工程、北翼瓦斯抽采站供热；瓦斯发电二期工程发电机组的尾气余热经过余热锅炉转换为蒸汽，非采暖期供1×3 MW汽轮发电机发电，采暖期送至沙曲一、二矿锅炉房使用供热。锅炉房利用原有的分汽缸，将热负荷分配至各用热点。

沙曲矿原来的供热和供暖系统的热源均来自分散的小区燃煤锅炉房。燃煤锅炉燃烧效率及热效率较低，并且对周围环境会造成不同程度的污染，另外，各分区相距较远，按功能不同分为生活区、副井场区、北风井场区、选煤厂场区和瓦斯抽采站区等5个小区，各区的工业及采暖用热锅炉总容量为69.5 t/h，见表6-1。

表6-1 沙曲矿各小区锅炉房及容量表

小区编号	小区名称	锅炉型号	台数	单台容量/(t·h⁻¹)	总容量/(t·h⁻¹)
1	生活区	SHL4.2-1.0-95/70-AⅡ	1	6	14
		DZL2.8-1.0-115/70-AⅡ	2	4	
2	副井场区	SHXF10-1.25-AⅡ	3	10	30
3	北风井场区	CLSG/0.5-95/70-AⅢ	1	0.5	1
		LSG0.5-0.4-AⅢ	1	0.5	
4	选煤厂场区	SZF6-1.25-AW	4	6	24
5	瓦斯抽采站区	DHN0.5-0.7-AⅢ	1	0.5	0.5
	合计		13		69.5

6.2.3 瓦斯锅炉及其他

6.2.3.1 瓦斯锅炉

沙曲选煤厂锅炉房原有4台6 t（额定蒸发量6 t/h）的燃煤锅炉，为了减少煤炭资源的消耗，2007年底开始动工改造3台 WNS-10.1.25.1Q 瓦斯锅炉，额定蒸发量10 t/h，蒸气压力1.25 MPa，额定蒸气温度193 ℃，给水温度105 ℃，于2008年5月正式投入运行，主要用于厂区、矿井的风井及办公楼的供暖，沙曲矿、选煤厂洗澡用水，食堂做饭用蒸汽、瓦斯气。

燃气锅炉改造后，前期瓦斯消耗量为40 m³/min（2400 m³/h），后期瓦斯消耗量为106.6 m³/min（6400 m³/h）。燃气锅炉所用储气罐在南翼瓦斯抽采站附近单独建设，容量为10000 m³。

6.2.3.2 其他

（1）瓦斯民用。为充分利用瓦斯，提供居民的生活条件，根据华晋公司沙曲矿瓦斯综合利用规划，将有部分瓦斯用于居民炊事。在生活区三台阶以北建设一座3000 m³储气罐及配套设施，最大用气量约1700 m³/h。民用瓦斯输出地柳林煤气化公司，全年输出量达到标准状态下纯瓦斯量975万 m³。为保证用气安全，在抽采站出口及储气罐入口装设防爆电磁阀，当浓度低压30%时，电磁阀自动关闭。

（2）燃气锅炉。将选煤厂场区的燃煤锅炉改为燃气锅炉，总容量为32 t/h。燃气锅炉主要在瓦斯发电站未建成或余热锅炉供汽系统发生故障时，作为备用热源。燃气锅炉改造后，前期瓦斯消耗量为2400 m³/h，后期瓦斯消耗量为6400 m³/h。燃气锅炉所用储气罐在南翼瓦斯抽采站附近单独建设，容量为10000 m³。

综上所述，随着近距离高瓦斯突出煤层群区域瓦斯综合治理技术体系的全面实施和抽采工程施工技术、钻孔成孔和封孔技术的提高，矿井远期瓦斯抽采量将逐步提高，沙曲矿2015年至今瓦斯抽采总量均超过1500万 m³/年，同时瓦斯抽采浓度也得到提高。

根据华晋公司的规划和瓦斯综合治理技术体系的全面实施和完善，矿井中期可利用瓦斯量将达到2000万 m³。可利用瓦斯量中，地面压裂井抽采瓦斯可液化成LNG，变成汽车燃料或工业原料。井下瓦斯抽采量中，80%以上为高浓度瓦斯，可进行瓦斯发电或民用，而剩余的20%可进行低浓度瓦斯发电或燃气锅炉供热。

6.3 本章小结

（1）华晋公司焦煤资源储量丰富，逐步建立以煤炭为核心的资源综合利用四部曲。第一，将开采出原煤就地优选出副产品，变废为宝，实现清洁化生产；第二，延伸煤炭产业链条，发展焦炭化工等相关产业，提升附加值；第三，发展与煤炭资源特点相适应的建筑材料，实现煤炭资源的循环利用；第四，积极发展井下与地面充填矸石用料，提高矸石利用率。

（2）开发出了风排瓦斯的催化氧化成套技术装备和工艺流程，进行了工业试验。现场应用表明，催化氧化技术可以用于催化风排瓦斯，在占地面积、设备成本、运行维护费用等指标上，比国外的热氧化技术更有明显优势。

（3）风排瓦斯催化氧化技术对瓦斯浓度适应范围广。通过改进反应器设计和催化剂性能，能处理浓度为 0.15% 的风排瓦斯，使低瓦斯煤矿能够直接应用该技术，且不需要补充高浓度瓦斯，扩大了技术的推广应用范围。

7 沙曲矿瓦斯综合治理管理体系

为了巩固以"三区联动""井上下立体联合抽采"为核心的瓦斯治理沙曲模式,落实区域瓦斯预抽、保护层开采、地面钻井、抽采系统扩能及通风系统改造5项治本之策,推动瓦斯综合治理效果,华晋公司坚持"安全第一、预防为主、综合治理"的安全生产方针,遵循"管理""装备""培训"三并重的原则,落实瓦斯治理中长期规划,结合华晋公司和沙曲一、二矿的实际情况,全面建立"通风可靠、抽采达标、监控有效、管理到位"16字瓦斯综合治理管理体系,以期建立健全瓦斯防治长效机制,加强领导、落实责任、增加投入、依靠科技、强化管理,从源头入手有效防范和遏制瓦斯事故的发生,提升瓦斯防治工作水平。

7.1 瓦斯综合治理管理制度

为了加强煤与瓦斯突出防治工作,有效预防煤与瓦斯突出事故,保障职工生命安全和矿井安全高效生产,根据《安全生产法》《矿山安全法》《国务院关于预防煤矿生产安全事故的特别规定》《煤矿安全规程》《防治煤与瓦斯突出规定》等法律、行政法规,结合沙曲矿生产实际情况,制定《沙曲矿综合防治煤与瓦斯突出管理规定》。

严格执行两个"四位一体"综合防突措施,坚持"区域防突措施先行,局部防突措施补充"的原则,落实"多措并举、可保必保、应抽尽抽、效果达标"的瓦斯治本战略,做到不掘突出头、不采突出面,推进瓦斯抽采最大化、管理规范化和精细化,提高防突工作效率和工程效益。

7.1.1 防突组织机构

为加强沙曲矿防治煤与瓦斯突出工作管理,贯彻落实好"四位一体"防突措施,按照《防治煤与瓦斯突出规定》的要求,沙曲矿必须成立防突机构。

沙曲矿开采煤层在未鉴定为非突出煤层时,一律按照突出煤层管理。同时委托具有突出危险性鉴定资质的单位进行鉴定。

7.1.2 采掘过程的防突管理和基本要求

(1) 新水平、新采区,必须编制防突专项设计。设计应当包括开拓方式、煤层开采顺序、采区巷道布置、采煤方法、通风系统、防突设施(设备)、区域综合防突措施和局部综合防突措施等内容。新水平、新采区移交生产前,必须经当地人民政府煤矿安全监管部门按管理权限组织防突专项验收;未通过验收的不得移交生产。

(2) 编制安全规程、规范、设计、措施等有关突出防治的内容与本管理办法不一致的,依照本管理办法执行。如防治煤与瓦斯突出管理规定或其他相关规定有所更改时,则按新条款执行。

(3) 在每年年底,防突科应按照《防治煤与瓦斯突出细则》的基本方针、原则和要求的前提下,结合分析矿井本年度瓦斯灾害基本条件的基础上制定下一年度防治煤与瓦斯突出管理规定,以便更具体、更深入地知道矿井的防突工作。

(4) 地测科在地质测量工作中,应与防突科、通风科共同编制矿井瓦斯地质图,图中标明采掘进度、被保护范围、煤层赋存条件、地质构造、突出点的位置、突出强度、瓦斯基本参数及绝对瓦斯涌出量和相对瓦斯涌出量等资料,作为区域突出危险性预测和制定防突措施的依据。

(5) 突出煤层顶、底板岩巷掘进时,地测科提前进行地质预测,掌握施工动态和围岩变化情况,及时验证提供的地质资料,并定期通报给防突科和施工队组,遇有较大变化时,随时通报。

(6) 沙曲矿开采煤层在延深达到或超过 50 m 时,必须测定煤层瓦斯压力、瓦斯含量及其他与突出危险性相关的参数。

(7) 突出煤层掘进工作面与煤层巷道交叉贯通前,被贯通的煤层巷道必须超过贯通位置,其超前距不得小于 5 m,并且贯通点周围 10 m 内的巷道应加强支护。在掘进工作面与被贯通巷道距离小于 60 m 的作业期间,被贯通巷道内不得安排作业,并保持正常通风,且在爆破时不得有人。

(8) 煤、半煤岩炮掘工作面,使用安全等级不低于三级的煤矿许用含水炸药。

(9) 在突出煤层的任何区域的任何工作面进行揭煤和采掘作业前,必须采取安全防护措施,入井人员必须随身携带隔离式自救器。

(10) 所有突出煤层外的掘进巷道(包括钻场)距离突出煤层的最小法向距离不小于 10 m 时,必须边探边掘,确保最小法向距离不小于 5 m。

(11) 在同一突出煤层正在采掘的工作面应力集中范围内,不得安排其他工作面进行回采或者掘进。具体范围由矿总工确定,但不得小于 30 m。

(12) 在突出煤层中,严禁任何 2 个采掘工作面之间串联通风;采区回风巷及总回风巷应安设高低浓度甲烷传感器;突出煤层采掘工作面回风侧不得设置调节风量的设施,易自燃煤层的采煤工作面确需设置调节设施的,须经公司总工批准。

(13) 突出煤层掘进工作面的通风方式采用压入式,严禁在井下安设辅助通风机。

(14) 矿井在编制年度、季度、月度生产计划时,必须一同编制年度、季度、月度防突措施计划,保证抽、掘、采平衡。

(15) 施工防突措施的区(队)在施工前,负责向本区(队)职工贯彻并严格组织实施防突措施。

(16) 采掘作业时,应当严格执行防突措施的规定并有详细准确的记录。由于地质条件或者其他原因不能执行所规定的防突措施的,施工区(队)必须立即停止作业并报告矿调度室,经矿总工组织有关人员到现场调查后,由防突科提出修改或补充措施,并按原措施的审批程序重新审批后方可继续施工;其他部门或者个人不得改变已批准的防突措施。

(17) 在突出煤层中,专职爆破工必须固定在同一工作面工作。

(18) 突出煤层的每个煤巷掘进工作面和采煤工作面都应当编制工作面专项防突设计,报矿总工批准。实施过程中,当煤层赋存条件变化较大或巷道设计发生变化时,还应当作出补充或修改设计。

(19) 矿技术负责人对防突工作负技术责任,组织编制、审批、检查防突工作规划、计划和措施;分管负责人负责落实所分管的防突工作。各职能部门负责人对本职范围内的防突工作负责；科（队）、班组长对管辖范围内的防突工作负直接责任；防突人员对所在岗位的防突工作负责。安监部门负责对防突工作的监督检查。

（20）每年编制突出事故应急演练方案并组织一次煤与瓦斯突出事故应急演练并作详细记录建立档案。

7.1.3 防突培训

井下管理人员和井下工作人员必须接受防突知识培训，经考试合格后方准上岗作业。各级相关人员的培训达到下列要求：

（1）井下工作人员的培训包括防突基本知识和规章制度等内容。

（2）科（队）、班组长和有关职能部门的工作人员的培训包括突出的危害及发生的规律、区域和局部综合防突措施、防突的规章制度等内容。

（3）矿主要负责人、技术负责人应当接受煤矿二级及以上安全培训机构组织的防突专项培训。专项培训包括防突的理论知识和实践知识、突出发生的规律、区域和局部综合防突措施以及防突的规章制度等内容。

（4）防突员属于特殊作业人员，每年必须接受一次煤矿三级以上安全培训机构组织的防突知识、操作技能的专项培训。专项培训包括防突的理论知识、突出发生的规律、区域和局部综合防突措施以及有关防突的规章制度等内容。

7.1.4 区域"四位一体"综合防突措施

1. 区域突出危险性预测

（1）在开拓新水平、新采区前，必须采取区域综合防突措施并达到要求指标。

（2）开拓后区域预测应当委托有煤与瓦斯突出危险性鉴定资质的单位进行区域预测。预测所主要依据的煤层瓦斯压力、瓦斯含量等参数应为井下实测数据，测定煤层瓦斯压力、瓦斯含量等参数的测试点在不同地质单元内根据其范围、地质复杂程度等实际情况和条件分别布置，同一地质单元内沿煤层走向布置测试点不少于2个，沿倾向不少于3个，并有测试点位于埋深最大的开拓工程部位。开拓后区域预测结果用于指导工作面的设计和采掘生产作业。区域预测结果应当由公司总工批准确认。

（3）经开拓后区域预测为突出危险区的煤层，必须采取区域防突措施并进行区域措施效果检验。经效果检验仍为突出危险区的必须继续进行或者补充实施区域防突措施。

（4）经开拓后区域预测或者经区域措施效果检验后为无突出危险区的煤层进行揭煤和采掘作业时，必须采用工作面预测方法进行区域验证。

2. 区域防治煤与瓦斯突出措施

（1）区域防突措施主要包括开采保护层和预抽煤层瓦斯2类。

（2）开采保护层分为上保护层和下保护层2种方式；预抽煤层瓦斯可采用的方式有：地面井预抽煤层瓦斯以及井下穿层钻孔或顺层钻孔预抽区段煤层瓦斯、穿层钻孔预抽煤巷条带煤层瓦斯、顺层钻孔或穿层钻孔预抽回采区域煤层瓦斯、穿层钻孔预抽石门揭煤区域煤层瓦斯、顺层钻孔预抽煤巷条带煤层瓦斯。

（3）预抽煤层瓦斯区域防突措施应当按上述所列方式优先顺序选取，或一并采用多种方法的预抽煤层瓦斯措施。

（4）开采突出危险煤层前，必须采取区域防突措施。区域防突措施优先选择开采保护层；不具备保护层开采条件的，必须采取预抽煤层瓦斯区域防突措施。

(5) 北翼采区开采 2 号煤层作为保护层。开采保护层，并在留巷内施工下向穿层钻孔抽采邻近层卸压瓦斯。

(6) 保护层工作面开采前，保护层工作面的瓦斯抽采工程必须保证满足采煤工作面瓦斯抽采要求，被保护层工作面的瓦斯抽采工程应保证开采保护层时，能及时有效地抽采被保护层的卸压瓦斯。正在开采的保护层工作面超前于被保护层的掘进工作面，其超前距离不得小于保护层与被保护层层间垂距的 3 倍，并不得小于 100 m。

(7) 不具备保护层开采条件的，以及未在保护层开采保护范围内的突出危险煤层（包括应力集中带等），采掘作业前必须采取预抽煤层瓦斯的区域防突措施。

(8) 在南北翼开掘底板岩巷，对主采煤层进行区域性预抽，并掩护煤巷掘进过程，防止发生煤与瓦斯突出现象。

(9) 采取各种方式的预抽煤层瓦斯区域防突措施时，应当符合下列要求：

① 穿层钻孔或顺层钻孔预抽区段煤层瓦斯区域防突措施的钻孔应当控制区段内的整个开采块段、两侧回采巷道及其外侧一定范围内的煤层。要求钻孔控制回采巷道外侧的范围是：巷道两侧轮廓线外至少各 15 m（为沿层面的距离，以下同）。

② 穿层钻孔预抽煤巷条带煤层瓦斯区域防突措施的钻孔应当控制整条煤层巷道及其两侧轮廓线外至少各 15 m 的煤层。

③ 顺层钻孔或穿层钻孔预抽回采工作面煤层瓦斯区域防突措施的钻孔应当控制整个工作面的煤层。

④ 顺层钻孔预抽煤巷条带煤层瓦斯区域防突措施的钻孔应控制的条带长度不小于 60 m，巷道两侧的控制范围为巷道两侧轮廓线外至少各 15 m。

⑤ 当煤巷掘进和回采工作面在预抽防突效果有效的区域内作业时，工作面距未预抽或者预抽防治煤与瓦斯突出效果无效范围的前方边界不得小于 20 m。

(10) 预抽瓦斯钻孔封堵必须严密。穿层钻孔的封孔段长度不得小于 6 m，顺层钻孔的封孔段长度不得小于 9 m。

3. 区域措施效果检验

(1) 开采保护层的保护效果检验主要采用实测最大残余瓦斯压力或者最大残余瓦斯含量，临界值按表 7-1 计算。

表 7-1 区域预测指标及其临界值

瓦斯压力 p/MPa	瓦斯含量 $W/(m^3 \cdot t^{-1})$	区域类别
<0.74	<8	无突出危险区
除上述情况以外的其他情况		突出危险区

若检验结果仍为突出危险区，保护效果为无效，必须采取补充预抽煤层瓦斯区域防治煤与瓦斯突出措施，直至合格。

(2) 采取预抽煤层瓦斯区域防突措施时，采掘工作面进行采掘活动前，必须进行抽采效果评价（区域防突措施效果检验），抽采效果评价合格后方可进行采掘活动，否则必须延长抽采时间直至合格，其要求：

南翼采区煤层瓦斯预抽率不得低于 40%，北翼采区煤层瓦斯预抽率不得低于 30% 或残

余瓦斯压力 $p_{CY}<0.74$ MPa 或残余瓦斯含量 $W_{CY}<8$ m³/t。

4. 区域验证

煤巷掘进和回采时，采用钻屑指标法进行突出危险性验证。回采工作面每推进 10~50 m，至少进行 2 次区域验证，工作面每隔 10~15 m 布置 1 个预测钻孔，深度 8~10 m。

7.1.5 局部"四位一体"综合防突措施

1. 工作面突出危险性预测

（1）采掘工作面进行采掘作业前，必须采取工作面预测方法对区域防突措施进行验证，各煤层的临界值根据煤矿实际情况而定，但必须符合《防治煤与瓦斯突出细则》要求。如预测工作面为无突出危险工作面，则工作面可以采取安全防护措施进行采掘作业，并保持预测孔不少于 2 m 的超前距；如预测工作面为突出危险工作面，则必须采取工作面防治煤与瓦斯突出措施。

（2）煤巷掘进工作面预测要求：

① 生产队组负责施工预测孔，防突队负责预测。

② 预测孔的布置要求：共布置 5 个预测孔，钻孔应尽可能布置在软分层中。1 号、5 号孔与巷道走向呈 30°，2 号、4 号孔与巷道走向呈 24°，3 号孔平行于巷道走向。钻孔直径为 42 mm，孔深为 8~10 m，并且不能和其他钻孔相互交叉穿透。

③ 施工预测孔和预测同步进行，钻孔每钻进 1 m 测定钻屑量一次，每钻进 2 m 进行一次采样测定，并把测定的相关数据记录填表，只有 5 个预测孔测定的数据均不超标时，生产队组方可掘进施工，允许进尺距预测孔终端始终保持 2 m，然后进入下一循环预测。

（3）采煤工作面预测要求：

① 生产队组负责施工预测孔，防突队负责预测。

② 预测孔的布置要求：预测孔应布置在软分层中，无软分层时布置在距顶板 1 m 处，钻孔平行于推进方向，每隔 10~15 m 布置一个 ϕ42 mm 预测孔，孔深 10 m。

③ 施工预测孔和预测要同步进行，钻孔每钻进 1 m 测定钻屑量 1 次，每钻进 2 m 进行 1 次采样测定，并把测定的相关数据记录填表。只有所有预测孔测定的数据均不超标时，生产队组方可施工，允许进尺距预测孔终孔端保持至少 2 m 的超前距。局部预测指标及临界值见表 7-2。

表 7-2 局部预测指标及其临界值

钻屑瓦斯解吸指标 K_1/[mL·(g·min$^{1/2}$)$^{-1}$]	钻屑量 S/(kg·m^{-1})
0.5	6

（4）预测工作面为突出危险时，必须采取工作面防治煤与瓦斯突出措施。采煤工作面采用超前排放钻孔和预抽瓦斯作为工作面防治煤与瓦斯突出措施时，钻孔在控制范围内应当均匀布置，在煤层的软分层中可适当增加钻孔数；超前排放钻孔和预抽钻孔的孔数、孔底间距等应当根据钻孔的有效排放或抽放半径确定，钻孔孔深不少于 10 m。

2. 工作面防突措施

（1）煤巷掘进工作面采用超前钻孔作为工作面防治煤与瓦斯突出措施时，应当符合下列要求：

① 钻孔控制巷道两侧轮廓线外不少于 5 m 的煤层；

② 钻孔在控制范围内应当均匀布置，在煤层的软分层中可适当增加钻孔数。预抽钻孔或超前排放钻孔的孔数、孔底间距等应当根据钻孔的有效抽放或排放半径确定；

③ 钻孔直径应当根据煤层赋存条件、地质构造和瓦斯情况确定，一般为 75 mm，地质条件变化剧烈地带也可采用直径为 42 mm 的钻孔；

④ 煤层赋存状态发生变化时，及时探明情况，再重新确定超前钻孔的参数；

⑤ 钻孔施工前，应加强工作面顶板及围岩支护。

（2）采煤工作面采用超前排放钻孔和预抽瓦斯作为工作面防突措施时，钻孔孔径采用 75 mm，钻孔在控制范围内应当均匀布置，在煤层的软分层中可适当增加钻孔数，超前排放钻孔和预抽钻孔的孔数、孔底间距等应当根据钻孔的有效排放或抽放半径确定。

（3）煤巷掘进和采煤工作面的专项防突设计应当至少包括以下内容：

① 煤层、瓦斯、地质构造及邻近区域巷道布置的基本情况；

② 建立可靠的独立通风系统及加强控制通风风流设施的措施；

③ 工作面突出危险性预测及防突措施效果检验的方法、指标以及预测、效果检验钻孔布置图；

④ 防突措施的选取及施工设计；

⑤ 安全防护措施；

⑥ 组织管理措施。

3. 工作面防突措施效果检验

采掘工作面实施工作面防治煤与瓦斯突出措施后，恢复施工前，必须进行工作面防治煤与瓦斯突出措施效果检验，效果检验方法同预测方法。检验措施有效时，采掘工作面可以采取安全防护措施进行采掘作业，同时必须满足以下要求：

（1）若检验孔与防治煤与瓦斯突出措施钻孔向巷道掘进方向（工作面回采方向）的投影长度（简称投影孔深）相等，则同时工作面还应保留的最小防治煤与瓦斯突出措施超前距：煤巷掘进工作面 5 m，回采工作面 3 m；在地质构造破坏严重地带应适当增加超前距，但煤巷掘进工作面不小于 7 m，回采工作面不小于 5 m；

（2）若检验孔的投影孔深小于防治煤与瓦斯突出措施钻孔，则应当在留足所需的防治煤与瓦斯突出措施超前距并同时保留有至少 2 m 检验孔投影孔深超前距的条件下，采取安全防护措施后方可进行采掘作业。效果检验指标及临界值见表 7-3。

表 7-3　效果检验指标及其临界值

钻屑瓦斯解吸指标 $K_1/[\mathrm{mL} \cdot (\mathrm{g} \cdot \mathrm{min}^{1/2})^{-1}]$	钻屑量 $S/(\mathrm{kg} \cdot \mathrm{m}^{-1})$
0.5	5

4. 石门揭煤基本程序及防突措施

（1）石门距待揭煤层最小法向距离 20 m 前，需满足下列要求：

① 石门距待揭煤层最小法向距离 20 m 前，生产技术科每月下达生产计划时，同时下达揭煤计划，由防突科依据揭煤通知单及地质说明书编制揭煤专项防治煤与瓦斯突出设计。

② 突出煤层的新采区、新水平首次揭穿平均厚度 0.3 m 以上的非突出煤层，以及生产采区内平均厚度 0.3 m 以上的非突出煤层瓦斯压力 $p \geqslant 0.74$ MPa 或出现吸钻、夹钻、喷孔、瓦斯涌出异常以及预测指标超标的，揭煤必须编制专项防治煤与瓦斯突出设计。

③ 地质构造复杂、岩石破碎的区域，距待揭煤层最小法向距离 20 m 之前必须布置不少于 3 个探测钻孔，以保证能确切掌握煤层厚度、倾角变化、地质构造和瓦斯情况。

④ 当石门或立井、斜井揭穿厚度小于 0.3 m 的突出煤层时，可直接用远距离爆破方式揭穿煤层。

(2) 石门距待揭煤层最小法向距离 10 m 前，需满足下列要求：

① 必须建立揭煤安全防护系统及独立的、可靠的通风系统。

② 前探：至少施工两个穿透煤层全厚且进入底（顶）板不小于 0.5 m 的前探取芯钻孔，并详细记录岩芯资料。

(3) 石门距待揭煤层最小法向距离 7 m 前，需满足下列要求：

① 区域防治煤与瓦斯突出措施距待揭煤层的最小法向距离 7 m 前实施（在构造破坏带，最小法向距离适当加大），并必须采取抽采措施。

② 措施钻孔控制范围：揭煤处巷道轮廓线外 12 m，同时还应当保证控制范围的外边缘到巷道轮廓线（包括预计前方揭煤段巷道的轮廓线）的最小距离不小于 5 m。钻孔控制范围为沿煤层层面的距离。

③ 措施钻孔设计要求：控制范围内均匀布置，抽采钻孔孔数、孔底间距等应根据钻孔的有效抽采半径确定。抽采钻孔应一次穿透全煤，并进入岩石 0.5 m 以上。

(4) 区域防突措施进行效果检验指标，必须依据实际的直接测定值，采用直接法测定残余瓦斯压力（$p_C < 0.74$ MPa）或残余瓦斯含量（$W_C < 8$ m³/t），并满足检验钻孔施工过程中无喷孔、顶钻等其他异常现象，方可认为措施有效。否则，必须补充措施或延长抽采时间，直至效果检验有效。区域防突措施检验至少布置 4 个检验测试点，分别位于要求预抽区域内的上部、中部和两侧，并且至少有 1 个检验测试点位于要求预抽区域内距边缘不大于 2 m 的范围。

(5) 石门距待揭煤层最小法向距离 2~5 m 时，必须满足下列要求：

① 必须成立揭煤领导组。组长：矿总工程师；副组长：通风矿长、生产矿长、安监处长、机电矿长、基建矿长、通风副总、地测副总、安全副总；成员：防突科、通风科、安监处、地测科、机电科、开运科、一采区、二采区、各项目部及施工单位负责人。

② 每次远距离爆破必须由一名副组长及以上人员跟班，每次揭煤必须有救护队参加。

③ 石门距待揭煤层最小法向距离 5 m 开始，必须采用钻探手段边探边掘，保证工作面到煤层的最小法向距离不小于远距离爆破揭开煤层前要求的 2 m（如果岩石松软、破碎，最小法向距离增加至 3 m）。

④ 石门施工至石门距待揭煤层最小法向距离 2 m 位置时，必须采用 K_1 值和 S 值进行最后验证（检验）。

⑤ 如检验指标超标，必须采取局部防治煤与瓦斯突出补充措施，直至检验有效。局部防治煤与瓦斯补充措施钻孔控制到揭煤处石门轮廓线外 5 m。

(6) 石门距待揭煤层最小法向距离 2 m 至穿过煤层最小法向距离 2 m 时，需满足下列要求：

① 石门距待揭煤层顶（底）板最小法向距离 2 m（构造带 3 m）起，至揭穿煤层进入底（顶）板最小法向距离 2 m 止，必须执行工作面循环检验（预测），并实施以远距离爆破为主的安全防护措施。

② 循环检验（预测）指标采用钻屑指标法，指标超标，采取局部防突补充措施，直至有效。

③ 在石门和立井揭煤工作面采用预抽瓦斯、排放钻孔防突措施时，钻孔直径一般为 75 mm。石门揭煤工作面钻孔的控制范围是：石门的两侧和上部轮廓线外至少 5 m，下部至少 3 m。立井揭煤工作面钻孔的控制范围是井筒四周轮廓线外至少 5 m。钻孔的孔底间距应当根据实际考察情况确定。预抽瓦斯和排放钻孔在揭穿煤层之前应当保持自燃排放或抽采状态。

④ 远距离爆破地点必须在进风侧反向风门之外的全风压通风的新鲜风流中或避难所内，爆破地点距工作面的距离由矿总工根据曾经发生的最大突出强度等具体情况确定，但不得小于 300 m。采煤工作面爆破地点到工作面的距离由矿总工根据具体情况确定，但不得小于 100 m。远距离揭煤范围内必须使用安全等级不低于三级的煤矿许用含水炸药。远距离揭煤期间严禁使用风镐、钢丝绳牵引的耙斗装载机。

⑤ 在突出煤层的石门揭煤工作面进风侧，必须设置至少 2 道牢固可靠的反向风门，风门之间的间距不少于 4 m。反向风门距工作面的距离和反向风门的组数，应当根据掘进工作面的通风系统和预计的突出强度确定，但反向风门距工作面回风巷不得小于 10 m，与工作面的最近距离一般不得小于 70 m，如小于 70 m 时应设置至少 3 道反向风门。

⑥ 在石门揭煤工作面，工作面（T_1）、回风流（T_2）必须安设高低浓度甲烷传感器。揭煤过程中，要认真分析爆破后瓦斯浓度、瓦斯涌出量变化，发现瓦斯异常及时采取针对性措施。

⑦ 强化揭煤巷道顶板管理。永久支护必须紧跟工作面，加强过煤段前后 30 m 范围支护，对揭露煤体及时喷注。

7.1.6 安全防护措施

1. 工作面必须形成独立的通风系统

掘进工作面必须构成独立通风系统。严禁串联通风，并保持回风系统中不设通风设施，保证风流畅通，回风系统内严禁行人和作业；与回风系统相连的风门、密闭、风桥等通风设施必须坚固可靠，防止煤与瓦斯突出发生后，瓦斯涌入其他区域；风流调节设施等只能在进风侧构筑，不允许移入回风系统之中。

2. 远距离爆破

（1）石门揭煤采用远距离爆破时，爆破地点必须设在进风侧反向风门之外的全风压通风的新鲜风流中或避难所内，爆破地点距工作面的距离不得小于 300 m。

（2）远距离爆破时，回风系统必须断电撤人，指派专人负责，并放好警戒，严禁人员进入，进入工作面检查要在爆破 30 min 后进行。

（3）在爆破前必须预先通知回风路线内工作的所有人员，确保爆破时回风路线内无人。

3. 加强顶板管理

（1）生产队组必须严格按照质量标准进行施工，顶、帮支护及时到位，严禁超循环作业。

(2) 严格执行"敲帮问顶"制度，必须按作业规程的规定及时支护，严禁空顶作业。

(3) 顶板松碎、过断层时，生产队组必须制定安全技术措施，要求缩短循环距离，加强顶板支护，防突队必须选派责任心强的防突员盯面，严格执行"四位一体"的防突措施。

4. 佩带自救器

(1) 凡入井人员必须随身携带隔离式自救器，不得随意离身。

(2) 入井自救器质量必须符合规定，自救器管理单位必须定期对自救器进行标校，及时进行检查，保证其质量。

5. 避难硐室

(1) 避难硐室应布置在稳定的岩层中，避开地质构造带、高温带、应力异常区以及透水危险区。前后 20 m 范围内巷道应采用不燃性材料支护，且顶板完整、支护完好，符合安全出口的要求。特殊情况下确需布置在煤层中时，应有控制瓦斯涌出和防止瓦斯积聚、煤层自燃的措施。永久避难硐室应确保在服务期间不受采动影响，临时避难硐室应在服务期间避免受采动损害。

(2) 避难硐室应采用向外开启的两道门结构。外侧第一道门采用既能抵挡一定强度的冲击波，又能阻挡有毒有害气体的防护密闭门；第二道门采用能阻挡有毒有害气体的密闭门。两道门之间为过渡室，密闭门之内为避险生存室。

(3) 防护密闭门上设观察窗，门墙设单向排水管和单向排气管，排水管和排气管应加装手动阀门。过渡室内应设压缩空气幕和压气喷淋装置。永久避难硐室过渡室的净面积应不小于 3.0 m^2；临时避难硐室净面积不小于 2.0 m^2。

(4) 生存室的宽度不得小于 2.0 m，长度根据设计的额定避险人数及内配装备情况确定。生存室内设置不少于两趟单向排气管和一趟单向排水管，排水管和排气管应加装手动阀门。永久避难硐室生存室的净高不低于 2.0 m，每人应有不低于 1.0 m^2 的有效使用面积，设计额定避险人数不少于 20 人，宜不多于 100 人。临时避难硐室生存室的净高不低于 1.85 m，每人应有不小于 0.9 m^2 的有效使用面积，实际额定避险人数不少于 10 人，不多于 40 人，避难硐室防护密闭门抗冲击压力不低于 0.3 MPa。

(5) 有突出煤层的采区必须设置采区避难所，避难所的位置应当根据实际情况由防突科、通风科、一采区、二采区、开运科、生产技术科现场办公决定，待施工完成后组织验收。

避难所设置需满足下列要求：

① 避难所应设置向外开启的隔离门，隔离门墙垛可用砖、料石或混凝土砌筑，嵌入巷道周边岩石的深度可根据岩石的性质确定，但不得小于 0.2 m，墙垛厚度不得小于 0.8 m，煤巷构筑隔离门时，四周必须掏槽，掏槽深度见硬帮硬底后再进入实体煤不小于 0.5 m。室内净高不得低于 2 m，深度满足扩散通风的要求，至少能满足 15 人避难，且每人使用面积不得小于 0.5 m^2，避难所内支护保持良好，并设有直通矿调度电话。

② 避难所内放置足量的饮用水、供给压缩空气的压风管，每人供风量不得小于 0.3 m^3/min。

③ 避难所内应根据最多人数配备足够数量的隔离式自救器。

④ 突出煤层的采掘工作面掘进距离超过 500 m 的巷道内必须设置工作面避难所。

⑤ 工作面避难所设置要求和采区避难所设置要求一样。

6. 压风自救装置

(1) 压风自救系统的管路规格应按矿井需风量、供风距离、阻力损失等参数计算确定，主管路直径不小于 100 mm，采掘工作面管路直径不小于 50 mm。主送气管路应装集水放水器。在供气管路与自救装置连接处，要加装开关和汽水分离器。压风自救系统阀门应安装齐全，阀门扳手要在同一方向，以保证系统正常使用。

(2) 矿井采区避灾路线上均敷设压风管路，并设置供气阀门，间隔不大于 200 m，有条件时可设置压风自救装置。

(3) 压风自救装置应符合《矿井压风自救装置技术条件》（MT 390—1995）的要求，并取得煤矿矿用产品安全标志。压风自救装置应具有减压、节流、消噪声、过滤和开关等功能，零部件的连接应牢固、可靠，不得存在无风、漏风或自救袋破损长度超过 5 mm 的现象。压风自救装置的操作应简单、快捷、可靠。避灾人员在使用压风自救装置时，应感到舒适、无刺痛和压迫感。压风自救系统适用的压风管道供气压力为 0.3~0.7 MPa；在压力为 0.3 MPa 时，压风自救装置的供气量应在 100~150 L/min 范围内。压风自救装置工作时的噪声应小于 85 dB。

(4) 压风自救设备安装在距采掘工作面 25~40 m 的巷道范围内，爆破地点、撤离人员与警戒人员所在的位置及回风巷有人作业处等地点至少设置一组压风自救装置。在长距离掘进巷道中，根据巷道的实际情况增加设置。每组压风自救装置应可供 10 人使用，平均每人的压缩空气供给量不得少于 0.1 m^3/min。

(5) 压风自救装置安装在采掘工作面巷道内的压缩空气管道上，设置在宽敞、支护良好、水沟盖板齐全、没有杂物堆的人行道侧，人行道宽度应保持在 0.5 m 以上，管路敷设高度应便于现场自救应用。

7.1.7 其他规定

(1) 在采掘工作面预抽钻孔施工完毕后，由防突科按照抽采公司提供的实际钻孔施工参数，计算原始煤体瓦斯含量和预抽率，待抽采率达到 30%（南翼 40%、北翼 30%）以上时，出可掘进尺报告，并由相关单位负责人及矿总工程师审批后下发生产单位。

(2) 防突科严格按照可掘进尺在巷道内描点标记，并由地测部门配合核实掘进进尺，严禁超掘。

(3) 遇地质构造或层间变小时，地测部门负责组织探测层间距，并及时以报告形式报防突科及相关部门。

7.2 瓦斯治理管理体系

7.2.1 制度体系

1. 矿井通风管理

主要包括矿井主要通风机、通风设施、通风系统、局部通风、风量计算细则及有关通风参数的计算规定、反风演习、测风、通风仪器仪表管理规定。

2. 矿井瓦斯管理

主要包括矿井瓦斯巡回检查制度、瓦斯日报审批制度、巷道贯通通风规定等瓦斯管理制度、瓦斯检查制度、瓦斯风机鉴定制度、巷道贯通制度、盲巷管理与排放瓦斯制度、矿井主要通风机停电检修与矿井排放瓦斯制度。

3. 矿井爆破管理

主要包括爆破材料的储存、爆破材料的管理、爆破过程管理制度。

4. 通风安全监控

主要包括通风安全监控机构的设置、通风安全监控系统的安装、通风安全监控设备的管理、传感器的布设、传感器的效检和便携仪的管理、通风技术资料和报表管理制度、通风安全监控系统网络管理制度。

5. 矿井瓦斯抽采

主要包括瓦斯抽采计划编制、"一矿一策""一面一策"瓦斯治理方案编制、瓦斯抽采效果分析、抽采系统管理、抽采瓦斯方法选取、抽采钻孔施工及封孔、抽采瓦斯参数测试及抽采瓦斯量计算、瓦斯抽采效果管理与考核。

6. "一通三防"图纸、资料

主要包括通风日报（月报）、瓦斯超限预报、瓦斯治理重点监控报告、防突措施计划标配、防突措施效检月报表、瓦斯抽采日报（月报）、通风、抽采、防突工作计划和总结、通风系统图、抽采系统图、瓦斯地质图、突出动态预测表等图件，通风、抽采、防突日常管理及检查台账，以及通风瓦斯参数测试单等材料。

7.2.2 组织体系

1. 煤与瓦斯突出防治机构

根据有关法律、法规、指令及《煤矿安全规程》《防治煤与瓦斯突出细则》《国有重点煤矿瓦斯治理的规定》和《山西省高瓦斯矿井质量标准化建设》，华晋公司成立了"公司→煤矿→区队"三级瓦斯管理机构，即集团公司成立由总工程师、"一通三防"副总工程师及生产、地测、技术、安监、科研等系统的工程技术人员参加的防突领导小组；矿井成立由矿总工程师，分管"一通三防"副总工程师及防突科、通风科、安全科、抽采队等工程技术人员参加的矿井防突领导小组；矿井必须设立防突科、通风科及安全科等，负责矿井瓦斯治理日常工作的管理，如图7-1所示。

根据煤与瓦斯突出防治细则，结合沙曲矿井组织管理模式，成立瓦斯防治队，负责矿井瓦斯抽采钻孔和防突措施钻孔的施工。另外，应成立防突科，并且下设防突队，配备足够的技术人员及专职防突工。并根据矿井实际情况编制突出事故应急预案。

由于矿井防突工作是一项技术性很强的工作，因此，从事防突工作的管理人员和操作人员应相对固定，以利于矿井防突。

矿井防突机构的主要职责是：

（1）制定防突措施；

（2）负责突出危险性预测和防突措施效果检验；

（3）监督瓦斯抽放钻孔和防突措施钻孔的施工质量；

（4）填写预测预报、防突措施、效果检验报告单报送上级审批，通知施工队执行；

（5）填写突出卡片，收集原始资料；

（6）总结、分析突出动态和规律，定期上报；

（7）保证防突工作所需的人、财、物，指导、检查并监督各单位部门防突措施的

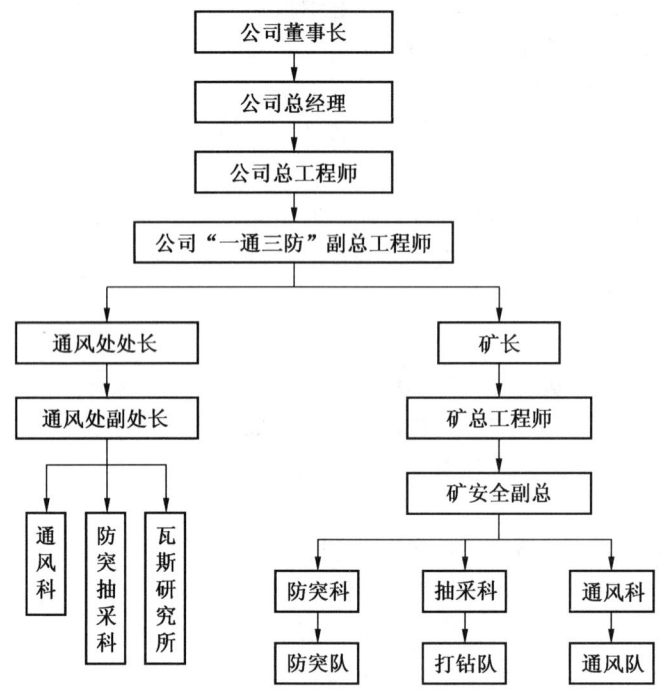

图 7-1 瓦斯防治管理机构

落实。

2. 成立煤与瓦斯突出科研机构（华晋公司瓦斯研究所）

华晋公司为解决现场遇到的煤与瓦斯突出防治难题，成立瓦斯研究所，并配备了瓦斯含量测定装置、抽采气体参数测量仪、钻屑解吸仪等瓦斯参数测试仪器，以及坑道透视仪、瞬变电磁仪等物探设备，积极开展自主攻关，主要进行煤与瓦斯突出防治技术研究、煤体与瓦斯参数测试、防突措施效果分析等工作，取得的科研成果有：沙曲矿瓦斯赋存规律及瓦斯地质图、不同通风方式及瓦斯治理方案、沙曲矿三维矿图等，累计申请国家专利 5 项，包括防卡钻钻头、喷涂式抽采钻孔封孔工艺、防爆超声波细雾发生装置等，发表国家省级刊物 10 余篇。

7.2.3 文化体系

7.2.3.1 企业战略愿景

（1）企业使命：做强华晋、回报股东、造福员工、奉献社会。

企业使命表明了企业存在的意义和发展方向。清晰定义华晋焦煤的生存意义，可以在企业内部树立共同责任使命，形成一致目标导向。华晋焦煤积极推进企业转型跨越发展、用业绩回报股东、用成果造福员工，积极履行社会责任，实现企业又好又快发展。

（2）企业愿景：建设国内一流的优质精品焦煤企业。

企业愿景与使命是递进关系。华晋焦煤的企业愿景描述了企业发展的目的，是组织肩负使命而希望达到的未来图景。华晋焦煤凭借优质主焦煤资源优势，精采细收、集约高效，做强做大煤炭主业，配套上马园区项目，努力建设国内一流的优质精品焦煤企业。

（3）战略目标：产能超千万，美丽新华晋。

战略目标是实现企业愿景的必备条件。华晋公司的战略目标是保证企业基业长青、永续发展的现阶段主要任务。华晋焦煤将在"十二五"期间实现产能上千万的基础上，加快推进"十三五"期间产能 2 千万吨、3 千万吨目标的实现。同时，建设绿色矿山、和谐矿区、文明企业，塑造美丽新华晋。

（4）企业理念：文化强企路，三高创一流。

企业理念是企业在持续经营和长期发展过程中形成的。华晋焦煤的企业理念是适应时代要求，推进公司生产经营的团体精神和行为规范。"文化强企路"是有效的现代化管理手段，"三高创一流"是根据华晋公司自身特点决定的发展道路。

"文化强企路"是建成国内一流千万吨级精品焦煤企业的必然途径。坚定"文化强企路"，就是经过提炼、融合、养成、实践的文化过程，把理念转变为信念，将信念落实为行动，从而达到思想认识统一化、岗位操作标准化、经营管理科学化、安全生产持续化的目的，实现文化"软实力"向企业发展"硬道理"的有效转化，以此加速企业经济增长形式的转变和提升。

"三高创一流"是对华晋焦煤 20 多年发展历程的延伸和开拓，其中"三高"是指高品位定位、高科技支撑、高效益运行。高品位既包括产品的品位高，又包括人的品位要高，高科技既要引进高新技术，又要引进现代化的管理手段，高效益既要实现效率高，又要实现效益好。"一流"是指建设一流的现代化精品焦煤企业、一流的瓦斯治理示范矿井、一流的循环经济工业园区。

7.2.3.2 企业价值观

华晋公司的价值观是华晋人实现企业使命、完成企业愿景、达到战略目标所必须具有的指导组织行为的一系列基本准则和信条，起着行为取向、评价原则、评价标准的作用，是关于价值的信念、倾向、态度和观点。

（1）品牌质量观：华晋焦煤，中国瑰宝。

华晋焦煤生产的优质主焦煤为煤中精品，是国内乃至世界稀缺资源，具有低灰、低硫、特低磷、高发热量、强黏结性的特点，是国内外大型钢铁、焦化企业的优质"骨架煤"，被誉为"中国瑰宝"。

（2）安全生产观：安全生产第一，瓦斯治理为先。

华晋公司坚定不移地做到不安全不生产，利用沙曲瓦斯治理模式、落实两个"四位一体"防突措施，狠抓瓦斯治理，强化源头管理、过程控制，以安全提高效益，以安全提高生产，以安全保证发展。

（3）经营管理观：管目标算准账，管过程算细账。

华晋焦煤全面实施精细化管控，打开成本算细账，开源节流算准账，对标追标挖潜力，做精做细出效率。通过一点一滴不懈努力，不断增强抵御市场风险的能力，确保企业持续高效运行。

（4）人才培养观：人人皆是才，有为才有位。

华晋公司倡导五湖四海一家亲，视每名员工为人才，广开渠道，搭建更灵活、更全面的成才平台。争做华晋公司最有价值的员工，打造山西焦煤最有文化的队伍。

（5）廉洁从业观：干净干事，干事干净。

把权力规范在制度的笼子里。在"干事"前自觉树立廉洁意识、警钟长鸣，在"干事"中风清气正、干事成事。

(6) 道德作风观：清心为人，实干重效。

"清心为人"就是清净本心，正直做人，坚持道德的底线。"实干重效"就是立言立行、说到做到。

7.2.3.3　华晋焦煤行为规范

通过思想认同，实现行为一致。华晋公司行为规范遵循山西焦煤《企业文化建设纲要》的对应内容，从中节选与华晋公司日常工作密切相关的"决策原则与行为""企业安全管理行为""人力资源管理行为""企业领导行为""企业员工行为"五部分内容。华晋公司通过与集团公司保持统一的行为规范标准，来保障自身价值系统在集团大文化前提下顺利实施。

1. 决策原则与行为

(1) 在权限范围内决策。

在各决策主体之间规范而明确地划定各自的决策权限范围，避免出现越级决策或推诿责任的现象。

(2) 民主集中决策。

决策中主张民主，集中决策后强调执行。对决策过程、执行情况、实施结果进行制度化监控。

(3) 按法定程序决策。

各决策主体均按法定的决策程序决策，任何人不得违背科学程序进行决策。

(4) 责任追究决策。

决策者均承担相应的决策责任。各项决策均需保留可核实和查证的记录。企业利益受损时，追查决策者的相关责任。

(5) 科学全面决策。

决策应广泛听取集团公司内外职工群众的意见，尤其要注意听取专家、学者的意见，在多方面进行比较的情况下决策。

(6) 阳光公开决策。

所有重大决策都公平、公正，以不同形式进行公开，并自觉接受上级部门、职工代表、纪检监察、审计、舆论等方面的监督。

2. 企业安全管理行为

1) 管理方针和原则

安全生产方针：安全第一、生产第二。

安全管理原则：管理、装备、培训并重。

2) 管理重点

(1) 瓦斯、火、水、煤尘、顶板等重大灾害事故预防。

(2) 安全费用投入和安全工程建设。

(3) 重大隐患和职工不安全行为。

3. 人力资源管理行为

1) 人力资源管理原则

(1) 以人为本原则：人力资源是企业的第一资源。员工凭自己的劳动和创造推动了企业的发展，企业在发展中理应满足员工的需要，提高员工的素质，实现员工的价值，追求员工和企业的共同发展和全面进步。

（2）优化配置原则：人力既然是资源，就要优化配置和经营，通过科学的优胜劣汰机制，提升表现资本的人力，激活表现为成本的人力。

（3）激励原则：建立以正面激励为导向的评价机制，将荣誉、晋升、工资、奖金、福利、保险、学习培训等结合起来，鼓励员工热爱本职、争创一流、把握机会、实现价值。

2）人力资源基本管理规范

（1）竞争上岗、机会均等：建立公平、公正和公开的人力资源管理平台，形成岗位竞争、待遇靠绩效、晋升靠才能的优胜劣汰机制。

（2）市场运作、合理流动：建立内部劳务、人才市场，促进人员的合理流动。

3）契约管理、绩效考核

采用劳动契约方式，实行劳动合同管理，制定完善的绩效考核制度、科学合理的分配政策和激励政策，形成干部能上能下、员工能进能出、收入能增能减的机制。

4）加强培训、注重开发

制定人力资源开发管理政策、措施和方案，确定人力资源培训计划与目标，并组织实施，使员工的成长能力、学习能力和实现目标的能力不断提高，创建学习型组织，造就学习型员工。

4. 企业领导行为

1）领导工作原则

（1）选用干部原则：以德为先，量才使用。

选用干部时，坚持德才兼备，以德为先原则。重能力，看业绩，营造优秀人才脱颖而出的环境。使用干部时，坚持量才使用。扬长避短，合理授权，依法监督，使用与培养相结合。

（2）授权原则：视能授权，权责明确；逐级授权，有效监控。

依据被授权者的能力大小和知识水平合理授权；只对直接下属授权，不越级授权；建立健全监督机制，对授权过程进行有效监督。

（3）奖励原则：效率优先，兼顾公平。

奖励公平公正合理，坚持效率优先、效益最大，物质奖励与精神奖励相结合。

（4）社交活动原则：服务战略，长远谋划；精打细算，统筹兼顾。

社交活动为集团公司经营战略服务，目标明确，适时展开，不盲目活动；长远谋划，统筹兼顾，不搞短期行为；遵纪守法，不钻政策的空子，不以权谋私；精心策划，精打细算，不铺张浪费。

（5）处置重大突发事件原则：防微杜渐，临危不惧，准确判断，果断处置。

分析突发事件发生发展规律，提前预测，防患于未然；指挥处理突发事件，面对现实，冷静思考，精心组织，周密安排，果断指挥；做好善后工作，举一反三，堵塞漏洞，消除不安定因素。

2）领导个人修养

（1）政治坚定，热爱华晋。

全面贯彻落实科学发展观，坚持党的基本理论、基本路线、基本纲领、基本经验，坚定不移地走建设具有中国特色的社会主义道路。

热爱华晋公司，自觉维护华晋公司企业形象、荣誉和利益，维护华晋公司领导班子的形象和权威，确保政令畅通，纪律严明。

（2）遵章守纪，依法行政。

遵守国家法律、法规和企业规章制度，做学法、守法、用法和维护法律、法规尊严的模范，自觉接受监督。

按照规定职责权限和工作程序履行职责、执行公务，依法办事，不滥用权力；不以权代法，遵守保密纪律和规定，不泄露企业和国家秘密。

（3）恪尽职守，勤政为民。

忠于职守，勤奋工作；讲求工作方法，注重工作效率；办事不推诿、不扯皮、不缺位、不越位；尊重下级，尊重同事。

一切从群众利益出发，倾听群众意见，关心群众疾苦，维护群众合法权益，做到权为民所用，情为民所系，利为民所谋；改进工作作风，努力为基层和广大员工服务。

（4）勤奋学习，加强修养。

坚持终身学习，努力钻研业务，不断增强责任意识，努力提高政治理论素养和管理能力。不断锤炼坚强意志，激发工作热情，增强公仆意识，保持高尚情操，追求卓越，永不言败。

（5）求真务实，勇于创新。

解放思想，实事求是，理论联系实际，说实话，报实情，办实事，求实效，力戒形式主义。勤于思考，勇于探索，不断研究新情况，解决新问题，开拓新境界；在思维方式、工作方式、工作方法以及领导方式和方法上不断与时俱进、开拓创新。

（6）秉公办事，为政清廉。

坚持国家利益和企业利益至上，不以个人偏见好恶待人处事，维护职务信誉，坚持客观公正，不以情代法，不假公济私。认真贯彻执行有关工作、生活待遇、公务接待、收受礼品等规定，克己奉公，遵章守纪，不以权谋私，不贪赃枉法，不吃、拿、卡、要，不参加对执行公务有影响的宴请。任何场合都严格要求自己，同时管理好家属子女和身边工作的人员。

（7）团结协作，作风民主。

认真执行上级的决定和命令，服从大局，维护稳定，相互配合，相互支持，团结一致，勇于批评与自我批评，齐心协力做好工作。坚持民主集中制，充分发扬民主，广泛听取意见，组织一旦决定，个人无条件服从，坚决反对独断专行，坚决反对自由主义。

（8）品行端正，淡泊名利。

模范遵守社会道德，作风正派，生活严谨，举止端庄，仪表整洁。说话不随心所欲，处事不盛气凌人。淡泊名利，以德服人，勇于自我批评，敢于承担责任，不贪功诿过，不苛求于人，务实重德，躬体力行。

5. 企业员工行为

1）员工工作理念

（1）上标准岗，干标准活，做标准事。

上标准岗：使自己的穿着打扮、言行举止符合岗位工种和技能要求。

干标准活：严格按岗位工种规范标准和要求做事。

做标准事：按公民道德标准和员工行为规范要求做事。

（2）精心管理、精打细算，精工操作、精益求精。

管理要精心、精细、精打细算，工作要精心、精确、精益求精。

（3）干就干好，争创一流。

任何工作都是干出来的。说到做到，说干就干，干就干好，争创一流，使岗位因为有我更重要，使工作因为有我更出色。

（4）抓紧每一天，做好每件事。

时间就是金钱，效率就是效益，质量就是生命。工作要有紧迫感，当天事当天完。每件事要干就干到最好，要做就要做到细致。通过办好每件实实在在的事情，提高整体工作的质量和水平，推进整体工作的创新和进步。

2）员工基本行为规范

（1）热爱祖国，热爱华晋。

国家利益高于一切，在任何场合下，不得有损害国格和民族尊严的言行，做合格公民。热爱企业，以华晋公司为荣，自觉维护企业形象和团结，以公司为家，为企业着想，做合格员工。

（2）遵章守纪，爱岗敬业。

遵守国家法律法规和企业规章制度，知法、懂法、守法，严于律己，照章行事。热爱岗位，工作严谨，讲求效率，乐于奉献，不投机取巧，不擅自行动。

（3）安全作业，保证质量。

安全生产，遵章作业，熟知安全规程和操作规程，能自保、互保，确保人身安全。重视产品质量和工作质量，以娴熟的技术、严细的管理和敬业的精神，保证产品的高质量、工作的高标准。

（4）勤奋好学，善于创新。

坚持终身学习，不断提高素质，自强不息，岗位成才，永不满足，在工作岗位上实现自己的人生价值。与时俱进，勇于创新，不断探索，积极进取。把创新作为个人进步和企业发展的动力。

（5）言行文明，仪表整洁。

精神饱满，积极向上，乐观开朗，用语文明，讲求素养，行为得体。上班时间不懈怠、不失职、不干私事。仪表整洁、穿着得体，符合岗位、工作要求。按要求佩戴标志，挂牌上岗。

（6）团结协作，追求卓越。

互相尊重，真诚相待，密切合作，坦诚沟通。不传谣、不信谣，不利于团结和工作的话不说，不利于团结和工作的事不做。追求卓越，永不满足。干一流工作，创一流的业绩，做一流的员工。

7.2.4 培训教育

由于矿井瓦斯灾害防治工作专业性和技术性较强，故需要加强瓦斯治理各级人员的专业知识和技能水平培训，以提高瓦斯灾害防治工作的专业化队伍力量。目前，华晋公司瓦斯防治培训以多元化内部培训为主，以外部交流与考察学习、聘请国家瓦斯治理专家指导为辅,创新性提出了"干部上讲台、培训到现场"的工作制度,并结合多种培训教育方式,全面提升瓦斯防治各级人员的整体素质和技能水平,实现煤矿"人本安全、技术本安"。

1. 多元化内部培训

1) 培训机构定期培训及进修

华晋公司成立了职教中心和华晋公司吉县安全培训中心,可为新入职瓦斯防治员工提供岗前专业基础知识和技能培训;另外,定期组织下属煤矿瓦斯防治技术员进修学习瓦斯防治理论与新技术,更加系统性深入了解瓦斯灾害防控机理,以及新技术及装备的原理及操作流程。

瓦斯治理各级人员培训要求:

管理人员和井下工作人员必须接受瓦斯防治知识的培训,经考试合格后方准上岗作业。各级人员的培训必须达到下列要求:

(1) 井下工作人员的培训包括瓦斯防治基本知识和规章制度等内容;

(2) 区(队)长、班组长和有关职能部门的工作人员的培训包括瓦斯的危害及发生的规律、区域和局部瓦斯综合治理措施、瓦斯治理的规章制度等内容;

(3) 防突员,属于特种作业人员,每年必须接受一次煤矿三级及以上安全培训机构组织的防突知识、操作技能的专项培训,专项培训包括瓦斯治理的理论知识、区域和局部瓦斯综合治理措施及有关防突的规章制度等内容;

(4) 矿井的主要负责人、技术负责人应当接受煤矿二级及以上安全培训机构组织的瓦斯防治专项培训,专项培训包括瓦斯抽采、防突等相关理论知识和实践知识、区域和局部瓦斯综合治理措施以及瓦斯治理规章制度等内容。

2) 职工技能运动会

华晋公司每年组织下属矿井进行职工技能运动会,技能比赛主要包括井上实践和井下实践两部分,井下实践为井下现场隐患排查、工作面描述、钻孔施工及封孔等技能,井上实践为编写工作面安全技术措施及抽采效果分析,通过现场技能实践比武,进一步总结经验,取长补短,发扬工匠精神,努力钻研业务,进而提升广大职工的整体技能水平。

3) 周期性瓦斯治理研讨会

由华晋公司通风处组织华晋瓦斯研究所和煤矿防突科、抽采科开展周期性瓦斯治理研讨会,一方面针对当前矿井瓦斯治理过程中实际遇到的技术难题展开讨论,商定最优解决方案,另一方面就各矿井近期瓦斯治理技术经验总结,促进公司瓦斯治理技术体系的形成。

4) 干部上讲台,培训到现场

干部上讲台就是要通过选聘现场经验丰富的各级领导和选拔专业技术人才根据职工培训需求到培训机构授课;培训到现场就是推行队级以上干部和具有中级以上专业技术职称的现场干部在所在单位授课。

矿层面的培训由矿党委书记、总工程师负责,职教办牵头具体组织科队级干部、安全技术管理人员、机关科室人员及从业人员进行培训。

矿级培训主要以保障安全生产、提高管理水平、提高领导艺术、提高执行力为主。针对基层单位和职工反映培训脱离实际的问题,由总工程师牵头,各专业副总负责、职教办落实，根据国家标准和行业标准，结合实际，组织各相关专业人才，编写出各工种安全禁令、"手指口述"岗位操作要领、事故案例教材，职工人手一本，在工作现场和生产过程中推广。

科级的培训由科书记、主管工程师负责，组织队长、技术员、生产骨干等人员进行培训。队级的培训由队书记、技术员负责，组织本单位职工进行培训。

科级培训主要以生产和管理过程中的关键环节、事故易发部位及预防措施为主，以及新技术、新工艺、新设备、新材料的推广使用等方面的培训，以队为单位统一授课，传授实践操作经验及工种操作技能。

2. 外部考察与交流学习

1）外地考察学习

华晋公司组织通风处防突小组到瓦斯治理先进煤企进行考察学习，诸如学习淮南、晋城、平顶山等地煤业集团的先进瓦斯治理理念及技术，借鉴吸收先进经验，结合沙曲矿实际条件，改进瓦斯治理技术并完善措施，有效实现防突；另一方面，组织针对一些防突关键技术及装备研发单位的考察学习，诸如西安煤科院钻孔测斜技术及装备、河南铁福来装备制造公司防突钻机及其配套设备等，实现防突设备的升级，综合提高矿井防突硬实力。

2）积极参加瓦斯治理专题会议

华晋公司经常性组织通风处瓦斯研究所人员参加行业内通风及瓦斯治理专题会议，诸如（第十九届）中国国际矿业大会煤层气（煤矿瓦斯）国际论坛、全国煤矿瓦斯抽采与通风安全会议等，并在会上积极进行学术交流，开阔视野，拓宽思路，虚心学习先进瓦斯治理理论方法及前沿科技，努力提升自身科研能力，推动瓦斯研究所的科研发展之路。

3. 聘请专家指导

聘请国家瓦斯治理工程中心以袁亮院士为首的瓦斯治理先进团队，为沙曲矿瓦斯治理提供建设性意见以及技术指导，推动了沙曲矿近距离高突煤层群瓦斯综合治理模式建设和广泛应用。

7.2.5 目标与责任

7.2.5.1 瓦斯治理总体目标

杜绝"一通三防"责任事故，实现瓦斯零超限；通过抽采达标，实现抽掘采平衡，矿井生产区域瓦斯含量降到 $5 \mathrm{~m}^3/\mathrm{t}$ 以下，瓦斯压力降到 $0.74 \mathrm{~MPa}$ 以下，使矿井产能充分释放，产量达到设计预期 $8 \mathrm{~Mt/a}$。

7.2.5.2 瓦斯治理分级责任制

1. 华晋公司有关领导瓦斯防治管理责任制

制定董事长（党委书记）、总经理、党委副书记（纪委书记）、工会主席、总工程师、副总经理（生产）、安监局局长、总会计师、"一通三防"副总工程师、生产副总工程师、基建副总工程师、机电副总工程师、地测副总工程师的岗位责任制。

2. 华晋公司职能部门瓦斯防治管理责任制

制定通风管理处、瓦斯研究所、安全监察局、生产管理处、规划发展处、财务处、矿区工会、纪委的岗位责任制。

3. 华晋公司技术管理处瓦斯防治管理责任制

制定通风处处长、通风处副处长、通风负责人、瓦斯抽采负责人、防突负责人、监测监控负责人、瓦斯研究所所长的岗位责任制。

4. 矿井有关领导瓦斯防治管理责任制

制定矿长、矿党委书记、矿党委副书记、矿总工程师、矿工会主席、生产副矿长、掘进副矿长、机电副矿长、安全副矿长、矿通风副总工程师的岗位责任制。

5. 矿井有关科室（区队）管理人员瓦斯防治责任制

制定防突科科长、防突科副科长、防突队队长、防突队书记、防突队技术员、通风科科长、通风科副科长、通风队队长、通风队书记、通风队技术员、抽采科科长、抽采科副科长、抽采队队长、抽采队书记、抽采队技术员、安全科科长、安全科副科长、安监队队长、安监队书记、安监队技术员的岗位责任制。

6. 矿井瓦斯防治各工种岗位责任制

制定通风工、测风工、通风调度员、瓦斯检查工、瓦斯泵工、瓦斯抽采观测工、瓦斯抽采钻探工、瓦斯抽采封孔工、瓦斯防突工、移动瓦斯抽采泵工、安全仪器监测工、仪器检查发放工、通风校检工（包括催化燃烧式甲烷测定器、甲烷传感器、光干涉式甲烷测定器、风速表维修检定）、井下煤层瓦斯压力直接测定工、瓦斯含量测定工、钻屑解吸指标K_1及钻屑量测定工的岗位责任制。

7.2.6 监督保障

1. 华晋公司相关领导瓦斯防治监督保障

华晋公司总经理、总工程师、安监局局长、生产副总工程师、通风副总工程师、基建副总工程师、机电副总工程师、地测副总工程师负责瓦斯防治年度及中长期规划制定、瓦斯防治责任制的落实、瓦斯防治技术管理制度及细则的贯彻执行、瓦斯防治工程设计及安全技术措施审批、瓦斯防治重大隐患检查等。同时，总会计师负责瓦斯专项资金及奖励资金的投入保障。此外，工会主席负责监督基层工会对瓦斯防治思想、宣传及教育工作。

2. 华晋公司职能部门瓦斯防治监督保障

华晋公司通风处、生产规划处、瓦斯研究所负责检查督促矿井瓦斯防治实施细则的实施情况、年度及中长期瓦斯防治计划落实情况、组织审批瓦斯防治报告、设计、报表等材料；安全监察局负责监督生产、基建矿井瓦斯防治工作的监督、以及瓦斯防治规划、计划、措施的审批和监督实施；财务处负责落实瓦斯防治的工程设备、材料及其他支出的所需资金；矿区工会负责监督落实矿井瓦斯防治宣传教育工作以及先进典型的表彰工作。

3. 矿井相关领导瓦斯防治监督保障

矿长全面负责贯彻瓦斯防治规定及细则，定期检查瓦斯防治工作和责任制执行情况，优先解决所需人、财、物，并制定相应的奖惩办法。矿总工负责瓦斯防治技术规定执行，组织制定本矿瓦斯防治规划，审批后督促落实，合理安排生产接替，平衡"抽、掘、采"关系，组织矿井瓦斯防治隐患排查并及时整改。相关副矿长协助矿长监督瓦斯防治涉及范围的工作执行情况；矿党委书记和工会主席负责矿井职工瓦斯防治思想教育工作。

4. 矿井科队级瓦斯防治监督保障

防突科科长、通风科科长、抽采科科长、安全科科长负责对矿井区域及工作面的瓦斯防治工作的监督和指导；防突、抽采、通风技术员负责落实瓦斯防治技术现场实施，发现问题及时向领导反映；区队书记负责一线员工的思想教育工作，做好思想上的保障。

7.2.7 风险控制

1. 方案设计

在瓦斯防治方案、设计初期分别由科室、矿方组织讨论会，不断论证完善设计，并报华晋公司审批；重大瓦斯防治方案设计需报华晋公司，再次组织专业技术人员进行论证，确保瓦斯防治方案和设计的正确性，进而从源头上控制风险。

2. 施工质量验收

在瓦斯防治工程及技术实施过程中，包括通风风量调控，地面抽采钻井的钻井施工，井下抽采钻孔的施工、封孔及井孔对接工程等，都有验收人员严格把关，确保工程质量过关，最终保证施工过程风险可控。

3. 效果考察及综合评价

瓦斯防治技术与工程现场施工完成后，对该项技术及工程的效果进行考察，譬如观测瓦斯抽采量，跟踪测试瓦斯抽采浓度、上隅角瓦斯浓度、煤层残余瓦斯含量、瓦斯压力等指标，并与评价指标及其临界值进行对比分析，结合工程技术的经济、安全与社会效益，对当前瓦斯防治效果进行综合评价，发现存在的不足，譬如存在抽采盲区或者达标区域，针对性地提出强化抽采措施进一步完善，确保瓦斯防治技术与工程的安全可靠性。

4. 其他（包括思想、教育培训、资金落实等）

从矿井到华晋公司要确保瓦斯防治工作中技术人员力量、专业化技术和设备及其配套资金的到位，做好资金上的保障。

加强瓦斯防治各级人员的专业知识和技能培训，全面提升矿井整体瓦斯防治队伍的专业素养和技能水平，以确保瓦斯防治工作在执行过程中做到高效保质完成，进而保证瓦斯防治的实施效果。

强化全矿井职工瓦斯防治方面的思想精神，提高对瓦斯安全的防范意识，只有治理好瓦斯，矿井才能安全生产。

7.2.8 应急管理

7.2.8.1 事故风险分析

1. 事故类型

煤矿瓦斯治理过程中主要事故类型有瓦斯爆炸、煤与瓦斯突出事故、矿井瓦斯抽采系统事故、主要通风机停风事故4种。

2. 危险性分析

上述四类事故灾害所表现出来的危害主要包括：

（1）煤与瓦斯突出使采掘工作面及巷道在突然间充满大量的高浓度瓦斯，造成人员窒息，可能诱发瓦斯爆炸、煤尘爆炸等继发性灾害事故。

（2）突出造成应力释放及瓦斯爆炸产生的冲击波可摧毁支架，破坏巷道、设施、设备。

（3）瞬间突出的瓦斯、碎煤（岩）流及瓦斯爆炸产生的冲击波能破坏通风系统，造成风流紊乱或短时逆转。

（4）突出的煤炭可造成巷道堵塞，使生产系统受到破坏，巷道通风阻力增大，甚至造成矿井停产。

（5）主要通风机停风可直接导致井下员工供氧不足，也能导致工作面及主要巷道瓦斯超限，可能衍生瓦斯爆炸等次生灾害。

(6) 抽采系统事故包括抽采管路爆炸、抽采泵停抽等，可直接导致揭煤巷道及工作面瓦斯超限。

7.2.8.2 应急指挥机构及职责

1. 应急组织体系

事故应急组织体系主要由抢险救灾指挥管理系统、救护队伍系统、技术支持系统和相关保障系统组成。

2. 应急指挥机构

总指挥：矿长

常务副总指挥：总工程师

副总指挥：党委书记　安全矿长　生产矿长　经营矿长　纪委书记（兼工会主席）　矿长助理

成员：通风副总（兼通风科书记）　机运副总（兼机电科长）　安全副总（兼安监处副处长）　生产副总（兼生产技术科长）　地测副总（兼地测科长）　华晋公司救护中队队长　调度信息中心主任　防突科科长　抽采公司经理　运输科科长　供应科科长　瓦斯治理工程科科长　生产办主任　综合部部长　党群部部长　后勤部部长　经营部部长

3. 应急指挥部职责

组织有关部门制定瓦斯事故应急救援方案，当矿井发生瓦斯事故时，迅速开展应急救援工作，及时有效地处理事故；根据应急救援需要合理配置人、财、物资源，组织抢险救援工作，尽快恢复井下供电、供风；汇报和通报事故有关情况；接受上级有关部门的指导，向上级救援机构发出救援请求；做好稳定社会秩序、伤亡人员的善后和安抚工作；配合有关部门进行事故调查处理工作。

4. 应急指挥部领导职责

总指挥负责矿井瓦斯事故应急救援统一指挥、领导工作；常务副总指挥负责矿井瓦斯事故具体组织、指挥工作，尽快恢复井下供电、供风工作；副总指挥负责矿井煤与瓦斯突出事故应急救援行动中分管范围内的应急救援指挥工作，协助总指挥工作，检查救援工作落实情况。

5. 应急指挥部成员职责

1）通风副总（兼通风科书记）

瓦斯事故发生后，在指挥部领导下参与瓦斯事故的抢险救援工作，负责井下煤与瓦斯突出事故发生后造成瓦斯超限的应急处置工作及井下恢复正常通风工作，为抢险救援指挥部提供相关图纸及技术资料；负责组织有关专业技术人员参加大面积停电事故调查。

2）机运副总（兼机电科长）

根据指挥部命令，现场组织供电系统抢修、应急安装工程，当供电系统正常运行时，按照总指挥指令积极采取措施恢复供电；参与制定应急处置措施，查找事故原因并排除故障；参与地面和井下供电系统停送电指挥工作；为指挥部提供相关供电系统图纸和资料。

3）安全副总（兼安监处副处长）

协调并参与事故的应急救援；参与应急救援方案的制定、修订与实施，协助事故调查组开展工作。

4）生产副总（兼生产技术科长）

负责在指挥部领导下参与煤与瓦斯突出事故的抢险救援工作，以及井下采掘工作面煤与瓦斯突出事故后的顶板管理工作。

5）地测副总（兼地测科长）

负责为应急救援指挥部提供图纸资料及相关技术资料，在指挥部领导下参与煤与瓦斯突出事故的抢险救援工作。

6）救护中队队长

参与制定救援方案，负责制定救护队行动方案和处置措施；具体指挥矿山救护队和辅助救援队执行救援行动；参与事故调查处理工作；完成指挥部下达的其他救援工作任务。

7）矿调度主任

做好应急救援指挥部现场办公室的各项应急工作；准确、快速地完成接警和正确下达接警后的初次反响调度命令，组织井下人员撤离，进行自救互救及避灾；按照报告程序，快速报告事故信息；不断收集和处理事故灾情信息；通知相关单位统计遇险职工人数，通知相关人员在调度室结集待命；转达指挥部的各项救援命令，完成各项救援协调工作。

8）防突科科长

按照应急指挥部的指令，积极组织全矿井下人员撤离、抢救工作，积极组织煤与瓦斯突出应急救援技术服务，协调配合相关部门及时恢复井下通风及压风管路、压水管路；参与事故调查处理工作，完成指挥部下达的救援工作任务。

9）生产办主任、抽采公司经理、瓦斯治理工程科科长

按照指挥部的指令，积极组织本科井下人员撤离、抢救工作；完成指挥部下达的其他救援工作任务。

10）运输科科长

按照指挥部的指令，积极组织本科井下人员撤离、抢救工作；协助指挥部调集本科室人员进行井下人员、物资的运输和灾后处理。

11）供应科科长

按照指挥部的指令，积极组织提供抢险救灾物资；完成指挥部下达的其他救援工作任务。

12）综合部部长

组织人员维护矿井各主要井口的秩序和治安，积极与当地公安部门沟通信息，协助公安部门对事故直接责任人实施监护和控制，协助追捕逃逸人员等。

13）党群部部长

负责煤与瓦斯突出事故专项预案启动后一切抢险救灾全过程的新闻录制、舆论与媒体等控制工作；负责应急救援指挥中心的公告发布和媒体接待，以及抢险救灾信息宣传报道的审查工作；负责所有应急救援行动中上级领导视察、现场抢险救援的现场报道；负责事故应急救援过程中收集、调阅档案资料及其他外部协调工作；做好事故调查人员、专家、抢险救灾外援人员的接待工作；配合事故区域做好交通管制，为应急救援及相关人员提供好交通工具；协调电信部门做好事故现场的通信工作，确保各种信息传递畅通；负责通知伤亡人员家属，做好伤亡人员家属的接待和安抚工作；参加事故调查，协助做好事故善后处理事宜。

14）后勤部部长、经营部部长

负责提供相关医疗救治；组织医疗救治队伍，调集药品和医疗器材，实施现场伤员救治，参与相关事故调查工作；负责事故善后处理工作，以及应急救援人员、物资的地面运输和灾后处理工作。

6. 应急救援指挥部办公室

应急指挥部下设指挥部办公室，办公室设在矿调度信息中心，是应急指挥日常工作机构，主要负责应急救援实施过程中的信息收集和协调指挥。

办公室主任：调度中心主任。

指挥部办公室的职责：负责监督落实应急救援物资的配置和装备储备清单工作；负责应急救援行动中专业抢险人员的安全监督与监管等工作；负责煤与瓦斯突出事故的监控和可能发生事故信息的收集、上报和处理等工作；负责各应急救援组的碰头会，协调各应急救援组、各成员单位的抢险救援工作；组织、协调对外求援等有关事宜，负责事故的上报；负责应急行动结束后，编制评估、总结、报告。

7.2.8.3 处置程序及信息报告

1. 预警

1）事故特征预警

煤与瓦斯突出的预兆：①有声预兆：地压活动剧烈，顶板来压，不断发生掉碴和支架断裂声，煤层中发生震动，手摸煤壁感到冲击，听到煤炮声或闷雷声，一般是先远后近，先小后大，先单响后连响，突出时伴随巨雷般响声。②无声预兆：工作面遇地质变化，煤层厚度不一，尤其是煤层中软分层变化，瓦斯涌出量忽大忽小，工作面气温变冷，煤层层理紊乱，硬度降低，光泽暗淡，煤体干燥，煤尘飞扬，有时煤体碎块从煤壁崩出，打钻时严重顶钻、夹钻、喷孔等。③临突预兆（也称异常预兆）：临突前夕，工作面来压，煤炮响，瓦斯涌出特异常。三大异常现象同时发生，现象愈为强烈；临突预兆发生后，可能会出现两种结果，一是发生突出，二是不会发生突出。

2）预警信息发布程序

（1）明确授予井下带班人员、班组长、瓦斯检查工、安全检查工、防突工和井上调度人员遇险处置权和紧急避险权。

（2）现场作业人员发现事故前期征兆（如有害气体的临界值、不安全环境条件的临界值或巨大能量释放的临界参数等），做出初步判断后，要以最快的方式使用调度电话或其他通信设备向调度信息中心报告可能出现或将发生事故征兆的具体内容，包括事故征兆发生的地点、预警区域的作业内容和人员分布等。

（3）调度信息中心接到现场人员或监测系统的报警后，立即与报警区域作业人员确认报警的基本内容，包括以下几点：事故征兆发生的时间、地点和可能发生事故的类别；事故征兆发生的简要经过；可能发生事故的原因、影响和瓦斯浓度等情况；已采取的措施和应急处置等情况。

（4）由调度信息中心主任根据报警的基本内容和报警区域已采取的措施下达预警指令，启动预警行动方案，执行相应的预防性处置措施，并通知受威胁区域的作业人员撤离至安全地区或升井，暂时停产。特别重大事故的预警信息要直接向矿长和华晋公司调度中心报告。

（5）预警信息发布后，根据事故性质和发生的可能性派出专业工作组，加强现场指导；加强监测监控，预判事故发生的可能性大小、影响研究应对方案；矿山救护队和矿井有关科室按照应急预案要求，做好救援人员、物资和器材的准备，并向调度信息中心汇报，随时响应应急处置行动。

（6）调度信息中心应密切跟踪事故征兆态势的发展，随时获取最新预警信息，直到有事实证明不可能发生事故后，经值班矿领导及分管矿领导同意，方可解除预警；一旦发生事故或扩大，按照分级响应的原则，立即启动相应的应急响应。

2. 应急响应

1）接警

矿调度当班调度员接到瓦斯事故紧急报警时，必须问清事故发生的时间、地点、性质、影响范围及人员伤亡、设施破坏情况，以及汇报人的姓名、单位、所在位置，并准确详细记录。

2）信息报告

总指挥部接到事故报警后，应向值班矿领导汇报情况；值班领导根据事故情况，向集团公司指挥部相关成员及分管安全生产的领导、总工程师报告。

3）响应分级

（1）根据事故危害程度、影响范围和矿井控制事故的能力，矿井将瓦斯突出事故应急响应级别分为Ⅰ级、Ⅱ级和Ⅲ级。

（2）分级响应基本原则：根据事故信息，在应急救援指挥部总指挥的组织下，指挥部相关成员对事故情况进行分析和判断后，初步认为：

① 瓦斯事故中，3人及以上死亡，事故后果超出矿井处置能力，需要外部力量介入方可处置的，则确定为Ⅰ级应急响应；

② 瓦斯事故中，1~2人死亡，事故后果超出科级单位处置能力，需要矿井采取应急响应行动方可处置的，则确定为Ⅱ级应急响应；

③ 瓦斯事故中，无人员死亡，由事故科级单位采取应急响应行动即可处置的，则确定为Ⅲ级应急响应。

4）响应程序

矿井应急救援指挥部办公室立即召集指挥部相关成员召开紧急会议，通报煤与瓦斯突出事故具体情况，确定应急响应级别，指挥部有关领导做出应急响应启动的决策，启动应急响应机制。若未达到应急响应启动条件，启动预警行动方案，执行相应的预防性处置措施，做好应急响应准备，适时跟踪事态发展。

（1）Ⅰ级应急响应程序：请求上级派出专家组指导救灾，必要时请求上级救援指挥机构指挥救灾工作。

（2）Ⅱ级应急响应程序：

① 下作业地点发生瓦斯事故后，现场人员必须立即（电话）汇报矿调度室并立即停止生产。矿井应急救援指挥部命令启动应急预案，全矿干部、职工立刻进入Ⅱ级应急响应状态，调度信息中心成为应急救援指挥中心。

② 急救援指挥部办公室立即通知应急救援指挥部所有成员到应急救援指挥中心待命，优先通知"一通三防"科室领导干部；各单位负责人立即通知本单位相关人员立即到工作

岗位待命。

③ 急救援指挥部所有成员在得到通知后，第一时间赶到应急救援指挥中心，由各工作小组组长负责组织本组成员的一切行动。在应急救援指挥部未成立前，不得采取任何抢险救灾措施，避免盲目决策造成严重后果。

④ 急救援指挥部成立后，在初步了解灾情后，命令抢险救援组立即出发赶往灾区侦察，进一步了解灾情，汇报灾情变化情况，准备救援行动，向集团公司调度信息中心汇报事故灾害情况。

⑤ 处理事故的过程中，总指挥要指定专人负责做好一切记录，以备下一步工作时参考和在事故处理结束之后进行总结。

（3）Ⅲ级应急响应程序：

① 下作业地点发生瓦斯事故后，根据事故级别和发展态势，矿井应急救援指挥部命令启动应急预案，部分干部职工立刻进入Ⅲ级应急响应状态，调度信息中心成为应急救援指挥中心。

② 应急救援指挥中心立即通知应急救援指挥部有关成员到应急救援指挥中心待命，优先通知防突科的领导干部；有关单位负责人立即通知本单位相关人员立即到工作岗位待命。

③ 急救援指挥部有关成员在得到通知后，第一时间赶到应急救援指挥中心。在应急救援指挥部未成立前，不得采取任何抢险救灾措施，避免盲目决策造成严重后果。

④ 急救援指挥部成立后，在初步了解灾情后，命令抢险救援组立即出发赶往灾区侦察，进一步了解灾情，汇报灾情变化情况，并按照应急救援指挥中心的安排准备救援行动。

⑤ 处理事故的过程中，总指挥要指定专人负责做好一切记录，以备下一步工作时参考和在事故处理结束之后进行总结。

5）应急启动

（1）总指挥到达指挥部后，询问煤与瓦斯突出事故情况，立即启动煤与瓦斯突出事故专项应急预案，进入应急响应状态，然后通知救护队和医护人员做好待命出险的准备，调动抢险救援所需车辆、应急物资。

（2）调度根据总指挥的指示，立即召集指挥部成员紧急集合，制定救援方案，并派遣工作组立即奔赴现场，开展抢险救灾工作。

6）应急救援

发生煤与瓦斯突出事故后，事故地点防突员要利用最便捷的通信方式向矿调度信息中心报告，调度信息中心接到事故汇报后，要立即启动相应的应急措施：立即撤出井下受影响区域的人员→同时通知应急预案指挥部所有成员→召请矿山救护队→启动现场应急救援指挥部→进行事故灾害的初步评估→指挥部根据事故情况制定救援方案→各个专业组展开救援→救护队下井按照指挥部的指令进行抢险救灾，直至矿井通风正常、恢复正常生产。

7）应急恢复

抢险救援行动完成后，进入临时应急恢复阶段，现场抢救组领导及相关成员单位要组织现场清理、人员清点和撤离。

抢救结束后，现场抢救组制定并组织实施恢复安全生产、正常生活秩序等修改预案方案。

7.2.8.4 处置措施

1. 处置基本要点

（1）快速撤离现场和邻近区域人员，进行自救互救。

（2）发生煤与瓦斯突出及瓦斯爆炸事故，不得停风和反风，以防风流紊乱扩大灾情。如果通风系统及设施被破坏，应设置风障、临时风门及安装局部通风机恢复通风。因突出造成风流逆转时，要在进风侧设置风障，并及时清理回风侧的堵塞物，使风流尽快恢复正常。在恢复突出区通风时，要设法经最短路线将瓦斯引入回风道。回风流应尽量避开已封闭的火区，必须经过时，要严格检查火区封闭情况。同时，排风井口 50 m 范围内不得有火源，并设专人站岗监视。

（3）发生煤与瓦斯突出事故时，应切断井下电源。如果停电无被水淹的危险，应远距离切断灾区电源；有淹井危险时，在瓦斯不超限的情况下，保留中央水泵电源。

（4）若瓦斯突出引起火灾时，要采用综合灭火或惰气灭火等措施积极灭火。若引起回风井口瓦斯燃烧，应采取总进风道隔氧措施将火扑灭。

（5）在救援中，当发现突出点有异常情况可能发生二次突出时，要立即撤出救援人员。

（6）发生瓦斯爆炸时，要背对着空气颤动的方向，俯卧倒地，面部贴在地面。闭住气暂停呼吸，用毛巾捂住口鼻。爆炸后要迅速佩戴好自救器，按照避灾路线撤退到新鲜风流中，并在躲避硐室等待救护。

（7）主要通风机停风时应立即撤退到压风自救器附近，首先做好自救，并及时通知地面，应立即恢复通风。

2. 瓦斯事故处置决策要点

获悉发生瓦斯事故后，现场应急指挥部应利用一切可能的手段了解灾情，判断灾情的发展趋势，及时果断地做出决定，下达救援命令。

3. 应急处置基本原则

（1）在采煤工作面发现有瓦斯事故预兆时，要以最快的速度通知人员迅速向进风侧撤离，迎着新鲜风流继续外撤。当距离新鲜风流太远时，应首先到避难所，或利用压风自救系统进行自救。

（2）掘进工作面发现瓦斯事故预兆时，必须向外迅速撤至防突反向风门之外，之后把防突风门关好，然后继续外撤。当自救器发生故障或佩戴的自救器不能安全到达新鲜风流时，应在撤退途中到避难所或利用压风自救系统进行自救，等待救援队援救。

（3）一旦发生瓦斯爆炸、煤与瓦斯突出、抽采管路爆炸事故，应立即佩戴好隔离式自救器，并迅速外撤。

（4）在撤退途中，如果退路被堵或自救器有效时间不够，可到矿井专门设置的井下避难硐室或压风自救装置处暂避，也可寻找有压缩空气管路的巷道、硐室躲避。这时要把管子的螺丝接头卸开，形成正压通风，延长避难时间，并设法与外界保持联系。

（5）发现主要通风机停风，佩戴好自救器，并应立即汇报地面领导，恢复正常通风。

（6）发现抽采系统（包括抽采泵站、抽采管路等设备）事故发生，应向上级汇报情况，请求应对措施。

（7）立即向调度信息中心室汇报，开展自救互救工作，对灾区停电（掘进区不得停局部风机电源，保证局部风机正常运行）。

（8）保障主要通风机、提升设备、地面压风机正常工作。

（9）调度室要立即按报告程序向有关领导和上级单位汇报，救援指挥部立即投入工作，启动预案，指挥灾区人员撤离，及时安排矿救护队。专业救护队侦察灾情，制定救援方案，开展抢险救灾直至救援结束。

7.3 瓦斯利用管理

采用全浓度瓦斯梯级利用+CDM 火炬计划的瓦斯综合利用模式，采用抽采公司和地面煤层气公司实施和维护地面和井下煤层气抽采，并由华晋公司统一管理，长期以来形成下列瓦斯综合利用制度。

（1）抽采瓦斯的矿井必须加强瓦斯利用工作，积极创造条件进行瓦斯利用，充分开发资源，保护环境，提高企业经济效益，以利用保抽采，以抽采保安全。

（2）瓦斯利用由华晋公司统一管理，抽采公司不得私自与外围单位签订任何工期协议。

（3）华晋公司总工程师负责瓦斯利用的管理工作，技术管理处负责供气计划编制、供气费用回收、下发，协调供气矿井与煤层气使用单位的供需关系等。

（4）供气矿井的矿长对瓦斯利用工作负全面责任，矿井总工程师对保证供气质量、完成供气计划、按时报送报表等工作负责。

（5）瓦斯利用矿井必须组织人员多抽瓦斯，并提高瓦斯抽采浓度，除民用外，要保证发电机组的正常运行和商用煤层气产量。

（6）瓦斯用于工业和民用时，甲烷浓度不低于 30%，用于瓦斯发电时，甲烷浓度不低于 10%。

（7）供气矿井瓦斯泵站司机负责记录每次供气起止时间、浓度、压力、温度、流量等参数，填写由集团公司统一制定的原始记录表，并报技术管理处备案。

（8）每月月末，供气矿井要按照抽采监控计量装置的计算机记录的当月供气量编制供气月报，并报技术管理处。

（9）技术管理处根据各供气矿井当月的供气量和供气价格等，编制矿井气源费结算月报表，经有关领导审核批准后，作为向用户的结算依据。

（10）抽采利用矿井不准随意停止供气，因故不能供气时，泵站司机必须及时向矿、区队值班领导汇报，未得到领导批准，不准停止供气。

（11）供气矿井必须配备专职人员维护抽采监控计量装置，发现问题及时处理，不得弄虚作假，虚报供气量，发现虚报供气量的一经查实，严肃处理。

（12）为使抽采的利用瓦斯所消耗的材料设备能及时补偿，保证矿抽采瓦斯工作的正常进行，矿井所得到的瓦斯利用收入要全部用于瓦斯抽采工作，不得挪作他用。

7.4 本章小结

（1）加强瓦斯利用技术管理及供需管理，能够更加高效地利用矿井瓦斯，同时瓦斯发电可为矿井供电供暖提供服务，节省成本。瓦斯民用和商用可以返补瓦斯抽采技术及工程中所需的部分资金，促进矿井瓦斯综合利用技术的发展。

（2）建立了华晋公司→矿井管理层→区队的三级组织机构及其岗位责任制，制定了区域"四位一体"和局部"四位一体"的各项管理制度，提出了多元化内部培训与外部考察学习交流相结合的培训方法，完善了防突设计、施工、验收和效果评价全过程闭环的风险控制，形成了沙曲矿防突管理体系。

（3）从瓦斯管理制度、组织体系、文化体系、培训教育、目标与责任、监督保障、风险控制和应急管理 8 个方面详细阐述了沙曲矿瓦斯防治管理体系的主要内容，保障矿井瓦斯防治工作能够有效进行，基本实现矿井瓦斯零超限、各煤层均消突的目标。

8 结论与展望

8.1 结论

沙曲一、二矿基于近距煤层群瓦斯静态赋存特征及采掘工作面瓦斯涌出的动态规律，制定了瓦斯综合治理与利用战略规划和三区联动实施方案，经过多年瓦斯综合治理工程实践和管理提升，形成了瓦斯综合高效治理及利用技术体系和管理体系，不仅有效治理瓦斯，变害为宝，保障矿井煤、气资源安全开发，还极大释放了优质煤炭的产能，使整体产业链再开发，产生显著的安全效益和经济效益。

（1）沙曲井田主采煤层气含量高（$P>0.74$ MPa、$W>8$ m³/t），渗透率大，为近距离突出煤层群产品，为发热量高的优质主焦煤，区域上整体受控于向西倾伏的离石-中阳单斜地质构造，埋深西深东浅，地下裂隙水较发育；煤体孔隙率>4%，其细观结构为微孔较发育，吸附能力强；煤层瓦斯含量空间分布的区域性较明显 [Ⅱ（b）>Ⅱ（a）>Ⅰ（b）>Ⅰ（a）]。沙曲矿针对性选取不同瓦斯治理方法。

（2）沙曲矿4号、5号煤层开采过程邻近层瓦斯涌出占比达到50.4%和31.84%左右，采掘面瓦斯涌出规律主控因素为生产工序、配风量、开采强度及通风方式。不同通风方式下，工作面瓦斯浓度分布整体趋势基本一致，沿倾向分布规律为"V"字型，沿走向瓦斯分布规律为自进风巷至回风巷一侧瓦斯浓度逐渐增高，"Y"型通风可以预防上隅角瓦斯超限。采空区沿走向方向25~50 m瓦斯浓度逐渐增大。所以，沙曲矿要加强本煤层+邻近层联合抽采。

（3）基于沙曲矿瓦斯赋存规律及采动卸压瓦斯运移规律，通过建立瓦斯治理的时空坐标系，系统分析井上、井下抽采技术的时空分布特征，给出井上、井下抽采技术受约束的等级与指标，进而揭示了煤炭开采三区井上下联合抽采的时空转换机制，综合考虑沙曲矿煤炭资源特点及生产接续等，并结合沙曲瓦斯综合治理具体5项治本之策（区域瓦斯预抽、保护层开采、地面钻井、抽采系统扩能及通风系统改造），制定"三区联动"井上下联合抽采瓦斯治理技术方案。

（4）基于瓦斯赋存及采动涌出开采特点，在规划区开展各类地面井相结合的大范围地面抽采。实现煤层气的规模化预抽。在准备区瓦斯治理中，首次开发了多分支水平井与千米钻孔定向对接高效抽采、保护层开采+底抽巷穿层钻孔群等井下区域预抽技术，在生产区，通过采动地面井与井下抽采方法（沿空留巷Y型通风、大孔径裂隙带抽采、本煤层递进式预抽、采空区埋管抽采）相联合，形成沙曲矿以井上下立体式抽采为特色的"三区联动"瓦斯治理模式。

（5）形成煤炭-瓦斯双核心资源多级利用模式，即在煤炭方面，直接用于工业发电、民用取暖→采用原煤就地优选副产品→发展焦炭化工→建筑材料及充填用料再开发；瓦斯方面，乏风催化氧化+高低浓瓦斯发电+瓦斯锅炉及液化天然气等全浓度瓦斯梯级利用模式。

（6）基于瓦斯管理制度、组织体系、文化体系、培训教育、目标与责任、监督保障、风险控制和应急管理八方面制定了详细系统的管理制度，完善了瓦斯治理设计、施工、验收和效果评价全过程闭环的风险控制，形成了沙曲矿瓦斯综合治理及利用管理体系。

8.2 展望

（1）瓦斯抽采跟采动应力场、裂隙场、渗流场息息相关，且近距离煤层群开采产生的叠加效应对各煤层裂隙发育及卸压瓦斯运移都有重要影响，而这些对瓦斯高效抽采有关键控制作用，故应完善瓦斯治理中三场理论基础特征研究，给出多层叠加开采时本煤层和邻近层的应力演化及分布特征、裂隙演化及裂隙发育范围、瓦斯运移路径及富集区域，指导瓦斯治理方法的选取及瓦斯抽采钻孔设计参数和抽采参数的确定。

（2）煤矿区采煤和采气是相互影响、不可分割的，本书着重从采煤角度单角度阐明瓦斯治理方法，缺少从煤层气高效开采角度分析，故有必要进一步研究明确采煤和采气的各开采阶段时空转化条件及安全生产需求，给出煤气共采的关键技术的限制条件（时空条件、瓦斯灾害程度、瓦斯赋存及地质条件等），进而优选集成出煤与瓦斯安全高效共采技术与方法。

（3）沙曲模式的核心是基于井上下联合抽采的三区联动瓦斯治理方法，对于瓦斯治理全过程缺乏动态评价模型。应建立三区联动过程采煤与采气评价指标，并进行分类分级给出其随时间变化的关系式，同时给定其随着不同开采阶段的临界值，结合瓦斯治理的目标构建成本费用、安全效益、经济效益表征的评价函数。首先分阶段计算阶段转化率（实际治理情况/阶段目标），然后三阶段相乘表征三区联动瓦斯治理整体转化率，实现瓦斯治理过程动态评价。

（4）近年来，煤炭开采要求实现信息化、智能化，沙曲模式针对信息化和智能化叙述较少，应针对瓦斯治理过程的煤层基本信息、瓦斯抽采信息、效果检验信息、瓦斯治理人员等典型基础信息建立大数据库平台，进而根据抽采效果分析、瓦斯灾害预测及瓦斯治理效果评判等理论建立瓦斯治理的功能函数并计算分析，实现瓦斯治理方法智能决策及动态综合管理。

（5）基于绿色开采的要求，可从降尘开采、充填开采及保护地下水资源角度补充完善沙曲模式。进一步研究井下行人区域粉尘分布规律及其控制因素，优化或研发高效降尘技术与装备；确定低成本高强度的充填用料、充填装备与工艺，有效消除采动应力集中及地面沉陷引发的一系列瓦斯问题和地表生态问题；深入分析煤炭和煤层气开采技术、装备与工艺对地下水资源水位及水质污染的影响，在优化开采方法与工艺的同时，提出相应的地下水保护技术，实现煤、气资源绿色开采，有效保护地表和井下生态系统。

参 考 文 献

[1] 戚灵灵,王兆丰,杨宏民,等. 基于低温氮吸附法和压汞法的煤样孔隙研究[J]. 煤炭科学技术,2012,40(8):36-39.
[2] 陈尚斌,朱炎铭,王红岩,等. 川南龙马溪组页岩气储层纳米孔隙结构特征及其成藏意义[J]. 煤炭学报,2012,37(3):438-444.
[3] 聂海宽,边瑞康,张培先,等. 川东南地区下古生界页岩储层微观类型与特征及其对含气量的影响[J]. 地学前缘,2014,21(4):331-343.
[4] 杨侃,陆现彩,刘显东,等. 基于探针气体吸附等温线的矿物材料表征技术:Ⅱ. 多孔材料的孔隙结构[J]. 矿物岩石地球化学通报,2006,25(4):362-368.
[5] 程庆迎,黄炳香,李增华,等. 煤岩体孔隙裂隙实验方法研究进展[J]. 中国矿业,2012,21(1):115-118.
[6] 傅雪海,秦勇,张万红,等. 基于煤层气运移的煤孔隙分形分类及自然分类研究[J]. 科学通报,2005,50(增刊):51-55.
[7] 赵志根,唐修义. 低温氮吸附法测试煤中微孔隙及其意义[J]. 煤田地质与勘探,2001,26(5):552-556.
[8] 张慧. 煤孔隙的成因类型及其研究[J]. 煤炭学报,2001,26(1):40-44.
[9] 王文峰,徐磊,傅雪海. 应用分形理论研究煤孔隙结构[J]. 中国煤田地质,2002,14(2):26-33.
[10] 姚艳斌,刘大锰,蔡益栋,等. 基于NMR和X-CT的煤的孔裂隙精细定量表征[J]. 中国科学:地球科学,2001,40(11):1598-1607.
[11] 赵毅鑫,赵高峰,姜耀东,等. 基于微焦点CT的煤岩细观破裂机理研究[M]. 北京:科学出版社,2001.
[12] 王恩元. 含瓦斯煤破裂的电磁辐射和声发射效应及其应用研究[D]. 徐州:中国矿业大学,1997.
[13] 吴世跃. 煤层瓦斯扩散与渗流规律的初步探讨[J]. 山西矿业学院学报,1994,12(3):259-263.
[14] 孙培德. 煤层瓦斯流场流动规律的研究[J]. 煤炭学报,1987,12(4):74-82.
[15] 孙培德. 煤层瓦斯流动理论及其应用[C]//中国煤炭学会. 1988年学术年会论文集. 北京:煤炭工业出版社,1988.
[16] 姚宇平. 煤层瓦斯流动的达西定律与幂定律[J]. 山西矿业学院学报,1992,10(1):32-37.
[17] 罗新荣. 煤层瓦斯运移物理模型与理论分析[J]. 中国矿业大学学报,1991,20(3):36-42.
[18] 杜云贵. 地球物理场中煤层瓦斯吸附、渗流特性研究[D]. 重庆:重庆大学,1993.
[19] 程瑞端,陈海焱,鲜学福,等. 温度对煤样渗透系数影响的实验研究[J]. 煤炭工程师,1998,(1):13-16.
[20] 林柏泉,周世宁. 煤样瓦斯渗透率的实验研究[J]. 中国矿业学院学报,1987,16(1):21-28.
[21] 陶云奇. 含瓦斯煤THM耦合模型及煤与瓦斯突出模拟研究[D]. 重庆:重庆大学,2009.
[22] 陶云奇. 含瓦斯煤THM耦合模型建立[J]. 煤矿安全,2012,43(2):9-12.
[23] 海龙,梁冰,隋淑梅. 考虑损伤作用计算多孔介质有效应力研究[J]. 力学与实践,2010,32(1):29-32.
[24] 傅雪海,秦勇,张万红. 高煤级煤基质力学效应与煤储层渗透率耦合关系分析[J]. 高校地质学报,2003,9(3):373-377.
[25] 李传亮,孔祥言,杜志敏,等. 多孔介质的流变模型研究[J]. 力学学报,2003,35(2):230-234.

[26] 李培超,孔祥言,卢德唐.饱和多孔介质流固耦合渗流的数学模型[J].水动力学研究与进展,2003,18(4):419-426.

[27] 张金才.采动岩体破坏与渗流特征研究[D].北京:煤炭科学研究总院,1998.

[28] 任强,刘伟韬.覆岩采动裂隙带发育规律的数值模拟分析[J].安全与环境学报,2006,6:75-78.

[29] 黄志安,张英华,李示波.FLAC在确定沙曲矿裂隙带上下界中的应用[J].矿业研究与开发,2006,26:20-22.

[30] 赵阳升,文再明,冯增朝.岩体裂隙面数量的三维分形分布仿真理论与技术[J].岩石力学与工程学报,2005,24(6):994-998.

[31] 黄炳香.坚硬煤层水力致裂裂缝扩展特征研究[D].西安:西安科技大学,2004.

[32] 刘天泉,仲维林,焦传武,等.煤矿地表移动与覆岩破坏规律及应用[M].北京:煤炭工业出版社,1981.

[33] 许家林,朱卫兵,王晓振.基于关键层的导水裂隙带高度预计方法[J].煤炭学报,2012,37(5):762-769.

[34] 赵德深,朱广轶,刘文生,等.覆岩离层分布时空规律的实验研究[J].辽宁工程技术大学学报,2002,21(1):4-6.

[35] 林柏泉,周世宁,张仁贵.煤巷卸压带及其在煤与瓦斯突出危险性预测中的应用[J].中国矿业大学学报,1993,22(4):44-52.

[36] 何学秋,王恩元,张仁贵.利用煤岩破坏电磁辐射特性测定煤岩卸压带的研究[J].煤矿安全,1996(2):17-19.

[37] 齐黎明,林柏泉,支晓伟.上山掘进时卸压区应力及防突长度分析[J].中国矿业大学学报,2005,34(3):299-302.

[38] 宋振骐,卢国志,夏洪春.一种计算采场支承压力分布的新算法[J].山东科技大学学报(自然科学版),2006,25(1):1-4.

[39] 梁冰,孙可明.低渗透煤层气开采理论及其应用[M].北京:科学出版社,2006.

[40] 靳钟铭,赵阳升,贺军.含瓦斯煤层力学特性的实验研究[J].岩石力学与工程学报,1991,3(10):271-280.

[41] 李树刚,徐精彩.软煤样渗透特性的电液伺服试验研究[J].岩土工程学报,2001,23(1):68-70.

[42] 尹光志,李晓泉,赵洪宝,等.地应力对突出煤瓦斯渗流影响试验研究明[J].岩石力学与工程学报,2008,27(2):2557-2561.

[43] 尹光志,李小双,赵洪宝,等.瓦斯压力对突出煤瓦斯渗流影响试验研究[J].岩石力学与工程学报,2009,28(4):697-702.

[44] 李树刚,钱鸣高,石平五.煤样全应力应变过程中的渗透系数—应变方程[J].煤田地质与勘探,2001,29(1):22-24.

[45] 李勇,汤达祯,许浩,等.鄂尔多斯盆地柳林地区煤储层地应力场特征及其对裂隙的控制作用[J].煤炭学报,2014,39(S1):164-168.

[46] 张建国,林柏泉,叶青.工作面卸压区浅孔瓦斯抽放技术研究[J].采矿与安全工程学报,2006,23(4):432-436.